注册消防工程师资格考试辅导用书

消防安全案例分析精讲讲义

张海华　主编

煤炭工业出版社

·北　京·

图书在版编目（CIP）数据

消防安全案例分析精讲讲义／张海华主编．--北京：煤炭工业出版社，2017

注册消防工程师资格考试辅导用书

ISBN 978-7-5020-5863-0

Ⅰ.①消…　Ⅱ.①张…　Ⅲ.①消防—安全技术—资格考试—自学参考资料　Ⅳ.①TU998.1

中国版本图书馆 CIP 数据核字（2017）第 107904 号

消防安全案例分析精讲讲义（注册消防工程师资格考试辅导用书）

主　　编　张海华
责任编辑　唐小磊
编　　辑　王　晨　孟　楠
责任校对　姜惠萍
封面设计　陈　珊

出版发行　煤炭工业出版社（北京市朝阳区芍药居 35 号　100029）
电　　话　010-84657898（总编室）
　　　　　　010-64018321（发行部）　010-84657880（读者服务部）
电子信箱　cciph612@126.com
网　　址　www.cciph.com.cn
印　　刷　北京玥实印刷有限公司
经　　销　全国新华书店

开　　本　787mm×1092mm 1/16　**印张**　23 1/2　**字数**　576 千字
版　　次　2017 年 7 月第 1 版　2017 年 7 月第 1 次印刷
社内编号　8743　　　　**定价**　99.00 元

编 委 会 名 单

主　编　张海华

副主编　吕小兵　王　梅

编　委　王　杏　董淑量　李丛蔚　张珂峰　邹东英
　　　　　叶　萌　卢国文

主　审　黄明峰

前　言

注册消防工程师资格考试最大的特点是教材的内容和知识点存在很大的关联性，但又各有侧重点。其中，案例教材综合性最强，难度也最大。从历年的注册消防工程师考试来看，考生普遍反映案例难考的主要原因：一是题目叙述本身复杂冗长，读题便占用了很多时间和精力；二是答非所问，对于所提出的问题找不到正确的切入点和着重点，造成答题无条理、不完整。三是答题时间不够，案例在答题时通常文字叙述较多，书写费时。为此，本书主要着眼于解决这三个问题，在案例分析教材的基础上对知识点进行细化、深入，力求构建出一个清晰、有条理、系统化的知识体系。

本书最大的特点是在"模块化学习"的基础上，结合规范和教材，采用文字加图表的方法对案例所涉及的知识点进行系统及深入的剖析。案例选择各类不同形式和功能的工业、民用等建筑，涉及建筑防火、消防设施、消防安全管理等方面，所包含的知识点融合了设计、施工、检测及维护管理等各方面的内容。本书还汲取了我们在实际教学过程中通过学员的交流和反馈所获得的宝贵经验，从学员的角度出发，选择便于理解、记忆的方法对知识点进行阐述。

本书共包括三篇，第一篇为建筑防火，第二篇为消防设施应用，第三篇为消防安全评估与安全管理。每篇均采用案例作为一个情景，结合实际工程提出所涉及的知识内容，并采用习题的方式进行加深理解并巩固。同时案例后的习题补充了很多的知识点，部分考生难以找到这些内容的出处，因此本书也对书后习题进行了详尽的解析。

本书由张海华主编，汇聚业内一线教师共同编制，他们丰富的教学经验使本书更加适合考生备考，更加贴近考试。本书由黄明峰主审，在此表示感谢！同时感谢煤炭工业出版社为本书的出版所作出的努力。

在编写的过程中我们力求完美，但由于时间和水平有限，书中难免存在不足之处，恳请读者批评指正。

最后，祝广大考生顺利通过注册消防工程师资格考试！

张海华

写于华南理工大学

2017年6月

目　　录

第一篇　建　筑　防　火

第二篇　消防设施应用

第三篇　消防安全评估与安全管理

第一篇
建 筑 防 火

案例1　木器厂房防火案例分析

一、情景描述

【2015年案例6】某单层木器厂房为砖木结构，屋顶承重构件为难燃性构件，耐火极限为0.5 h，柱子采用不燃性构件，耐火极限为2.5 h。木器厂房建筑面积为4500 m^2，其总平面布局和平面布置如图1－1－1所示；木器厂房周边的建筑，面向木器厂房一侧的外墙上均设有门和窗。该木器厂房采用流水线连续生产。工艺不允许设置隔墙。厂房内东侧设有建筑面积500 m^2 的办公、休息区，采用耐火等级2.5 h的防火隔墙和车间分隔。防火墙上设有双扇弹簧门，南侧分别设有建筑面积为150 m^2 的油漆工段（采用封闭喷漆工艺）和50 m^2 中间仓库，中间仓库内储存3昼夜喷漆生产需要量的油漆、稀释剂（甲苯和香蕉水，$C=0.11$），采用防火墙与其他部位分隔。油漆工段通向车间的防火墙上设有双扇弹簧门。该厂房设置了消防给水及室内消火栓系统、建筑灭火器、排烟设施和应急照明及疏散指示标志。

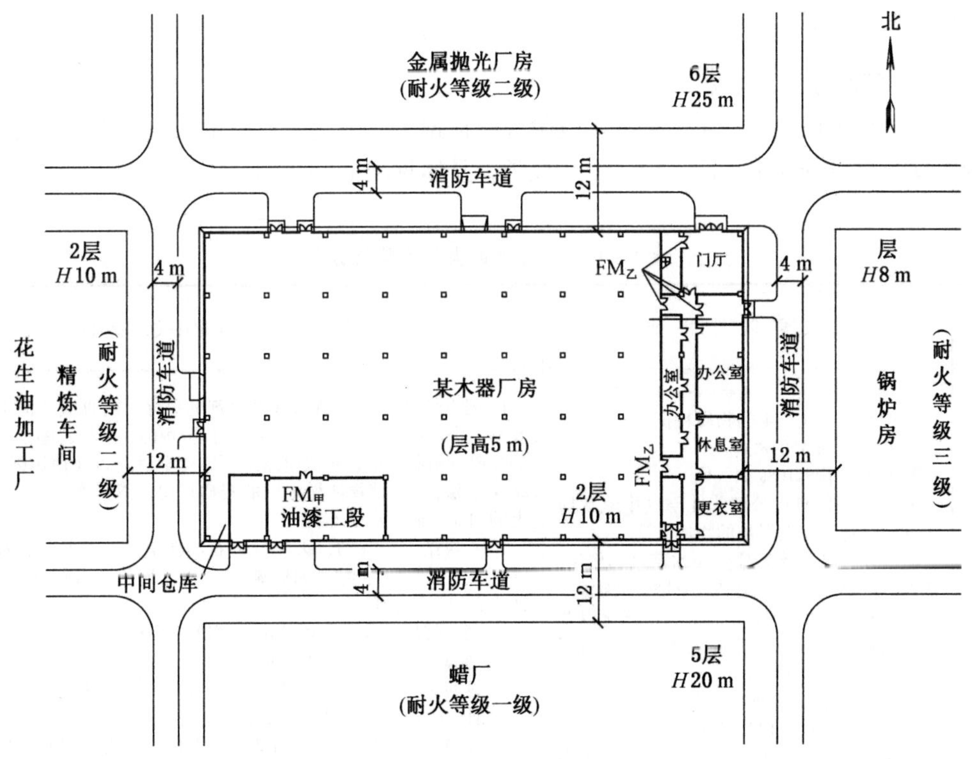

图1－1－1　木器厂房建筑总平面图

二、分析要点

本案例主要分析下列内容：

(1) 厂房分类。

(2) 厂房耐火等级和层数。

(3) 防火间距。

(4) 消防车道。

(5) 厂房内办公室、休息室及中间仓库布置。

(6) 构造防火。

(7) 安全疏散。

(8) 厂房防爆。

三、专业术语

(一) 封闭楼梯间

在楼梯间入口处设置门，以防止火灾的烟和热气进入楼梯间。

(二) 防烟楼梯间

在楼梯间入口处设置防烟的前室、开敞式阳台或凹廊（统称前室）等设施，且通向前室和楼梯间的门均为防火门，以防止火灾的烟和热气进入楼梯间。

四、关键知识点及依据

(一) 厂房分类及依据

生产的火灾危险性：生产的火灾危险性应根据生产中使用或产生的物质性质及其数量等因素划分，可分为甲、乙、丙、丁、戊类，具体见表 1－1－1。

表 1－1－1 生产的火灾危险性分类

生产类别	火灾危险性特征	火灾危险性分类举例（记住关键示例）
甲	生产时使用或产生的物质特征： 1. 闪点<28 ℃的液体 2. 爆炸下限<10% 的气体 3. 常温下能自行分解或在空气中氧化即能导致迅速自燃或爆炸的物质 4. 常温下受到水或空气中水蒸气的作用，能产生可燃气体并引起燃烧或爆炸的物质 5. 遇酸、受热、撞击、摩擦、催化以及遇有机物或硫黄等易燃的无机物，极易引起燃烧或爆炸的强氧化剂 6. 受撞击、摩擦或与氧化剂、有机物接触时能引起燃烧或爆炸的物质 7. 在密闭设备内操作温度不小于物质本身自燃点的生产	1. 闪点<28 ℃的油品和有机溶剂的提炼、回收或洗涤部位及其泵房，甲醇、乙醇、丙酮、丁酮异丙醇、醋酸乙酯、苯等的合成或精制厂房，集成电路工厂的化学清洗间（使用闪点<28 ℃的液体），植物油加工厂的浸出厂房，酒精度为 38°及以上的勾兑车间、灌装车间 2. 乙炔站，氢气站，天然气、石油伴生气、矿井气、水煤气或焦炉煤气的净化（如脱硫）厂房压缩机室及鼓风机室，液化石油气罐瓶间 3. 硝化棉厂房及其应用部位，赛璐珞厂房 4. 金属钠、钾加工房及其应用部位 5. 氯酸钠、氯酸钾厂房及其应用部位，过氧化氢厂房，过氧化钠、过氧化钾厂房，次氯酸钙厂房 6. 赤磷制备厂房及其应用部位，五硫化二磷厂房及其应用部位 7. 洗涤剂厂房石蜡裂解部位，冰醋酸裂解厂房

表1-1-1（续）

生产类别	火灾危险性特征	火灾危险性分类举例（记住关键示例）
乙	生产时使用或产生的物质特征： 1. 28 ℃≤闪点<60 ℃的液体 2. 爆炸下限≥10%的气体 3. 不属于甲类的氧化剂 4. 不属于甲类的易燃固体 5. 助燃气体 6. 能与空气形成爆炸性混合物的浮游状态的粉尘、纤维、闪点≥60 ℃的液体雾滴	1. 28 ℃≤闪点<60 ℃的油品和有机溶剂的提炼、回收、洗涤部位及其泵房，煤油灌桶间 2. 一氧化碳压缩机室及净化部位，发生炉煤气或鼓风炉煤气净化部位，氨压缩机房 3. 发烟硫酸或发烟硝酸浓缩部位，高锰酸钾厂房，重铬酸钠（红钒钠）厂房 4. 樟脑或松香提炼厂房，硫黄回收厂房，焦化厂精萘厂房 5. 氧气站，空分厂房 6. 铝粉或镁粉厂房，金属制品抛光部位，煤粉厂房、面粉厂的碾磨部位、活性炭制造及再生厂房，谷物筒仓工作塔，亚麻厂的除尘器和过滤器室
丙	生产时使用或产生的物质特征： 1. 闪点≥60 ℃的液体 2. 可燃固体	1. 闪点≥60 ℃的油品和有机液体的提炼、回收工段及其抽送泵房，油浸变压器室，机器油或变压油灌桶间，柴油灌桶间，润滑油再生部位，配电室（每台装油量>60 kg的设备），沥青加工厂房，植物油加工厂的精炼部位 2. 木工厂房，竹、藤加工厂房，橡胶制品的压延、成型和硫化厂房，针织品厂房，纺织、印染、化纤生产的干燥部位，服装加工厂房，棉花加工和打包厂房，造纸厂备料、干燥厂房，印染厂成品厂房，麻纺厂粗加工厂房，谷物加工房，卷烟厂的切丝、卷制、包装厂房，印刷厂的印刷厂房，毛涤厂选毛厂房，电视机、收音机装配厂房，显像管厂装配工段烧枪间，磁带装配厂房，集成电路工厂的氧化扩散间、光刻间，泡沫塑料厂的发泡、成型、印片压花部位，饲料加工厂房
丁	生产特征： 1. 对不燃烧物质进行加工，并在高温或熔化状态下经常产生强辐射热、火花或火焰的生产 2. 利用气体、液体、固体作为燃料或将气体、液体进行燃烧作其他用的各种生产 3. 常温下使用或加工难燃烧物质的生产	1. 金属冶炼、锻造、铆焊、热扎、铸造、热处理厂房 2. 锅炉房，玻璃原料熔化厂房，灯丝烧拉部位，保温瓶胆厂房，陶瓷制品的烘干、烧成厂房，蒸汽机车库，石灰焙烧厂房，电石炉部位，耐火材料烧成部位，转炉厂房，硫酸车间焙烧部位，电极煅烧工段配电室（每台装油量≤60 kg的设备） 3. 铝塑料材料的加工厂房，酚醛泡沫塑料的加工厂房，印染厂的漂炼部位，化纤厂后加工润湿部位
戊	生产特征： 常温下使用或加工不燃烧物质的生产	制砖车间，石棉加工车间，卷扬机室，不燃液体的泵房和阀门室，不燃液体的净化处理工段，金属（镁合金除外）冷加工车间，电动车库，钙镁磷肥车间（焙烧炉除外），造纸厂或化学纤维厂的浆粕蒸煮工段，仪表、器械或车辆装配车间，氟利昂厂房，水泥厂的轮窑厂房，加气混凝土厂的材料准备、构件制作厂房

同一座厂房或厂房的任一防火分区内有不同火灾危险性生产时，厂房或防火分区内的生产火灾危险性类别应按火灾危险性较大的部分确定；当生产过程中使用或产生易燃、可燃物的量较少，不足以构成爆炸或火灾危险时，可按实际情况确定；当符合下述条件之一时，可按火灾危险性较小的部分确定：

（1）火灾危险性较大的生产部分占本层或本防火分区建筑面积的比例小于5%或丁、戊类厂房内的油漆工段小于10%，且发生火灾事故时不足以蔓延至其他部位或火灾危险性较大的生产部分采取了有效的防火措施。

(2) 丁、戊类厂房内的油漆工段，当采用封闭喷漆工艺时，封闭喷漆空间内保持负压，油漆工段设置可燃气体探测报警系统或自动抑爆系统，且油漆工段占所在防火分区建筑面积的比例不大于20%。

(二) 厂房耐火等级

1. 不同耐火等级厂房建筑构件的燃烧性能和耐火极限

厂房和仓库的耐火等级分一、二、三、四级，相应建筑构件的燃烧性能和耐火极限，见表1-1-2。

表1-1-2 不同耐火等级厂房和仓库建筑构件的燃烧性能和耐火极限 h

构件名称		耐火等级			
		一级	二级	三级	四级
墙	防火墙	不燃性3.00	不燃性3.00	不燃性3.00	不燃性3.00
	承重墙	不燃性3.00	不燃性2.50	不燃性2.00	难燃性0.50
	楼梯间、前室的墙，电梯井的墙	不燃性2.00	不燃性2.00	不燃性1.50	难燃性0.50
	疏散走道两侧的隔墙	不燃性1.00	不燃性1.00	不燃性0.50	难燃性0.25
	非承重外墙，房间隔墙	不燃性0.75	不燃性0.50	难燃性0.50	难燃性0.25
柱		不燃性3.00	不燃性2.50	不燃性2.00	难燃性0.50
梁		不燃性2.00	不燃性1.50	不燃性1.00	难燃性0.50
楼板		不燃性1.50	不燃性1.00	不燃性0.75	难燃性0.50
屋顶承重构件		不燃性1.50	不燃性1.00	难燃性0.50	可燃性
疏散楼梯		不燃性1.50	不燃性1.00	不燃性0.75	可燃性
吊顶（包括吊顶搁栅）		不燃性0.25	难燃性0.25	难燃性0.15	可燃性

注：二级耐火等级建筑采用不燃烧材料的吊顶，其耐火极限不限。

2. 耐火等级与建筑分类的适应性

工业建筑的耐火等级与建筑分类的适应性见表1-1-3。

表1-1-3 工业建筑的耐火等级与建筑分类的适应性

名称	最低耐火等级	备注
高层厂房	二级	
甲、乙类厂房	二级	建筑面积≤300 m² 的独立甲、乙类单层厂房可采用三级耐火等级的建筑
使用或产生丙类液体的厂房和有火花、赤热表面、明火的丁类厂房	二级	当为建筑面积≤500 m² 的单层丙类厂房或建筑面积≤1000 m² 的单层丁类厂房时为三级
锅炉房	二级	当为燃煤锅炉房且锅炉的总蒸发量不大于4 t/h时，可采用三级耐火等级的建筑
油浸变压器室、高压配电装置室	二级	

表1-1-3（续）

名　　称	最低耐火等级	备　　注
高架仓库、高层仓库、甲类仓库、多层乙类仓库和储存可燃液体的多层丙类仓库	二级	
单、多层丙类厂房和多层丁、戊类厂房	三级	
单层乙类仓库，单、多层丙类仓库和多层丁、戊类仓库	三级	

3. 厂房的耐火等级与层数的关系

厂房的防火分区面积应根据其生产的火灾危险性类别、厂房的层数和厂房的耐火等级等因素确定。厂房的层数和每个防火分区的最大允许建筑面积应符合表1-1-4的规定。

表1-1-4　厂房的层数和每个防火分区的最大允许建筑面积

生产的火灾危险性类别	厂房的耐火等级	最多允许层数	每个防火分区的最大允许建筑面积/m^2			
			单层厂房	多层厂房	高层厂房	地下或半地下厂房（包括地下或半地下室）
甲	一级	宜采用单层	4000	3000	—	—
	二级		3000	2000	—	—
乙	一级	不限	5000	4000	2000	—
	二级	6	4000	3000	1500	—
丙	一级	不限	不限	6000	3000	500
	二级	不限	8000	4000	2000	500
	三级	2	3000	2000	—	—
丁	一、二级	不限	不限	不限	4000	1000
	三级	3	4000	2000	—	—
	四级	1	1000	—	—	—
戊	一、二级	不限	不限	不限	6000	1000
	三级	3	5000	3000	—	—
	四级	1	1500	—	—	—

注：厂房内设置自动灭火系统时，每个防火分区的最大允许建筑面积可按上述规定增加1倍；厂房内局部设置自动灭火系统时，其防火分区增加面积可按该局部面积的1倍计算。

（三）防火间距

1. 厂房之间及与乙、丙、丁、戊类仓库、民用建筑等的防火间距

厂房之间及与乙、丙、丁、戊类仓库、民用建筑等的防火间距不应小于表1-1-5的规定。

表1-1-5 厂房之间及与乙、丙、丁、戊类仓库、民用建筑等的防火间距

<table>
<tr><td colspan="3" rowspan="3">名称</td><td>甲类厂房/m</td><td colspan="3">乙类厂房(仓库)/m</td><td colspan="4">丙、丁、戊类厂房(仓库)/m</td><td colspan="5">民用建筑/m</td></tr>
<tr><td>单、多层</td><td colspan="2">单、多层</td><td>高层</td><td colspan="3">单、多层</td><td>高层</td><td colspan="3">裙房,单、多层</td><td colspan="2">高层</td></tr>
<tr><td>一、二级</td><td>一、二级</td><td>三级</td><td>一、二级</td><td>一、二级</td><td>三级</td><td>四级</td><td>一、二级</td><td>一二级</td><td>三级</td><td>四级</td><td>一类</td><td>二类</td></tr>
<tr><td>甲类厂房</td><td>单、多层</td><td>一、二级</td><td>12</td><td>12</td><td>14</td><td>13</td><td>12</td><td>14</td><td>16</td><td>13</td><td colspan="3" rowspan="4">25</td><td colspan="2" rowspan="4">50</td></tr>
<tr><td rowspan="3">乙类厂房</td><td rowspan="2">单、多层</td><td>一、二级</td><td>12</td><td>10</td><td>12</td><td>13</td><td>10</td><td>12</td><td>14</td><td>13</td></tr>
<tr><td>三级</td><td>14</td><td>12</td><td>14</td><td>15</td><td>12</td><td>14</td><td>16</td><td>15</td></tr>
<tr><td>高层</td><td>一、二级</td><td>13</td><td>13</td><td>15</td><td>13</td><td>13</td><td>15</td><td>17</td><td>13</td></tr>
<tr><td rowspan="4">丙类厂房</td><td rowspan="3">单、多层</td><td>一、二级</td><td>12</td><td>10</td><td>12</td><td>13</td><td>10</td><td>12</td><td>14</td><td>13</td><td>10</td><td>12</td><td>14</td><td>20</td><td>15</td></tr>
<tr><td>三级</td><td>14</td><td>12</td><td>14</td><td>15</td><td>12</td><td>14</td><td>16</td><td>15</td><td>12</td><td>14</td><td>16</td><td rowspan="2">25</td><td rowspan="2">20</td></tr>
<tr><td>四级</td><td>16</td><td>14</td><td>16</td><td>17</td><td>14</td><td>16</td><td>18</td><td>17</td><td>14</td><td>16</td><td>18</td></tr>
<tr><td>高层</td><td>一、二级</td><td>13</td><td>13</td><td>15</td><td>13</td><td>13</td><td>15</td><td>17</td><td>13</td><td>13</td><td>15</td><td>17</td><td>20</td><td>15</td></tr>
<tr><td rowspan="4">丁、戊类厂房</td><td rowspan="3">单、多层</td><td>一、二级</td><td>12</td><td>10</td><td>12</td><td>13</td><td>10</td><td>12</td><td>14</td><td>13</td><td>10</td><td>12</td><td>14</td><td>15</td><td>13</td></tr>
<tr><td>三级</td><td>14</td><td>12</td><td>14</td><td>15</td><td>12</td><td>14</td><td>16</td><td>15</td><td>12</td><td>14</td><td>16</td><td rowspan="2">18</td><td rowspan="2">15</td></tr>
<tr><td>四级</td><td>16</td><td>14</td><td>16</td><td>17</td><td>14</td><td>16</td><td>18</td><td>17</td><td>14</td><td>16</td><td>18</td></tr>
<tr><td>高层</td><td>一、二级</td><td>13</td><td>13</td><td>15</td><td>13</td><td>13</td><td>15</td><td>17</td><td>13</td><td>13</td><td>15</td><td>17</td><td>15</td><td>13</td></tr>
<tr><td rowspan="3">室外变、配电站</td><td rowspan="3">变压器总油量/t</td><td>≥5,≤10</td><td rowspan="3">25</td><td rowspan="3">25</td><td rowspan="3">25</td><td rowspan="3">25</td><td>12</td><td>15</td><td>20</td><td>12</td><td>15</td><td>20</td><td>25</td><td colspan="2">20</td></tr>
<tr><td>>10,≤50</td><td>15</td><td>20</td><td>25</td><td>15</td><td>20</td><td>25</td><td>30</td><td colspan="2">25</td></tr>
<tr><td>>50</td><td>20</td><td>25</td><td>30</td><td>20</td><td>25</td><td>30</td><td>35</td><td colspan="2">30</td></tr>
</table>

（1）乙类厂房与重要公共建筑的防火间距不宜小于50 m；与明火或散发火花地点，不宜小于30 m。单、多层戊类厂房之间及与戊类仓库的防火间距可按表1-1-5的规定减少2 m，与民用建筑的防火间距可将戊类厂房等同民用建筑按《建筑设计防火规范》(GB 50016—2014)，简称《建规》第5.2.2条的规定执行。为丙、丁、戊类厂房服务而单独设置的生活用房应按民用建筑确定，与所属厂房的防火间距不应小于6 m。确需相邻布置时，应符合下面两条的规定。

（2）两座厂房相邻较高一面外墙为防火墙，或相邻两座高度相同的一、二级耐火等级建筑中相邻任一侧外墙为防火墙且屋顶的耐火极限不低于1.00 h时，其防火间距不限，但甲类厂房之间不应小于4 m。两座丙、丁、戊类厂房相邻两面外墙均为不燃性墙体，当无外露的可燃性屋檐，每面外墙上的门、窗、洞口面积之和各不大于外墙面积的5%，且门、窗、洞口不正对开设时，其防火间距可按表1-1-5的规定减少25%。甲、乙类厂房（仓库）不应与《建规》第3.3.5条规定外的其他建筑贴邻。

（3）两座一、二级耐火等级的厂房，当相邻较低一面外墙为防火墙且较低一座厂房

的屋顶无天窗，屋顶的耐火极限不低于1.00 h，或相邻较高一面外墙的门、窗等开口部位设置甲级防火门、窗或防火分隔水幕或按《建规》第6.5.3条的规定设置防火卷帘时，甲、乙类厂房之间的防火间距不应小于6 m；丙、丁、戊类厂房之间的防火间距不应小于4 m。

2. 防火间距不足的处理措施

(1) 改变建筑物的生产和使用性质，尽量降低建筑物的火灾危险性，改变房屋部分结构的耐火性能，提高建筑物的耐火等级。

(2) 调整生产厂房的部分工艺流程，限制库房内储存物品的数量，提高部分构件的耐火极限和燃烧性能。

(3) 将建筑物的普通外墙改造为防火墙或减少相邻建筑的开口面积，如开设门窗，应采用防火门窗或加防火水幕保护。

(4) 拆除部分耐火等级低、占地面积小，使用价值低且与新建筑物相邻的原有陈旧建筑物。

(5) 设置独立的室外防火墙。

(四) 消防车道

(1) 工厂、仓库区内应设置消防车道。

高层厂房，占地面积大于3000 m^2 的甲、乙、丙类厂房和占地面积大于1500 m^2 的乙、丙类仓库，应设置环形消防车道，确有困难时，应沿建筑物的两个长边设置消防车道。

(2) 消防车道应符合下列要求：

① 车道的净宽度和净空高度均不应小于4.0 m。

② 转弯半径应满足消防车转弯的要求。

③ 消防车道与建筑之间不应设置妨碍消防车操作的树木、架空管线等障碍物。

④ 消防车道靠建筑外墙一侧的边缘距离建筑外墙不宜小于5 m。

⑤ 消防车道的坡度不宜大于8%。

(3) 环形消防车道至少应有两处与其他车道连通。尽头式消防车道应设置回车道或回车场，回车场的面积不应小于12 m×12 m；对于高层建筑，不宜小于15 m×15 m；供重型消防车使用时，不宜小于18 m×18 m。

消防车道的路面、救援操作场地、消防车道和救援操作场地下面的管道和暗沟等，应能承受重型消防车的压力。

消防车道可利用城乡、厂区道路等，但该道路应满足消防车通行、转弯和停靠的要求。

(五) 厂房内办公室、休息室及中间仓库布置

(1) 员工宿舍严禁设置在厂房内。

办公室、休息室等不应设置在甲、乙类厂房内，确需贴邻本厂房时，其耐火等级不应低于二级，并应采用耐火极限不低于3.00 h的防爆墙与厂房分隔，且应设置独立的安全出口。【图1-1-2】

办公室、休息室设置在丙类厂房内时，应采用耐火极限不低于2.50 h的防火隔墙和1.00 h的楼板与其他部位分隔，并应至少设置1个独立的安全出口。如隔墙上需开设相互连通的门时，应采用乙级防火门。【图1-1-3】

(2) 厂房内设置中间仓库时，应符合下列规定：

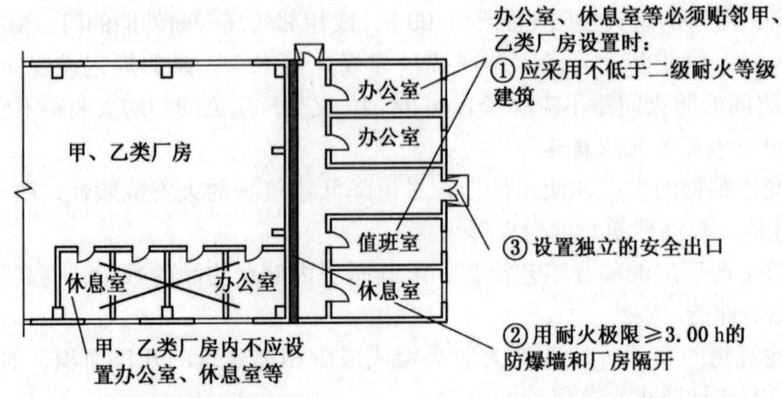

图1-1-2 办公室、休息室贴临甲、乙类厂房设置平面图

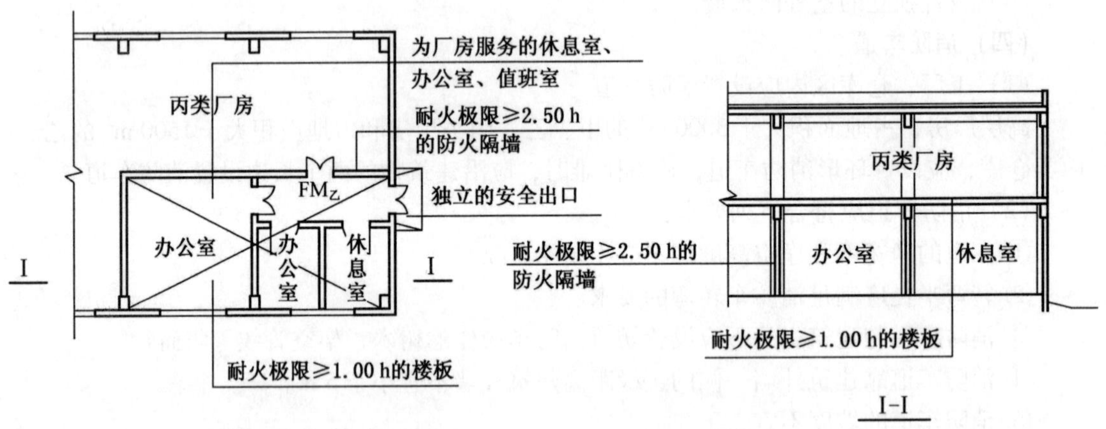

图1-1-3 丙类厂房内设置办公室、休息室平面示意图

① 甲、乙类中间仓库应靠外墙布置，其储量不宜超过1昼夜的需要量。

② 甲、乙、丙类中间仓库应采用防火墙和耐火极限不低于1.50 h的不燃性楼板与其他部位分隔。【图1-1-4】

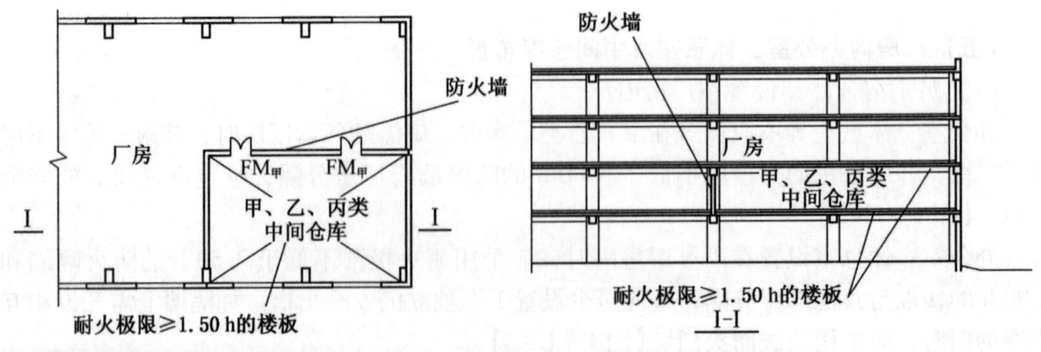

图1-1-4 甲、乙、丙类中间仓库防火分隔

③ 丁、戊类中间仓库应采用耐火极限不低于 2.00 h 的防火隔墙和 1.00 h 的楼板与其他部位分隔。【图 1－1－5】

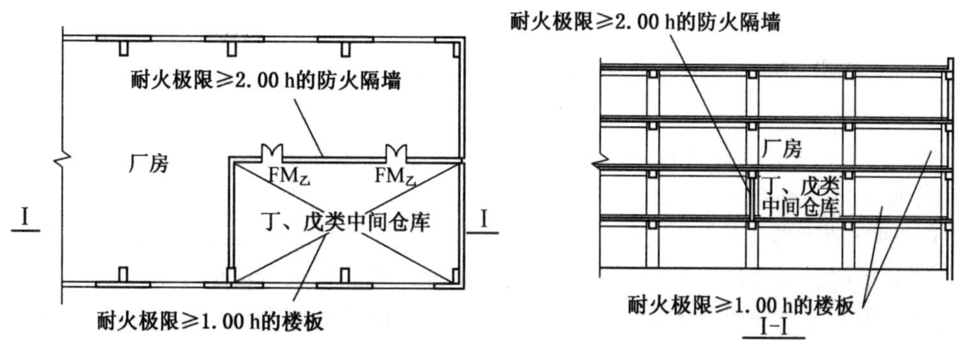

图 1－1－5　丁、戊类中间仓库防火分隔

④ 仓库的耐火等级和面积应符合《建规》第 3.3.2 条和第 3.3.3 条的规定。

（六）构造防火

（1）附设在建筑内的消防控制室、灭火设备室、消防水泵房和通风空气调节机房、变配电室等，应采用耐火极限不低于 2.00 h 的防火隔墙和 1.50 h 的楼板与其他部位分隔。

设置在丁、戊类厂房内的通风机房，应采用耐火极限不低于 1.00 h 的防火隔墙和 0.50 h 的楼板与其他部位分隔。

通风、空气调节机房和变配电室开向建筑内的门应采用甲级防火门，消防控制室和其他设备房开向建筑内的门应采用乙级防火门。

（2）建筑内的下列部位应采用耐火极限不低于 2.00 h 的防火隔墙与其他部位分隔，墙上的门、窗应采用乙级防火门、窗，确有困难时，可采用防火卷帘，但应符合《建规》第 6.5.3 条的规定：

① 甲、乙类生产部位和建筑内使用丙类液体的部位。

② 厂房内有明火和高温的部位。

③ 甲、乙、丙类厂房（仓库）内布置有不同火灾危险性类别的房间。

④ 民用建筑内的附属库房，剧场后台的辅助用房。

⑤ 除居住建筑中套内的厨房外，宿舍、公寓建筑中的公共厨房和其他建筑内的厨房。

⑥ 附设在住宅建筑内的机动车库。

（七）安全疏散

1. 安全出口设置

（1）厂房的安全出口应分散布置。每个防火分区或一个防火分区的每个楼层，其相邻 2 个安全出口最近边缘之间的水平距离不应小于 5 m。

（2）厂房内每个防火分区或一个防火分区内的每个楼层，其安全出口的数量应经计算确定，且不应少于 2 个；当符合下列条件时，可设置 1 个安全出口：

① 甲类厂房，每层建筑面积不大于 100 m²，且同一时间的作业人数不超过 5 人。

② 乙类厂房，每层建筑面积不大于 150 m²，且同一时间的作业人数不超过 10 人。

③ 丙类厂房，每层建筑面积不大于 250 m²，且同一时间的作业人数不超过 20 人。

④ 丁、戊类厂房，每层建筑面积不大于 400 m²，且同一时间的作业人数不超过 30 人。

⑤ 地下或半地下厂房（包括地下或半地下室），每层建筑面积不大于 50 m²，且同一时间的作业人数不超过 15 人。

(3) 地下或半地下厂房（包括地下或半地下室），当有多个防火分区相邻布置，并采用防火墙分隔时，每个防火分区可利用防火墙上通向相邻防火分区的甲级防火门作为第二安全出口，但每个防火分区必须至少有 1 个直通室外的独立安全出口。【图 1－1－6】

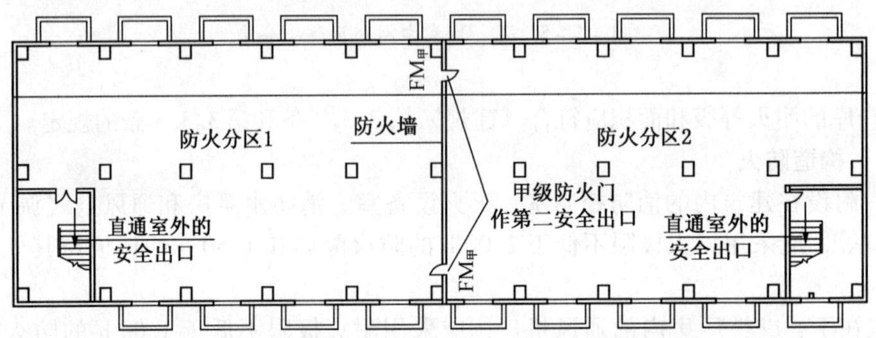

图 1－1－6 厂房的地下室、半地下室平面示意图

2. 楼梯间形式与疏散宽度

(1) 厂房内疏散楼梯、走道、门的各自总净宽度，应根据疏散人数按每 100 人的最小疏散净宽度不小于表 1－1－6 的规定计算确定。但疏散楼梯的最小净宽度不宜小于 1.10 m，疏散走道的最小净宽度不宜小于 1.40 m，门的最小净宽度不宜小于 0.90 m。当每层疏散人数不相等时，疏散楼梯的总净宽度应分层计算，下层楼梯总净宽度应按该层及以上疏散人数最多一层的疏散人数计算。【图 1－1－7】

表 1－1－6 厂房内疏散楼梯、走道和门的每 100 人最小疏散净宽度

厂房层数/层	1～2	3	≥4
最小疏散净宽度/(m·百人$^{-1}$)	0.60	0.80	1.00

首层外门的总净宽度应按该层及以上疏散人数最多一层的疏散人数计算，且该门的最小净宽度不应小于 1.20 m。

(2) 高层厂房和甲、乙、丙类多层厂房的疏散楼梯应采用封闭楼梯间或室外楼梯。建筑高度大于 32 m 且任一层人数超过 10 人的厂房，应采用防烟楼梯或室外楼梯。

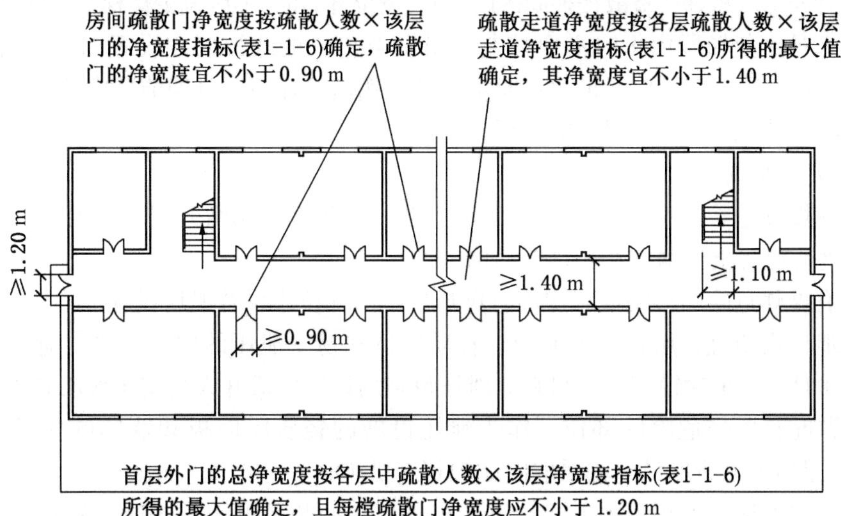

图1-1-7 厂房走道、门净宽度

3. 安全疏散距离

厂房内任一点至最近安全出口的直线距离不应大于表1-1-7的规定。

表1-1-7 厂房内任一点至最近安全出口的直线距离 m

生产类别	耐火等级	单层厂房	多层厂房	高层厂房	地下、半地下厂房或厂房的地下室、半地下室
甲	一、二级	30.0	25.0	—	—
乙	一、二级	75.0	50.0	30.0	—
丙	一、二级	80.0	60.0	40.0	30.0
	三级	60.0	40.0	—	—
丁	一、二级	不限	不限	50.0	45.0
	三级	60.0	50.0	—	—
	四级	50.0	—	—	—
戊	一、二级	不限	不限	75.0	60.0
	三级	100.0	75.0	—	—
	四级	60.0	—	—	—

4. 疏散门设置要求

建筑内的疏散门应符合下列规定：

（1）民用建筑和厂房的疏散门，应采用向疏散方向开启的平开门，不应采用推拉门、卷帘门、吊门、转门和折叠门。除甲、乙类生产车间外，人数不超过60人且每樘门的平均疏散人数不超过30人的房间，其疏散门的开启方向不限。

（2）仓库的疏散门应采用向疏散方向开启的平开门，但丙、丁、戊类仓库首层靠墙的外侧可采用推拉门或卷帘门。

(3) 开向疏散楼梯或疏散楼梯间的门,当其完全开启时,不应减少楼梯平台的有效宽度。

(4) 人员密集场所内平时需要控制人员随意出入的疏散门和设置门禁系统的住宅、宿舍、公寓建筑的外门，应保证火灾时不需使用钥匙等任何工具即能从内部易于打开，并应在显著位置设置具有使用提示的标识。

(八) 厂房防爆

(1) 有爆炸危险的甲、乙类厂房宜独立设置，并宜采用敞开或半敞开式。其承重结构宜采用钢筋混凝土或钢框架、排架结构。

(2) 有爆炸危险的厂房或厂房内有爆炸危险的部位应设置泄压设施。

(3) 泄压设施宜采用轻质屋面板、轻质墙体和易于泄压的门、窗等，应采用安全玻璃等在爆炸时不产生尖锐碎片的材料。泄压设施的设置应避开人员密集场所和主要交通道路，并宜靠近有爆炸危险的部位。作为泄压设施的轻质屋面板和墙体的质量不宜大于60 kg/m^2。屋顶上的泄压设施应采取防冰雪积聚措施。

(4) 厂房的泄压面积宜按下式计算，但当厂房的长径比大于3时，宜将建筑划分为长径比不大于3的多个计算段，各计算段中的公共截面不得作为泄压面积：

$$A = 10CV^{2/3}$$

式中 A——泄压面积，m^2；

V——厂房的容积，m^3；

C——泄压比，可按表1-1-8选取，m^2/m^3。

表1-1-8 厂房内爆炸性危险物质的类别与泄压比规定值

厂房内爆炸性危险物质的类别	C值/($m^2 \cdot m^{-3}$)
氨、粮食、纸、皮革、铅、铬、铜等 $K_{尘} < 10\ MPa \cdot m \cdot s^{-1}$ 的粉尘	≥0.030
木屑、炭屑、煤粉、锑、锡等 $10\ MPa \cdot m \cdot s^{-1} \leqslant K_{尘} \leqslant 30\ MPa \cdot m \cdot s^{-1}$ 的粉尘	≥0.055
丙酮、汽油、甲醇、液化石油气、甲烷、喷漆间或干燥室，苯酚树脂、铝、镁、锆等 $K_{尘} > 30\ MPa \cdot m \cdot s^{-1}$ 的粉尘	≥0.110
乙烯	≥0.160
乙炔	≥0.200
氢	≥0.250

【练习题】

一间乙类镁粉厂房，长36 m，宽12 m，高6.5 m，泄压比 $C = 0.110$，请计算该厂房的泄压面积。

[答案]

① 计算厂房的长径比：

$$36.0 \times (12.0 + 6.5) \times 2 / (12.0 \times 6.5 \times 4.0) = 1332/312 = 4.3 > 3$$

② 以上计算结果不满足长径比不大于3的要求，因此将该厂房分为两段再进行长径比计算（也可视情况分成多个计算段）：

$$18.0 \times (12.0 + 6.5) \times 2 / (12.0 \times 6.5 \times 4.0) = 666/312 = 2.1 < 3$$

③ 计算厂房的容积：

$$V = 18.0 \times 12.0 \times 6.5 = 1404(\text{m}^3)$$

④ 代入公式：

$$A_1 = 10 \times 0.110 \times 1404^{2/3} = 1.1 \times 125.4 = 137.9(\text{m}^2)$$

（每段的泄压面积）

⑤ 整个厂房需要泄压面积：

$$A = A_1 \times 2 = 137.9 \times 2 = 275.8(\text{m}^2)$$

（5）散发较空气轻的可燃气体、可燃蒸气的甲类厂房，宜采用轻质屋面板作为泄压面积。顶棚应尽量平整、无死角，厂房上部空间应通风良好。

（6）散发较空气重的可燃气体、可燃蒸气的甲类厂房和有粉尘、纤维爆炸危险的乙类厂房，应符合下列规定：

① 应采用不发火花的地面。采用绝缘材料作整体面层时，应采取防静电措施。

② 散发可燃粉尘、纤维的厂房，其内表面应平整、光滑，并易于清扫。

③ 厂房内不宜设置地沟，确需设置时，其盖板应严密，地沟应采取防止可燃气体、可燃蒸气和粉尘、纤维在地沟积聚的有效措施，且应在与相邻厂房连通处采用防火材料密封。

（7）有爆炸危险的甲、乙类生产部位，宜布置在单层厂房靠外墙的泄压设施或多层厂房顶层靠外墙的泄压设施附近。有爆炸危险的设备宜避开厂房的梁、柱等主要承重构件布置。

（8）有爆炸危险的区域内的楼梯间、室外楼梯或有爆炸危险的区域与相邻区域连通处，应设置门斗等防护措施。门斗的隔墙应为耐火极限不低于 2.00 h 的防火隔墙，门应采用甲级防火门并应与楼梯间的门错位设置。

五、思考题

（一）单项选择题

1. 下列（　　）的生产火灾危险性分类为丙类。

A. 油浸变压器室　　B. 氧气站

C. 锅炉房　　D. 石棉加工车间

［答案］A

［解析］氧气站是乙类，锅炉房是丁类，石棉加工车间是戊类。

2. 一级耐火等级单层丙类厂房每个防火分区的最大允许建筑面积为（　　）m^2。

A. 不限　　B. 8000　　C. 6000　　D. 4000

［答案］A

［解析］见本案例的表 1-1-4。

3. 厂房内的丙类液体中间储罐应设置在单独房间内，其容积不应大于（　　）m^3。设置该中间储罐的房间，应采用耐火极限不低于 3.00 h 的防火隔墙和不低于 1.50 h 的楼板与其他部位分隔，房间的门应采用甲级防火门。

A. 1　　B. 0.50　　C. 3　　D. 5

［答案］D

［解析］《建规》规定厂房内的丙类液体中间储罐应设置在单独房间内，其容量不应

大于 5 m^3。

4. 单、多层甲类、乙类厂房，高层乙类厂房与裙房，单、多层民用建筑的防火间距不应小于（　　）m。

A. 30　　B. 25　　C. 20　　D. 15

[答案] B

[解析] 见本案例的表 1－1－5。

5. 单、多层甲类、乙类厂房，高层乙类厂房与高层民用建筑的防火间距不应小于（　　）m。

A. 60　　B. 50　　C. 40　　D. 30

[答案] B

[解析] 见本案例的表 1－1－5。

6. 一、二级耐火等级丁、戊类厂房地下室每个防火分区的最大允许建筑面积为（　　）m^2。

A. 1200　　B. 1000　　C. 600　　D. 500

[答案] B

[解析] 见本案例的表 1－1－4。

7. 情景描述中木器厂房喷漆间的泄压比为 0.110 m^2/m^3，长径比不大于 3，该喷漆间的泄压面积不应小于（　　）m^2。

A. 144　　B. 132　　C. 121　　D. 117

[答案] A

[解析] 地上二层南侧设有一间靠外墙布置、建筑面积为 300 m^2 的喷漆间，其采用耐火极限均为 2.00 h 的防火隔墙与其他部位分隔；图 1－1－1 中标注了层高 5 m，公式 $10CV^{2/3} = 10 \times 0.110 \times (300 \times 5)^{2/3} = 144(m^2)$。

8. 下列生产属于甲类生产的是（　　）。

A. 空分厂房　　B. 植物油加工厂的精炼部位

C. 金属冶炼厂房　　D. 植物油加工厂的浸出厂房

[答案] D

[解析] 空分厂房是乙类，植物油加工厂的精炼部位是丙类，金属冶炼厂房是丁类。

(二) 多项选择题

1. 厂房内设置丙类中间仓库时，应采用（　　）与厂房隔开，设置丁、戊类仓库时，必须采用耐火极限不低于 2.50 h 的不燃烧体隔墙和不低于 1.00 h 的楼板与厂房隔开。

A. 防火墙

B. 耐火极限不低于 2.50 h 的不燃烧体隔墙

C. 耐火极限不低于 2.00 h 的不燃烧体隔墙

D. 耐火极限不低于 1.00 h 的楼板

E. 耐火极限不低于 1.50 h 的楼板

[答案] AE

[解析]《建规》规定厂房内设置中间仓库时，应符合下列规定：

(1) 甲、乙类中间仓库应靠外墙布置，其储量不宜超过 1 昼夜的需要量。

(2) 甲、乙、丙类中间仓库应采用防火墙和耐火极限不低于1.50 h的不燃性楼板与其他部位分隔。

(3) 丁、戊类中间仓库应采用耐火极限不低于2.00 h的防火隔墙和1.00 h的楼板与其他部位分隔。

2. 以下（　　）生产的火灾危险性类别属于丙类。

A. 甲醇合成厂房　　B. 乙炔站

C. 煤油灌装间　　D. 沥青加工厂房

E. 印刷厂房

[答案] DE

[解析] A是甲类1项，B是甲类2项，C是乙类1项。

3. （　　）每个防火分区的最大允许建筑面积不限。

A. 一级耐火等级单层丙类厂房　　B. 一、二级耐火等级单层丁类厂房

C. 一、二级耐火等级多层丁类厂房　　D. 一、二级耐火等级单层戊类厂房

E. 一、二级耐火等级多层戊类厂房

[答案] ABCDE

[解析] 见本案例的表1-1-3。

4. 甲类生产厂房的建筑结构宜采用（　　）。

A. 砖混结构　　B. 钢筋混凝土结构

C. 钢框架结构　　D. 钢排架结构

E. 木结构

[答案] BCD

[解析]《建规》第3.6.1条。

(三) 分析题

1. 一栋拟建三级耐火等级厂房受选址条件所限，与其相邻的一栋已建三级耐火等级的多层办公楼之间的防火间距仅为12 m，问：两者之间的防火间距不应小于多少米？如防火间距不足，可采取哪些防火技术措施解决并说明原因？

[答案] 通常情况下，该厂房与办公楼之间的防火间距不应小于14 m，可采取以下防火技术措施解决防火间距不足的问题：

(1) 降低该厂房的生产火灾危险性，将其生产火灾危险性类别降至戊类后，该厂房与办公楼之间的最小防火间距为8 m。

(原因：《建规》规定，单、多层戊类厂房与民用建筑的防火间距可将戊类厂房等同民用建筑按《建规》第5.2.2条的规定执行)

m

建筑类别		高层民用建筑	裙房和其他民用建筑		
		一、二级	一、二级	三级	四级
高层民用建筑	一、二级	13	9	11	14
裙房和其他民用建筑	一、二级	9	6	7	9
	三级	11	7	8	10
	四级	14	9	10	12

(2) 对该厂房进行结构改造，提高其耐火等级，使其耐火等级不低于二级后，该厂房与多层办公楼之间的最小防火间距为 12 m。

(3) 对办公楼进行结构改造，提高其耐火等级，使其耐火等级不低于二级后，该厂房与多层办公楼之间的最小防火间距为 12 m。

(4) 对该厂房和办公楼进行结构改造，使其耐火等级均不低于二级的同时，将这两栋建筑中的相邻较高一面外墙改造为无门、窗、洞口的防火墙，或将比相邻较低一座建筑屋面高 15 m 及以下范围内的外墙改造为无门、窗、洞口的防火墙后，其防火间距不限。

(5) 对该厂房和办公楼进行结构改造，使其耐火等级均不低于二级的同时，将这两栋建筑中的相邻较低一面外墙改造为防火墙，且较低建筑屋顶无天窗或洞口、屋顶的耐火极限不低于 1.00 h；或将相邻较高一面外墙改造为防火墙，且其墙上开口部位采取防火措施（如门、窗等开口部位设置甲级防火门、窗或防火分隔水幕或按《建筑设计防火规范》（GB 50016—2014）第 6.5.3 条的规定设置防火卷帘后，该厂房与多层办公楼之间的最小防火间距为 4 m。

(6) 拆除防火间距内的原建筑。

2. 根据本案例的情景描述，回答下列问题：

(1) 检查防火间距、消防车道是否符合消防安全规定，提出防火间距不足时可采取的相应技术措施。

(2) 简析厂房和平面布置及油漆工段存在的消防安全问题，并提出整改意见。

(3) 计算油漆工段的泄压面积，并分析外窗做泄压面的可能性。

(4) 中间仓库存在哪些消防安全问题？应采取哪些防火防爆技术措施？

(5) 该厂房内还应配备哪些建筑消防设施？

（提示：$150^{2/3}=28.24$，$200^{2/3}=34.20$，$750^{2/3}=82.55$）

[答案]

(1) 该厂房屋顶承重构件为难燃性构件，耐火极限为 0.5 h，对应耐火等级为三级。

本案例平面图中各个建筑物的耐火等级、防火间距见下表。

m

建 筑 物	锅炉房（三级）	蜡库（一级）	花生油加工厂（二级）	金属抛光厂房（二级）
火灾危险性	丁类	丙类	丙类	乙类
与木器厂房防火间距	14	12	12	15

由本表对应案例的布置图可知，木器厂房与金属抛光厂房、锅炉房的防火间距不足。

本案例中消防车道符合要求，环形消防车道，宽度均为 4 m，但防火间距不满足安全规定。

防火间距不足，应采取下列措施：

① 对锅炉房进行结构改造，提高其耐火等级为二级，防火间距可减少为 12 m，满足要求。

② 对锅炉房面对木器厂房的外墙进行改造，改为不开设门窗洞口的防火墙，防火间

距可不限。

③ 对金属抛光厂房面对木器厂房的外墙进行改造，改为不开设门窗洞口的防火墙，防火间距可不限。

④ 对木器厂房进行结构改造,使其耐火等级不低于二级,且对金属抛光车间面对木器厂房外墙的门窗洞口进行改造,改为甲级防火门窗或防火分隔水幕,或按《建筑设计防火规范》(GB 50016—2014)的规定,设置防火卷帘时,最小防火间距为6 m,满足要求。

⑤ 对木器厂房进行结构改造,使其耐火等级不低于二级,相邻金属抛光厂房一面外墙为防火墙且屋顶承重结构耐火极限不低于1.00 h,无天窗,则最小间距为6 m,满足要求。

(2) 分析及整改意见：

① 办公、休息区，采用耐火极限2.5 h的防火隔墙与车间分隔，防火隔墙上应设乙级防火门，不应设双扇弹簧门。

② 油漆工段与车间分隔的防火墙上不应开设门、窗、洞口，确需开设时，应设置不可开启或者火灾时能自动关闭的甲级防火门窗。

③ 中间仓库应靠外墙布置，其储量不宜超过1昼夜的需要量，本题为3昼夜的量，应减少。

(3) 计算及分析：

① 计算油漆工段的长径比（建筑平面几个外形尺寸中的最长尺寸与其横截面周长的积和4.0倍的该建筑横截面之比）$[2(a+b)L]/4ab=[2\times(5+10)\times15]/[4\times5\times10]=2.25<3$；因此不需要分段计算。

泄压面积：$A=10CV^{\frac{2}{3}}=10\times0.11\times(150\times5)^{\frac{2}{3}}=90.805(\mathrm{m}^2)$。

② 不可利用外窗作为泄压面，因为木器厂周边的建筑都设有门窗，极易影响木器厂周边的建筑，且油漆工段外墙长15 m，高5 m，外墙面积为$15\times5=75(\mathrm{m}^2)$，小于泄压面积。

(4) 存在问题：中间仓库内储存3昼夜喷漆生产需要的油漆、稀释液。

采取的防火防爆措施：

① 设置防止液体流淌的设施。

② 控制可燃物，不燃取代可燃，加强通风。

③ 消除点火源，消除明火，防止电火花，防止撞击火花，防止静电。

④ 设置防火设施和防火分隔。

(5) 还需要配置室外消火栓系统、自动喷水灭火系统，火灾自动报警系统、消防供配电系统，在厂房内布置灭火器。

[解析]

(1) 确定题中木器厂房的耐火等级。

h

构件名称		耐火等级			
		一级	二级	三级	四级
墙	防火墙	不燃性3.00	不燃性3.00	不燃性3.00	不燃性3.00
	承重墙	不燃性3.00	不燃性2.50	不燃性2.00	难燃性0.50

（续）

h

构件名称		耐火等级			
		一级	二级	三级	四级
墙	楼梯间、前室的墙，电梯井的墙	不燃性 2.00	不燃性 2.00	不燃性 1.50	难燃性 0.50
	疏散走道两侧的隔墙	不燃性 1.00	不燃性 1.00	不燃性 0.50	难燃性 0.25
	非承重外墙，房间隔墙	不燃性 0.75	不燃性 0.50	难燃性 0.50	难燃性 0.25
柱		不燃性 3.00	不燃性 2.50	不燃性 2.00	难燃性 0.50
梁		不燃性 2.00	不燃性 1.50	不燃性 1.00	难燃性 0.50
楼板		不燃性 1.50	不燃性 1.00	不燃性 0.75	难燃性 0.50
屋顶承重构件		不燃性 1.50	不燃性 1.00	难燃性 0.50	可燃性
疏散楼梯		不燃性 1.50	不燃性 1.00	不燃性 0.75	可燃性
吊顶（包括吊顶搁栅）		不燃性 0.25	难燃性 0.25	难燃性 0.15	可燃性

（2）对于丙类厂房，厂房内可设置为厂房服务的办公室、休息室，采用耐火极限不低于2.50 h 的不燃烧体隔墙和1.00 h 的楼板与厂房隔开，并至少设置1个独立的安全出口。如隔墙上需开设相互连通的门时，需为乙级防火门。

厂房内设置中间仓库时，应符合下列规定：

① 甲、乙类中间仓库应靠外墙布置，其储量不宜超过1昼夜的需要量。

② 甲、乙、丙类中间仓库应采用防火墙和耐火极限不低于1.50 h 的不燃性楼板与其他部位分隔。

③ 丁、戊类中间仓库应采用耐火极限不低于2.00 h 的防火隔墙和1.00 h 的楼板与其他部位分隔。

防火墙上不应开设门、窗、洞口，确需开设时，应设置不可开启或火灾时能自动关闭的甲级防火门、窗。可燃气体和甲、乙、丙类液体的管道严禁穿过防火墙。防火墙内不应设置排气道。

（3）略。

（4）防爆原则：防止发生火灾爆炸事故的基本原则是：控制可燃物和助燃物浓度、温度、压力及混触条件，避免物料处于燃爆的危险状态；消除一切足以引起起火爆炸的点火源；采取各种阻隔手段，阻止火灾爆炸事故的扩大。

防爆措施：建筑防爆的基本技术措施分为预防性技术措施和减轻性技术措施。

预防性技术措施：排除能引起爆炸的各类可燃物质；消除或控制能引起爆炸的各种火源。

减轻性技术措施：采取泄压措施；采用抗爆性能良好的建筑结构体系；采取合理的建筑布置。

（5）略。

案例2　丙类仓库建筑防火案例分析

一、情景描述

某储存毛皮制品仓库，框架结构，地上3层，地下1层，占地面积9600 m^2，总建筑面积3万 m^2；该仓库总平面布局及周边厂房、仓库等的相关信息如图1-2-1所示。

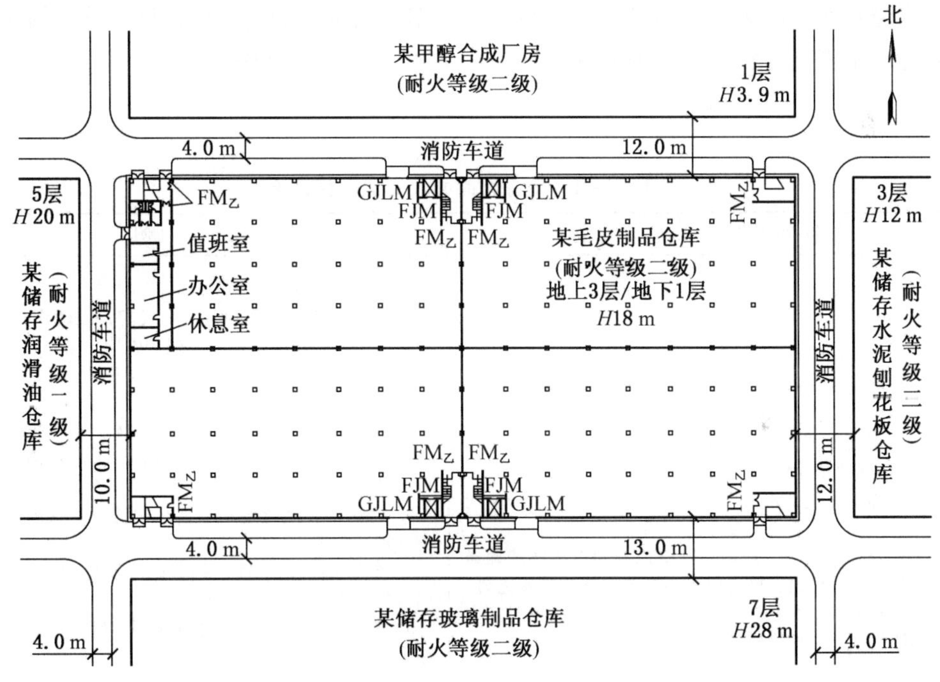

图1-2-1　建筑总平面图

地上建筑每层均划分四个防火分区，每个防火分区的建筑面积均为2400 m^2；地下一层划分为两个防火分区，每个防火分区建筑面积均为1200 m^2；首层西北侧设有独立的办公、休息区，建筑面积300 m^2，采用耐火极限2.00 h的防火隔墙、1.00 h的楼板和乙级防火门与库房隔开，并设有1个独立的安全出口。

该仓库按现行有关国家工程建设消防技术标准配置了室内外消火栓给水系统、自动喷水灭火系统等消防设施及器材。

二、分析要点

本案例主要分析下列内容：

(1) 仓库和厂房分类。

(2) 耐火等级和层数。

(3) 防火间距。

(4) 消防车道。

(5) 仓库内办公室、休息室布置。

(6) 构造防火。

(7) 安全疏散。

三、关键知识点及依据

(一) 仓库分类

1. 仓库的火灾危险性

仓库储存物品的火灾危险性分类方法主要依据物品本身的火灾危险性；储存物品的火灾危险性应根据储存物品的性质和储存物品中的可燃物数量等因素划分，可分为甲、乙、丙、丁、戊类，见表1-2-1。

表1-2-1 储存物品的火灾危险性分类

类别	储存物品的火灾危险性特征	举例
甲	1. 闪点<28 ℃的液体 2. 爆炸下限<10% 的气体，受到水或空气中水蒸气的作用能产生爆炸下限<10% 气体的固体物质 3. 常温下能自行分解或在空气中氧化能导致迅速自燃或爆炸的物质 4. 常温下受到水或空气中水蒸气的作用能产生可燃气体并引起燃烧或爆炸的物质 5. 遇酸、受热、撞击、摩擦以及遇有机物或硫黄等易燃的无机物，极易引起燃烧或爆炸的强氧化剂 6. 受撞击、摩擦或与氧化剂、有机物接触时能引起燃烧或爆炸的物质	1. 己烷、戊烷，石脑油，环戊烷，二硫化碳，苯，甲苯，甲醇，乙醇，乙醚，蚁酸甲酯、醋酸甲酯、硝酸乙酯，汽油，丙酮，丙烯，酒精度为38°以上的白酒 2. 乙炔，氢，甲烷，乙烯，丙烯，丁二烯，环氧乙烷，水煤气，硫化氢，氯乙烯，液化石油气，电石，碳化铝 3. 硝化棉，硝化纤维胶片，喷漆棉，火胶棉，赛璐珞棉，黄磷 4. 金属钾、钠、锂、钙、锶，氢化锂、氢化钠，四氢化锂铝 5. 氯酸钾、氯酸钠、过氧化钾、过氧化钠，硝酸铵 6. 赤磷，五硫化二磷，三硫化二磷
乙	1. 闪点≥28 ℃至<60 ℃的液体 2. 爆炸下限≥10% 的气体 3. 不属于甲类的氧化剂 4. 不属于甲类的易燃固体 5. 助燃气体 6. 常温下与空气接触能缓慢氧化，积热不散引起自燃的物品	1. 煤油，松节油，丁烯醇，异戊醇，丁醚，醋酸丁酯，硝酸戊酯，乙酰丙酮，环己胺，溶剂油，冰醋酸，樟脑油，蚁酸 2. 氨气，一氧化碳 3. 硝酸铜，铬酸，亚硝酸钾，重铬酸钠，铬酸钾，硝 酸，硝酸汞，硝酸钴，发烟硫酸，漂白粉 4. 硫黄，镁粉，铝粉，赛璐珞板（片），樟脑，萘，生松香，硝化纤维漆布，硝化纤维色片 5. 氧气，氟气液氯 6. 漆布及其制品，油布及其制品，油纸及其制品，油绸及其制品

表1-2-1（续）

类别	储存物品的火灾危险性特征	举　　例
丙	1. 闪点≥60 ℃的液体 2. 可燃固体	1. 动物油，植物油，沥青，蜡，润滑油，机油，重油，闪点≥60 ℃的柴油，糖醛，白兰地成品库 2. 化学、人造纤维及其织物，纸张，棉、毛、丝、麻及其织物，谷物，面粉，粒径≥2 mm的工业成型硫黄，天然橡胶及其制品，竹、木及其制品，中药材，电视机、收录机等电子产品，计算机房已录数据的磁盘储存间，冷库中的鱼、肉间
丁	难燃烧物品	自熄性塑料及其制品，酚醛泡沫塑料及其制品，水泥刨花板
戊	不燃烧物品	钢材，铝材，玻璃及其制品，搪瓷制品，陶瓷制品，不燃气体，玻璃棉，岩棉，陶瓷棉，硅酸铝纤维，矿棉，石膏及其无纸制品，水泥，石，膨胀珍珠岩

注：1. 同一座仓库或仓库的任一防火分区内储存不同火灾危险性物品时，仓库或防火分区的火灾危险性应按火灾危险性最大的物品确定。

2. 丁、戊类储存物品仓库的火灾危险性，当可燃包装重量大于物品本身重量1/4或可燃包装体积大于物品本身体积的1/2时，应按丙类确定。

2. 总结

厂房、仓库火灾危险性类别：甲、乙、丙、丁、戊类，下列是常见示例，考生需牢记。

甲：汽油、甲苯、乙醇、甲醇；氢气、乙炔、乙烯、液化石油气、甲烷等。

乙：煤油；氧气、CO、氨气、发生炉煤气；铝粉或镁粉厂房、金属制品抛光车间等。

丙：动物油、润滑油、油浸变压器室、柴油；纸张、棉；电视机装配厂房、冷冻库中的鱼和肉等。

丁：酚醛泡沫塑料加工厂房、水泥刨花板、锅炉房等。

戊：矿棉、石棉、水泥、制砖车间、卷扬机室等。

（二）耐火等级和层数

除《建规》另有规定外，仓库的层数和面积应符合表1-2-2的规定。

表1-2-2　仓库的层数和面积

储存物品的火灾危险性类别		仓库的耐火等级	最多允许层数	每座仓库的最大允许占地面积和每个防火分区的最大允许建筑面积/m²						
				单层仓库		多层仓库		高层仓库		地下或半地下仓库（包括地下或半地下室）
				每座仓库	防火分区	每座仓库	防火分区	每座仓库	防火分区	防火分区
甲	3、4项	一级	1	180	60	—	—	—	—	—
	1、2、5、6项	一、二级	1	750	250	—	—	—	—	—

表 1-2-2（续）

储存物品的火灾危险性类别		仓库的耐火等级	最多允许层数	每座仓库的最大允许占地面积和每个防火分区的最大允许建筑面积/m^2						
				单层仓库		多层仓库		高层仓库		地下或半地下仓库（包括地下或半地下室）
				每座仓库	防火分区	每座仓库	防火分区	每座仓库	防火分区	防火分区
乙	1、3、4项	一、二级	3	2000	500	900	300	—	—	—
		三级	1	500	250	—	—	—	—	—
	2、5、6项	一、二级	5	2800	700	1500	500	—	—	—
		三级	1	900	300	—	—	—	—	—
丙	1项	一、二级	5	4000	1000	2800	700	—	—	150
		三级	1	1200	400	—	—	—	—	—
	2项	一、二级	不限	6000	1500	4800	1200	4000	1000	300
		三级	3	2100	700	1200	400	—	—	—
丁		一、二级	不限	不限	3000	不限	1500	4800	1200	500
		三级	3	3000	1000	1500	500	—	—	—
		四级	1	2100	700	—	—	—	—	—
戊		一、二级	不限	不限	不限	不限	2000	6000	1500	1000
		三级	3	3000	1000	2100	700	—	—	—
		四级	1	2100	700	—	—	—	—	—

储存可燃液体的多层丙类仓库的耐火等级不应低于二级。

单层丙类仓库和储存可燃固体的多层丙类仓库的耐火等级不应低于三级。

一、二级丙类1项仓库的最多允许层数不应超过5层，三级丙类1项仓库的最多允许层数应为单层。

丙类1项：系指动物油、植物油，沥青，蜡，润滑油、机油、重油，闪点大于或等于60 ℃的柴油，糖醛，白兰地成品库。

一、二级丙类2项仓库的最多允许层数不限，三级丙类2项仓库的最多允许层数不应超过3层。

丙类2项：系指化学、人造纤维及其织物，纸张，棉、毛、丝、麻及其织物，谷物，面粉，粒径大于或等于2 mm的工业成型硫黄，天然橡胶及其制品，竹、木及其制品，中药材，电视机、收录机等电子产品，计算机房已录数据的磁盘储存间，冷库中的鱼、肉间。

（三）防火间距

（1）甲类仓库之间及与其他建筑、明火或散发火花地点、铁路、道路等的防火间距不应小于表1-2-3的规定。

表1-2-3 甲类仓库之间及与其他建筑、明火或散发火花地点、铁路、道路等的防火间距

名称		甲类仓库			
		甲类储存物品第3.4项		甲类储存物品第1.2.5.6项	
		≤5 t	>5 t	≤10 t	>10 t
高层民用建筑、重要公共建筑		50 m			
裙房、其他民用建筑、明火或散发火花地点		30 m	40 m	25 m	30 m
甲类仓库		20 m	20 m	20 m	20 m
厂房和乙、丙、丁、戊类仓库	一、二级	15 m	20 m	12 m	15 m
	三级	20 m	25 m	15 m	20 m
	四级	25 m	30 m	20 m	25 m
电力系统电压为35～500 kV且每台变压器容量不小于10 MV·A的室外变、配电站，工业企业的变压器总油量大于5 t的室外降压变电站		30 m	40 m	25 m	30 m
厂外铁路线中心线		40 m			
厂内铁路线中心线		30 m			
厂外道路路边		20 m			
厂内道路路边	主要	10 m			
	次要	5 m			

注：甲类仓库之间的防火间距，当第3.4项物品储量不大于2 t，第1.2.5.6项物品储量不大于5 t时，不应小于12 m。甲类仓库与高层仓库的防火间距不应小于13 m。

（2）乙、丙、丁、戊类仓库之间及与民用建筑的防火间距，不应小于表1-2-4的规定。

表1-2-4 乙、丙、丁、戊类仓库之间及与民用建筑的防火间距 m

名称			乙类仓库			丙类仓库				丁、戊类仓库			
			单、多层		高层	单、多层			高层	单、多层			高层
			一、二级	三级	一、二级	一、二级	三级	四级	一、二级	一、二级	三级	四级	一、二级
乙、丙、丁、戊类仓库	单、多层	一、二级	10	12	13	10	12	14	13	10	12	14	13
		三级	12	14	15	12	14	16	15	12	14	16	15
		四级	14	16	17	14	16	18	17	14	16	18	17
	高层	一、二级	13	15	13	13	15	17	13	13	15	17	13

表1-2-4（续） m

名　称			乙类仓库			丙类仓库				丁、戊类仓库			
			单、多层		高层	单、多层			高层	单、多层			高层
			一、二级	三级	一、二级	一、二级	三级	四级	一、二级	一、二级	三级	四级	一、二级
民用建筑	裙房，单、多层	一、二级	25			10	12	14	13	10	12	14	13
		三级	25			12	14	16	15	12	14	16	15
		四级	25			14	16	18	17	14	16	18	17
	高层	一类	50			20	25	25	20	15	18	18	15
		二类	50			15	20	20	15	13	15	15	13

注：1. 单、多层戊类仓库之间的防火间距，可按本表的规定减少2 m。

2. 丁、戊类仓库与民用建筑的耐火等级均为一、二级时，仓库与民用建筑的防火间距可适当减小，但应符合下列规定：

（1）当较高一面外墙为无门、窗、洞口的防火墙，或比相邻较低一座建筑屋面高15 m及以下范围内的外墙为无门、窗、洞口的防火墙时，其防火间距不限。

（2）相邻较低一面外墙为防火墙，且屋顶无天窗或洞口、屋顶耐火极限不低于1.00 h，或相邻较高一面外墙为防火墙，且墙上开口部位采取了防火措施，其防火间距可适当减小，但不应小于4 m。

（四）消防车道

《建筑设计防火规范》（GB 50016—2014）规定工厂、仓库区内应设置消防车道。高层厂房，占地面积大于3000 m^2的甲、乙、丙类厂房和占地面积大于1500 m^2的乙、丙类仓库，应设置环形消防车道，确有困难时，应沿建筑物的两个长边设置消防车道。

（五）仓库内办公室、休息室布置

员工宿舍严禁设置在仓库内。

办公室、休息室等严禁设置在甲、乙类仓库内，也不应贴邻。办公室、休息室设置在丙、丁类仓库内时，应采用耐火极限不低于2.50 h的防火隔墙和1.00 h的楼板与其他部位分隔，并应设置独立的安全出口。隔墙上需开设相互连通的门时，应采用乙级防火门。

（六）构造防火

（1）甲、乙类厂房和甲、乙、丙类仓库内的防火墙，其耐火极限不应低于4.00 h。

（2）一、二级耐火等级厂房（仓库）的上人平屋顶，其屋面板的耐火极限分别不应低于1.50 h和1.00 h。

（3）一、二级耐火等级厂房（仓库）的屋面板应采用不燃材料。

屋面防水层宜采用不燃、难燃材料，当采用可燃防水材料且铺设在可燃、难燃保温材料上时，防水材料或可燃、难燃保温材料应采用不燃材料作防护层。

（七）安全疏散

（1）仓库的安全出口应分散布置。每个防火分区或一个防火分区的每个楼层，其相邻2个安全出口最近边缘之间的水平距离不应小于5 m。

（2）每座仓库的安全出口不应少于2个，当一座仓库的占地面积不大于300 m^2时，可设置1个安全出口。仓库内每个防火分区通向疏散走道、楼梯或室外的出口不宜少于2

个；当防火分区的建筑面积不大于 100 m^2 时，可设置 1 个出口。通向疏散走道或楼梯的门应为乙级防火门。【图 1－2－2】

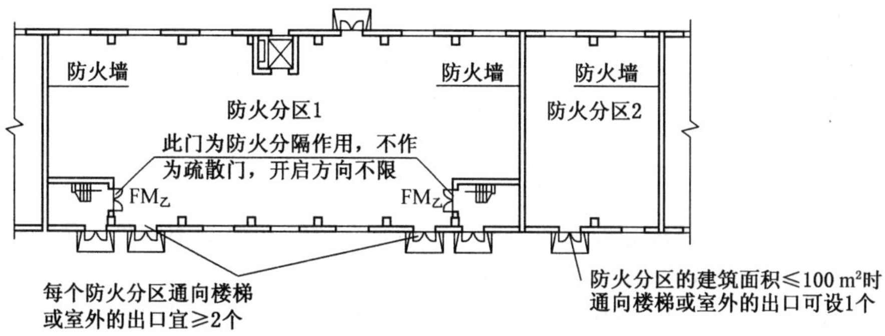

图 1－2－2　仓库的安全疏散

（3）地下或半地下仓库（包括地下或半地下室）的安全出口不应少于 2 个；当建筑面积不大于 100 m^2 时，可设置 1 个安全出口。地下或半地下仓库（包括地下或半地下室），当有多个防火分区相邻布置并采用防火墙分隔时，每个防火分区可利用防火墙上通向相邻防火分区的甲级防火门作为第二安全出口，但每个防火分区必须至少有 1 个直通室外的安全出口。【图 1－2－3】

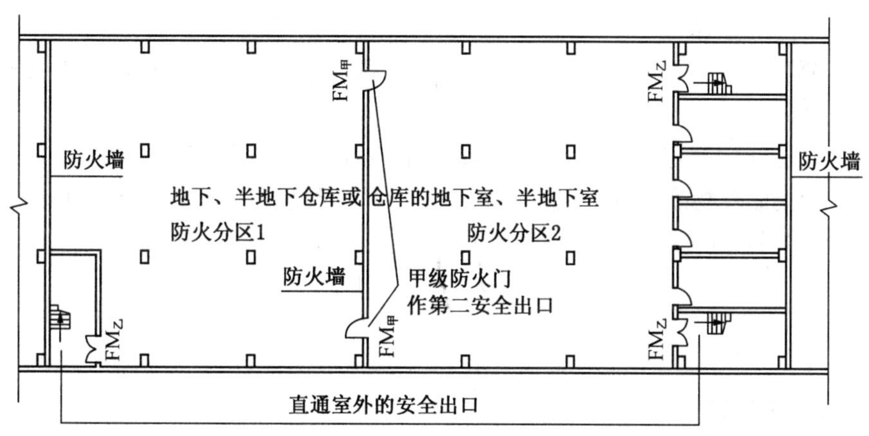

图 1－2－3　地下、半地下仓库的安全疏散

四、思考题

（一）单项选择题

1. 仓库内严禁设置（　　）。

A. 员工宿舍　　B. 办公室　　C. 休息室　　D. 会议室

［答案］A

2. 每座仓库的安全出口不应少于 2 个，当一座仓库的占地面积小于等于（ ）m^2 时，可设置 1 个安全出口。

A. 300　　B. 200　　C. 100　　D. 400

［答案］A

3. 仓库内每个防火分区通向疏散走道、楼梯或室外的出口不宜少于 2 个，当防火分区的建筑面积小于等于（ ）m^2 时，可设置 1 个。

A. 300　　B. 200　　C. 100　　D. 400

［答案］C

4. 地下、半地下仓库或仓库的地下室、半地下室的安全出口不应少于 2 个；当建筑面积小于等于（ ）m^2 时，可设置 1 个安全出口。

A. 300　　B. 200　　C. 100　　D. 400

［答案］C

5. 单、多层及高层乙类仓库与裙房和单、多层民用建筑的防火间距不应小于（ ）m。

A. 30　　B. 25　　C. 20　　D. 15

［答案］B

［解析］见案例 1 的表 1－1－5。

6. 单、多层及高层乙类仓库与高层民用建筑的防火间距不应小于（ ）m。

A. 60　　B. 50　　C. 40　　D. 30

［答案］B

［解析］见案例 1 的表 1－1－5。

7. 高层仓库应设置（ ）

A. 防烟楼梯间　　B. 室外疏散楼梯　　C. 封闭楼梯间　　D. 敞开楼梯间

［答案］C

［解析］《建规》规定，高层仓库的疏散楼梯应采用封闭楼梯间。

8. 丁、戊类储存物品的可燃包装质量大于物品本身质量 1/4 的仓库，其火灾危险性按照（ ）类确定。

A. 甲　　B. 乙　　C. 丙　　D. 丁

E. 戊

［答案］C

（二）多项选择题

1. 以下哪些储存物品的火灾危险性类别属于丙类（ ）。

A. 包装纸盒　　B. 木材

C. 冷库中的鱼、肉　　D. 氢气

E. 动物油

［答案］ABCE

［解析］氢气属于甲类。

2.（ ）每座仓库的最大允许占地面积不限。

A. 一、二级丁类单层仓库　　B. 一、二级丁类多层仓库

C. 一、二级戊类单层仓库　　D. 一、二级戊类多层仓库

E. 一、二级丙类单层仓库

［答案］ABCD

［解析］见本案例的表1－2－2。

（三）分析题

1. 某单层堆垛储物仓库，二级耐火等级，占地面积2500 m^2，储存物质为成品罐装饮料，储物高度为3 m，其可燃包装重量超过物品本身重量1/4。仓库内设有自动喷水灭火系统，划分成一个防火分区。回答下列问题：

（1）该仓库储存物品的火灾危险性类别为哪一类？

（2）该仓库防火分区划分是否恰当？为什么？

［答案］

（1）该仓库储存物品的火灾危险性类别为丙类2项。

（2）恰当。该仓库为二级耐火等级的丙类2项单层仓库，其防火分区最大允许建筑面积为1500 m^2；设有自动喷水灭火系统后，其防火分区最大允许建筑面积为3000 m^2。因此，可以划分为一个防火分区。

2. 根据本案例的情景描述，回答下列问题：

（1）指出题中防火分区存在的问题。

（2）指出题中防火分隔存在的问题。

［答案］

（1）地下一层每个防火分区建筑面积不应大于600 m^2。

（2）办公室、休息室设置在丙、丁类仓库内时，应采用耐火极限不低于2.50 h的防火隔墙和1.00 h的楼板与其他部位分隔，并应设置独立的安全出口。隔墙上需开设相互连通的门时，应采用乙级防火门。

案例3 歌舞娱乐放映游艺建筑防火案例分析

一、情景描述

某商业中心地上4层、地下1层，耐火等级一级，建筑屋面为坡屋面，建筑室外设计地面至其檐口的高度为20 m，建筑室外设计地面至其屋脊的高度为24 m，局部突出屋顶的冷却塔、水箱间、电梯机房以及楼梯出口小间等辅助用房的建筑面积为600 m^2，每层建筑面积均为10000 m^2，每层均设有防烟楼梯间、封闭楼梯间、室外疏散楼梯、电梯和自动扶梯，每层均按有关国家工程建设消防技术标准配置了自动喷水灭火系统、火灾自动报警系统等消防设施及器材。某歌舞厅位于该商业中心的地下一层至地上四层，每层歌舞厅的厅、室总建筑面积均为3000 m^2，位于地下一层和地上四层的每个厅、室的建筑面积均不大于200 m^2。

二、分析要点

本案例涉主要分析下列内容：

(1) 建筑分类。
(2) 建筑高度。
(3) 建筑层数。
(4) 平面布置。
(5) 安全疏散。
(6) 室内装修。

三、专业术语

(一) 商业服务网点

设置在住宅建筑的首层或首层及二层，每个分隔单元建筑面积不大于300 m^2 的商店、邮政所、储蓄所、理发店等小型营业性用房。

(二) 安全出口

安全出口是供人员安全疏散用的楼梯间、室外楼梯的出入口或直通室内外安全区域的出口。

(三) 疏散出口

疏散出口包括安全出口和疏散门。疏散门是直接通向疏散走道的房间门、直接开向疏散楼梯间的门（如住宅的户门）或室外的门。

四、关键知识点及依据

（一）建筑分类

建筑按使用性质分类：民用建筑、工业建筑、农业建筑。民用建筑按使用功能和建筑高度分类，见表 1－3－1。

表1－3－1　民用建筑的分类

名称	高层民用建筑		单、多层民用建筑
	一类	二类	
住宅建筑	建筑高度大于 54 m 的住宅建筑（包括设置商业服务网点的住宅建筑）	建筑高度大于 27 m，但不大于 54 m 的住宅建筑（包括设置商业服务网点的住宅建筑）	建筑高度不大于 27 m 的住宅建筑（包括设置商业服务网点的住宅建筑）
公共建筑	1. 建筑高度大于 50 m 的公共建筑 2. 建筑高度 24 m 以上任一楼层建筑面积大于 1000 m^2 的商店、展览、电信、邮政、财贸金融建筑和其他多种功能组合的建筑 3. 医疗建筑、重要公共建筑 4. 省级及以上的广播电视和防灾指挥调度建筑、网局级和省级电力调度 5. 藏书超过 100 万册的图书馆、书库	除一类高层公共建筑外的其他高层公共建筑	1. 建筑高度大于 24 m 的单层公共建筑 2. 建筑高度不大于 24 m 的其他公共建筑

【练习题】

1. 下列建筑中属于一类高层住宅建筑的是（　　）

A. 某建筑物 33 层，层高 3 m，1～3 层是商场，4～33 层是住宅

B. 某民用建筑，高 54 m，一楼设置有 300 m^2 的社区医院，二楼是 200 m^2 的托儿所，其余楼层是住宅

C. 某建筑物高 55 m，一楼设置有多家 80 m^2 的便利店和快餐馆，二、三楼是一家 1000 m^2 的桑拿洗浴场所，其余楼层是写字楼

D. 某民用建筑 27 层，层高 2.8 m，一层为多家建筑面积 60 m^2 的 7－11 便利店和兰州拉面馆，其余楼层是住宅

[答案] D

2. 下列说法哪些是正确的（　　）。

A. 建筑高度 30 m，且建筑高度 24 m 以上部分任一楼层建筑面积均不大于 1000 m^2 的医疗建筑属于二类高层公共建筑

B. 某建筑地上 10 层，层高 3 m，地下 1 层是建筑面积小于 300 m^2 的营业性场所，地上部分为住宅，该建筑类别属于二类高层公共建筑

C. 某建筑物 32 层，层高 2.8 m，首层及二层采用防火墙分隔成 160 m^2 的若干间隔，

一个幼儿教育机构占用一层相邻两间，中间设置甲级防火门，3～32层是住宅，该建筑物是一类高层住宅建筑

D. 耀光大厦共16层，层高3 m，每层建筑面积1200 m^2，1层是银行网点和商场，2～5层是商场，6～7层是收藏品展览馆，8～16层是住宅，该建筑物是一类高层公共建筑

E. 某剧场建筑，主体建筑地上1层且建筑高度为28 m，座位区下部设置6层且建筑高度为24 m的辅助用房，该建筑类别应为单层公共建筑

［答案］BE

（二）建筑高度

建筑高度的计算应符合下列规定：

（1）建筑屋面为坡屋面时，建筑高度应为建筑室外设计地面至其檐口与屋脊的平均高度。

（2）建筑屋面为平屋面（包括有女儿墙的平屋面）时，建筑高度应为建筑室外设计地面至其屋面面层的高度。

（3）同一座建筑有多种形式的屋面时，建筑高度应按上述方法分别计算后，取其中最大值。

（4）对于台阶式地坪，当位于不同高程地坪上的同一建筑之间有防火墙分隔，各自有符合规范规定的安全出口，且可沿建筑的两个长边设置贯通式或尽头式消防车道时，可分别计算各自的建筑高度。否则，应按其中建筑高度最大者确定该建筑的建筑高度。【图1-3-1】

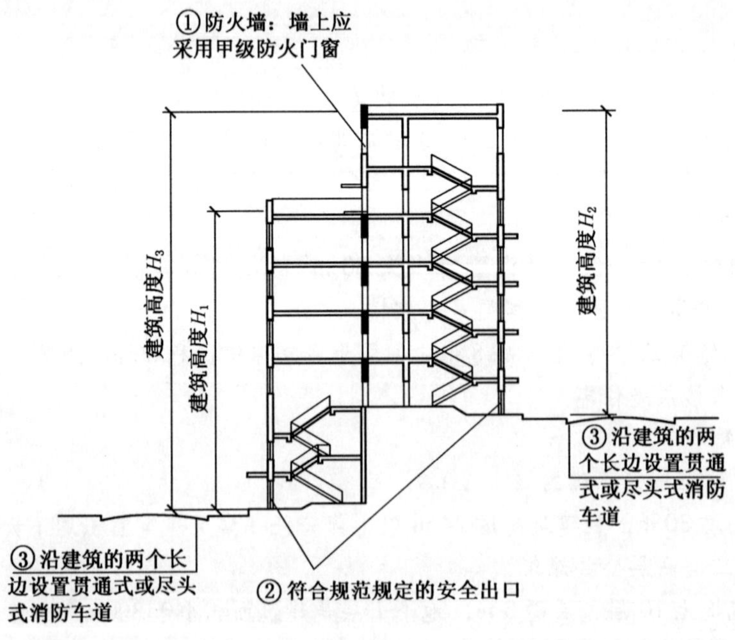

［示例］同时具备①、②、③三个条件时可按H_1、H_2分别计算建筑高度；否则应按H_3计算建筑高度

图1-3-1 台阶式地坪建筑剖面示意图

（5）局部突出屋顶的瞭望塔、冷却塔、水箱间、微波天线间或设施、电梯机房、排风和排烟机房以及楼梯出口小间等辅助用房占屋面面积不大于1/4者，可不计入建筑高度。

（6）对于住宅建筑，设置在底部且室内高度不大于2.2 m的自行车库、储藏室、敞开空间，室内外高差或建筑的地下或半地下室的顶板面高出室外设计地面的高度不大于1.5 m的部分，可不计入建筑高度。【图1－3－2】

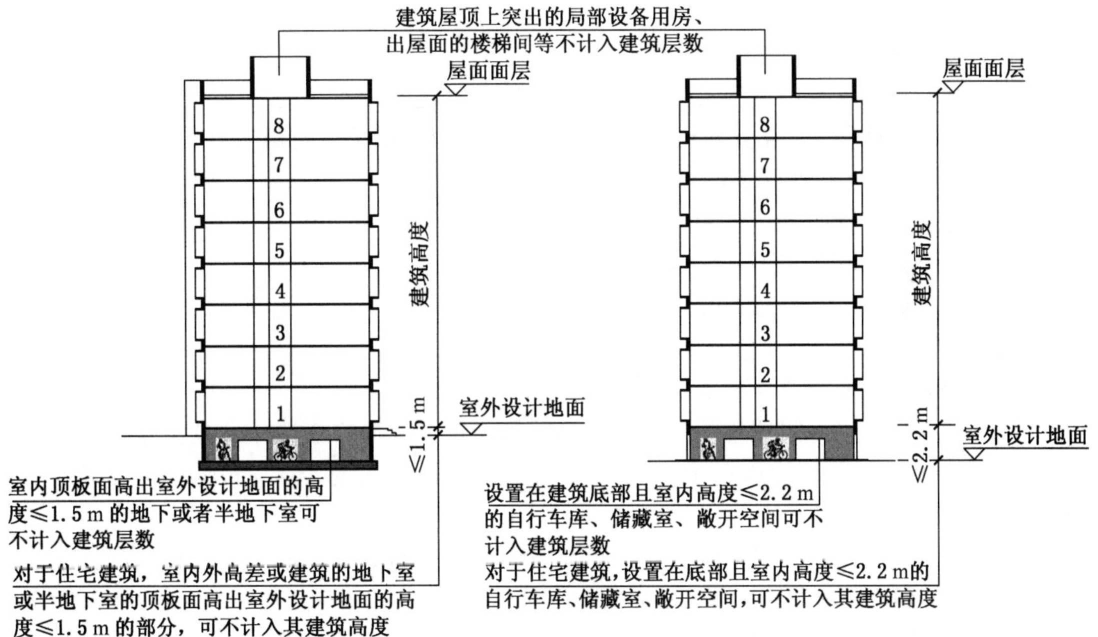

图1－3－2　住宅建筑剖面示意图

根据《建筑设计防火规范》（GB 50016—2014）的规定，建筑屋面为坡屋面时，建筑高度应为建筑室外设计地面至檐口与屋脊的平均高度，该商业中心的建筑高度为22 m。

（三）建筑层数

建筑层数应按建筑的自然层数计算，下列空间可不计入建筑层数：

（1）室内顶板面高出室外设计地面的高度不大于1.5 m的地下或半地下室。

（2）设置在建筑底部且室内高度不大于2.2 m的自行车库、储藏室、敞开空间。

（3）建筑屋顶上突出的局部设备用房、出屋面的楼梯间等。

（四）平面布置

歌舞厅、录像厅、夜总会、卡拉OK厅（含具有卡拉OK功能的餐厅）、游艺厅（含电子游艺厅）、桑拿浴室（不包括洗浴部分）、网吧等歌舞娱乐放映游艺场所（不含剧场、电影院）的布置应符合下列规定：

（1）不应布置在地下二层及以下楼层。

（2）宜布置在一、二级耐火等级建筑内的首层、二层或三层的靠外墙部位。

（3）不宜布置在袋形走道的两侧或尽端。

（4）确需布置在地下一层时，地下一层的地面与室外出入口地坪的高差不应大于 10 m。

（5）确需布置在地下或四层及以上楼层时，一个厅、室的建筑面积不应大于 200 m^2。

（6）厅、室之间及与建筑的其他部位之间，应采用耐火极限不低于 2.00 h 的防火隔墙和 1.00 h 的不燃性楼板分隔，设置在厅、室墙上的门和该场所与建筑内其他部位相通的门均应采用乙级防火门。

（五）安全疏散

1. 安全疏散的一般要求

（1）建筑内的安全出口和疏散门应分散布置，且建筑内每个防火分区或一个防火分区的每个楼层、每个住宅单元每层相邻两个安全出口以及每个房间相邻两个疏散门最近边缘之间的水平距离不应小于 5 m。

（2）建筑的楼梯间宜通至屋面，通向屋面的门或窗应向外开启。

（3）自动扶梯和电梯不应计作安全疏散设施。

（4）公共建筑内每个防火分区或一个防火分区的每个楼层，其安全出口的数量应经计算确定，且不应少于 2 个。

2. 安全出口与疏散出口设置

（1）公共建筑内房间的疏散门数量应经计算确定且不应少于 2 个。歌舞娱乐放映游艺场所内建筑面积不大于 50 m^2 且经常停留人数不超过 15 人的厅、室或房间可设置 1 个疏散门。

（2）民用建筑的疏散门，应采用向疏散方向开启的平开门，不应采用推拉门、卷帘门、吊门、转门和折叠门；人数不超过 60 人且每樘门的平均疏散人数不超过 30 人的房间，其疏散门的开启方向不限。

3. 疏散宽度计算

（1）除《建规》另有规定外，公共建筑内疏散门和安全出口的净宽度不应小于 0.90 m，疏散走道和疏散楼梯的净宽度不应小于 1.10 m。

（2）人员密集的公共场所、观众厅的疏散门不应设置门槛，其净宽度不应小于 1.40 m，且紧靠门口内外各 1.40 m 范围内不应设置踏步。人员密集的公共场所的室外疏散通道的净宽度不应小于 3.00 m，并应直接通向宽敞地带。【图 1－3－3】

（3）除剧场、电影院、礼堂、体育馆外的其他公共建筑，其房间疏散门、安全出口、疏散走道和疏散楼梯的各自总净宽度，应符合下列规定：

① 每层的房间疏散门、安全出口、疏散走道和疏散楼梯的各自总净宽度，应根据疏散人数按每 100 人的最小疏散净宽度不小于表 1－3－2 的规定计算确定。当每层疏散人数不等时，疏散楼梯的总净宽度可分层计算，地上建筑内下层楼梯的总净宽度应按该层及以上疏散人数最多一层的人数计算；地下建筑内上层楼梯的总净宽度应按该层及以下疏散人数最多一层的人数计算。

② 地下或半地下人员密集的厅、室和歌舞娱乐放映游艺场所，其房间疏散门、安全出口、疏散走道和疏散楼梯的各自总净宽度，应根据疏散人数按每 100 人不小于 1.00 m 计算确定。

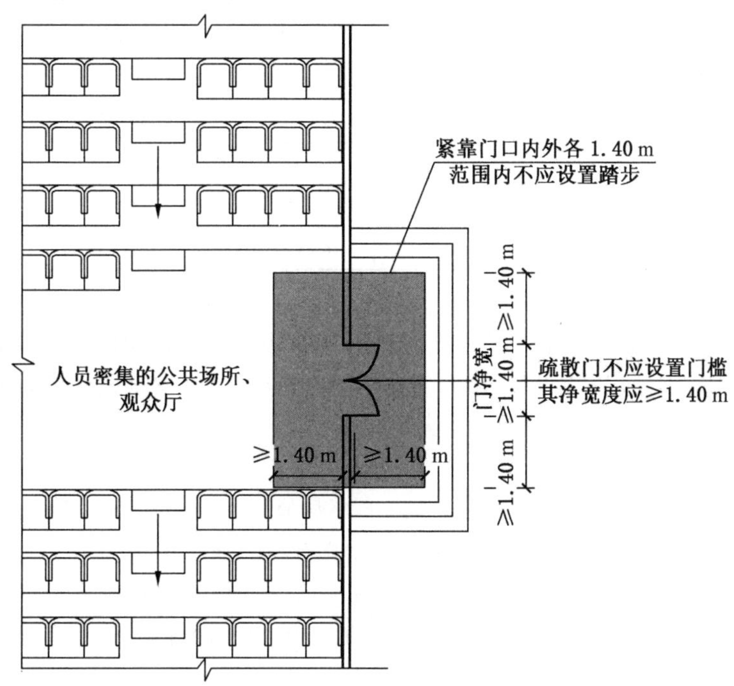

图 1-3-3　人员密集的公共场所、观众厅平面示意图

表 1-3-2　每层的房间疏散门、安全出口、疏散走道和疏散楼梯的每 100 人最小疏散净宽度　m/百人

建筑层数		耐火等级		
		一、二级	三　级	四　级
地上楼层	1~2 层	0.65	0.75	1.00
	3 层	0.75	1.00	—
	≥4 层	1.00	1.25	—
地下楼层	与地面出入口地面的高差≤10 m	0.75	—	—
	与地面出入口地面的高差>10 m	1.00	—	—

③ 首层外门的总净宽度应按该建筑疏散人数最多一层的人数计算确定，不供其他楼层人员疏散的外门，可按本层的疏散人数计算确定。

④ 歌舞娱乐放映游艺场所中录像厅的疏散人数，应根据厅、室的建筑面积按不小于 1.0 人/m^2 计算；其他歌舞娱乐放映游艺场所的疏散人数，应根据厅、室的建筑面积按不小于 0.5 人/m^2 计算。

⑤ 有固定座位的场所，其疏散人数可按实际座位数的 1.1 倍计算。

⑥ 展览厅的疏散人数应根据展览厅的建筑面积和人员密度计算，展览厅内的人员密度不宜小于 0.75 人/m^2。

⑦ 商店的疏散人数应按每层营业厅的建筑面积乘以表 1－3－3 规定的人员密度计算。对于建材商店、家具和灯饰展示建筑，其人员密度可按表 1－3－3 规定值的 30% 确定。

表 1－3－3 商店营业厅内的人员密度 人/m^2

楼层位置	地下第二层	地下第一层	地上第一、二层	地上第三层	地上第四层及以上各层
人员密度	0.56	0.60	0.43～0.60	0.39～0.54	0.30～0.42

(4) 人员密集的公共建筑不宜在窗口、阳台等部位设置封闭的金属栅栏，确需设置时，应能从内部易于开启；窗口、阳台等部位宜根据其高度设置适用的辅助疏散逃生设施。

【练习题】

某综合楼地上 3 层，耐火等级一级，其地上二层的使用功能为歌舞厅，该层建筑面积为 3000 m^2，该歌舞厅内厅、室的建筑面积占该层建筑面积的 90%。请问在忽略内部服务和管理人员的数量的前提下，该层疏散走道和安全出口各自所需最小疏散总净宽度为(　　)m。

A. 8.78，8.78　　B. 9.75，9.75　　C. 10.13，10.13　　D. 13.50，13.50

［答案］C

［解析］该歌舞厅的有效面积，3000×90%＝2700(m^2)，除录像厅外其他歌舞娱乐放映游艺场所的疏散人数，应根据厅、室的建筑面积按不小于 0.5 人/m^2 计算，人数是 2700×0.5＝1350(人)，总层数 3 层，每 100 人最小疏散净宽度取 0.75 m/百人，1350/100×0.75＝10.125 m。正确答案是 C。

4. 安全疏散距离

(1) 公共建筑的安全疏散距离应符合下列规定：

直通疏散走道的房间疏散门至最近安全出口的直线距离不应大于表 1－3－4 的规定。

表 1－3－4 直通疏散走道的房间疏散门至最近安全出口的直线距离 m

名称			位于两个安全出口之间的疏散门			位于袋形走道两侧或尽端的疏散门		
			耐火等级			耐火等级		
			一、二级	三级	四级	一、二级	三级	四级
托儿所、幼儿园 老年人建筑			25	20	15	20	15	10
歌舞娱乐放映游艺场所			25	20	15	9	—	—
医疗建筑	单、多层		35	30	25	20	15	10
	高层	病房部分	24	—	—	12	—	—
		其他部分	30	—	—	15	—	—
教学建筑	单、多层		35	30	25	22	20	10
	高层		30	—	—	15	—	—

表1-3-4（续）　　m

名　　称		位于两个安全出口之间的疏散门			位于袋形走道两侧或尽端的疏散门		
		耐火等级			耐火等级		
		一、二级	三级	四级	一、二级	三级	四级
高层旅馆、展览建筑		30	—	—	15	—	—
其他建筑	单层或多层	40	35	25	22	20	15
	高层	40	—	—	20	—	—

注：1. 建筑内开向敞开式外廊的房间疏散门至最近安全出口的直线距离可按本表的规定增加5 m。

2. 直通疏散走道的房间疏散门至最近敞开楼梯间的直线距离，当房间位于两个楼梯间之间时，应按本表的规定减少5 m；当房间位于袋形走道两侧或尽端时，应按本表的规定减少2 m。

3. 建筑物内全部设置自动喷水灭火系统时，其安全疏散距离可按本表的规定增加25%。

（2）楼梯间应在首层直通室外，确有困难时，可在首层采用扩大的封闭楼梯间或防烟楼梯间前室。当层数不超过4层且未采用扩大的封闭楼梯间或防烟楼梯间前室时，可将直通室外的门设置在离楼梯间不大于15 m处。

（3）房间内任一点至房间直通疏散走道的疏散门的直线距离，不应大于表1-3-4规定的袋形走道两侧或尽端的疏散门至最近安全出口的直线距离。

（4）一、二级耐火等级建筑内疏散门或安全出口不少于2个的观众厅、展览厅、多功能厅、餐厅、营业厅等，其室内任一点至最近疏散门或安全出口的直线距离不应大于30 m；当疏散门不能直通室外地面或疏散楼梯间时，应采用长度不大于10 m的疏散走道通至最近的安全出口。当该场所设置自动喷水灭火系统时，室内任一点至最近安全出口的安全疏散距离可分别增加25%。

歌舞娱乐放映游艺场所位于两个安全出口之间的直通疏散走道的房间疏散门至最近安全出口的直线距离不应大于25 m；位于袋形走道两侧或尽端的直通疏散走道的房间疏散门至最近安全出口的直线距离，及房间内任一点到该房间直通疏散走道的疏散门的直线距离，均不应大于9 m；建筑内全部设置自动喷水灭火系统时，其安全疏散距离可按上述规定增加25%。

【练习题】

1. 某办公楼地上3层，建筑高度12 m，二级耐火等级，疏散楼梯均为敞开楼梯间，每层均按内走道的南、北两侧布置办公室，楼内全部设有自动喷水灭火系统；请问建筑内位于袋形走道两侧或尽端的办公室疏散门至最近敞开楼梯间的直线距离不应小于（　　）m?

A. 27.5　　B. 25.5　　C. 22.5　　D. 20

［答案］B

［解析］查表1-3-4，二级耐火等级的多层办公楼位于袋形走道两侧或尽端的办公室疏散门至最近安全出口的直线距离是22 m，楼内全部设有自动喷水灭火系统，22×1.25=27.5(m)，直通疏散走道的房间疏散门至最近敞开楼梯间的直线距离，当房间位于袋形走道两侧或尽端时，应按规定减少2 m，27.5-2=25.5(m)，正确答案是B。

2. 某综合楼的建筑高度为26 m，每层建筑面积均为1500 m^2，一级耐火等级，已按现行有关国家工程建设消防技术标准设置了消防设施。该建筑内疏散门数量不少于2个的用作舞厅的多功能厅，其室内任一点至最近疏散门的直线距离不应大于（　　）m。

A. 37.5　　B. 30　　C. 25　　D. 11.25

［答案］D

［解析］查表 1－3－4，房间内任一点至房间直通疏散走道的疏散门的直线距离，不应大于表 1－3－4 规定的袋形走道两侧或尽端的疏散门至最近安全出口的直线距离。一级耐火等级的歌舞娱乐放映游艺场所，位于袋形走道两侧或尽端的疏散门至最近安全出口的直线距离是 9 m。本建筑物按照《建规》第 8.3.3 条，高层民用建筑内的歌舞娱乐放映游艺场所应设置自动灭火系统，并宜采用自动喷水灭火系统，因此 $9 \times 1.25 = 11.25$(m)。

---

5. 疏散楼梯设置

(1) 下列多层公共建筑的疏散楼梯，除与敞开式外廊直接相连的楼梯间外，均应采用封闭楼梯间：

① 医疗建筑、旅馆、老年人建筑及类似使用功能的建筑。

② 设置歌舞娱乐放映游艺场所的建筑。

③ 商店、图书馆、展览建筑、会议中心及类似使用功能的建筑。

④ 6 层及以上的其他建筑。

高层建筑的裙房；建筑高度不超过 32 m 的二类高层建筑；建筑高度大于 21 m 且不大于 33 m 的住宅建筑，其疏散楼梯间应采用封闭楼梯间。当住宅建筑的户门为乙级防火门时，可不设置封闭楼梯间。

(2) 不能自然通风或自然通风不能满足要求时，封闭楼梯间应设置机械加压送风系统或按防烟楼梯间的要求设置。

室内地面与室外出入口地坪高差不大于 10 m 且层数为 2 层及以下的地下室应采用封闭楼梯间。

(3) 封闭楼梯间除应符合《建规》第 6.4.1 条的规定外，尚应符合下列规定：

① 不能自然通风或自然通风不能满足要求时，应设置机械加压送风系统或采用防烟楼梯间。

② 除楼梯间的出入口和外窗外，楼梯间的墙上不应开设其他门、窗、洞口。

③ 高层建筑、人员密集的公共建筑、人员密集的多层丙类厂房、甲、乙类厂房，其封闭楼梯间的门应采用乙级防火门，并应向疏散方向开启；其他建筑，可采用双向弹簧门。

④ 楼梯间的首层可将走道和门厅等包括在楼梯间内形成扩大的封闭楼梯间，但应采用乙级防火门等与其他走道和房间分隔。

(4) 在下列情况下应设置防烟楼梯间：

① 一类高层建筑及建筑高度大于 32 m 的二类高层建筑。

② 建筑高度大于 33 m 的住宅建筑。

③ 当地下层数为 3 层及 3 层以上，以及地下室内地面与室外出入口地坪高差大于 10 m 时。

(5) 防烟楼梯间除应符合《建规》第 6.4.1 条的规定外，尚应符合下列规定：

① 应设置防烟设施。

② 前室可与消防电梯间前室合用。

③ 前室的使用面积：公共建筑、高层厂房（仓库），不应小于6.0 m^2；住宅建筑，不应小于4.5 m^2。与消防电梯间前室合用时，合用前室的使用面积：公共建筑、高层厂房（仓库），不应小于10.0 m^2；住宅建筑，不应小于6.0 m^2。

④ 疏散走道通向前室以及前室通向楼梯间的门应采用乙级防火门。

⑤ 除住宅建筑的楼梯间前室外，防烟楼梯间和前室内的墙上不应开设除疏散门和送风口外的其他门、窗、洞口。

⑥ 楼梯间的首层可将走道和门厅等包括在楼梯间前室内形成扩大的前室，但应采用乙级防火门等与其他走道和房间分隔。

（6）建筑的地下或半地下部分与地上部分不应共用楼梯间，确需共用楼梯间时，应在首层采用耐火极限不低于2.00 h的防火隔墙和乙级防火门将地下或半地下部分与地上部分的连通部位完全分隔，并应设置明显的标志。【图1－3－4】

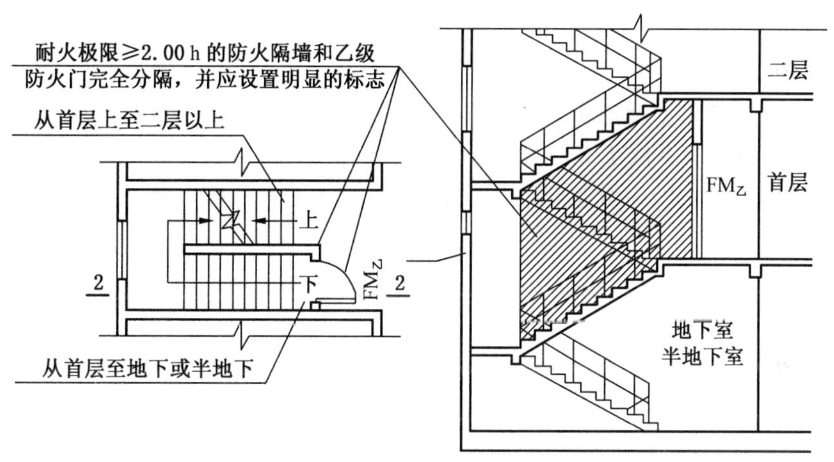

图1－3－4 地上地下共用疏散楼梯间首层平面图

（7）室外疏散楼梯应符合下列规定：

① 栏杆扶手的高度不应小于1.10 m，楼梯的净宽度不应小于0.90 m。

② 倾斜角度不应大于45°。

③ 梯段和平台均应采用不燃材料制作。平台的耐火极限不应低于1.00 h，梯段的耐火极限不应低于0.25 h。

④ 通向室外楼梯的门应采用乙级防火门，并应向外开启。

⑤ 除疏散门外，楼梯周围2 m内的墙面上不应设置门、窗、洞口。疏散门不应正对梯段。

（六）室内装修

装修材料按其使用部位和功能，可划分为顶棚装修材料、墙面装修材料、地面装修材料、隔断装修材料、固定家具、装饰织物（系指窗帘、帷幕、床罩、家具包布等）、其他装饰材料（系指楼梯扶手、挂镜线、踢脚板、窗帘盒、暖气罩等）七类。装修材料按其燃烧性能应划分为 A（不燃性）、B1（难燃性）、B2（可燃性）、B3（易燃性）四级。

根据《建筑内部装修设计防火规范（2001 年版）》（GB 50222—1995）的规定，该歌舞厅的室内装修应符合下列规定：

（1）当顶棚或墙面表面局部采用多孔或泡沫状塑料时，其厚度不应大于 15 mm，且面积不得超过该房间顶棚或墙面积的 10%。

（2）封闭楼梯间、防烟楼梯间及其前室的顶棚、墙面和地面均应采用 A 级装修材料。

（3）消防水泵房、排烟机房、固定灭火系统钢瓶间、配电室、变压器室、通风和空调机房等，其内部所有装修均应采用 A 级装修材料。

（4）建筑物内设有上下层相连通的中庭、走马廊、开敞楼梯、自动扶梯时，其连通部位的顶棚、墙面应采用 A 级装修材料，其他部位应采用不低于 B1 级的装修材料。

（5）建筑内部的配电箱不应直接安装在低于 B1 级的装修材料上。

（6）照明灯具的高温部位，当靠近非 A 级装修材料时，应采取隔热、散热等防火保护措施。灯饰所用材料的燃烧性能等级不应低于 B1 级。

（7）不宜设置采用 B3 级装饰材料制成的壁挂、雕塑、模型、标本，当需要设置时，不应靠近火源或热源。

（8）地上建筑的水平疏散走道和安全出口的门厅，其顶棚装饰材料应采用 A 级装修材料，其他部位应采用不低于 B1 级的装修材料。

（9）地下民用建筑的疏散走道和安全出口的门厅，其顶棚、墙面和地面的装修材料应采用 A 级装修材料。

（10）建筑内部消火栓的门不应被装饰物遮掩，消火栓门四周的装修材料颜色应与消火栓门的颜色有明显区别。

（11）地上四层厅、室内装修的顶棚材料应采用 A 级装修材料，其他部位应采用不低于 B1 级的装修材料；地下一层厅、室内装修的顶棚、墙面材料应采用 A 级装修材料，其他部位应采用不低于 B1 级的装修材料。

（12）除歌舞、娱乐、放映、游艺场所外，当单层、多层民用建筑需进行内部装修的空间内装有自动灭火系统时，除顶棚外，其内部装修材料的燃烧性能等级可在规范规定的基础上降低一级；当同时装有火灾自动报警装置和自动灭火系统时，其顶棚装修的燃烧性能等级可在规范规定的基础上降低一级，其他部位装修材料的燃烧性能等级可不受限制。

本案例中，歌舞厅每层营业面积> 100 m^2，顶棚材料应采用不低于 A 级的装修材料，墙面、地面应采用不低于 B1 级的装修材料。

（13）除地下建筑外，无窗房间的内部装修材料的燃烧性能等级，除 A 级外，应在上述规定的基础上提高一级。

五、思考题

（一）单项选择题

1. 安装在钢龙骨上燃烧性能达到 B1 级的纸面石膏板，矿棉吸声板，可作为（　　）级装修材料使用。

A. A　　B. B1　　C. B2　　D. B3

［答案］A

2. 设置在四层的歌舞娱乐游艺放映场所内建筑面积小于等于（　　）m^2 的房间，且经常停留的人数不超过15人，可设置一个疏散门。

A. 50　　B. 60　　C. 65　　D. 75

［答案］A

3. 该歌舞厅位于地下一层至地上四层的疏散走道、安全出口、疏散楼梯的各自所需总宽度，及首层外门的所需总宽度均分别不应小于（　　）m。

A. 15　　B. 9.75　　C. 11.25　　D. 10.75

［答案］A

［解析］每层歌舞厅的厅、室总建筑面积均为 $3000m^2$，除录像厅外的其他歌舞娱乐放映游艺场所的疏散人数，应根据厅、室的建筑面积按不小于0.5 人/m^2 计算，人数是 $3000 \times 0.5 = 1500$（人），地下或半地下人员密集的厅、室和歌舞娱乐放映游艺场所，其房间疏散门、安全出口、疏散走道和疏散楼梯的各自总净宽度，应根据疏散人数按每100人不小于1.00 m计算确定。$1500/100 \times 1.00 = 15$ m。正确答案是A。

4. 人员密集的公共场所的室外疏散小巷的净宽度不应小于（　　）m，并应直接通向宽敞地带。

A. 3　　B. 2　　C. 1　　D. 0.75

［答案］A

（二）多项选择题

1. 根据《公共娱乐场所消防安全管理规定》（中华人民共和国公安部令第39号）的规定，公共娱乐场所不得设置在（　　），不得毗连重要仓库或者危险品库，不得在居民住宅楼内改建公共娱乐场所。

A. 文物古建筑　　B. 博物馆、图书馆

C. 展览馆　　D. 公寓楼

E. 办公楼

［答案］AB

［解析］《公共娱乐场所消防安全管理规定》第七条规定：

公共娱乐场所宜设置在耐火等级不低于二级的建筑物内；已经核准设置在三级耐火等级建筑内的公共娱乐场所，应当符合特定的防火安全要求。

公共娱乐场所不得设置在文物古建筑和博物馆、图书馆建筑内，不得毗连重要仓库或者危险物品仓库；不得在居民住宅楼内改建公共娱乐场所。

公共娱乐场所与其他建筑相毗连或者附设在其他建筑物内时，应当按照独立的防火分区设置；商住楼内的公共娱乐场所与居民住宅的安全出口应当分开设置。

2. 当歌舞娱乐游艺放映场所必须设置在建筑的地上一、二、三层以外的其他楼层时，应符合下列要求：（　　）。

A. 不应设置在地下二层及其以下层；当设置在地下一层时，地下一层地面与室外出入口地坪的高差不应大于10 m

B. 一个厅、室的建筑面积不应大于200 m^2

C. 一个厅、室的出口不少于两个；但建筑面积不大于50 m^2 的地上房间，和建筑面积不大于50 m^2 且经常停留人数不超过15人的地下房间均可设置1个

D. 应设置防烟、排烟设施，火灾自动报警系统和自动喷水灭火系统

E. 疏散走道和主要疏散路线的地面上增设能保持视觉连续的灯光疏散指示标志或蓄光疏散指示标志

[答案] ABDE

[解析]《建规》规定，公共建筑内房间的疏散门数量应经计算确定且不应少于2个。除托儿所、幼儿园、老年人建筑、医疗建筑、教学建筑内位于走道尽端的房间外，符合下列条件之一的房间可设置1个疏散门：歌舞娱乐放映游艺场所内建筑面积不大于50 m^2 且经常停留人数不超过15人的厅、室。

3. 建筑内部装修应积极采用不燃性材料和难燃性材料，尽量避免采用在燃烧时产生大量浓烟或有毒气体的材料，装修材料按其使用部位和功能，可划分为（ ）及装饰织物、其他装饰材料七类。

A. 顶棚装修材料　B. 墙面装修材料　C. 地面装修材料　D. 隔断装修材料

E. 固定家具

[答案] ABCDE

案例4　购物中心防火案例分析

一、情景描述

某大型购物中心地上6层，地下1层，建筑高度为24 m，其总平面布局及周边民用建筑等的相关信息如图1－4－1所示。

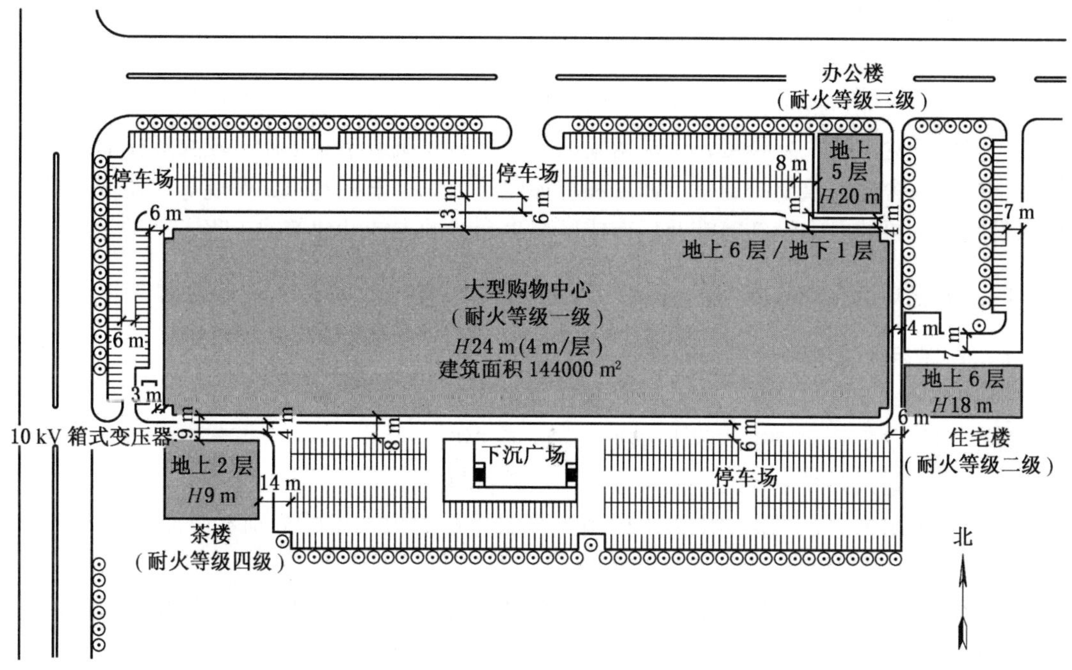

图1－4－1　建筑总平面图

该购物中心地下一层的主要使用功能为设备用房、物业管理用房和商店营业厅；其中，设备用房区域建筑面积为2000 m^2，划分为一个防火分区；物业管理用房区域建筑面积为1000 m^{2}划分为一个防火分区；商店营业厅（均销售建材）区域建筑面积为2.2×10^4 m^2，采用不开设门、窗、洞口的防火墙分隔成10000 m^{2}和1.2×10^4 m^{2}两部分，并采用下沉式广场将其局部连通，按建筑面积不大于2000 m^{2}划分为十一个防火分区。

该购物中心首层至地上六层每层的使用功能均为销售百货和服装鞋帽的商店营业厅，每层建筑面积均为2×10^4 m^2，首层按建筑面积不大于1×10^4 m^{2}划分为两个防火分区，地上二层至地上六层每层均按建筑面积不大于5000 m^{2}划分为四个防火分区。

该建筑按现行有关国家工程建设消防技术标准配置了室内外消火栓给水系统、自动喷水灭火系统、排烟设施和火灾自动报警系统等消防设施及器材。

二、分析要点

本案例主要分析下列内容：

(1) 民用建筑的耐火等级和建筑层数。

(2) 防火间距。

(3) 平面布置。

(4) 防火分区。

(5) 构造防火。

(6) 安全疏散。

三、专业术语

重要公共建筑

发生火灾可能造成重大人员伤亡、财产损失和严重社会影响的公共建筑。

一般包括党政机关办公楼，人员密集的大型公共建筑或集会场所，较大规模的中小学校教学楼、宿舍楼，重要的通信、调度和指挥建筑，广播电视建筑，医院等以及城市集中供水设施、主要的电力设施等涉及城市或区域生命线的支持性建筑或工程。

四、关键知识点及依据

(一) 民用建筑的耐火等级和建筑层数

地下或半地下建筑（室）的耐火等级不应低于一级。

单、多层重要公共建筑的耐火等级不应低于二级。

一、二级耐火等级建筑的屋面板应采用不燃材料。

一、二级耐火等级建筑的上人平屋顶，其屋面板的耐火极限分别不应低于 1.50 h 和 1.00 h。

三级耐火等级多层民用建筑的层数不应超过 5 层，四级耐火等级多层民用建筑的层数不应超过 2 层。

(二) 防火间距

(1) 民用建筑之间的防火间距不应小于表 1－4－1 的规定：

表 1－4－1 民用建筑之间的防火间距 m

建筑类别		高层民用建筑	裙房和其他民用建筑		
		一、二级	一、二级	三级	四级
高层民用建筑	一、二级	13	9	11	14
裙房和其他民用建筑	一、二级	9	6	7	9
	三级	11	7	8	10
	四级	14	9	10	12

① 相邻两座单、多层建筑，当相邻外墙为不燃性墙体且无外露的可燃性屋檐，每面外墙上无防火保护的门、窗、洞口不正对开设且该门、窗、洞口的面积之和不大于外墙面积的 5% 时，其防火间距可按本表的规定减少 25% 。

② 两座建筑相邻较高一面外墙为防火墙，或高出相邻较低一座一、二级耐火等级建筑的屋面 15 m 及以下范围内的外墙为防火墙时，其防火间距不限。

③ 相邻两座高度相同的一、二级耐火等级建筑中相邻任一侧外墙为防火墙，屋顶的耐火极限不低于 1. 00 h 时，其防火间距不限。

④ 相邻两座建筑中较低一座建筑的耐火等级不低于二级，相邻较低一面外墙为防火墙且屋顶无天窗，屋顶的耐火极限不低于 1. 00 h 时，其防火间距不应小于 3. 5 m；对于高层建筑，不应小于 4 m。

⑤ 相邻两座建筑中较低一座建筑的耐火等级不低于二级且屋顶无天窗，相邻较高一面外墙高出较低一座建筑的屋面 15 m 及以下范围内的开口部位设置甲级防火门、窗，或设置符合现行国家标准《自动喷水灭火系统设计规范》GB 50084 规定的防火分隔水幕或《建规》第 6. 5. 3 条规定的防火卷帘时，其防火间距不应小于 3. 5 m；对于高层建筑，不应小于 4 m。

（2）民用建筑与 10 kV 及以下的预装式变电站的防火间距不应小于 3 m。

（3）情景描述中大型购物中心与周边建（构）筑物之间的防火间距不应小于表 1 - 4 - 2 的规定。

表 1 - 4 - 2　大型购物中心与周边建（构）筑物之间的防火间距　m

建构筑物名称、建筑类别和耐火等级	住宅楼（多层住宅建筑、耐火等级二级）	办公楼（多层公共建筑，耐火等级三级）	茶楼（多层公共建筑，耐火等级四级）	10 kV 箱式变压器	室外停车场
大型购物中心（多层公共建筑，耐火等级一级）	6	7	9	3	6

（三）平面布置

（1）营业厅不应设置在地下三层及以下楼层。地下或半地下营业厅不应经营、储存甲、乙类火灾危险性物品。

（2）除为满足民用建筑使用功能所设置的附属库房外。民用建筑内不应设置生产车间和其他库房。经营、存放和使用甲、乙类火灾危险性物品的商店、作坊和储藏间，严禁附设在民用建筑内。

（3）商店、展览厅内的甲、乙类火灾危险性物品主要有：香水、花露水、定型发胶、白油、树脂和影写版油墨、火补胶、橡胶水、打字蜡纸改正液、染皮鞋水、照相红碘水、塑料印油、油漆及其稀料、金属罐等原浆散装且酒精度为 38°及以上的白酒、煤油、乒乓球和眼镜架等赛璐珞制品、漆纸漆布、火柴、一次性打火机、打火机气体充装罐、卡式炉气体罐和杀虫剂气溶胶罐等。

(四) 防火分区

(1) 除本规范另有规定外。不同耐火等级建筑的允许建筑高度或层数、防火分区最大允许建筑面积应符合表 1－4－3 的规定。

表 1－4－3 不同耐火等级建筑的允许建筑高度或层数、防火分区最大允许建筑面积

名 称	耐火等级	允许建筑高度或层数	防火分区的最大允许建筑面积/m²	备 注
高层民用建筑	一、二级	按《建规》第 5.1.1 条确定	1500	对于体育馆、剧场的观众厅，防火分区的最大允许建筑面积可适当增加
单、多层民用建筑	一、二级	按《建规》第 5.1.1 条确定	2500	
	三级	5 层	1200	—
	四级	2 层	600	—
地下或半地下建筑（室）	一级	—	500	设备用房的防火分区最大允许建筑面积不应大于 1000 m²

注：1. 表中规定的防火分区最大允许建筑面积，当建筑内设置自动灭火系统时，可按本表的规定增加 1.0 倍；局部设置时，防火分区的增加面积可按该局部面积的 1.0 倍计算。

2. 裙房与高层建筑主体之间设置防火墙时，裙房的防火分区可按单、多层建筑的要求确定。

(2) 一、二级耐火等级建筑内的商店营业厅、展览厅，当设置自动灭火系统和火灾自动报警系统并采用不燃或难燃装修材料时，其每个防火分区的最大允许建筑面积应符合下列规定：

① 设置在高层建筑内时，不应大于 4000 m²。【图 1－4－2】

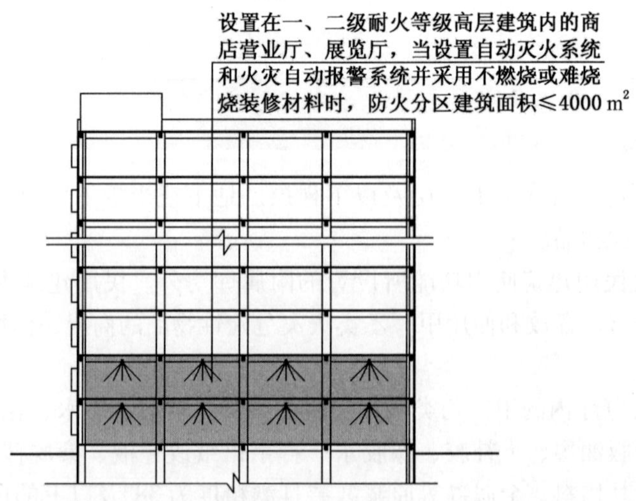

图 1－4－2 一、二级耐火等级高层建筑剖面示意图

② 设置在单层建筑或仅设置在多层建筑的首层内时，不应大于10000 m²。【图1－4－3】

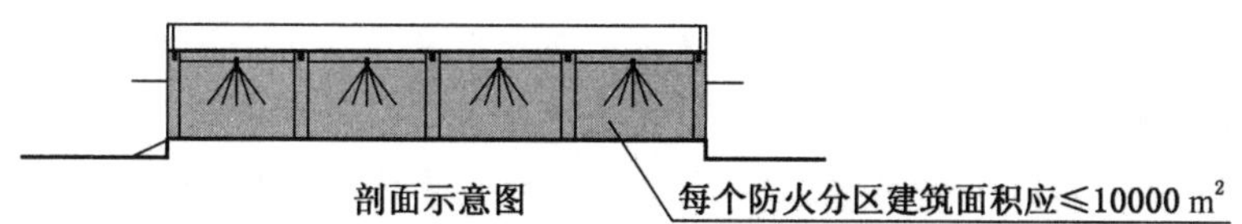

(a) 设置在一、二耐火等级单层建筑内的商店营业厅、展览厅

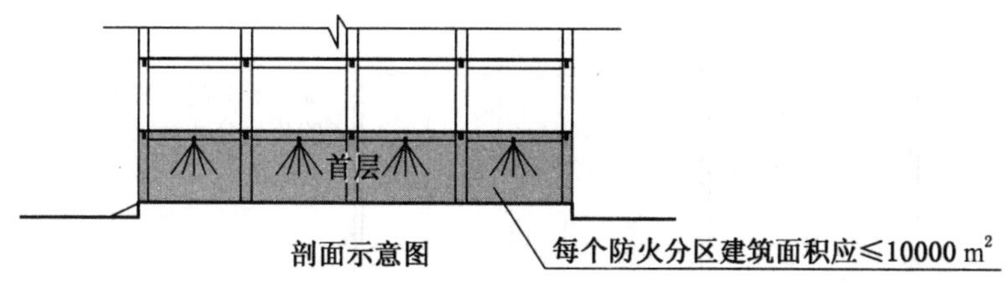

(b) 仅设置在一、二耐火等级多层建筑首层内的商店营业厅、展览厅

图1－4－3　设置在一、二级耐火等级单层和仅设置在多层建筑首层内的商店营业厅、展览厅

③ 设置在地下或半地下时，不应大于2000 m²。【图1－4－4】

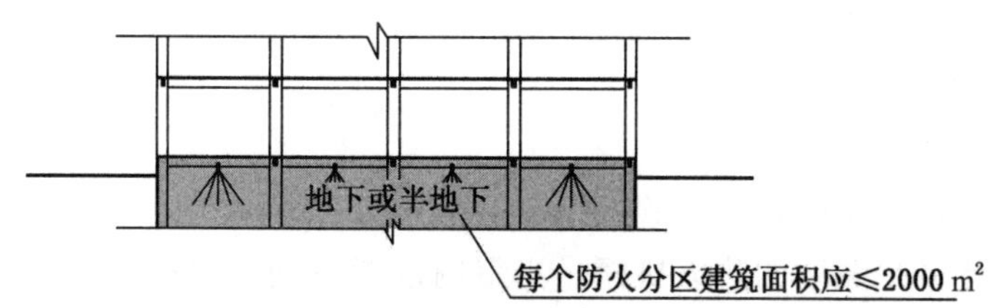

图1－4－4　设置在一、二级耐火等级地下或半地下的商店营业厅、展览厅剖面示意图

【练习题】

1. 【2015－11】某建筑的一层至三层为商场，四层至十七层为办公，地下一层为商场，地下二层部分为商场，其余部分为设备区。室内装修及消防设施设备均符合相关规定。下列关于该建筑地下商场及设备区防火分区建筑面积，正确的是（　　）。

A. 商场营业厅3000 m²；设备区2000 m²

B. 商场营业厅4000 m²；设备区1000 m²

C. 商场营业厅4000 m²；设备区2000 m²

D. 商场营业厅2000 m²；设备区2000 m²

［答案］D

2. 某商场设置在建筑高度为98 m的商住楼的一层内，该商场建筑面积为13000 m²，设置有自动喷水灭火系统和火灾自动报警系统，采用难燃装修材料进行装修。该商场至少应划分（ ）防火分区。

A. 1个　　B. 2个　　C. 3个　　D. 4个

[答案] D

[解析] 本题题干符合图1-4-2的情况，每个防火分区的最大建筑面积是4000 m^2。

(3) 总建筑面积大于20000 m^2 的地下或半地下商店，应采用无门、窗、洞口的防火墙、耐火极限不低于2.00 h的楼板分隔为多个建筑面积不大于20000 m^2 的区域。【图1-4-5】相邻区域确需局部连通时，应采用下沉式广场等室外开敞空间、防火隔间、避难走道、防烟楼梯间等方式进行连通。【图1-4-6】

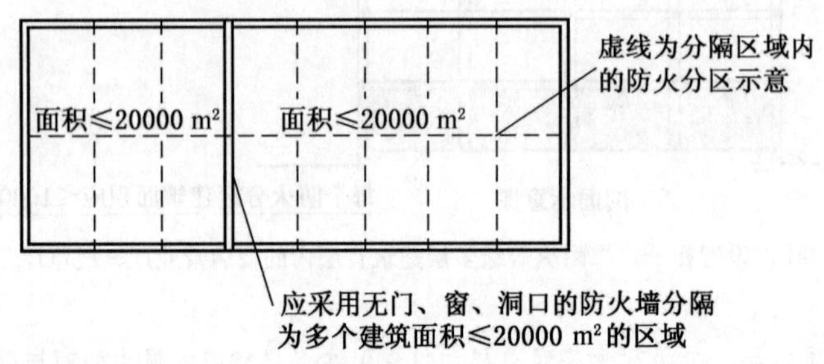

图1-4-5 总建筑面积>20000 m^2 的地下或半地下商店平面示意图

(五) 构造防火

1. 外墙开口要求

建筑外墙上、下层开口之间应设置高度不小于1.2 m的实体墙或挑出宽度不小于1.0 m、长度不小于开口宽度的防火挑檐；当室内设置自动喷水灭火系统时，上、下层开口之间的实体墙高度不应小于0.8 m。当上、下层开口之间设置实体墙确有困难时，可设置防火玻璃墙，但高层建筑的防火玻璃墙的耐火完整性不应低于1.00 h，多层建筑的防火玻璃墙的耐火完整性不应低于0.50 h。外窗的耐火完整性不应低于防火玻璃墙的耐火完整性要求。【图1-4-7】

实体墙、防火挑檐和隔板的耐火极限和燃烧性能均不应低于相应耐火等级建筑外墙的要求。

2. 下沉式广场

用于防火分隔的下沉式广场等室外开敞空间，应符合下列规定：

(1) 不同防火分区通向下沉式广场等室外开敞空间的开口最近边缘之间的水平距离不应小于13 m。室外开敞空间除用于人员疏散外不得用于其他商业或可能导致火灾蔓延的用途，其中用于疏散的净面积不应小于169 m^2。【图1-4-8】

(2) 下沉式广场等室外开敞空间内应设置不少于1部直通地面的疏散楼梯。当连接下沉广场的防火分区需利用下沉广场进行疏散时，疏散楼梯的总净宽度不应小于任一防火分区通向室外开敞空间的设计疏散总净宽度。

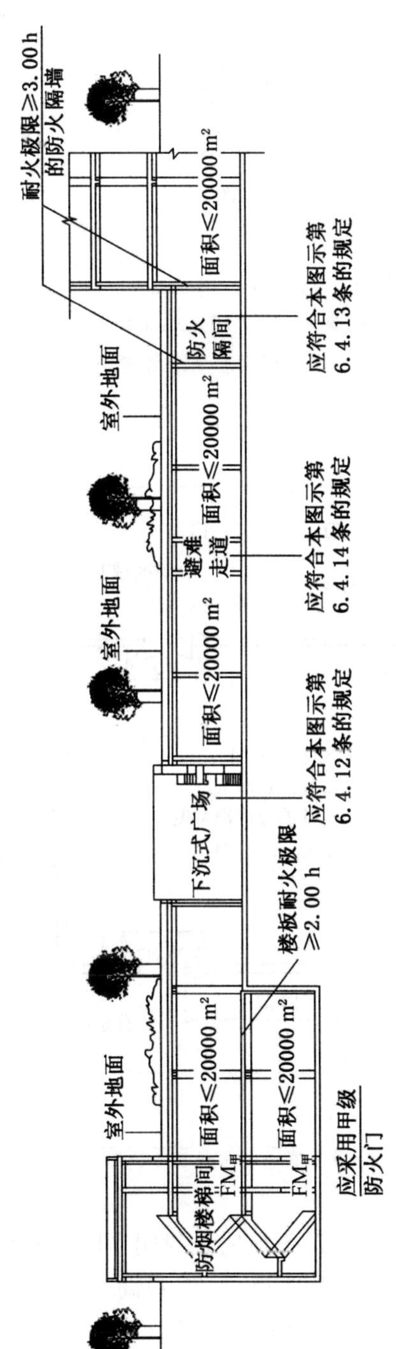

图 1－4－6　总建筑面积＞20000 m² 的地下或半地下商店剖面示意图

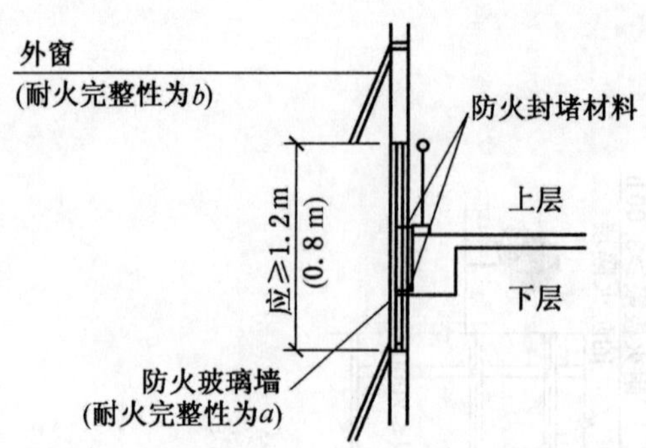

高层建筑：$a \geqslant 1.00$ h，且 $b \geqslant a$；

单、多层建筑：$a \geqslant 0.50$ h，且 $b \geqslant a$

图 1-4-7 设置防火玻璃墙时的要求

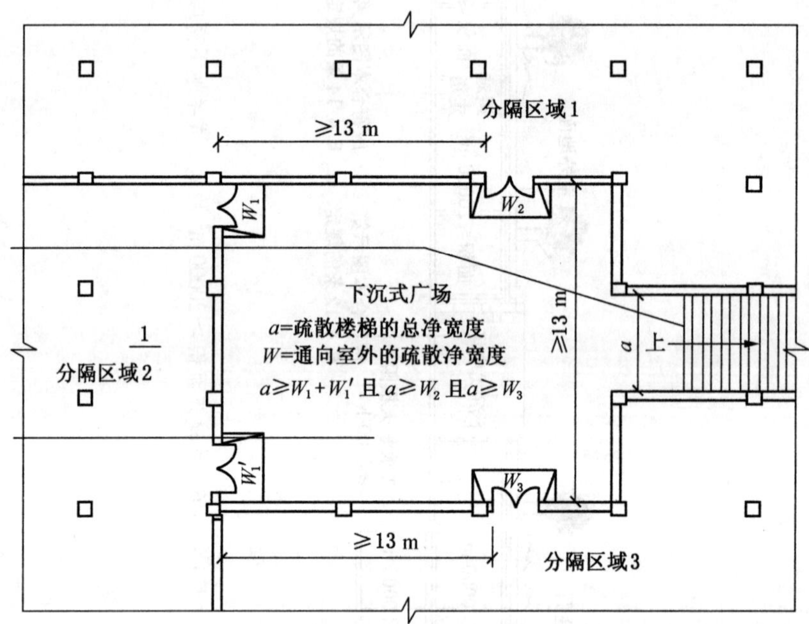

图 1-4-8 地下一层平面示意图

（3）确需设置防风雨蓬时，防风雨蓬不应完全封闭，四周开口部位应均匀布置，开口的面积不应小于室外开敞空间地面面积的 25%，开口高度不应小于 1.0 m；开口设置百叶时，百叶的有效排烟面积可按百叶通风口面积的 60% 计算。【图 1-4-9】

3. 防火隔间

防火隔间的设置应符合下列规定：【图 1-4-10】

（1）防火隔间的建筑面积不应小于 6 m^2。

（2）防火隔间的门应采用甲级防火门。

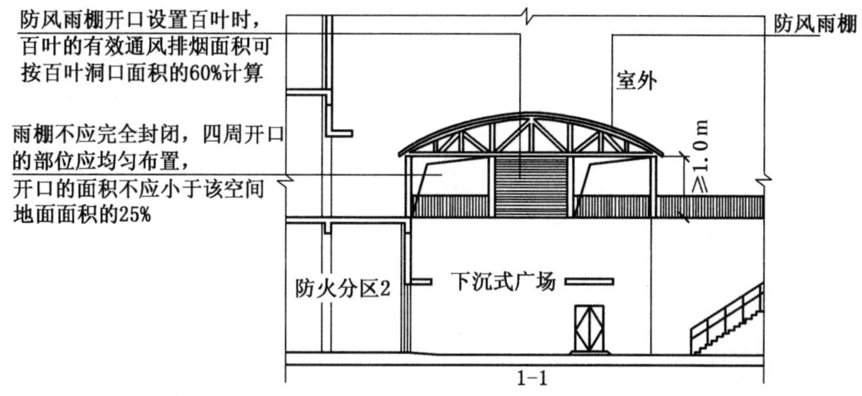

图 1-4-9　防风雨蓬设置示意图

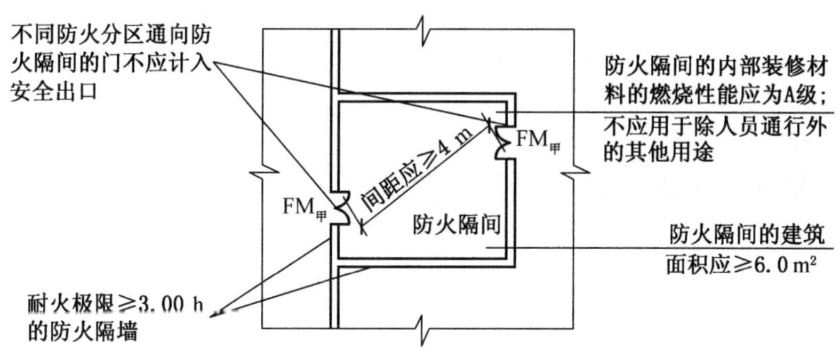

图 1-4-10　防火隔间设置示意图

（3）不同防火分区通向防火隔间的门不应计入安全出口，门的最小间距不应小于 4 m。

（4）防火隔间内部装修材料的燃烧性能应为 A 级。

（5）不应用于除人员通行外的其他用途。

4. 避难走道

避难走道的设置应符合下列规定：【图 1-4-11】

（1）走道楼板的耐火极限不应低于 1.50 h。

（2）走道直通地面的出口不应少于 2 个，并应设置在不同方向；当走道仅与一个防火分区相通且该防火分区至少有 1 个直通室外的安全出口时，可设置 1 个直通地面的出口。任一防火分区通向避难走道的门至该避难走道最近直通地面的出口的距离不应大丁 60 m。

（3）走道的净宽度不应小于任一防火分区通向走道的设计疏散总净宽度。

（4）走道内部装修材料的燃烧性能应为 A 级。

（5）防火分区至避难走道入口处应设置防烟前室，前室的使用面积不应小于 6 m²，开向前室的门应采用甲级防火门，前室开向避难走道的门应采用乙级防火门。

（6）走道内应设置消火栓、消防应急照明、应急广播和消防专线电话。

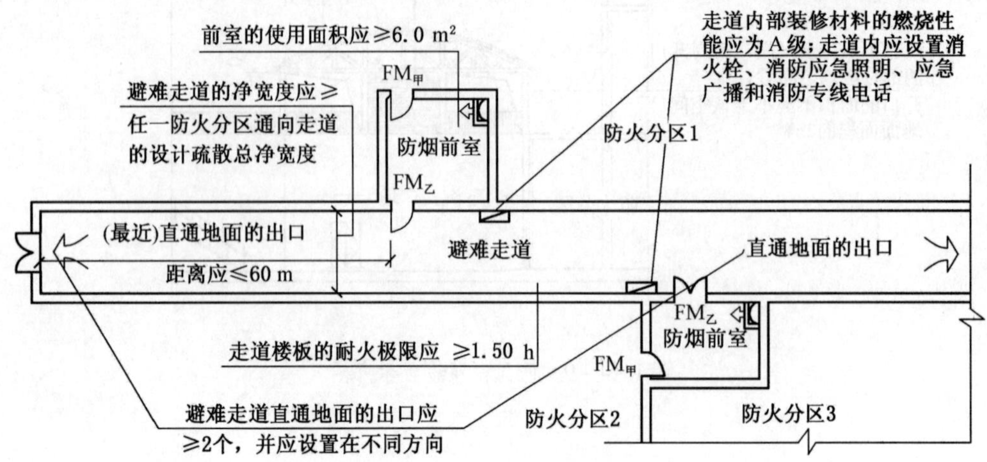

图 1－4－11 避难走道设置示意图

5. 防火卷帘

防火分隔部位设置防火卷帘时，应符合下列规定：

（1）除中庭外，当防火分隔部位的宽度不大于 30 m 时，防火卷帘的宽度不应大于 10 m；当防火分隔部位的宽度大于 30 m 时，防火卷帘的宽度不应大于该部位宽度的 1/3，且不应大于 20 m。【图 1－4－12】

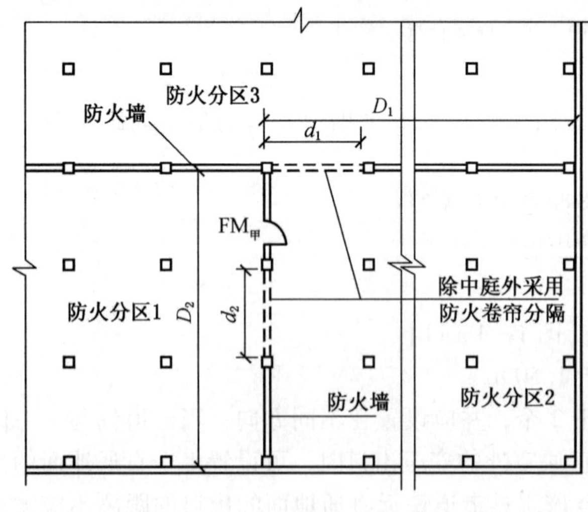

D—某一防火分隔区域与相邻防火分隔区域两两之间需要进行分隔的部位的总宽度；

d—防火卷帘的宽度；当 $D_1(D_2) \leqslant 30$ m 时，$d_1(d_2) \leqslant 10$ m；当 $D_1(D_2) > 30$ m 时，$d_1(d_2) \leqslant 1/3D_1(D_2)$，且 $d_1(d_2) \leqslant 20$ m

图 1－4－12 防火卷帘设置示意图

（2）防火卷帘应具有火灾时靠自重自动关闭功能。

（3）防火卷帘的耐火极限不应低于《建筑设计防火规范》（GB 50016—2014）对所设

置部位墙体的耐火极限要求。

当防火卷帘的耐火极限符合现行国家标准《门和卷帘的耐火试验方法》(GB/T 7633—2008）有关耐火完整性和耐火隔热性的判定条件时，可不设置自动喷水灭火系统保护。

当防火卷帘的耐火极限仅符合现行国家标准《门和卷帘的耐火试验方法》(GB/T 7633—2008）有关耐火完整性的判定条件时，应设置自动喷水灭火系统保护。自动喷水灭火系统的设计应符合现行国家标准《自动喷水灭火系统设计规范（2005 年版)》(GB 50084—2001）的规定，但火灾延续时间不应小于该防火卷帘的耐火极限。

（4）防火卷帘应具有防烟性能，与楼板、梁、墙、柱之间的空隙应采用防火封堵材料封堵。

（5）需在火灾时自动降落的防火卷帘，应具有信号反馈的功能。

（6）其他要求，应符合现行国家标准《防火卷帘》(GB 14102—2005）的规定。

（六）安全疏散

1. 安全出口设置要求

一、二级耐火等级公共建筑内的安全出口全部直通室外确有困难的防火分区，可利用通向相邻防火分区的甲级防火门作为安全出口，但应符合下列要求：

（1）利用通向相邻防火分区的甲级防火门作为安全出口时，应采用防火墙与相邻防火分区进行分隔。

（2）建筑面积大于 1000 m^2 的防火分区，直通室外的安全出口不应少于 2 个；建筑面积不大于 1000 m^2 的防火分区，直通室外的安全出口不应少于 1 个。

（3）该防火分区通向相邻防火分区的疏散净宽度不应大于其按《建规》第 5.5.21 条规定计算所需疏散总净宽度的 30%，建筑各层直通室外的安全出口总净宽度不应小于按照《建规》第 5.5.21 条规定计算所需疏散总净宽度。【图 1－4－13】

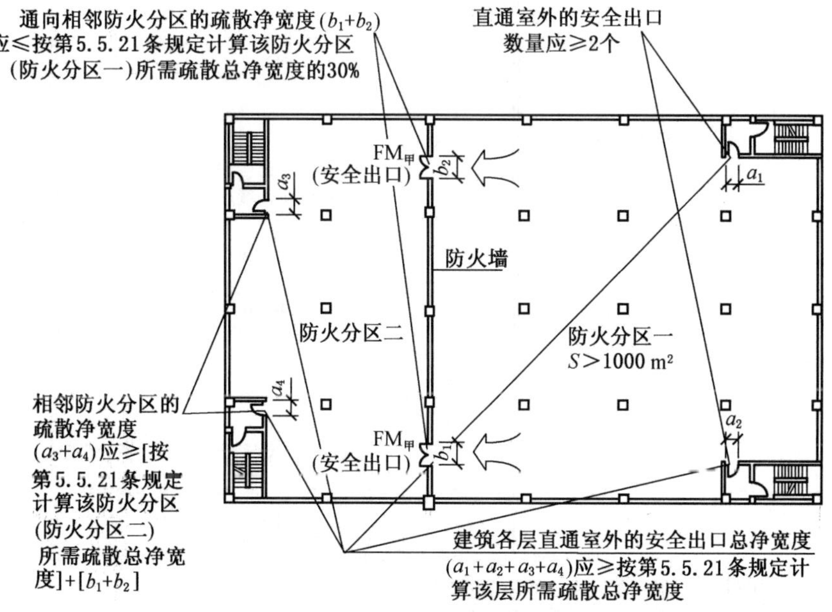

图 1－4－13　一、二级耐火等级公共建筑平面示意图

【练习题】

某商业楼底面建筑投影为长方形，呈东、西向布置，地上6层，建筑高度24 m，二级耐火等级，每层建筑面积均为8000 m^2，每层均按建筑面积平均划分为东、西两个防火分区，每层使用功能均为百货商场，已按现行有关国家工程建设消防技术标准的规定设置消防设施。该建筑每层东侧防火分区利用通向相邻西侧防火分区的甲级防火门作为安全出口的疏散净宽度均为5 m。请问该建筑地上二层西侧防火分区内直通室外安全出口的最小疏散净宽度应为(　　)m。

A. 34.4　　B. 22.2　　C. 17.2　　D. 12.2

［答案］B

［解析］东、西两个防火分区的建筑面积分别是4000 m^2，按照《建规》规定，地上二层商店的人员密度取0.43人/m^2，人数是4000×0.43=1720；地上6层的建筑，每100人最小疏散净宽度不小于1.00 m，则东、西两个防火分区的安全出口宽度均是17.2 m，西侧防火分区需要加上东侧借的5 m，因此宽度是22.2 m。

2. 安全疏散距离

一、二级耐火等级建筑内疏散门或安全出口不少于2个的观众厅、展览厅、多功能厅、餐厅、营业厅等，其室内任一点至最近疏散门或安全出口的直线距离不应大于30 m；当疏散门不能直通室外地面或疏散楼梯间时，应采用长度不大于10 m的疏散走道通至最近的安全出口。当该场所设置自动喷水灭火系统时，室内任一点至最近安全出口的安全疏散距离可分别增加25%。【图1-4-14】

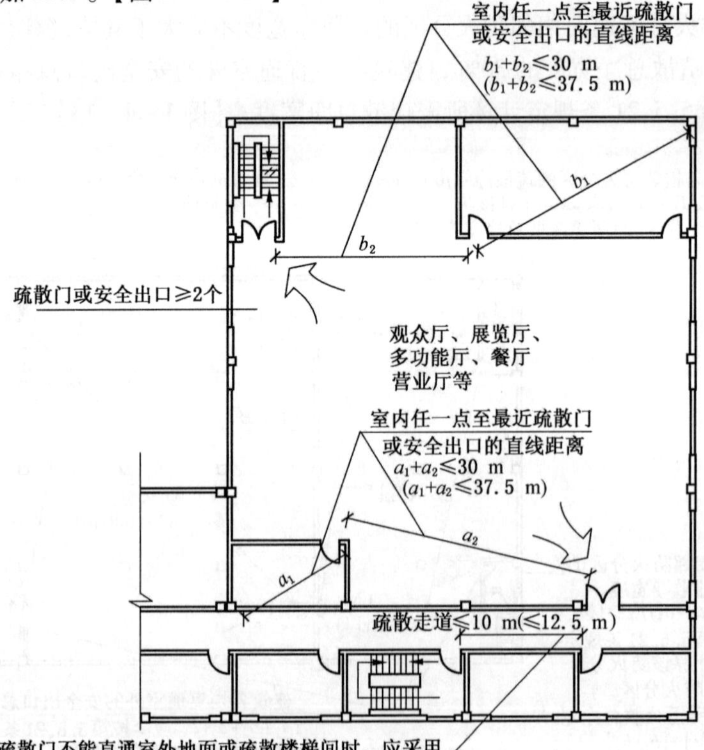

图1-4-14　一、二级耐火等级公共建筑平面示意图

五、思考题

（一）单项选择题

1. 情景描述中大型购物中心地上二层至地上六层各层疏散楼梯所需的最小设计总净宽度分别不应小于（　　）。

A. 110.50 m、115.50 m、120 m、120 m、120 m

B. 86 m、78 m、60 m、60 m、60 m

C. 55.25 m、57.75 m、60 m、60 m、60 m

D. 77.35 m、80.85 m、84 m、84 m、84 m

[答案] B

[解析] 地上二层至地上六层每层2万 m^2，按照《建规》规定，地上二层人员密度0.43人/m^2，地上三层人员密度0.39人/m^2，地上4～6层人员密度0.30人/m^2，地上二层至地上六层的疏散楼梯的每100人最小疏散净宽度不小于1.00 m。

地上二层：$(20000 \times 0.43/100) \times 1.00 = 86$

地上三层：$(20000 \times 0.39/100) \times 1.00 = 78$

地上四层至六层：$(20000 \times 0.3/100) \times 1.00 = 60$

2. 当情景描述中大型购物中心营业厅的疏散门不能直通安全出口时，应采用长度不大于（　　）m的疏散走道通至最近的安全出口。

A. 30　　B. 20　　C. 12.5　　D. 10

[答案] C

[解析] 当疏散门不能直通室外地面或疏散楼梯间时，应采用长度不大于10 m的疏散走道通至最近的安全出口。当该场所设置自动喷水灭火系统时，室内任一点至最近安全出口的安全疏散距离可分别增加25%。

3. 情景描述中大型购物中心营业厅内任一点至最近疏散门或安全出口的直线距离（　　）m。

A. 不宜大于30　　B. 不宜大于37.5

C. 不应大于30　　D. 不应大于37.5

[答案] D

[解析] 一、二级耐火等级建筑内疏散门或安全出口不少于2个的观众厅、展览厅、多功能厅、餐厅、营业厅等，其室内任一点至最近疏散门或安全出口的直线距离不应大于30 m，当该场所设置自动喷水灭火系统时，室内任一点至最近安全出口的安全疏散距离可分别增加25%。

4. 地下商店营业厅不应设置在地下（　　）层及其以下各层。

A. 一　　B. 二　　C. 三　　D. 四

[答案] C

5. 情景描述中大型购物中心地下一层安全出口所需的最小设计总净宽度不应小于（　　）m。

A. 110.50　　B. 86　　C. 66　　D. 39.6

[答案] D

[解析] 地下或半地下人员密集的厅、室和歌舞娱乐放映游艺场所，其房间疏散门、安全出口、疏散走道和疏散楼梯的各自总净宽度，应根据疏散人数按每 100 人不小于 1.00 m 计算确定。

疏散人数 = 商场建筑面积 × 人员密度 × 30%（建材商场）

地下一层安全出口宽度 =（疏散人数/100）× 百人疏散宽度 =（22000 × 0.6 × 30% / 100）× 1.00 = 39.6 m

（二）多项选择题

1. 防火隔间的设置应符合下列（　　）规定。

A. 防火隔间的建筑面积不应小于 6 m^2

B. 防火隔间的门应采用甲级防火门

C. 不同防火分区通向防火隔间的门不应计入安全出口，门的最小间距不应小于 4 m

D. 防火隔间内部装修材料的燃烧性能应为 A 级

E. 不应用于除人员通行外的其他用途

[答案] ABCDE

2. 避难走道的设置应符合下列（　　）和走道内应设置消火栓、消防应急照明、应急广播和消防专线电话的规定。

A. 走道楼板的耐火极限不应低于 1.50 h

B. 走道直通地面的出口不应少于 2 个，并应设置在不同方向；当走道仅与一个防火分区相通且该防火分区至少有 1 个直通室外的安全出口时，可设置 1 个直通地面的出口

C. 走道的净宽度不应小于任一防火分区通向走道的设计疏散总净宽度

D. 走道内部装修材料的燃烧性能应为 A 级

E. 防火分区至避难走道入口处应设置防烟前室，前室的使用面积不应小于 6 m^2，开向前室的门应采用甲级防火门，前室开向避难走道的门应采用乙级防火门

[答案] ABCDE

案例 5　体育馆建筑防火案例分析

一、情景描述

为承办每年全省高校运动会，某高校新建一栋体育馆，由主体建筑和附属建筑两部分组成，主体建筑为比赛馆，附属建筑为训练馆，建筑高度为 23 m，总建筑面积为 1.7 万 m^2，采用框架及大跨度钢屋架结构体系，耐火等级二级，该体育馆的相关信息如图 1－5－1 所示。比赛馆为单层大空间建筑，可容纳观众席 4446 个，其中固定席 3514 个，活动席 932 个；其比赛场地共设有 8 个净宽均为 2.20 m 的疏散门，其中两个疏散门与比赛馆直通室外的门厅连通，6 个疏散门与附属建筑的疏散走道连通；其观众厅共设有 12 个净宽均为 2.20 m 的疏散门，其中 6 个疏散门与比赛馆直通室外的门厅连通，6 个疏散门与附属建筑地上一层屋顶室外平台连通；比赛场地和观众厅内任何一点到达疏散出口的距离均不超过 30 m。训练馆地上 2 层，局部 1 层，内设有篮球、游泳、乒乓球、健身等训练用房，设有两部楼梯净宽均为 1.40 m 的敞开疏散楼梯间。该体育馆共设有 6 个防火分区；其中，最大一个防火分区的使用功能为比赛场地及观众厅，其建筑面积为 5000 m^2；每个防火分区均至少设有两个安全出口。该体育馆按现行有关国家工程建设消防技术标准配置了室内外消火栓给水系统、自动喷水灭火系统等消防设施及器材。

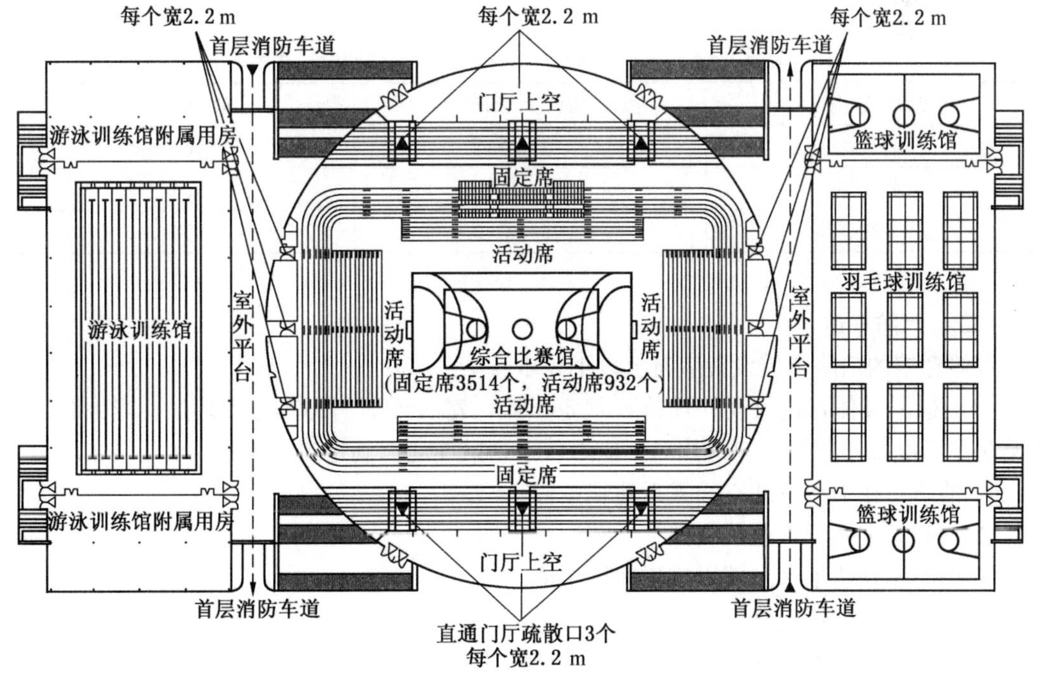

图 1－5－1　建筑平面图

二、分析要点

本案例主要分析下列内容：

(1) 体育建筑等级和耐火等级。

(2) 消防车道。

(3) 防火间距。

(4) 安全疏散。

(5) 室内装修。

三、关键知识点及依据

(一) 体育建筑等级和耐火等级

体育建筑等级应根据其使用要求分级，且应符合表1-5-1规定。情景描述中体育馆的主要用途为举办地区性比赛，根据《体育建筑设计规范》规定，该体育馆的建筑等级应为乙级，其耐火等级不应低于二级。

表1-5-1 体 育 建 筑 等 级

等级	主要使用要求	等级	主要使用要求
特级	举办亚运会、奥运会及世界级比赛主场	乙级	举办地区性和全国单项比赛
甲级	举办全国性和单项国际比赛	丙级	举办地方性、群众性运动会

不同等级体育建筑结构设计使用年限和耐火等级应符合表1-5-2的规定。

表1-5-2 体育建筑的结构设计使用年限和耐火等级

建 筑 等 级	主体结构设计使用年限/年	耐 火 等 级
特级	>100	不低于一级
甲级、乙级	50~100	不低于二级
丙级	25~50	不低于二级

(二) 消防车道

该体育馆的消防车道设置应符合以下要求：

(1) 根据《体育建筑设计规范》规定，体育建筑周围消防车道应环通；当因各种原因消防车不能按规定靠近建筑物时，应采取下列措施之一满足对火灾扑救的需要：

① 消防车在平台下部空间靠近建筑主体。

② 消防车直接开入建筑内部。

③ 消防车到达平台上部以接近建筑主体。

④ 平台上部设消火栓。

(2) 根据《建规》要求，超过3000个座位的体育馆宜设置环形消防车道。消防车道的净宽度和净空高度均不应小于4 m。供消防车停留的空地，其坡度不宜大于3%。消防车道与民用建筑之间不应设置妨碍消防车作业的障碍物。环形消防车道至少应有两处与其他车道连通。尽头式消防车道应设置回车道或回车场，回车场的面积不应小于 12 m×12 m；供大型消防车使用时，不宜小于 18 m×18 m。消防车道路面、扑救作业场地及其下面的管道和暗沟等应能承受大型消防车的压力。消防车道可利用交通道路，但应满足消防车通行与停靠的要求。

（三）防火分区

根据《体育建筑设计规范》《建筑设计防火规范》的规定，该体育馆的防火分区划分应符合以下要求：

（1）体育建筑的防火分区尤其是比赛大厅，训练厅和观众休息厅等大空间处应结合建筑布局、功能分区和使用要求加以划分。

（2）体育馆的比赛场地和观众看台之间无法进行分隔，因此可以作为一个防火分区考虑，而观众休息厅和周边赛事用房可作为另一个防火分区考虑，这样既考虑了体育建筑空间的特殊性，又可以避免观众厅防火分区面积的无限扩大。

（3）一、二级耐火等级体育馆地上建筑防火分区的最大允许建筑面积为 2500 m^2；建筑内设置自动灭火系统时，该防火分区的最大允许建筑面积可按上述规定增加 1 倍；局部设置时，增加面积可按该局部面积的 1 倍计算。体育馆观众厅的防火分区最大允许建筑面积可适当放宽。

（四）安全疏散

根据《体育建筑设计规范》《建筑设计防火规范》的规定，该体育馆的安全疏散应符合以下要求：

（1）体育馆的观众厅，其疏散门的数量应经计算确定，且不应少于 2 个，每个疏散门的平均疏散人数不宜超过 400～700 人。

（2）人员密集的公共场所、观众厅的疏散门不应设置门槛，其净宽度不应小于 1.40 m，且紧靠门口内外各 1.40 m 范围内不应设置踏步。

（3）体育馆的疏散走道、疏散楼梯、疏散门、安全出口的各自总宽度，应根据其通过人数和疏散净宽度指标计算确定，并应符合下列规定：

① 体育馆观众厅内疏散走道的净宽度应按每 100 人不小于 0.60 m 的净宽度计算，且不应小于 1 m，边走道的净宽度不宜小于 0.80 m。在布置疏散走道时，横走道之间的座位排数不宜超过 20 排。纵走道之间的座位数，每排不宜超过 26 个。前后排座椅的排距不小于 0.90 m 时，可增加 1 倍，但不得超过 50 个。仅一侧有纵走道时，座位数应减少一半。

② 体育馆观众厅外疏散走道的净宽度不应小于 1.10 m。

③ 有等场需要的入场门不应作为观众厅的疏散门。

④ 体育馆供观众疏散的所有内门、外门、楼梯和走道的各自总宽度，应按表 1-5-3 的规定计算确定。

⑤ 疏散楼梯的踏步深度不应小于 0.28 m，踏步高度不应大于 0.16 m，楼梯最小宽度不得小于 1.20 m，转折楼梯平台深度不应小于楼梯宽度，直跑楼梯的中间平台深度不应小于 1.20 m。

⑥ 疏散用门应采用平开门，不应采用推拉门、卷帘门、吊门、转门。人员密集场所

平时需要控制人员随意出入的疏散用门，应保证火灾时不需使用钥匙等任何工具即能从内部易于打开，并应在显著位置设置标识和使用提示。

表 1-5-3 体育馆每 100 人所需最小疏散净宽度

观众厅座位数档次/座			3000 ~ 5000	5001 ~ 10000	10001 ~ 20000
疏散部位/m	门和走道	平坡地面	0.43	0.37	0.32
		阶梯地面	0.50	0.43	0.37
	楼梯		0.50	0.43	0.37

注：表中较大座位数档次按规定计算的疏散总宽度，不应小于相邻较小座位数档次按其最多座位数计算的疏散总宽度。

⑦ 疏散用楼梯和疏散通道上的阶梯不宜采用螺旋楼梯和扇形踏步。当必须采用时，踏步上下两级所形成的平面角度不应大于 10°，且每级离扶手 25 cm 处的踏步深度不应小于 22 cm。

（五）室内装修

根据《体育建筑设计规范》（JGJ 31—2003）的规定，体育馆比赛、训练部位的室内墙面和顶棚装修（包括吸声、隔热和保温处理），应采用不燃烧体材料。当此场所内设有自动灭火系统和火灾自动报警系统时，室内墙面和顶棚装修可采用难燃烧体材料。固定座位应采用烟密度指数 50 以下的难燃材料制作，地面可采用不低于难燃等级的材料制作。

四、思考题

（一）单项选择题

1. 观众厅、比赛厅或训练厅的安全出口应设置（　　）。

A. 甲级防火门　　B. 乙级防火门　　C. 丙级防火门　　D. 丁级防火门

［答案］B

2. 比赛训练大厅的顶棚内可根据顶棚结构、检修要求、顶棚高度等因素设置马道，其宽度不应小于（　　）m。

A. 0.65　　B. 0.70　　C. 0.75　　D. 0.80

［答案］A

［解析］比赛训练大厅的顶棚内可根据顶棚结构、检修要求、顶棚高度等因素设置马道，其宽度不应小于 0.65 m，马道应采用不燃烧体材料，其垂直交通可采用钢质梯。

3. 体育馆疏散门的净宽度不应小于（　　）m。

A. 1.10　　B. 1.20　　C. 1.30　　D. 1.40

［答案］D

4. 体育馆固定座位应采用烟密度指数（　　）以下的难燃材料制作。

A. 5　　B. 10　　C. 20　　D. 50

［答案］D

5. 比赛和训练建筑的灯控室、声控室、配电室、发电机房、空调机房、重要库房、消防控制室等部位采用耐火极限不低于（　　）的墙体和耐火极限不小于 1.50 h 的楼板同其他部位分隔，门、窗的耐火极限不应低于 1.20 h。

A. 2.00 h　　B. 1.50 h　　C. 2.50 h　　D. 3.00 h

［答案］A

案例6 餐饮建筑防火案例分析

一、情景描述

某大型餐饮建筑地上6层、地下3层，每层层高均为4 m。建筑高度为24 m，框架结构，耐火等级一级，地下三层室内地面与室外出入口地坪的高差为12 m，每层建筑面积均为4000 m^2。地下二、三层每层主要使用功能均为汽车库、设备用房和附属库房，每层的汽车库区域、设备用房区域和附属库房区域均单独划分防火分区，其每层防火分区的建筑面积分别为2000 m^2、1000 m^2、1000 m^2，地下一层主要使用功能为厨房、包房和2个建筑面积均为900 m^2 的餐厅，划分为5个建筑面积均不超过1000 m^2 的防火分区；首层至地上六层主要使用功能为厨房、包房（包房均靠外墙布置，均有可开启外窗）和餐厅，每层均为一个独立的防火分区。该建筑在地下一层和地上三、六层各设1个厨房，均通过1个燃气管井供气，均使用天然气燃气炊具，均未设外窗。该建筑的包房均具有卡拉OK功能。该建筑地下三层至地上六层每层均设置一部普通货梯，地下一层至地上六层每层均设置两部普通客梯（观光电梯），地下三层至首层每层均设置五部消防电梯。该建筑的地下一层至地上六层设有一个中庭，中庭底部投影建筑面积为200 m^2，除地下一层以外的其他各层的中庭周边均采取了防火分隔措施。该建筑采用岩棉作为外墙外保温材料。该建筑按现行有关国家工程建设消防技术标准配置了室内外消火栓给水系统、自动喷水灭火系统和火灾自动报警系统等消防设施及器材。

二、分析要点

本案例主要分析下列内容：

（1）建筑分类。

（2）防火分区。

（3）平面布置。

（4）安全疏散。

（5）构造防火。

（6）灭火救援设施。

（7）室内装修。

（8）燃气防火。

三、关键知识点及依据

（一）建筑分类

情景描述中的大型餐饮建筑的建筑高度不超过24 m，根据《建筑设计防火规范》（GB 50016—2014）的规定，该建筑应为多层重要公共建筑。

（二）防火分区

（1）建筑内设置自动扶梯、敞开楼梯等上、下层相连通的开口时，其防火分区的建筑面积应按上、下层相连通的建筑面积叠加计算；当叠加计算后的建筑面积大于《建规》第5.3.1条的规定时，应划分防火分区。建筑内设置中庭时，其防火分区的建筑面积应按上、下层相连通的建筑面积叠加计算；当叠加计算后的建筑面积大于《建规》第5.3.1条的规定时，应符合下列规定【图1－6－1】：

① 与周围连通空间应进行防火分隔：采用防火隔墙时，其耐火极限不应低于1.00 h；采用防火玻璃墙时，其耐火隔热性和耐火完整性不应低于1.00 h。采用耐火完整性不低于1.00 h的非隔热性防火玻璃墙时，应设置自动喷水灭火系统进行保护；采用防火卷帘时，其耐火极限不应低于3.00 h，并应符合《建规》第6.5.3条的规定；与中庭相连通的门、窗，应采用火灾时能自行关闭的甲级防火门、窗。

② 高层建筑内的中庭回廊应设置自动喷水灭火系统和火灾自动报警系统。

③ 中庭应设置排烟设施。

④ 中庭内不应布置可燃物。

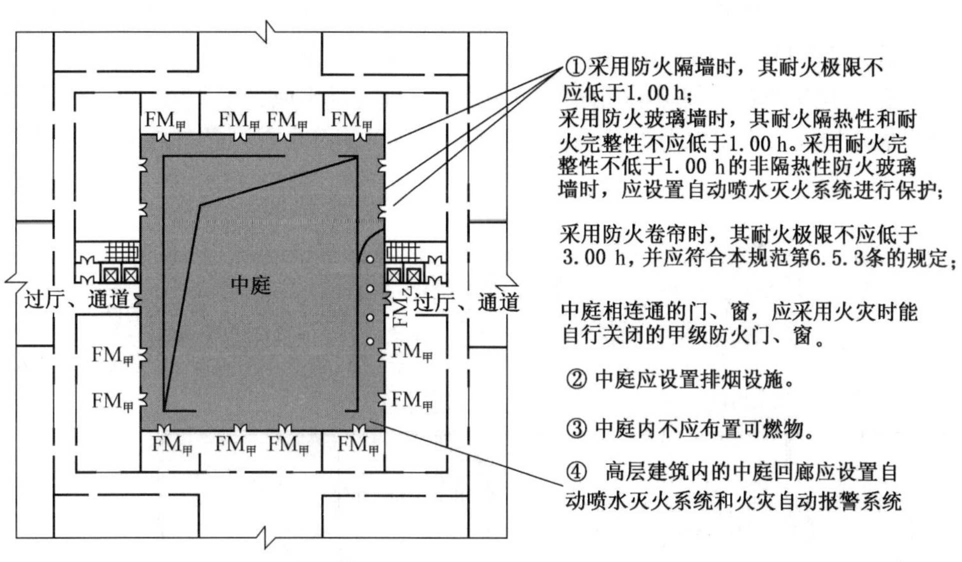

图1－6－1　中层连通面积之和大于最大允许防火分区面积采用的措施

（2）根据《汽车库、修车库、停车场设计防火规范》（GB 50067—2014），汽车库每个防火分区的最大允许建筑面积应符合表1－6－1的规定。

（三）平面布置

（1）除为满足民用建筑使用功能所设置的附属库房外，民用建筑内不应设置生产车间和其他库房。

（2）存放甲、乙类火灾危险性物品的储藏间，严禁附设在民用建筑内。

表 1－6－1 汽车库防火分区最大允许建筑面积 m^2

耐火等级	单层汽车库	多层汽车库	地下汽车库或高层汽车库
一、二级	3000	2500	2000
三级	1000	—	—

注：1. 敞开式、错层式、斜楼板式的汽车库的上下连通层面积应叠加计算，每个防火分区的最大允许建筑面积可按本表规定值增加 1.0 倍。

2. 半地下汽车库、设在建筑物首层的汽车库的防火分区最大允许建筑面积不应超过 2500 m^2。

3. 室内有车道且有人员停留的机械式汽车库的防火分区最大允许建筑面积应按本表规定值减少 35%。

4. 除《汽车库、修车库、停车场设计防火规范》另有规定者外，汽车库的防火分区可采用符合《汽车库、修车库、停车场设计防火规范》规定的防火墙、防火卷帘等防火分隔设施。

（四）安全疏散

（1）因具有卡拉 OK 功能的包间属于歌舞娱乐放映游艺场所，故该建筑地上部分的疏散楼梯应采用封闭楼梯间，也可采用室外疏散楼梯。因室内地面与室外出入口地坪高差大于 10 m 或 3 层及以上的公共建筑地下、半地下建筑（室）的疏散楼梯应采用防烟楼梯间，故该建筑地下室的疏散楼梯应采用防烟楼梯间。

（2）直通建筑内附设汽车库的电梯，应在汽车库部分设置电梯候梯厅，并应采用耐火极限不低于 2.00 h 的防火隔墙和乙级防火门与汽车库分隔。

（3）公共建筑内各房间疏散门的数量应经计算确定且不应少于 2 个，每个房间相邻 2 个疏散门最近边缘之间的水平距离不应小于 5 m。该建筑符合下列条件之一的房间可设置 1 个疏散门：【图 1－6－2】

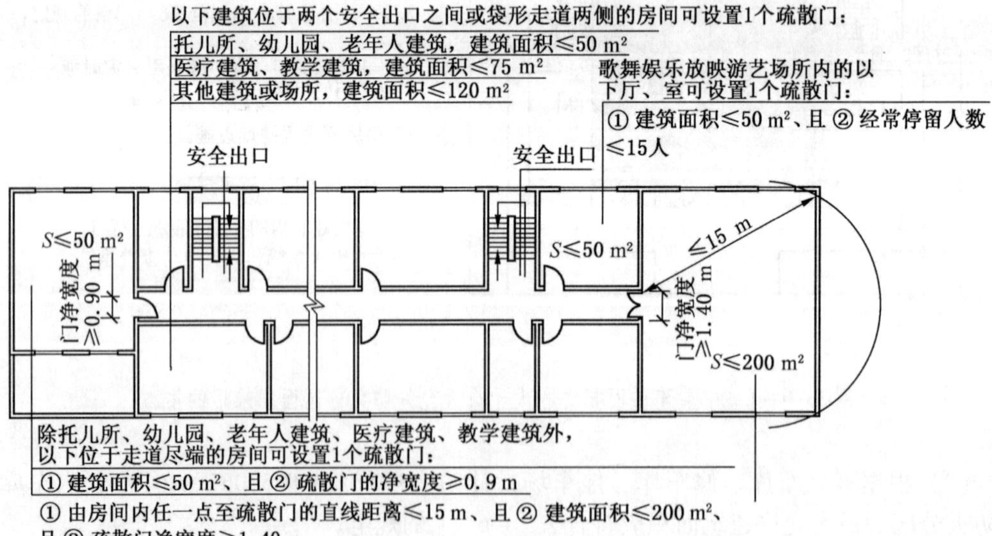

图 1－6－2 公共建筑平面示意图

① 位于两个安全出口之间或袋形走道两侧建筑面积不大于 120 m^2 的房间。

② 位于走道尽端的房间，建筑面积小于 50 m^2 且疏散门的净宽度不小于 0.90 m，或

由房间内任一点至疏散门的直线距离不大于 15 m、建筑面积不大于 200 m^2 且疏散门的净宽度不小于 1.40 m。

③ 歌舞娱乐放映游艺场所内建筑面积不大于 50 m^2 且经常停留人数不超过 15 人的厅、室。

④ 建筑面积不大于 200 m^2 的地下或半地下设备间；建筑面积不大于 50 m^2 且经常停留人数不超过 15 人的其他地下或半地下房间。

（五）构造防火

（1）该建筑内的厨房均应采用耐火极限不低于 2.00 h 的防火隔墙与其他部位分隔，墙体上的门、窗应采用乙级防火门、窗，确有困难时，可采用防火卷帘，但应符合《建筑设计防火规范》(GB 50016—2014）第 6.5.3 条的规定。

（2）该建筑内的电梯井等竖井应符合下列规定：

① 电梯井应独立设置，井内严禁敷设可燃气体和甲、乙、丙类液体管道，不应敷设与电梯无关的电缆、电线等。电梯井的井壁除设置电梯门、安全逃生门和通气孔洞外，不应设置其他开口。

② 电缆井、管道井、排烟道、排气道、垃圾道等竖向井道，应分别独立设置。井壁的耐火极限不应低于 1.00 h，井壁上的检查门应采用丙级防火门。

③ 建筑内的电缆井、管道井应在每层楼板处采用不低于楼板耐火极限的不燃材料或防火封堵材料封堵。建筑内的电缆井、管道井与房间、走道等相连通的孔隙应采用防火封堵材料封堵。

④ 建筑内的垃圾道宜靠外墙设置，垃圾道的排气口应直接开向室外，垃圾斗应采用不燃材料制作，并应能自行关闭。

⑤ 电梯层门的耐火极限不应低于 1.00 h，并应同时符合现行国家标准《电梯层门耐火试验完整性、隔热性和热通量测定法》(GB/T 27903—2011）规定的完整性和隔热性要求。

（3）设置人员密集场所的建筑，其外墙外保温材料的燃烧性能应为 A 级。

（六）灭火救援设施

（1）公共建筑的外墙应在每层的适当位置设置可供消防救援人员进入的窗口。窗口的净高度和净宽度不应小于 1.0 m，下沿距室内地面不宜大于 1.2 m，间距不宜大于 20 m 且每个防火分区不应少于 2 个。窗口的玻璃应易于破碎，并应设置可在室外易于识别的明显标志。

（2）下列建筑应设置消防电梯：

① 建筑高度大于 33 m 的住宅建筑。

② 一类高层公共建筑和建筑高度大于 32 m 的二类高层公共建筑。

③ 设置消防电梯的建筑的地下或半地下室，埋深大于 10 m 且总建筑面积大于 3000 m^2 的其他地下或半地下建筑（室）。

④ 消防电梯应分别设置在不同防火分区内，且每个防火分区不应少于 1 台。

（七）室内装修

1. 常用材料等级划分

常用建筑内部装修材料燃烧性能等级的划分，可按表 1－6－2 中的举例确定。

表1-6-2 常用建筑内部装修材料燃烧性能等级划分举例

材料性质	级别	材料举例
各部位材料	A	花岗石、大理石、水磨石、水泥制品、混凝土制品、石膏板、石灰制品、黏土制品、玻璃、瓷砖、马赛克、钢铁、铝、铜合金等
顶棚材料	B1	纸面石膏板、纤维石膏板、水泥刨花板、矿棉装饰吸声板、玻璃棉装饰吸声板、珍珠岩装饰吸声板、难燃胶合板、难燃中密度纤维板、岩棉装饰板、难燃木材、铝箔复合材料、难燃酚醛胶合板、铝箔玻璃钢复合材料等
墙面材料	B1	纸面石膏板、纤维石膏板、水泥刨花板、矿棉板、玻璃棉板、珍珠岩板、难燃胶合板、难燃中密度纤维板、防火塑料装饰板、难燃双面刨花板、多彩涂料、难燃墙纸、难燃墙布、难燃仿花岗岩装饰板、氯氧镁水泥装配式墙板、难燃玻璃钢平板、PVC塑料护墙板、轻质高强复合墙板、阻燃模压木质复合板材、彩色阻燃人造板、难燃玻璃钢等
	B2	各类天然木材、木制人造板、竹材、纸制装饰板、装饰微薄木贴面板、印刷木纹人造板、塑料贴面装饰板、聚酯装饰板、复塑装饰板、塑纤板、胶合板、塑料壁纸、无纺贴墙布、墙布、复合壁纸、天然材料壁纸、人造革等
地面材料	B1	硬PVC塑料地板、水泥刨花板、水泥木丝板、氯丁橡胶地板等
	B2	半硬质PVC塑料地板、PVC卷材地板、木地板氯纶地毯
装饰织物	B1	经阻燃处理的各类难燃织物等
	B2	纯毛装饰布、纯麻装饰布、经阻燃处理的其他织物等
其他装饰材料	B1	聚氯乙烯塑料、酚醛塑料、聚碳酸酯塑料、聚四氟乙烯塑料、三聚氰胺、脲醛塑料、硅树脂塑料装饰型材、经阻燃处理的各类织物等。另见顶棚材料和墙面材料内中的有关材料
	B2	经阻燃处理的聚乙烯、聚丙烯、聚氨酯、聚苯乙烯、玻璃钢、化纤织物、木制品等

2. 常用装修材料等级规定

（1）将安装在钢龙骨上燃烧性能达到B1级的纸面石膏板、矿棉吸声板作为A级装修材料使用。

（2）当胶合板表面涂覆饰面型防火涂料时，可作为B1级装修材料使用。

（3）直接粘贴在A级基材上的壁纸作为B1级装修材料使用。

（4）施涂于A级基材上的无机装饰涂料，可作为A级装修材料使用；施涂于A级基材上，湿涂覆比小于1.5 kg/ m^2 的有机装饰涂料，可作为B1级装修材料使用。

（5）当顶棚或墙面表面局部采用多孔或泡沫状塑料时，其厚度不应大于15 mm，且面积不得超过该房间顶棚或墙面面积的10%。

3. 特殊功能部位与用房装修防火要求

（1）歌舞娱乐放映游艺场所：

歌舞娱乐放映游艺场所设置在一、二级耐火等级建筑的四层及四层以上时，室内装修的顶棚材料应采用A级装修材料，其他部位应采用不低于B1级的装修材料；当设置在地下一层时，室内装修的顶棚、墙面材料应采用A级装修材料，其他部位应采用不低于B1级的装修材料。

（2）特殊贵重设备用房：

大中型电子计算机房、中央控制室、电话机房等放置特殊贵重设备的房间，顶棚和墙面应采用 A 级装修材料，地面及其他装修应用不低于 B1 级的装修材料。

（3）设备机房：

消防水泵房、排烟机房、固定灭火系统钢瓶间、配电室、变压器室、通风和空调机房其内部所有装修均应采用 A 级装修材料

4. 单层、多层公共建筑装修防火

单、多层民用建筑内部各部位装修材料的燃烧性能等级不应低于表 1－6－3 中的规定。

表 1－6－3　单、多层民用建筑内部各部位装修材料的燃烧性能等级

建筑物及场所	建筑规模、性质	装修材料燃烧性能等级						
		顶棚	墙面	地面	隔断	固定家具	装饰织物 窗帘	其他装饰材料
商场营业厅	每层建筑面积＞3000 m^2 或总面积＞9000 m^2 的营业厅	A	B1	A	A	B1	B1	B2
	每层建筑面积 1000～3000 m^2 或总面积 3000～9000 m^2 的营业厅	A	B1	B1	B1	B1	B1	
	每层建筑面积＜1000 m^2 或总面积＜3000 m^2 的营业厅	B1	B1	B1	B2	B2	B2	
饭店、旅馆的客房及公共活动用房等	设有中央空调系统的饭店旅馆	A	B1	B1	B1	B2	B2	B2
	其他饭店、旅馆	B1	B1	B2	B2	B2	B2	B2
歌舞厅、餐馆等娱乐、餐饮性建筑	营业面积＞100 m^2	A	B1	B1	B1	B2	B1	B2
	营业面积≤100 m^2	B1	B1	B1	B2	B2	B2	B2
办公楼、综合楼	设有中央空调系统的公楼、综合楼	A	B1	B1	B1	B2	B2	B2
	其他办公楼、综合楼	B1	B1	B2	B2	B2		
住宅	高级住宅	B1	B1	B1	B1	B2	B2	B2
	普通住宅	B1	B2	B2	B2	B2		

注：1. 建筑物大部分房间的装修材料满足规范，而某一局部或某一房间因特殊要求，需采用可燃装修材料，且该局部又无法设置自动报警、自动灭火系统时，允许那些面积小于 100 m^2，且采用防火墙和耐火极限不低于甲级的防火门窗与其他部位分隔的房间的装修材料在原有基础上降低一个等级。

2. 除歌舞娱乐放映游艺场所外，当单、多层民用建筑需做内部装修的空间内装有自动灭火系统时，除顶棚外，其内部装修材料的燃烧性能等级可在规范规定的基础上降低一级；当同时装有火灾自动报警装置和自动灭火系统时，其顶棚装修的燃烧性能等级可在原有基础上降低一级，其他部位装修材料的燃烧性能等级可不受限制。

（八）燃气防火

根据《建筑设计防火规范》（GB 50016—2014）和《城镇燃气设计规范》（GB 50028—2006）的规定，该建筑的燃气防火应符合下列规定：

（1）可燃气体管道严禁穿过防火墙。

（2）地下室、半地下室、设备层和地上密闭房间敷设燃气管道时，应符合下列要求：

① 净高不宜小于2.2 m。

② 应有良好的通风设施，房间换气次数不得小于3 次/h，并应有独立的事故机械通风设施，其换气次数不应小于6 次/h。

③ 应有固定的防爆照明设备。

（3）燃气立管宜明设，当设在便于安装和检修的管道竖井内时，应符合下列要求：

① 燃气立管可与空气、惰性气体、上下水、热力管道等设在一个公用竖井内，但不得与电线、电气设备或氧气管、进风管、回风管、排气管、排烟管、垃圾道等共用一个竖井。

② 竖井应在每层楼板处采用不低于楼板耐火极限的不燃材料或防火封堵材料封堵，且应设法采取平时竖井内自然通风和火灾时防止产生烟囱作用的措施；燃气管井与房间、走道等相连通的孔洞应采用防火封堵材料封堵。

③ 每层设可燃气体探测器。

④ 管道竖井的墙体应为耐火极限不低于1.0 h 的不燃烧体，井壁上的检查门应采用丙级防火门。

（4）商业用气设备设置在地下室、半地下室（液化石油气除外）或地上密闭房间内时，应符合下列要求：

① 燃气引入管应设手动快速切断阀和紧急自动切断阀；紧急自动切断阀停电时必须处于关闭状态（常开型）。

② 用气设备应有熄火保护装置。

③ 用气房间应设置燃气浓度检测报警器，并由管理室集中监视和控制。

④ 宜设烟气一氧化碳浓度检测报警器。

⑤ 应设置独立的机械送排风系统；正常工作时，换气次数不应小于6 次/h；事故通风时，换气次数不应小于12 次/h；不工作时换气次数不应小于3 次/h。

（5）民用建筑内空气中含有容易起火或爆炸危险物质的房间，应设置自然通风或独立的机械通风设施，且其空气不应循环使用。当空气中含有比空气轻的可燃气体时，排风水平管全长应顺气流方向向上坡度敷设。

（6）空气中含有易燃、易爆危险物质的房间，其送排风系统应采用防爆型的通风设备。当送风机布置在单独分隔的通风机房内且送风干管上设置防止回流设施时，可采用普通型的通风设备。

（7）排除有燃烧或爆炸危险气体的排风系统，应符合下列规定：

① 排风系统应设置导除静电的接地装置。

② 排风设备不应布置在地下或半地下建筑（室）内。

③ 排风管应采用金属管道，并应直接通向室外安全地点，不应暗设。

四、思考题

（一）单项选择题

1. 该建筑地下一层某防火分区内，未设置自动灭火系统的建筑面积为200 m^2，问其设置自动灭火系统的建筑面积不应超过（　　）m^2。

A. 600　　B. 500　　C. 700　　D. 800

［答案］A

2. 该建筑中庭处防火卷帘的耐火极限不应低于（　　）h。

A. 1.00　　B. 2.00　　C. 3.00　　D. 4.00

［答案］C

3. 电梯层门的耐火极限不应低于（　　）h。

A. 2.00　　B. 1.50　　C. 1.00　　D. 0.50

［答案］C

（二）判断题

1. 当防火卷帘的耐火极限仅符合现行国家标准《门和卷帘的耐火试验方法》（GB/T 7633—2008）有关耐火完整性的判定条件时，应设置自动喷水灭火系统保护，自动喷水灭火系统的设计应符合现行国家标准《自动喷水灭火系统设计规范（2005年版）》（GB 50084—2001）的规定，但火灾延续时间不应小于3 h。（　　）

［答案］×

［解析］按照《建规》6.5.3规定，自动喷水灭火系统的设计应符合现行国家标准《自动喷水灭火系统设计规范（2005年版）》（GB 50084—2001）的规定，但火灾延续时间不应小于该防火卷帘的耐火极限。

2. 当符合现行国家标准《门和卷帘的耐火试验方法》（GB/T 7633—2008）有关耐火完整性和耐火隔热性的判定条件时，可不设置自动喷水灭火系统保护。（　　）

［答案］√

3. 防火卷帘应具有防烟性能，与楼板、梁和墙、柱之间的空隙应采用防火封堵材料封堵。（　　）

［答案］√

4. 如该建筑设有自动扶梯、敞开楼梯等上下层相连通的开口时，其防火分区面积应按上下层相连通的面积叠加计算；当其建筑面积之和大于《建筑设计防火规范》（GB 50016—2014）的规定时，应划分防火分区。（　　）

［答案］√

案例7　超高层办公楼防火案例分析

一、情景描述

某市一栋地标性办公楼地上108层、地下7层，建筑高度428 m，总建筑面积为43.7×10^4 m^2，耐火等级一级，屋顶设有直升机停机坪，共设置8个避难层。该办公楼每层的每个防火分区均分别设置一台消防电梯。该办公楼按现行有关国家工程建设消防技术标准配置了室内外消火栓给水系统、自动喷水灭火系统和火灾自动报警系统等消防设施及器材。

二、主要知识点

本案例主要分析下列内容：

（1）建筑分类。
（2）耐火等级。
（3）防火间距。
（4）避难层（间）。
（5）消防车道。
（6）消防救援场地和入口。
（7）消防电梯。
（8）直升机停机坪。

三、关键知识点及依据

（一）建筑分类

民用建筑根据其建筑高度和层数可分为单、多层民用建筑和高层民用建筑。高层民用建筑根据其建筑高度、使用功能和楼层的建筑面积可分为一类和二类。

该办公楼属于建筑高度大于50 m的公共建筑，根据《建筑设计防火规范》（GB 50016—2014）的规定，该办公楼的建筑分类应为一类高层公共建筑。对于建筑高度大于250 m的建筑，除应符合《建筑设计防火规范》（GB 50016—2014）的要求外，尚应结合实际情况采取更加严格的防火措施，其防火设计应提交国家消防主管部门组织专题研究、论证。

（二）耐火等级

（1）民用建筑的耐火等级可分为一、二、三、四级。除《建规》另有规定外，不同耐火等级建筑相应构件的燃烧性能和耐火极限不应低于表1－7－1的规定。

（2）民用建筑的耐火等级应根据其建筑高度、使用功能、重要性和火灾扑救难度等确

表1-7-1 不同耐火等级建筑相应构件的燃烧性能和耐火极限 h

构件名称		耐火等级			
		一级	二级	三级	四级
墙	防火墙	不燃性3.00	不燃性3.00	不燃性3.00	不燃性3.00
	承重墙	不燃性3.00	不燃性2.50	不燃性2.00	难燃性0.50
	非承重外墙	不燃性1.00	不燃性1.00	不燃性0.50	可燃性
	楼梯间、前室的墙，电梯井的墙，住宅建筑单元之间的墙和分户墙	不燃性2.00	不燃性2.00	不燃性1.50	难燃性0.50
	疏散走道两侧的隔墙	不燃性1.00	不燃性1.00	不燃性0.50	难燃性0.25
	房间隔墙	不燃性0.75	不燃性0.50	难燃性0.50	难燃性0.25
柱		不燃性3.00	不燃性2.50	不燃性2.00	难燃性0.50
梁		不燃性2.00	不燃性1.50	不燃性1.00	难燃性0.50
楼板		不燃性1.50	不燃性1.00	不燃性0.75	难燃性0.50
屋顶承重构件		不燃性1.50	不燃性1.00	难燃性0.50	可燃性
疏散楼梯		不燃性1.50	不燃性1.00	不燃性0.75	可燃性
吊顶（包括吊顶搁栅）		不燃性0.25	难燃性0.25	难燃性0.15	可燃性

定，并应符合下列规定：

① 地下或半地下建筑（室）和一类高层建筑的耐火等级不应低于一级。

② 单、多层重要公共建筑和二类高层建筑的耐火等级不应低于二级。

（3）建筑高度大于100 m的民用建筑，其楼板的耐火极限不应低于2.00 h。

一、二级耐火等级建筑的上人平屋顶，其屋面板的耐火极限分别不应低于1.50 h和1.00 h。

（三）防火间距

（1）民用建筑之间的防火间距不应小于表1-7-2的规定。

表1-7-2 民用建筑之间的防火间距 m

建筑类别		高层民用建筑	裙房和其他民用建筑		
		一、二级	一、二级	三级	四级
高层民用建筑	一、二级	13	9	11	14
裙房和其他民用建筑	一、二级	9	6	7	9
	三级	11	7	8	10
	四级	14	9	10	12

记忆技巧：13911146798（10）(12)。

① 相邻两座单、多层建筑，当相邻外墙为不燃性墙体且无外露的可燃性屋檐，每面外墙上无防火保护的门、窗、洞口不正对开设且该门、窗、洞口的面积之和不大于外墙面

积的5%时，其防火间距可按表1-7-2的规定减少25%。

② 两座建筑相邻较高一面外墙为防火墙，或高出相邻较低一座一、二级耐火等级建筑的屋面15 m及以下范围内的外墙为防火墙时，其防火间距不限。

③ 相邻两座高度相同的一、二级耐火等级建筑中相邻任一侧外墙为防火墙，屋顶的耐火极限不低于1.00 h时，其防火间距不限。

④ 相邻两座建筑中较低一座建筑的耐火等级不低于二级，相邻较低一面外墙为防火墙且屋顶无天窗，屋顶的耐火极限不低于1.00 h时，其防火间距不应小于3.5 m；对于高层建筑，不应小于4 m。

⑤ 相邻两座建筑中较低一座建筑的耐火等级不低于二级且屋顶无天窗，相邻较高一面外墙高出较低一座建筑的屋面15 m及以下范围内的开口部位设置甲级防火门、窗，或设置符合现行国家标准《自动喷水灭火系统设计规范》(GB 50084—2001）规定的防火分隔水幕或《建规》第6.5.3条规定的防火卷帘时，其防火间距不应小于3.5 m；对于高层建筑，不应小于4 m。

⑥ 相邻建筑通过连廊、天桥或底部的建筑物等连接时，其间距不应小于表1-7-2的规定。

⑦ 耐火等级低于四级的既有建筑，其耐火等级可按四级确定。

（2）建筑高度大于100 m的民用建筑与相邻建筑的防火间距，当符合规范允许减小的条件时，仍不应减小。

（四）避难层（间）

建筑高度大于100 m的公共建筑，应设置避难层（间）。避难层（间）应符合下列规定：

（1）第一个避难层（间）的楼地面至灭火救援场地地面的高度不应大于50 m，两个避难层（间）之间的高度不宜大于50 m。

（2）通向避难层（间）的疏散楼梯应在避难层分隔、同层错位或上下层断开。

（3）避难层（间）的净面积应能满足设计避难人数避难的要求，并宜按5.0人/m^2计算。

（4）避难层（间）可兼作设备层。设备管道宜集中布置，其中的易燃、可燃液体或气体管道应集中布置，设备管道区应采用耐火极限不低于3.00 h的防火隔墙与避难区分隔。管道井和设备间应采用耐火极限不低于2.00 h的防火隔墙与避难区分隔，管道井和设备间的门不应直接开向避难区；确需直接开向避难区时，与避难区出入口的距离不应小于5 m，且应采用甲级防火门。【图1-7-1】

（5）避难层（间）内不应设置易燃、可燃液体或气体管道，不应开设除外窗、疏散门之外的其他开口。

（6）避难层（间）应设置消防电梯出口。

（7）避难层（间）应设置消火栓和消防软管卷盘。

（8）避难层（间）应设置消防专线电话和应急广播。

（9）在避难层（间）进入楼梯间的入口处和疏散楼梯通向避难层（间）的出口处应设置明显的指示标志。

（10）避难层（间）应设置直接对外的可开启窗口或独立的机械防烟设施，外窗应采

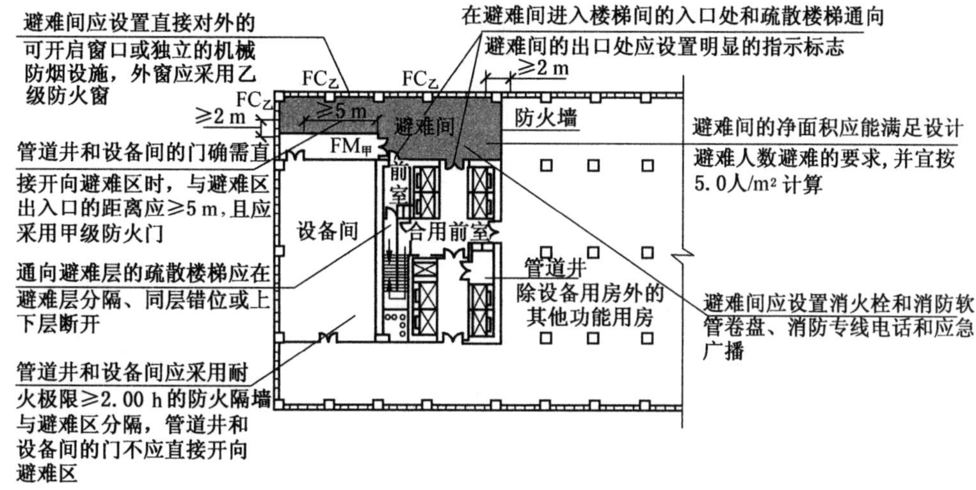

图1－7－1　避难间平面示意图

用乙级防火窗。

（11）避难层（间）应设置应急疏散照明，其供电时间不应小于1.5 h，其地面最低水平照度不应低于3.0 lx。

（12）避难层（间）顶棚、墙面、地面均应采用A级装修材料。

（13）避难层（间）应设置自动灭火系统，宜设置自动喷水灭火系统。

（14）避难层（间）应设置火灾自动报警系统。

【练习题】

【实务2016－21】某建筑高度为300 m的办公建筑，首层室内地面标高为±0.000 m，消防车登高操作场地的地面标高为－0.600 m，首层层高为6.0 m，地上其余楼层的层高均为4.8 m。下列关于该建筑避难层的做法中，错误的是（　　）。

A. 第二个避难层与第一个避难层相距10层设置

B. 第一个避难层的避难净面积按其担负的避难人数乘以0.25 m²/人计算确定

C. 将第一个避难层设置在第十二层

D. 第二个避难层的避难净面积按其担负的避难人数乘以0.2 m²/人计算确定

［答案］C

（五）消防车道

（1）高层民用建筑，超过3000个座位的体育馆，超过2000个座位的会堂，占地面积大于3000 m² 的商店建筑、展览建筑等单、多层公共建筑应设置环形消防车道，确有困难时，可沿建筑的两个长边设置消防车道；对于高层住宅建筑和山坡地或河道边临空建造的高层民用建筑，可沿建筑的一个长边设置消防车道，但该长边所在建筑立面应为消防车登高操作面。

【总结】

周围应设置环形车道的建筑

建筑类型		设置要求
民用建筑	单、多层公共建筑	>3000 座的体育馆
		>2000 座的会堂
		占地面积 >3000 m^2 的商店建筑、展览建筑
	高层建筑	均应设置
厂房	单、多层厂房	占地面积 >3000 m^2 的甲、乙、丙类厂房
	高层厂房	均应设置
仓库		占地面积 >1500 m^2 的乙、丙类仓库

（2）消防车道应符合下列要求：

① 车道的净宽度和净空高度均不应小于 4.0 m。

② 转弯半径应满足消防车转弯的要求。

③ 消防车道与建筑之间不应设置妨碍消防车操作的树木、架空管线等障碍物。

④ 消防车道靠建筑外墙一侧的边缘距离建筑外墙不宜小于 5 m。

⑤ 消防车道的坡度不宜大于 8%。

（3）环形消防车道至少应有两处与其他车道连通。尽头式消防车道应设置回车道或回车场，回车场的面积不应小于 12 m×12 m；对于高层建筑，不宜小于 15 m×15 m；供重型消防车使用时，不宜小于 18 m×18 m。（目前，我国普通消防车的转弯半径为 9 m，登高车的转弯半径为 12 m，一些特种车辆的转弯半径为 16～20 m。）

消防车道的路面、救援操作场地、消防车道和救援操作场地下面的管道和暗沟等，应能承受重型消防车的压力。

消防车道可利用城乡、厂区道路等，但该道路应满足消防车通行、转弯和停靠的要求。

【练习题】

【实务 2016－87】下列关于消防车道设置的做法，正确的有（　　）。

A. 二类高层住宅建筑，沿其南北侧两个长边设置净宽度为 3.5 m 的消防车道

B. 消防车道穿过建筑物的洞口处地面标高为 －0.300 m，洞口顶部的标高为 3.900 m，门洞净宽度为 4.2 m

C. 占地面积为 2400 m^2 的单层纺织品仓库，沿其两个长边设置尽头式消防车道，回车场尺寸为 12 m×13 m

D. 高层厂房周围的环形消防车道有一处与市政道路连通

E. 在一坡地建筑周围设置最大坡度为 5% 的环形消防车道

［答案］BCE

（六）消防救援场地和入口

（1）高层建筑应至少沿一个长边或周边长度的 1/4 且不小于一个长边长度的底边连续布置消防车登高操作场地，该范围内的裙房进深不应大于 4 m。【图 1－7－2】

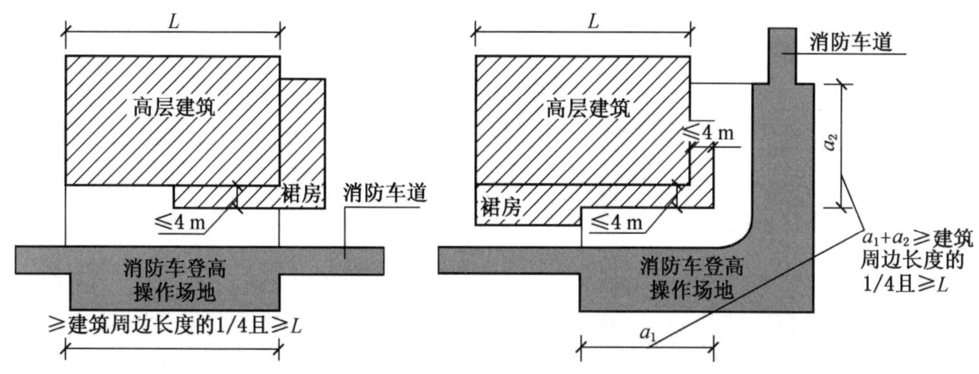

图1-7-2 高层建筑消防车登高操作场地

建筑高度不大于50 m的建筑，连续布置消防车登高操作场地确有困难时，可间隔布置，但间隔距离不宜大于30 m，且消防车登高操作场地的总长度仍应符合上述规定。【图1-7-3】

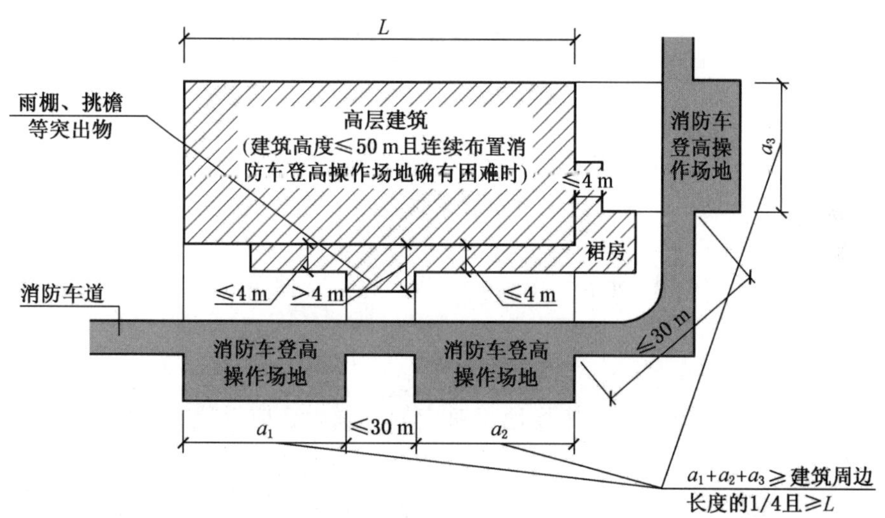

图1-7-3 建筑高度不大于50 m的建筑消防车登高操作场地

(2) 消防车登高操作场地应符合下列规定：【图1-7-4】

① 场地与厂房、仓库、民用建筑之间不应设置妨碍消防车操作的树木、架空管线等障碍物和车库出入口。

② 场地的长度和宽度分别不应小于15 m和10 m。对于建筑高度大于50 m的建筑，场地的长度和宽度分别均不应小于20 m和10 m。

③ 场地及其下面的建筑结构、管道和暗沟等，应能承受重型消防车的压力。

④ 场地应与消防车道连通，场地靠建筑外墙一侧的边缘距离建筑外墙不宜小于5 m，

且不应大于10 m，场地的坡度不宜大于3%。

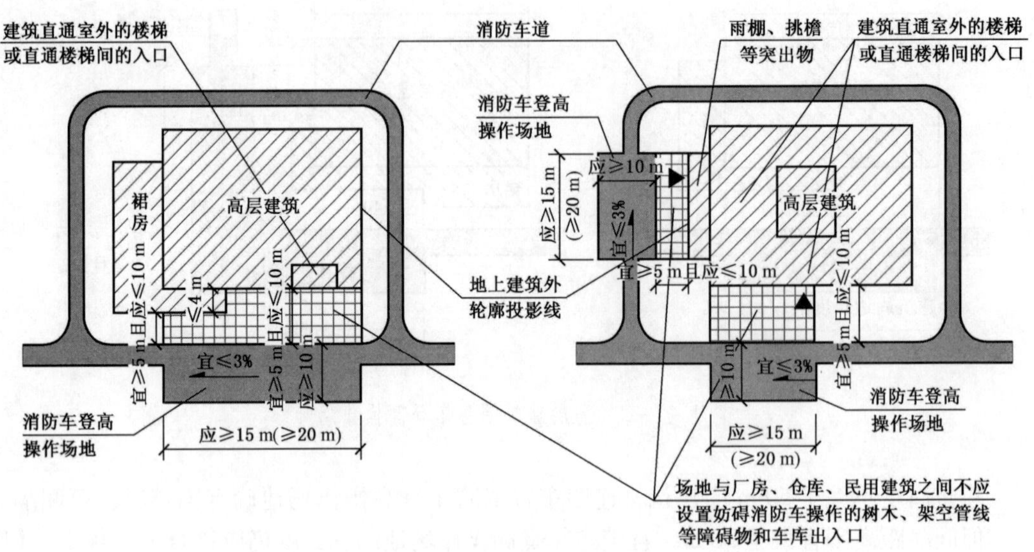

[注释] 1. 建筑高度＞50 m时，消防车登高操作场地的长度按括号内数字。

2. 建筑高度≤50 m且连续布置消防车登高操作场地确有困难时，可间隔布置，相关要求见第7.2.1条

图1-7-4 消防车登高操作场地设置示意图

【练习题】

【实务2016-73】一座建筑高度为55 m的新建办公楼，无裙房，矩形平面尺寸为80 m×20 m，沿该建筑南侧的长边连续布置消防车登高操作场地。该消防车登高操作场地的最小平面尺寸应为（ ）。

A. 15 m×10 m B. 20 m×10 m C. 15 m×15 m D. 80 m×10 m

[答案] D

（3）建筑物与消防车登高操作场地相对应的范围内，应设置直通室外的楼梯或直通楼梯间的入口。

（4）厂房、仓库、公共建筑的外墙应在每层的适当位置设置可供消防救援人员进入的窗口。

（5）供消防救援人员进入的窗口的净高度和净宽度均不应小于1.0 m，下沿距室内地面不宜大于1.2 m，间距不宜大于20 m且每个防火分区不应少于2个，设置位置应与消防车登高操作场地相对应。窗口的玻璃应易于破碎，并应设置可在室外易于识别的明显标志。【图1-7-5】

（七）消防电梯

（1）下列建筑应设置消防电梯：

① 建筑高度大于33 m的住宅建筑。

② 一类高层公共建筑和建筑高度大于32 m的二类高层公共建筑。

③ 设置消防电梯的建筑的地下或半地下室，埋深大于10 m且总建筑面积大于

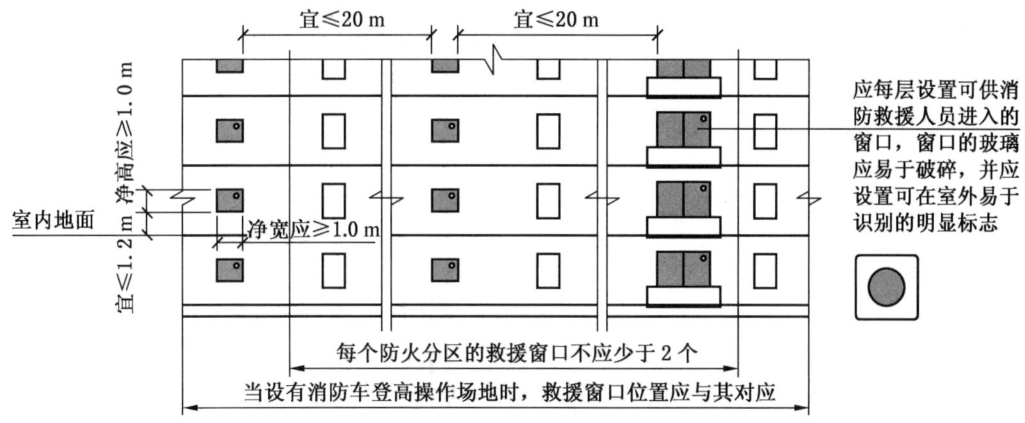

图 1－7－5　消防救援窗口设置立面示意图

3000 m² 的其他地下或半地下建筑（室）。

（2）消防电梯应分别设置在不同防火分区内，且每个防火分区不应少于 1 台。

（3）符合消防电梯要求的客梯或货梯可兼作消防电梯。

（4）除设置在仓库连廊、冷库穿堂或谷物筒仓工作塔内的消防电梯外，消防电梯应设置前室，并应符合下列规定：

① 前室宜靠外墙设置，并应在首层直通室外或经过长度不大于 30 m 的通道通向室外。

② 前室的使用面积不应小于 6.0 m²。消防电梯间前室与防烟楼梯间前室合用时，合用前室的使用面积：公共建筑、高层厂房（仓库），不应小于 10.0 m²；住宅建筑，不应小于 6.0 m²；消防电梯的前室与住宅建筑剪刀楼梯间前室合用时，合用前室的使用面积不应小于 12.0 m²，且短边不应小于 2.4 m。

③ 前室或合用前室的门应采用乙级防火门，不应设置卷帘。

（5）消防电梯井、机房与相邻电梯井、机房之间应设置耐火极限不低于 2.00 h 的防火隔墙，隔墙上的门应采用甲级防火门。

（6）消防电梯的井底应设置排水设施，排水井的容量不应小于 2 m³，排水泵的排水量不应小于 10 L/s。消防电梯间前室的门口宜设置挡水设施。

（7）消防电梯应符合下列规定：【图 1－7－6】

① 应能每层停靠。

② 电梯的载重量不应小于 800 kg。

③ 电梯从首层至顶层的运行时间不宜大于 60 s。

④ 电梯的动力与控制电缆、电线、控制面板应采取防水措施。

⑤ 在首层的消防电梯入口处应设置供消防队员专用的操作按钮。

⑥ 电梯轿厢的内部装修应采用不燃材料。

⑦ 电梯轿厢内部应设置专用消防对讲电话。

（八）直升机停机坪

（1）建筑高度大于 100 m 且标准层建筑面积大于 2000 m² 的公共建筑，宜在屋顶设置

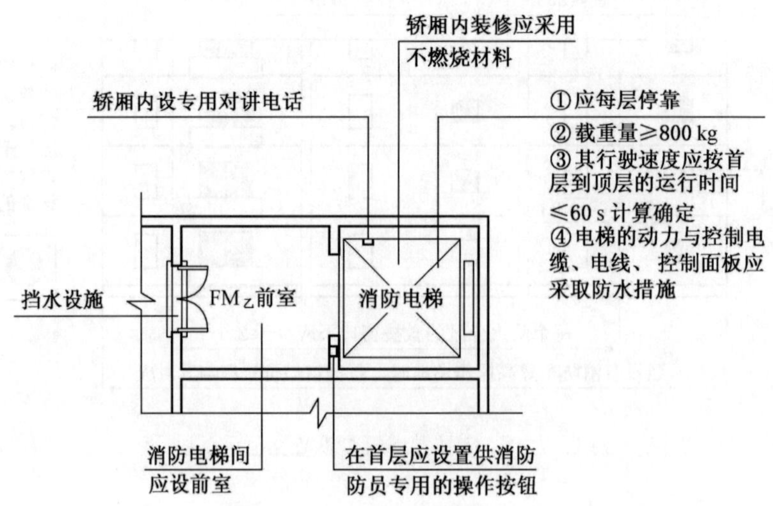

图 1-7-6 消防电梯设置示意图

直升机停机坪或供直升机救助的设施。

（2）直升机停机坪应符合下列规定：【图 1-7-7】

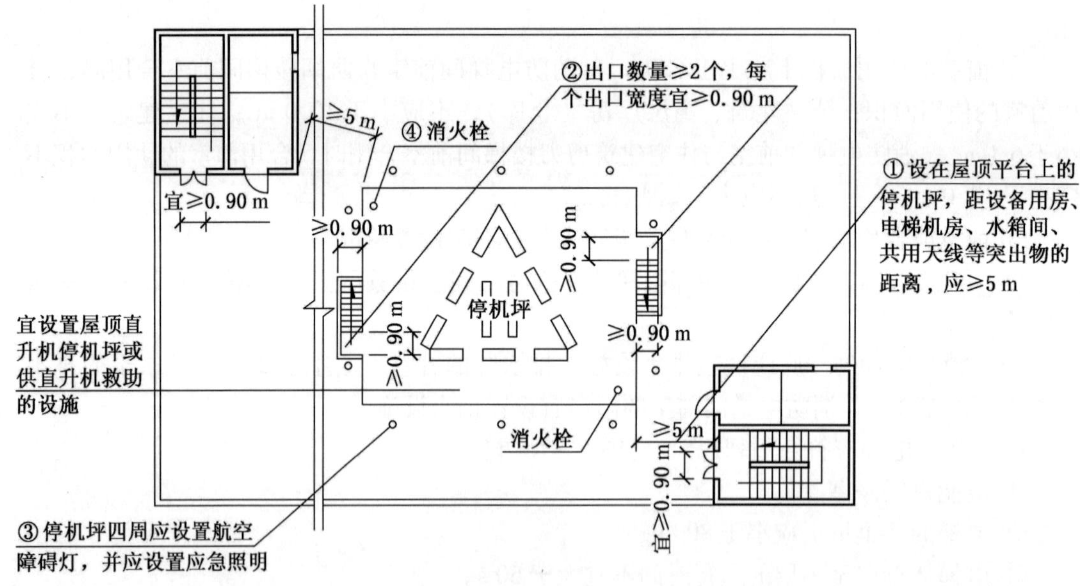

图 1-7-7 建筑高度大于 100 m 且标准层建筑面积大于 2000 m^2 的公共建筑屋顶平面示意图

① 设置在屋顶平台上时，距设备用房、电梯机房、水箱间、共用天线等突出物的距离不应小于 5 m；

② 建筑通向停机坪的出口不应少于 2 个，每个出口的宽度不宜小于 0.90 m。

③ 四周应设置航空障碍灯，并应设置应急照明。

④ 在停机坪的适当位置应设置消火栓。

⑤ 其他要求应符合国家现行航空管理有关标准的规定。

四、思考题

1. 该办公楼位于地上104层的避难层按设计要求应满足300人避难的要求，该避难层的净面积不宜小于（　　）。

A. 60 m^2　　B. 50 m^2　　C. 70 m^2　　D. 80 m^2

［答案］A

［解析］避难层（间）的净面积应能满足设计避难人数避难的要求，并宜按5.0人/m^2计算。

2. 消防电梯间与防烟楼梯间合用前室的门应采用（　　）。

A. 乙级防火门或具有停滞功能的防火卷帘

B. 具有停滞功能的防火卷帘

C. 乙级防火门

D. 甲级防火门

［答案］C

3. 通向避难层的防烟楼梯应在避难层（　　），但人员均必须经避难层方能上下。

A. 同层错位或上下层断开　　B. 分隔和同层错位

C. 分隔、同层错位或上下层断开　　D. 分隔和上下层断开

［答案］C

4. 消防电梯井、机房与相邻其他电梯井、机房之间，应采用耐火极限不低于（　　）的隔墙隔开，当在隔墙上开门时，应设甲级防火门。

A. 2.00 h　　B. 1.00 h　　C. 1.50 h　　D. 2.50 h

［答案］A

5. 避难层应设有应急广播和应急照明，其供电时间不应小于（　　），其地面最低水平照度不应低于3.0 lx。

A. 2.0 h　　B. 1.5 h　　C. 1.0 h　　D. 0.50 h

［答案］B

6. 该办公楼周边一座耐火等级为一级的高层酒店，相邻外墙为防火墙，屋顶耐火极限为1.00 h且未开设天窗。该办公楼与酒店之间的防火间距不应小于（　　）。

A. 3.5 m　　B. 4 m　　C. 9 m　　D. 13 m

［答案］D

［解析］高层民用建筑之间的防火间距不应小于13 m。《建规》规定，建筑高度大于100 m的民用建筑与相邻建筑的防火间距，当符合规范允许减小的条件时，仍不应减小。

7. 下列关于该办公楼消防车登高操作场地和救援入口的布置，不正确的是（　　）。

A. 消防车登高操作场地靠建筑外墙一侧的边缘距离建筑外墙10 m

B. 办公楼与消防车登高操作场地相对应的范围内，设有直通楼梯间的入口

C. 沿办公楼长边间距 20 m 且每个防火分区设置 1 个供消防救援人员进入的窗口

D. 救援入口的净高度和净宽度均为 1.0 m，下沿距室内地面 1.0 m

[答案] C

[解析] 供消防救援人员进入的窗口，间距不宜大于 20 m 且每个防火分区不应少于 2 个。

案例8　高层病房楼防火案例分析

一、情景描述

某医院高层病房楼地上9层，地下1层，建筑高度43.50 m，总建筑面积为18545.60 m^2，框架剪力墙结构，采用玻璃幕墙作为外围护墙体，耐火等级一级，共设有290张病床，首层至地上九层设有一个中庭。地下一层的主要使用功能为餐厅、附属库房、消防水泵房、柴油发电机房、变配电室、燃油锅炉房、通风空调机房、自动灭火系统设备室等设备用房和汽车库，首层的主要使用功能为接待大厅、消防控制室、办公室和医务室，地上二层的主要使用功能为贵重精密医疗装备用房、重症监护室、胶片室和洁净手术部，地上三层至地上九层的主要使用功能为病房、医务室。该建筑按现行有关国家工程建设消防技术标准配置了室内外消火栓给水系统、自动喷水灭火系统和火灾自动报警系统等消防设施及器材。

二、主要知识点

本案例主要分析下列内容：

（1）建筑分类。

（2）平面布置。

（3）安全疏散和避难【补充和拓展】。

（4）构造防火。

三、关键知识点及依据

（一）建筑分类

根据《建筑设计防火规范》(GB 50016—2014）的规定，建筑高度大于24 m的非单层医疗建筑应为一类高层公共建筑，故情景描述中的医院高层病房楼应为一类高层公共建筑。

（二）平面布置

（1）医院和疗养院的住院部分不应设置在地下或半地下。

医院和疗养院的住院部分采用三级耐火等级建筑时，不应超过2层；采用四级耐火等级建筑时，应为单层；设置在三级耐火等级的建筑内时，应布置在首层或二层；设置在四级耐火等级的建筑内时，应布置在首层。

医院和疗养院的病房楼内相邻护理单元之间应采用耐火极限不低于2.00 h的防火隔墙分隔，隔墙上的门应采用乙级防火门，设置在走道上的防火门应采用常开防火门。【图1-8-1】

（2）汽车库不应与托儿所、幼儿园、老年人建筑，中小学校的教学楼，病房楼等组

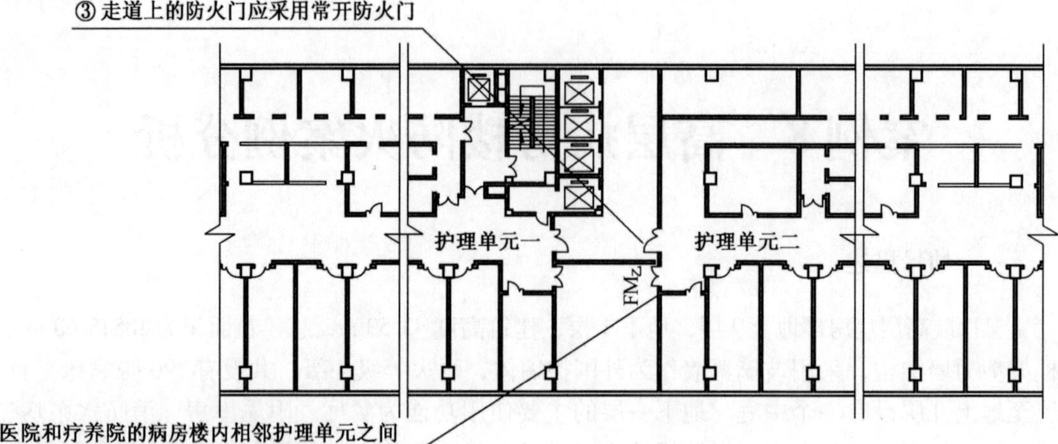

图1-8-1 医院和疗养院的病房楼防火分隔平面示意图

合建造。当符合下列要求时，汽车库可设置在托儿所、幼儿园、老年人建筑，中小学校的教学楼，病房楼等的地下部分：

① 汽车库与托儿所、幼儿园、老年人建筑，中小学校的教学楼，病房楼等建筑之间，应采用耐火极限不低于2.00 h 的楼板完全分隔。

② 汽车库与托儿所、幼儿园、老年人建筑，中小学校的教学楼，病房楼等的安全出口和疏散楼梯应分别独立设置。

（三）安全疏散和避难

（1）除人员密集场所外，建筑面积不大于500 m^2、使用人数不超过30人且埋深不大于10 m 的地下或半地下建筑（室），当需要设置2个安全出口时，其中一个安全出口可利用直通室外的金属竖向梯。【图1-8-2】

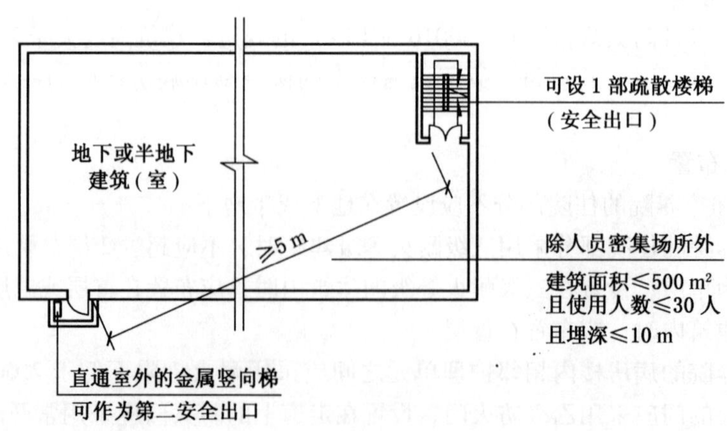

图1-8-2 地下、半地下建筑（室）平面布置图

（2）除歌舞娱乐放映游艺场所外，防火分区建筑面积不大于200 m^2 的地下或半地下设备间、防火分区建筑面积不大于50 m^2 且经常停留人数不超过15 人的其他地下或半地下建筑（室），可设置1 个安全出口或1 部疏散楼梯。

（3）除规范另有规定外，建筑面积不大于200 m^2 的地下或半地下设备间、建筑面积不大于50 m^2 且经常停留人数不超过15 人的其他地下或半地下房间，可设置1 个疏散门。

（4）直通建筑内附设汽车库的电梯，应在汽车库部分设置电梯候梯厅，并应采用耐火极限不低于2.00 h 的防火隔墙和乙级防火门与汽车库分隔。【图1－8－3】

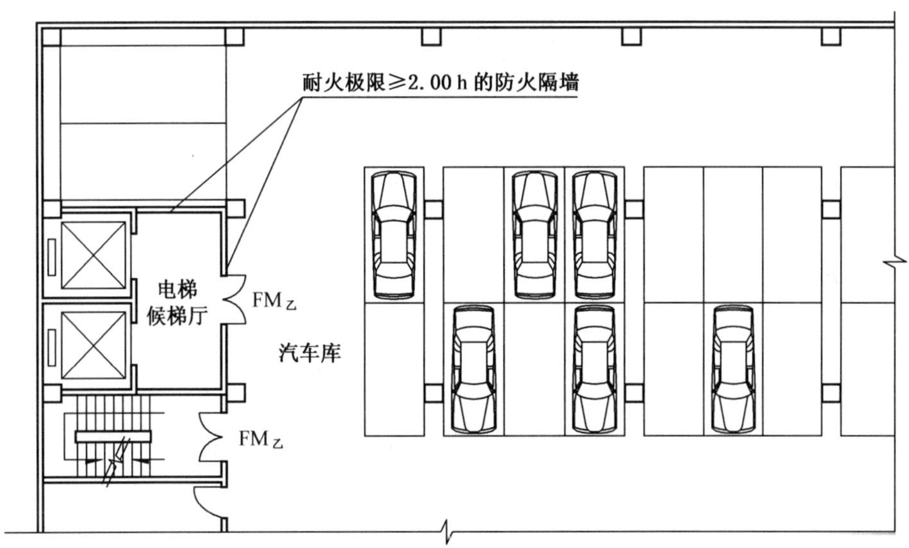

图1－8－3　电梯候梯厅防火分隔

（5）除规范另有规定外，公共建筑内疏散门和安全出口的净宽度不应小于0.90 m，疏散走道和疏散楼梯的净宽度不应小于1.10 m。

高层公共建筑内楼梯间的首层疏散门、首层疏散外门、疏散走道和疏散楼梯的最小净宽度应符合表1－8－1 的规定。【图1－8－4】

表1－8－1　高层公共建筑内楼梯间的首层疏散门、首层疏散外门、疏散走道和疏散楼梯的最小净宽度　m

建筑类别	楼梯间的首层疏散门、首层疏散外门	走道		疏散楼梯
		单面布房	双面布房	
高层医疗建筑	1.30	1.40	1.50	1.30
其他高层公共建筑	1.20	1.30	1.40	1.20

（6）高层病房楼应在二层及以上的病房楼层和洁净手术部设置避难间。避难间应符合下列规定：

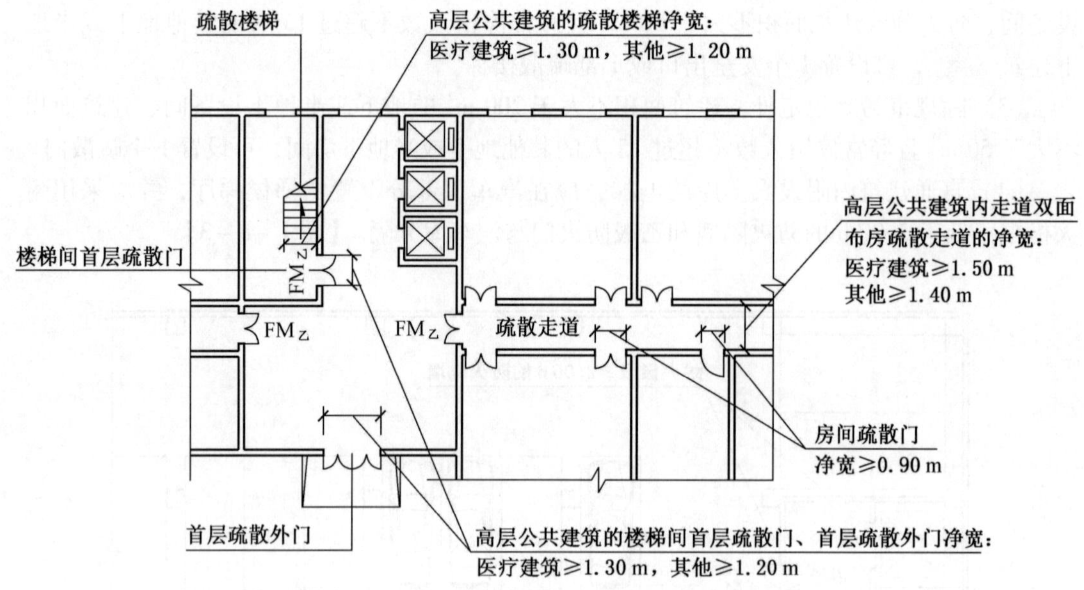

图1-8-4 高层公共建筑平面布置图

① 避难间服务的护理单元不应超过2个，其净面积应按每个护理单元不小于25.0 m^2确定。

② 避难间兼作其他用途时，应保证人员的避难安全，且不得减少可供避难的净面积。

③ 应靠近楼梯间，并应采用耐火极限不低于2.00 h的防火隔墙和甲级防火门与其他部位分隔。

④ 应设置消防专线电话和消防应急广播。

⑤ 避难间的入口处应设置明显的指示标志。

⑥ 应设置直接对外的可开启窗口或独立的机械防烟设施，外窗应采用乙级防火窗。

（四）构造防火

1. 防火墙

（1）防火墙应直接设置在建筑的基础或框架、梁等承重结构上，框架、梁等承重结构的耐火极限不应低于防火墙的耐火极限。

防火墙应从楼地面基层隔断至梁、楼板或屋面板的底面基层。当高层厂房（仓库）屋顶承重结构和屋面板的耐火极限低于1.00 h，其他建筑屋顶承重结构和屋面板的耐火极限低于0.50 h时，防火墙应高出屋面0.5 m以上。

（2）建筑外墙为难燃性或可燃性墙体时，防火墙应凸出墙的外表面0.4 m以上，且防火墙两侧的外墙均应为宽度均不小于2.0 m的不燃性墙体，其耐火极限不应低于外墙的耐火极限。【图1-8-5】

建筑外墙为不燃性墙体时，防火墙可不凸出墙的外表面，紧靠防火墙两侧的门、窗、洞口之间最近边缘的水平距离不应小于2.0 m；采取设置乙级防火窗等防止火灾水平蔓延的措施时，该距离不限。【图1-8-6】

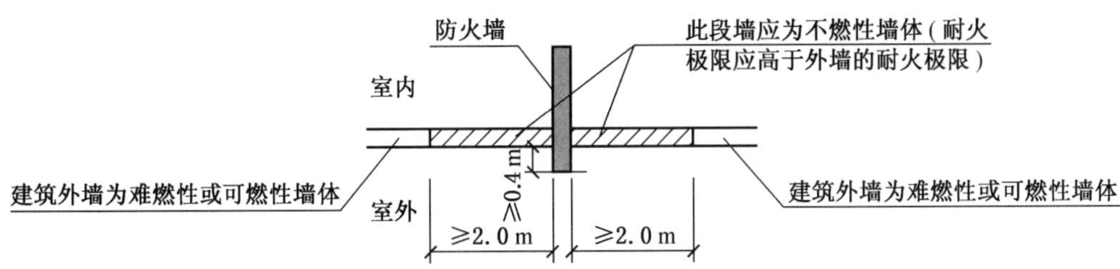

图1-8-5 外墙为难燃性或可燃性墙体时，防火墙应凸出墙的外表面的规定

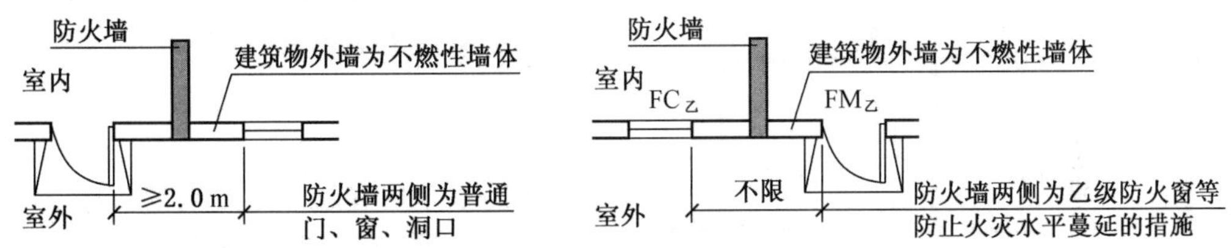

图1-8-6 外墙为不燃性墙体时，防火墙可不凸出墙的外表面的规定

(3) 建筑内的防火墙不宜设置在转角处，确需设置时，内转角两侧墙上的门、窗、洞口之间最近边缘的水平距离不应小于4.0 m；采取设置乙级防火窗等防止火灾水平蔓延的措施时，该距离不限。【图1-8-7】

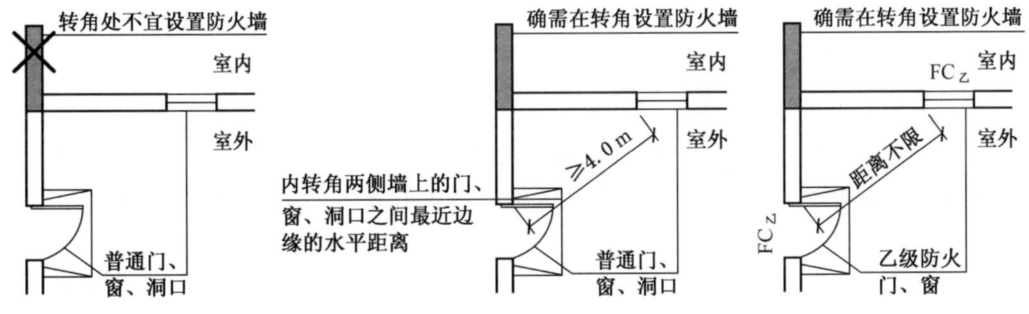

[注释] 设置不可开启窗扇的乙级防火墙，火灾时可自动关闭的乙级防火窗、防火卷帘或防火分隔水幕等，均可视为能防止火灾水平蔓延的措施

图1-8-7 防火墙设置在转角处的规定

(4) 防火墙上不应开设门、窗、洞口，确需开设时，应设置不可开启或火灾时能自动关闭的甲级防火门、窗。

可燃气体和甲、乙、丙类液体的管道严禁穿过防火墙。防火墙内不应设置排气道。

(5) 除《建规》第 (4) 条规定外的其他管道不宜穿过防火墙，确需穿过时，应采用防火封堵材料将墙与管道之间的空隙紧密填实，穿过防火墙处的管道保温材料，应采用不燃材料；当管道为难燃及可燃材料时，应在防火墙两侧的管道上采取防火措施。

(6) 防火墙的构造应能在防火墙任意一侧的屋架、梁、楼板等受到火灾的影响而破坏时，不会导致防火墙倒塌。

2. 医疗建筑用房

医疗建筑内的手术室或手术部、产房、重症监护室、贵重精密医疗装备用房、储藏间、实验室、胶片室等，附设在建筑内的托儿所、幼儿园的儿童用房和儿童游乐厅等儿童活动场所、老年人活动场所，应采用耐火极限不低于2.00 h的防火隔墙和1.00 h的楼板与其他场所或部位分隔，墙上必须设置的门、窗应采用乙级防火门、窗。

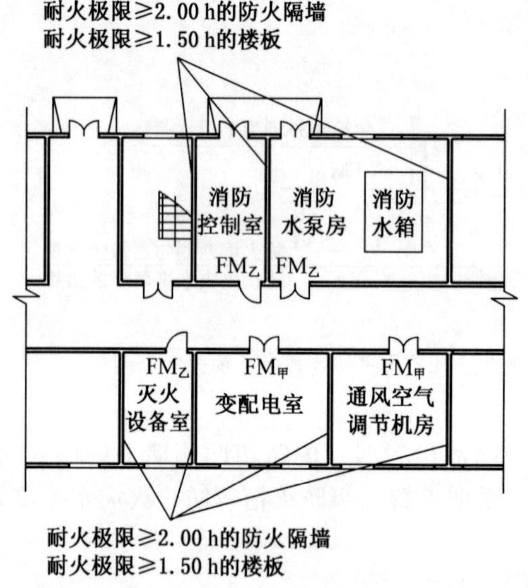

图1-8-8 设备用房平面示意图

3. 设备用房

附设在建筑内的消防控制室、灭火设备室、消防水泵房和通风空气调节机房、变配电室等，应采用耐火极限不低于2.00 h的防火隔墙和1.50 h的楼板与其他部位分隔。

设置在丁、戊类厂房内的通风机房，应采用耐火极限不低于1.00 h的防火隔墙和0.50 h的楼板与其他部位分隔。

通风、空气调节机房和变配电室开向建筑内的门应采用甲级防火门，消防控制室和其他设备房开向建筑内的门应采用乙级防火门。【图1-8-8】

4. 竖井

建筑内的电梯井等竖井应符合下列规定：

(1) 电梯井应独立设置，井内严禁敷设可燃气体和甲、乙、丙类液体管道，不应敷设与电梯无关的电缆、电线等。电梯井的井壁除设置电梯门、安全逃生门和通气孔洞外，不应设置其他开口。

(2) 电缆井、管道井、排烟道、排气道、垃圾道等竖向井道，应分别独立设置。井壁的耐火极限不应低于1.00 h，井壁上的检查门应采用丙级防火门。【图1-8-9】

(3) 建筑内的电缆井、管道井应在每层楼板处采用不低于楼板耐火极限的不燃材料或防火封堵材料封堵。

建筑内的电缆井、管道井与房间、走道等相连通的孔隙应采用防火封堵材料封堵。

(4) 建筑内的垃圾道宜靠外墙设置，垃圾道的排气口应直接开向室外，垃圾斗应采用不燃材料制作，并应能自行关闭。

(5) 电梯层门的耐火极限不应低于1.00 h，并应符合现行国家标准《电梯层门耐火试验 完整性、隔热性和热通量测定法》(GB/T 27903—2011) 规定的完整性和隔热性要求。

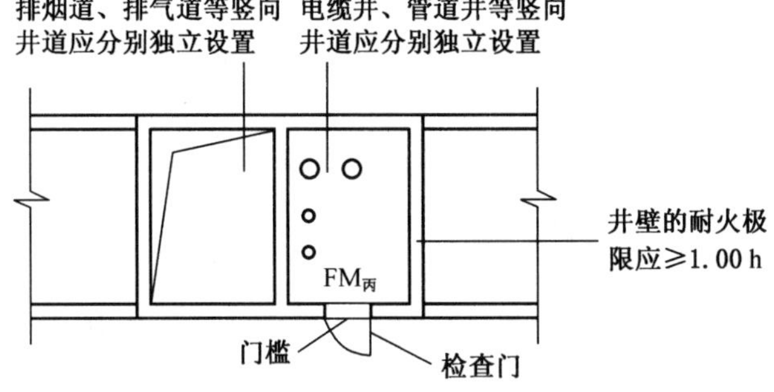

图 1-8-9　竖井平面示意图

5. 防火门、窗和防火卷帘

(1) 防火门的设置应符合下列规定：

① 设置在建筑内经常有人通行处的防火门宜采用常开防火门。常开防火门应能在火灾时自行关闭，并应具有信号反馈的功能。

② 除允许设置常开防火门的位置外，其他位置的防火门均应采用常闭防火门。常闭防火门应在其明显位置设置“保持防火门关闭”等提示标识。

③ 除管井检修门和住宅的户门外，防火门应具有自行关闭功能。双扇防火门应具有按顺序自行关闭的功能。

④ 人员密集场所内平时需要控制人员随意出入的疏散门和设置门禁系统的住宅、宿舍、公寓建筑的外门，应保证火灾时不需使用钥匙等任何工具即能从内部易于打开，并应在显著位置设置具有使用提示的标识。除此之外，防火门应能在其内外两侧手动开启。

⑤ 设置在建筑变形缝附近时，防火门应设置在楼层较多的一侧，并应保证防火门开启时门扇不跨越变形缝。

⑥ 防火门关闭后应具有防烟性能。

⑦ 甲、乙、丙级防火门应符合现行国家标准《防火门》(GB 12955—2008) 的规定。

(2) 设置在防火墙、防火隔墙上的防火窗，应采用不可开启的窗扇或具有火灾时能自行关闭的功能。

四、思考题

(一) 单项选择题

1. 风管穿过防火隔墙、楼板和防火墙时，穿越处风管上的防火阀、排烟防火阀两侧各（　　）范围内的风管应采用耐火风管或风管外壁应采取防火保护措施，且耐火极限不应低于该防火分隔体的耐火极限。

A. 2.00 m　　B. 1.50 m　　C. 1.00 m　　D. 0.50 m

[答案] A

2. 设在变形缝处附近的防火门，应设在楼层较多的一侧，且门开启后（　　）变形缝。

A. 不应跨越　　B. 严禁跨越　　C. 不宜跨越　　D. 可以跨越

［答案］A

3. 该病房楼在二层及以上的病房楼层和洁净手术部设置避难间。下列关于避难间的设置要求，说法错误的是（　　）。

A. 每个避难间服务 2 个护理单元，净面积为 25.0 m^2

B. 避难间靠近楼梯间，采用耐火极限不低于 2.00 h 的防火隔墙和甲级防火门与其他部位分隔

C. 避难间的入口处设置明显的指示标志，并设置消防专线电话和消防应急广播

D. 避难间设置直接对外的可开启乙级防火窗

［答案］A

（二）多项选择题

1. 建筑物内设置中庭时，其防火分区的建筑面积应按上、下层相连通的建筑面积叠加计算；当叠加计算后的建筑面积大于一个防火分区的最大允许建筑面积时，中庭与周围相连通空间应采取（　　）的防火分隔措施。

A. 采用防火隔墙时，其耐火极限不应低于 1.00 h

B. 采用防火玻璃墙时，其耐火隔热性和耐火完整性不应低于 1.00 h

C. 采用耐火完整性不低于 1.00 h 的非隔热性防火玻璃墙时，应设置自动喷水灭火系统进行保护

D. 与中庭相连通的门、窗，应采用火灾时能自行关闭的甲级防火门、窗

E. 采用防火卷帘时，其耐火极限仅需不应低于 3.00 h

［答案］ABCD

2. 设在疏散走道上的防火卷帘应在卷帘的两侧设置启闭装置，并应有（　　）的功能。

A. 联动控制

B. 手动控制

C. 机械控制

D. 温控释放装置动作后卷帘应依自重下降关闭

E. 电动

［答案］ABD

（三）判断题

1. 防火门应为向疏散方向开启的平开门，并在关闭后应能从任何一侧手动开启。（　　）

［答案］×

［解析］按照《建规》第 6.4.11 条规定，除甲、乙类生产车间外，人数不超过 60 人且每樘门的平均疏散人数不超过 30 人的房间，其疏散门的开启方向不限。

2. 用于疏散的走道、楼梯间和前室的防火门，应具有自行关闭的功能。双扇和多扇防火门，还应具有按顺序关闭的功能。（　　）

［答案］√

3. 常开的防火门，当发生火灾时，应具有自行关闭和信号反馈的功能。（　　）

［答案］√

4. 防火门、防火窗应划分为甲、乙、丙三级，其耐火极限：甲级应为 1.50 h；乙级应为 1.00 h；丙级应为 0.50 h。（　　）

[答案] √

5. 消防水泵房、通风空气调节机房和变配电室开向建筑内的门应采用甲级防火门。（　　）

[答案] √

6. 防火挑檐的耐火极限和燃烧性能均不应低于相应耐火等级建筑外墙的要求。（　　）

[答案] √

案例9 设置商业服务网点的高层住宅防火案例分析

一、情景描述

某塔式住宅建筑地上16层、地下2层，建筑高度为49 m，每层建筑面积均为1500 m^2，框架剪力墙结构；地下二层主要使用功能为汽车库，地下一层主要使用功能为设备用房及管理用房，首层及地上二层的使用功能为商业服务网点，地上三层至地上十六层的使用功能为住宅。该住宅建筑的居住部分与商业服务网点之间采用耐火极限不低于2.00 h且无门、窗、洞口的防火隔墙和耐火极限不低于1.50 h的不燃性楼板完全分隔；住宅部分和商业服务网点部分的安全出口和疏散楼梯分别独立设置，住宅部分自地下二层至地上十六层设置一部剪刀楼梯和两部消防电梯，商业服务网点中每个分隔单元均设有直通室外地平面的安全出口；商业服务网点中每个分隔单元之间均采用耐火极限不低于2.00 h且无门、窗、洞口的防火隔墙相互分隔。该住宅建筑地下二层及居住部分的每层均划分为1个防火分区，地下一层划分为2个防火分区，首层至地上二层竖向共划分为2个防火分区。该住宅建筑按现行有关国家工程建设消防技术标准配置了室内外消防给水系统、自动喷水灭火系统等消防设施及器材。

二、分析要点

本案例主要分析下列内容：

（1）建筑分类。

（2）平面布置。

（3）构造防火。

（4）安全疏散。

三、关键知识点及依据

（一）建筑分类

商业服务网点是指设置在住宅建筑的首层或首层及二层，每个分隔单元建筑面积不大于300 m^2 的商店、邮政所、储蓄所、理发店等小型营业性用房。

“建筑面积”是指设置在住宅建筑首层或一层及二层，且相互完全分隔后的每个小型商业用房的总建筑面积。比如，一个上、下两层室内直接相通的商业服务网点，该“建筑面积”为该商业服务网点一层和二层商业用房的建筑面积之和。

商业服务网点包括百货店、副食店、粮店、邮政所、储蓄所、理发店、洗衣店、药店、洗车店、餐饮店等小型营业性用房。

【练习题】

下列小型营业性场所中，属于商业服务网点的是（　　）。

A. 设在某住宅建筑首层，建筑面积为300 m² 的药店

B. 设在某住宅楼首层及二层，总建筑面积为400 m² 的饭店

C. 设在某住宅楼三层，建筑面积为250 m² 的百货店

D. 设在某写字楼首层，建筑面积为100 m² 的洗车店

［答案］A

（二）平面布置

（1）设置商业服务网点的住宅建筑，其居住部分与商业服务网点之间应采用耐火极限不低于2.00 h且无门、窗、洞口的防火隔墙和1.50 h的不燃性楼板完全分隔，住宅部分和商业服务网点部分的安全出口和疏散楼梯应分别独立设置。【图1-9-1】

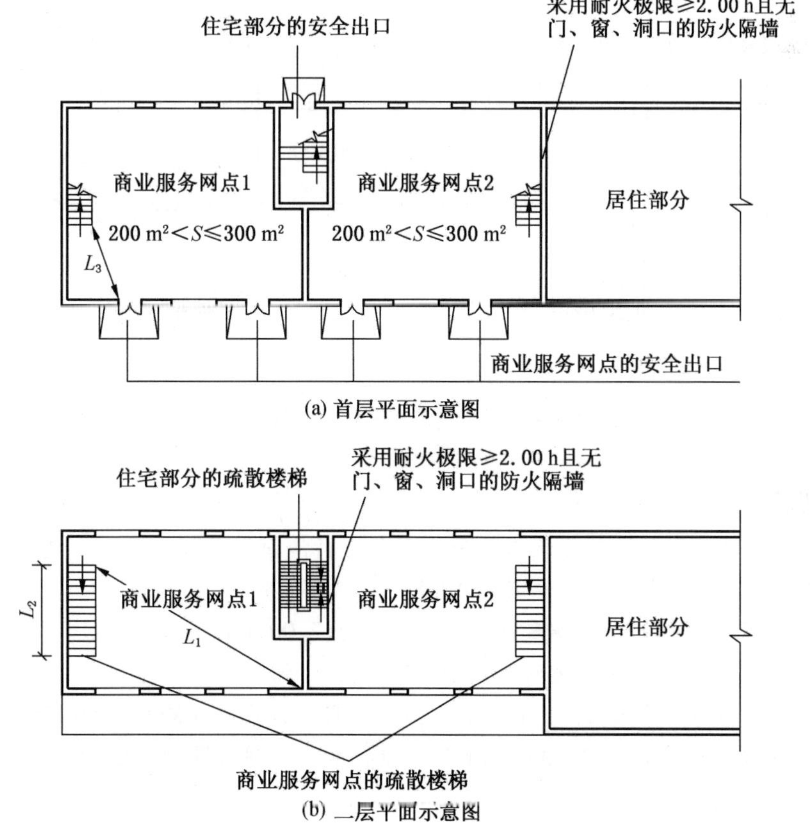

图1-9-1 首层及二层为商业服务网点的住宅建筑

商业服务网点中每个分隔单元之间应采用耐火极限不低于2.00 h且无门、窗、洞口的防火隔墙相互分隔，当每个分隔单元任一层的建筑面积大于200 m² 时，该层应设置2个安全出口或疏散门。每个分隔单元内的任一点至最近直通室外的出口的直线距离不应大

于《建规》表 5.5.17 中有关多层其他建筑位于袋形走道两侧或尽端的疏散门至最近安全出口的最大直线距离。

注：室内楼梯的距离可按其水平投影长度的 1.50 倍计算。

（2）《汽车库、修车库、停车场设计防火规范》（GB 50067—2014）规定，汽车库、修车库与其他建筑物合建时，应符合下列规定：

① 当贴邻建造时，必须采用防火墙隔开。

② 设在建筑物内的汽车库（包括屋顶停车场）、修车库与其他部位之间，应采用防火墙和耐火极限不低于 2.00 h 的不燃性楼板分隔。

③ 汽车库、修车库的外墙门、洞口的上方，应设置耐火极限不低于 1.00 h、宽度不小于 1.0 m、长度不小于开口宽度的不燃性火挑檐。

④ 汽车库、修车库的外墙上、下层开口之间墙的高度，不应小于 1.2 m 或设置耐火极限不低于 1.00 h、宽度不小于 1.0 m 的不燃性防火挑檐。【图 1－9－2】

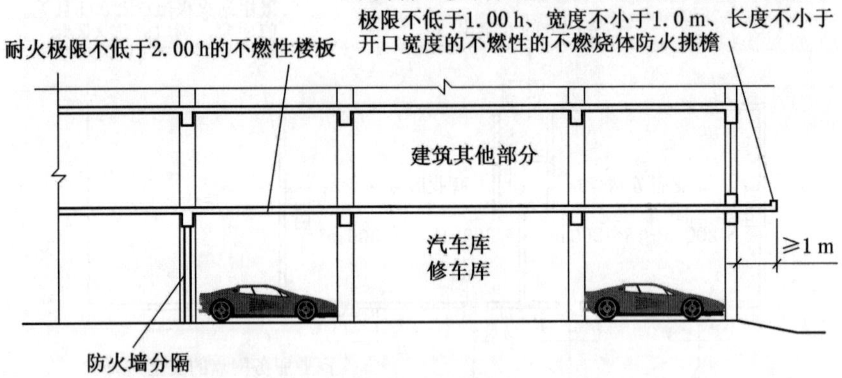

图 1－9－2 汽车库的防火分隔设置

【练习题】

除商业服务网点外，高层建筑内的住宅部分与其他使用功能的部分合建时，住宅部分与非住宅部分之间应采用（ ）完全分隔。

A. 无门、窗、洞口的防火墙和耐火极限不低于 2.00 h 的不燃性楼板

B. 无门、窗、洞口的防火墙和耐火极限不低于 1.50 h 的不燃性楼板

C. 采用耐火极限不低于 2.50 h 且无门、窗、洞口的防火隔墙和 1.50 h 的不燃性楼板

D. 采用耐火极限不低于 2.00 h 且无门、窗、洞口的防火隔墙和 1.50 h 的不燃性楼板

［答案］A

（三）构造防火

住宅建筑外墙上相邻户开口之间的墙体宽度不应小于 1.0 m；小于 1.0 m 时，应在开口之间设置突出外墙不小于 0.6 m 的隔板。【图 1－9－3】

实体墙、防火挑檐和隔板的耐火极限和燃烧性能，均不应低于相应耐火等级建筑外墙的要求。

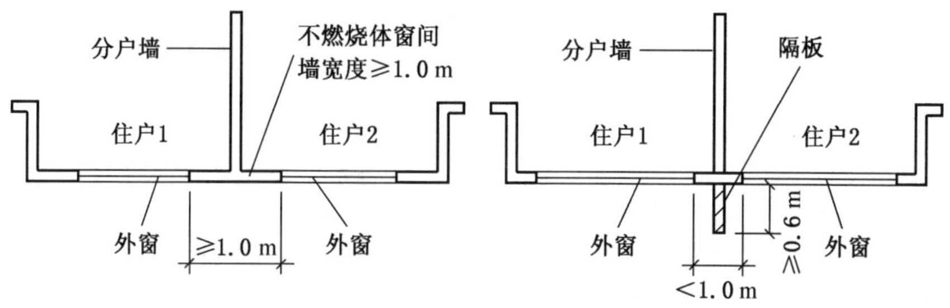

图1-9-3　住宅建筑平面示意图

（四）安全疏散

1. 安全出口

（1）建筑内的安全出口和疏散门应分散布置，且建筑内每个防火分区或一个防火分区的每个楼层、每个住宅单元每层相邻两个安全出口以及每个房间相邻两个疏散门最近边缘之间的水平距离不应小于5 m。

（2）住宅建筑安全出口的设置应符合下列规定：

① 建筑高度不大于27 m的建筑，当每个单元任一层的建筑面积大于650 m^2，或任一户门至最近安全出口的距离大于15 m时，每个单元每层的安全出口不应少于2个。【图1-9-4】

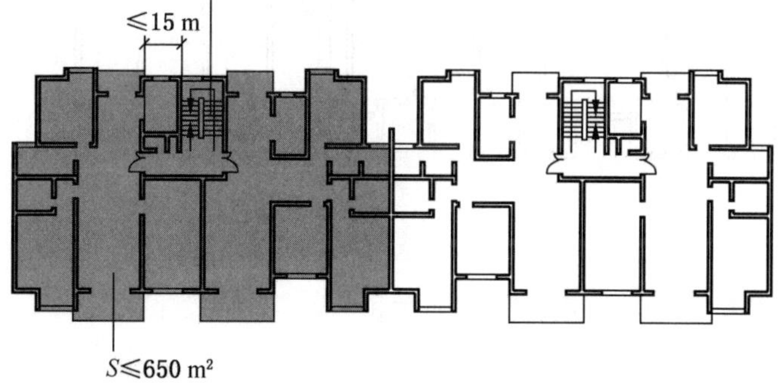

图1-9-4　建筑高度≤27 m的住宅建筑平面示意图

② 建筑高度大于27 m、不大于54 m的建筑，当每个单元任一层的建筑面积大于650 m^2，或任一户门至最近安全出口的距离大于10 m时，每个单元每层的安全出口不应少于2个。【图1-9-5】

③ 建筑高度大于54 m的建筑，每个单元每层的安全出口不应少于2个。【图1-9-6】

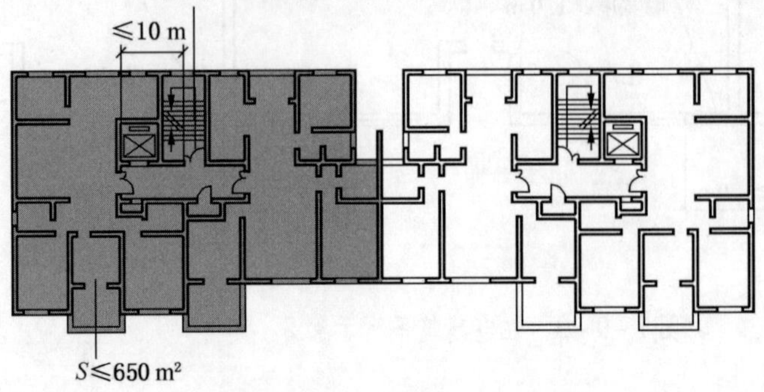

［注释］27 m＜建筑高度≤54 m 的住宅建设，每单元设置一座疏散楼梯时还应符合本条第（3）项的规定

图 1－9－5 27 m＜建筑高度≤54 m 的住宅建筑平面示意图

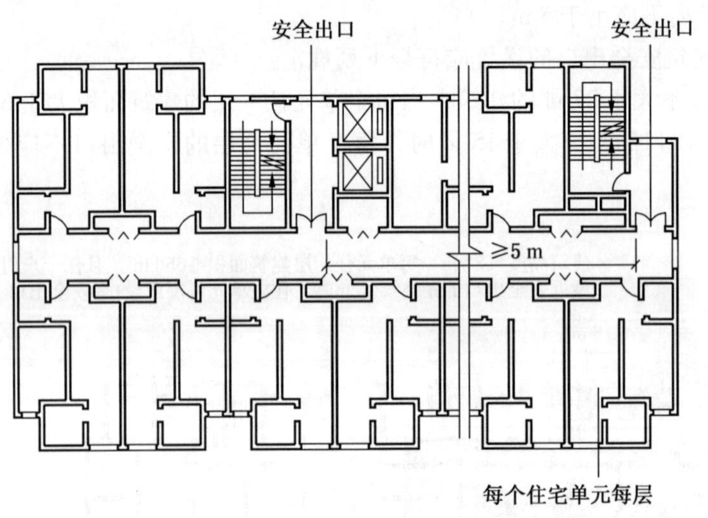

图 1－9－6 建筑高度＞54 m 的住宅建筑平面示意图

【练习题】

建筑高度不大于 27 m 的住宅建筑，当每个单元任一层的建筑面积不大于 650 m^2，且任一户门至最近安全出口的距离不大于（ ）时，每个单元每层的安全出口可设置 1 个。

A. 20 m　　B. 15 m　　C. 10 m　　D. 5 m

［答案］B

（3）建筑高度大于 27 m，但不大于 54 m 的住宅建筑，每个单元设置一座疏散楼梯时，疏散楼梯应通至屋面，且单元之间的疏散楼梯应能通过屋顶连通，户门应采用乙级防

火门。当不能通至屋面或不能通过屋面连通时，应设置2个安全出口。【图1－9－7】

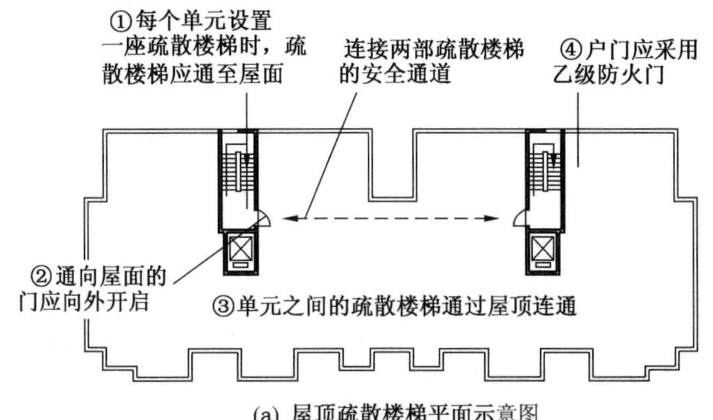

(a) 屋顶疏散楼梯平面示意图

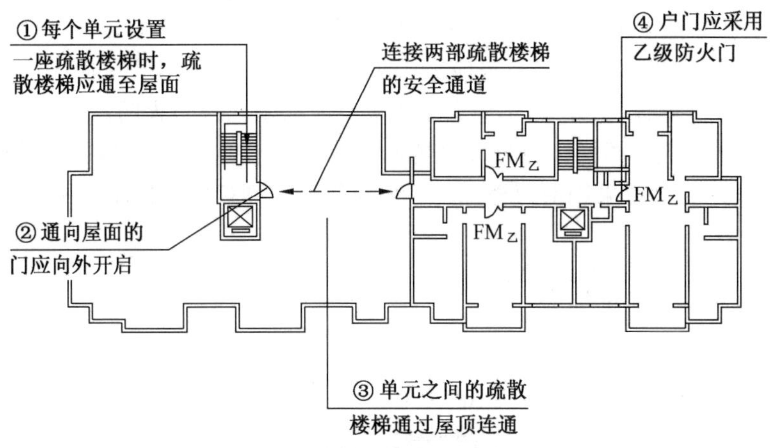

(b) 较低单元屋顶平面示意图

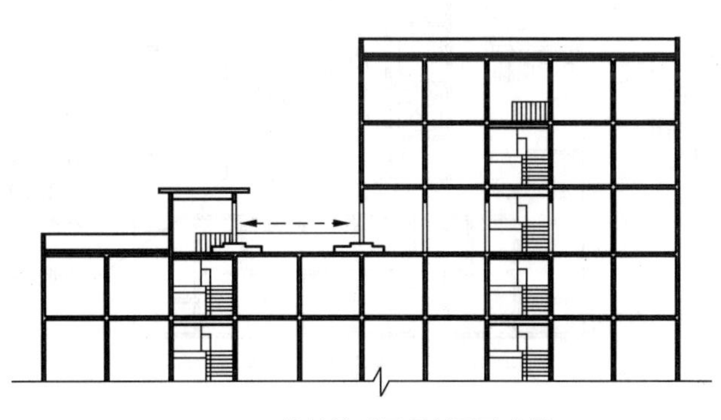

(c) 较低单元屋顶剖面示意图

图1－9－7　27 m＜建筑高度≤54 m的住宅建筑屋顶平面示意图

【练习题】

建筑高度大于27 m、不大于54 m的住宅建筑，当满足（　　）等条件时，每个单元每层可设1个安全出口。

A. 每个单元任一层的建筑面积不大于650 m^2

B. 任一户门至最近安全出口的距离不大于10 m

C. 每个单元的疏散楼梯应通至屋面

D. 单元之间的疏散楼梯应能通过屋面连通

E. 户门应采用丙级防火门

［答案］ABCD

---

2. 疏散楼梯

（1）住宅建筑的疏散楼梯设置应符合下列规定：

① 建筑高度不大于21 m的住宅建筑可采用敞开楼梯间；与电梯井相邻布置的疏散楼梯应采用封闭楼梯间，当户门采用乙级防火门时，仍可采用敞开楼梯间。

② 建筑高度大于21 m、不大于33 m的住宅建筑应采用封闭楼梯间；当户门具有防烟性能且耐火完整性不低于1.00 h时，可采用敞开楼梯间；

③ 建筑高度大于33 m的住宅建筑应采用防烟楼梯间。户门不宜直接开向前室，确有困难时，每层开向同一前室的户门不应大于3樘且应采用乙级防火门。

（2）住宅单元的疏散楼梯，当分散设置确有困难且任一户门至最近疏散楼梯间入口的距离不大于10 m时，可采用剪刀楼梯间，但应符合下列规定：【图1-9-8】

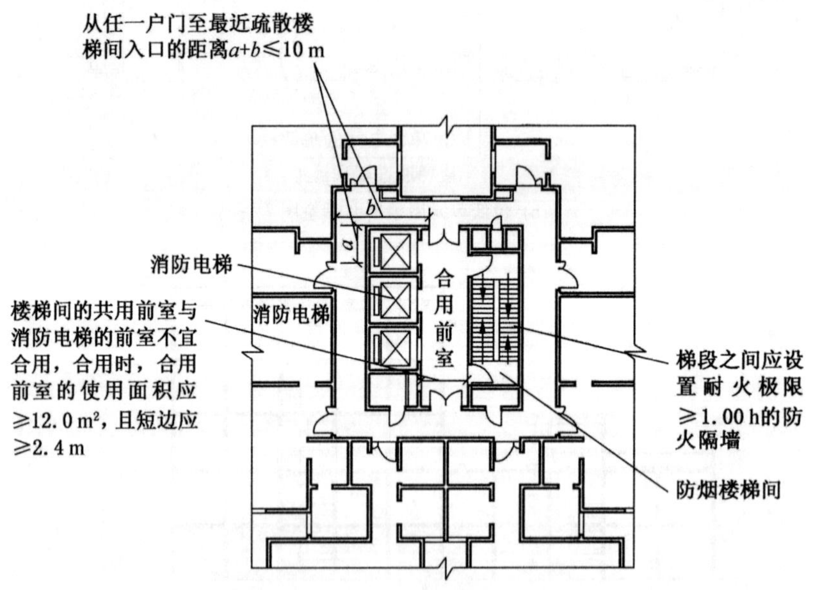

图1-9-8 住宅单元剪刀楼梯间设置示意图

① 应采用防烟楼梯间。

② 梯段之间应设置耐火极限不低于1.00 h的防火隔墙。

③ 楼梯间的前室不宜共用；共用时，前室的使用面积不应小于6.0 m^2。

④ 楼梯间的前室或共用前室不宜与消防电梯的前室合用；楼梯间的共用前室与消防

电梯的前室合用时，合用前室的使用面积不应小于12.0 m²，且短边不应小于2.4 m。

3. 安全疏散距离

住宅建筑的安全疏散距离应符合下列规定：

（1）直通疏散走道的户门至最近安全出口的直线距离不应大于表1－9－1的规定。

表1－9－1　住宅建筑直通疏散走道的户门至最近安全出口的直线距离　m

住宅建筑类别	位于两个安全出口之间的户门			位于袋形走道两侧或尽端的户门		
	一、二级	三　级	四　级	一、二级	三　级	四　级
单、多层	40	35	25	22	20	15
高层	40	—	—	20	—	—

① 开向敞开式外廊的户门至最近安全出口的最大直线距离可按表1－9－1的规定增加5 m。

② 直通疏散走道的户门至最近敞开楼梯间的直线距离，当户门位于两个楼梯间之间时，应按表1－9－1的规定减少5 m；当户门位于袋形走道两侧或尽端时，应按表1－9－1的规定减少2 m。

③ 住宅建筑内全部设置自动喷水灭火系统时，其安全疏散距离可按表1－9－1的规定增加25%。

④ 跃廊式住宅的户门至最近安全出口的距离，应从户门算起，小楼梯的一段距离可按其水平投影长度的1.50倍计算。

（2）楼梯间应在首层直通室外，或在首层采用扩大的封闭楼梯间或防烟楼梯间前室。层数不超过4层时，可将直通室外的门设置在离楼梯间不大于15 m处。

（3）户内任一点至直通疏散走道的户门的直线距离不应大于表1－9－1规定的袋形走道两侧或尽端的疏散门至最近安全出口的最大直线距离。

注：跃层式住宅，户内楼梯的距离可按其梯段水平投影长度的1.50倍计算。

【练习题】

某高层住宅建筑整体设置自动喷水灭火系统，位于两个安全出口之间的任一住宅内房间最不利点至最近安全出口的直线距离不应大于（　　）。

A. 20 m　　B. 60 m　　C. 40 m　　D. 75 m

［答案］D

［解析］住宅内房间最不利点至最近安全出口的直线距离等于住宅内房间最不利点至户门的距离与户门至最近安全出口的直线距离之和，全部设置自动喷水灭火系统时，其安全疏散距离可按表1－9－1的规定增加25%。

4. 安全疏散宽度

住宅建筑的户门、安全出口、疏散走道和疏散楼梯的各自总净宽度应经计算确定，且户门和安全出口的净宽度不应小于0.90 m，疏散走道、疏散楼梯和首层疏散外门的净宽度不应小于1.10 m。建筑高度不大于18 m的住宅中一边设置栏杆的疏散楼梯，其净宽度不应小于1.0 m。

【练习题】

下列关于住宅楼疏散净宽度的设置，不符合规范要求的是（　　）。

A. 户门净宽度为0.9 m

B. 疏散楼梯净宽度为1.0 m

C. 疏散走道净宽度为1.1 m

D. 首层住宅安全出口净宽度为1.1 m

［答案］B

5. 避难层

（1）建筑高度大于100 m的住宅建筑应设置避难层，避难层的设置应符合《建规》第5.5.23条有关避难层的要求。

（2）建筑高度大于54 m的住宅建筑，每户应有一间房间符合下列规定：【图1-9-9】

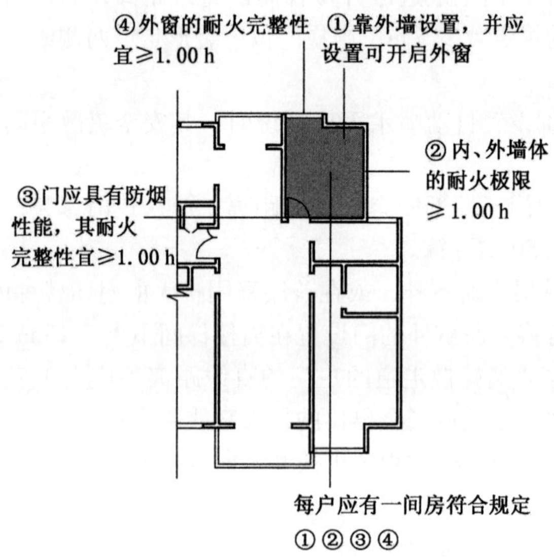

图1-9-9　建筑高度＞54 m的住宅建筑平面示意图

① 应靠外墙设置，并应设置可开启外窗。

② 内、外墙体的耐火极限不应低于1.00 h，该房间的门宜采用乙级防火门，外窗的耐火完整性不宜低于1.00 h。

四、思考题

（一）单项选择题

1. 设置商业服务网点的住宅建筑内，属于商业服务网点的小型商业服务用房的建筑面积不应大于（　　）。

A. 200 m²　　B. 300 m²　　C. 400 m²　　D. 500 m²

［答案］B

2. 建筑高度大于54 m的住宅建筑应设（　　）。

A. 防烟楼梯间　　B. 封闭楼梯间　　C. 敞开楼梯间　　D. 室外楼梯

［答案］A

3. 住宅建筑楼梯间的共用前室与消防电梯的前室合用时，合用前室的使用面积不应小于（　　），且短边不应小于2.4 m。

A. 15.0 m^2　　B. 12.0 m^2　　C. 10.0 m^2　　D. 6.0 m^2

［答案］B

4. 高层塔式住宅应设防烟楼梯间，（　　）可作为辅助的防烟楼梯。

A. 封闭楼梯间　　B. 室外楼梯　　C. 敞开楼梯间　　D. 剪刀楼梯间

［答案］B

（二）多项选择题

1. 下列哪些高层民用居住建筑应设置封闭楼梯间（　　）。

A. 建筑高度大于21 m、不大于33 m的塔式住宅建筑

B. 建筑高度大于24 m、不大于33 m的单元式住宅建筑

C. 建筑高度大于19 m、不大于36 m的塔式住宅建筑

D. 建筑高度大于54 m的单元式住宅建筑

E. 建筑高度不大于21 m的塔式住宅

［答案］AB

［解析］建筑高度大于21 m、不大于33 m的住宅建筑应采用封闭楼梯间。

2. 建筑高度大于54 m的住宅建筑，每户应有一间房间符合（　　）规定。

A. 应靠外墙设置，并应设置可开启外窗

B. 内、外墙体的耐火极限不应低于1.00 h

C. 该房间的门宜采用乙级防火门

D. 外窗宜采用耐火完整性不低于1.00 h的防火窗

E. 宜设自动喷水灭火系统

［答案］ABCD

（三）判断题

1. 房间内任一点到该房间直接通向疏散走道的疏散门的距离计算：住宅应为最远房间内任一点到户门的距离，跃层式住宅内的户内楼梯的距离可按其梯段总长度的水平投影尺寸计算。（　　）

［答案］×

［解析］跃层式住宅，户内楼梯的距离可按其梯段水平投影长度的1.50倍计算。

2. 塔式高层住宅是指建筑平面长宽尺寸接近，以共用楼梯、电梯为核心，在标准层平面布置多套住房的高层住宅。（　　）

［答案］√

3. 高层民用建筑包括9层及9层以上的住宅建筑（包括首层设置商业服务网点的住宅），以及建筑高度超过24 m的非单层公共建筑。（　　）

［答案］×

[解析] 高层民用建筑包括建筑高度大于 27 m 的住宅建筑和建筑高度大于 24 m 的非单层公共建筑。

(四) 分析题

某单元式住宅，地上 19 层，建筑高度 59 m，总建筑面积 $1.5\times10^4\ m^2$，首层设有商业服务网点，地上二层及以上层为住宅。

问：(1) 该建筑疏散楼梯的最小净宽度应为多少？

(2) 该建筑内煤气管道能否局部穿越楼梯间，如可以，应采取何种措施？

(3) 该建筑应采用何种形式的疏散楼梯间？

[答案]

(1) 该建筑疏散楼梯的最小净宽度应为 1.10 m。

(2) 不可以。封闭楼梯间、防烟楼梯间及其前室内禁止穿过或设置可燃气体管道。公共建筑的敞开楼梯间内不应设置可燃气体管道；住宅建筑的敞开楼梯间内不宜设置可燃气体管道和可燃气体计量表，必须设置时，应采用金属管和设置切断气源的阀门。

(3) 该建筑应采用防烟楼梯间。

案例 10　高层综合楼防火案例分析

一、情景描述

某市一栋综合楼，地上 20 层，地下 4 层，建筑高度为 80 m，采用框架剪力墙结构，总建筑面积 30×10^4 m^2；高层建筑主体与裙房之间设置防火墙，建筑主体各层建筑面积均大于 1000 m^2。该综合楼总平面布局及周边民用建筑等相关信息，如图 1－10－1 所示。该综合楼地下三、四层均为人防层，其平时主要使用功能均为汽车库、室内有车道且有人员停留的机械式汽车库和储存可燃固体的附属库房；地下二层主要使用功能为展览厅、管理用房及燃气锅炉房、柴油发电机房、变配电室、通风空气调节机房、消防水泵房等设备用房；地下一层主要使用功能为消防控制室、管理用房、电影院及商场营业厅。主楼首层主要使用功能为大堂、咖啡厅、自助餐厅、商场营业厅和展览厅，地上二、三层主要使用功能为儿童游乐厅、展览厅、商场营业厅，地上四层至地上十九层主要使用功能为办公室，地上二十层主要使用功能为会议厅、多功能厅。裙房首层至地上六层主要使用功能为商场营业厅。

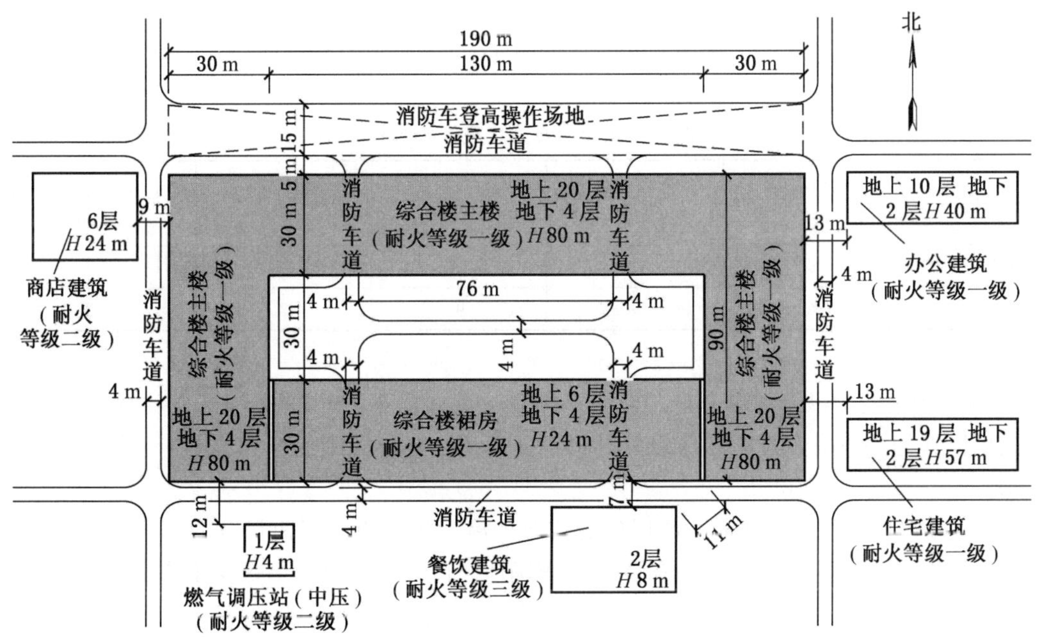

图 1－10－1　建筑总平面图

二、分析要点

本案例主要分析下列内容：

（1）建筑分类和耐火等级。

（2）总平面布局。

（3）防火分区。

（4）特殊房间和场所设置。

三、关键知识点及依据

（一）建筑分类和耐火等级

根据《建筑设计防火规范》(GB 50016—2014）的规定，建筑高度大于 50 m 的公共建筑和建筑高度 24 m 以上部分任一楼层建筑面积大于 1000 m^2 的商店、展览建筑和其他多种功能组合的建筑，均属于一类高层公共建筑，故情景描述中综合楼的建筑分类应为一类高层公共建筑。地下或半地下建筑（室）和一类高层建筑的耐火等级不应低于一级。

（二）总平面布局

根据《建筑设计防火规范》(GB 50016—2014）的规定，该综合楼的总平面布局应符合以下规定：

（1）在总平面布局中，应合理确定建筑的位置、防火间距、消防车道和消防水源等，不宜将民用建筑布置在甲、乙类厂（库）房，甲、乙、丙类液体，可燃气体储罐和可燃材料堆场的附近。

（2）该综合楼与周边建筑之间的防火间距，不应小于表 1－10－1 的规定。

表 1－10－1　综合楼与周边建筑之间的防火间距　m

建筑名称	多层商店（耐火等级二级）	高层办公（耐火等级一级）	高层住宅（耐火等级一级）	多层餐饮建筑（耐火等级三级）	地上中压燃气调压站（耐火等级二级）
综合楼主楼	9	13	13	11	12
综合楼裙房	6	9	9	7	12

（3）当建筑物沿街道部分的长度大于 150 m 或总长度大于 220 m 时，应设置穿过建筑物的消防车道。确有困难时，应设置环形消防车道。高层民用建筑的周围应设置环形消防车道。

（4）建筑高度大于 50 m 的高层建筑应至少沿一条长边或周边长度的 1/4 且不小于一条长边长度的底边连续布置消防车登高操作场地，该范围内的裙房进深不应大于 4 m。

（5）当封闭内院或天井的短边长度大于 24 m 时，宜设置进入内院或天井的消防车道；当该建筑物沿街时，应设置连通街道和内院的人行通道（可利用楼梯间），其间距不宜大于 80 m。

（6）在穿过建筑物或进入建筑物内院的消防车道两侧，不应设置影响消防车通行或人员安全疏散的设施。

（三）防火分区

该综合楼应根据建筑类别、防火分区使用功能、地上还是地下和其自动灭火系统设置情况，合理确定防火分区建筑面积。根据《建筑设计防火规范》（GB 50016—2014）、《汽车库、修车库、停车场设计防火规范》（GB 50067—2014）和《人民防空工程设计防火规范》（GB 50098—2009）的规定，该综合楼内的高层建筑主体内的商业营业厅、展览厅，当设有自动灭火系统和火灾自动报警系统并采用不燃烧或难燃烧材料装修时，地上部分防火分区的最大允许建筑面积为 4000 m^2；地下部分防火分区的最大允许建筑面积为 2000 m^2；该综合楼内其他使用功能区域防火分区的最大允许建筑面积不应大于表 1－10－2 的规定。

表 1－10－2　防火分区的最大允许建筑面积　m^2

不同使用功能区域防火分区	防火分区的最大允许建筑面积
综合楼高层建筑主体地上部分的大堂、咖啡厅、自助餐厅、儿童游乐厅、办公室、会议厅、多功能厅区域	1500
综合楼裙房的地上部分	2500
综合楼地下室的管理用房、消防控制室和电影院区域	500
综合楼地下室的燃气锅炉房、柴油发电机房、变配电室、消防水泵房等设备用房区域	1000
综合楼地下部分的汽车库	2000
综合楼地下部分的室内有车道且有人员停留的机械式汽车库	1300
综合楼地下室人防层储存可燃固体的库房	300

（1）汽车库内设有自动灭火系统时，其防火分区的最大允许建筑面积可按表 1－10－2 增加 1 倍。

（2）防火分区最大允许建筑面积，当建筑内设有自动灭火系统时，可按表 1－10－2 的规定增加 1 倍；局部设置时，防火分区的增加面积可按该局部面积增加 1 倍。

（3）裙房与高层建筑主体之间设置防火墙时，裙房的防火分区可按单、多层建筑的要求确定。

（四）特殊房间和场所设置

1. 消防水泵房

消防水泵房的设置应符合下列规定：

（1）单独建造的消防水泵房，其耐火等级不应低于二级。

（2）附设在建筑内的消防水泵房，不应设置在地下三层及以下或室内地面与室外出入口地坪高差大于 10 m 的地下楼层。

（3）疏散门应直通室外或安全出口。

2. 消防控制室

（1）设置火灾自动报警系统和需要联动控制的消防设备的建筑（群）应设置消防控制室。消防控制室的设置应符合下列规定：

① 单独建造的消防控制室，其耐火等级不应低于二级。

② 附设在建筑内的消防控制室，宜设置在建筑内首层或地下一层，并宜布置在靠外墙部位。

③ 不应设置在电磁场干扰较强及其他可能影响消防控制设备正常工作的房间附近。

④ 疏散门应直通室外或安全出口。

（2）消防水泵房和消防控制室应采取防水淹的技术措施。

（3）附设在建筑内的消防控制室、灭火设备室、消防水泵房和通风空气调节机房、变配电室等，应采用耐火极限不低于2.00 h的防火隔墙和1.50 h的楼板与其他部位分隔。

3. 燃气锅炉房

燃油或燃气锅炉、油浸变压器、充有可燃油的高压电容器和多油开关等。宜设置在建筑外的专用房间内；确需贴邻民用建筑布置时，应采用防火墙与所贴邻的建筑分隔，且不应贴邻人员密集场所，该专用房间的耐火等级不应低于二级；确需布置在民用建筑内时，不应布置在人员密集场所的上一层、下一层或贴邻，并应符合下列规定：

（1）燃油或燃气锅炉房、变压器室应设置在首层或地下一层的靠外墙部位，但常（负）压燃油或燃气锅炉可设置在地下二层或屋顶上。设置在屋顶上的常（负）压燃气锅炉，距离通向屋面的安全出口不应小于6 m。采用相对密度（与空气密度的比值）不小于0.75的可燃气体为燃料的锅炉，不得设置在地下或半地下。

（2）锅炉房、变压器室的疏散门均应直通室外或安全出口。

（3）锅炉房、变压器室等与其他部位之间应采用耐火极限不低于2.00 h的防火隔墙和1.50 h的不燃性楼板分隔。在隔墙和楼板上不应开设洞口，确需在隔墙上设置门、窗时，应采用甲级防火门、窗。

（4）锅炉房内设置储油间时，其总储存量不应大于1 m^3，且储油间应采用耐火极限不低于3.00 h的防火隔墙与锅炉间分隔；确需在防火隔墙上设置门时，应采用甲级防火门。

（5）变压器室之间、变压器室与配电室之间，应设置耐火极限不低于2.00 h的防火隔墙。

（6）油浸变压器、多油开关室、高压电容器室，应设置防止油品流散的设施。油浸变压器下面应设置能储存变压器全部油量的事故储油设施。

（7）应设置火灾报警装置。

（8）应设置与锅炉、变压器、电容器和多油开关等的容量及建筑规模相适应的灭火设施，当建筑内其他部位设置自动喷水灭火系统时，应设置自动喷水灭火系统。

（9）锅炉的容量应符合现行国家标准《锅炉房设计规范》(GB 50041—2008）的规定（设在多层或高层建筑的半地下室或首层的锅炉房，每台蒸汽锅炉的额定蒸发量必须小于10 t/h，额定蒸汽压力必须小于1.6 MPa；设在多层或高层建筑的地下室、中间楼层或顶层的锅炉房，每台蒸汽锅炉的额定蒸发量不应大于4 t/h，额定蒸汽压力不应大于1.6 MPa，必须采用油或气体做燃料或电加热的锅炉；设在多层或高层建筑的地下室、半地下室、首层或顶层的锅炉房，热水锅炉的额定出口热水温度不应大于95 ℃并有超温报警装置，用时必须装设可靠的点火程序控制和熄火保护装置）。油浸变压器的总容量不应大于1260 kV · A，单台容量不应大于630 kV · A。

（10）燃气锅炉房应设置爆炸泄压设施。燃油或燃气锅炉房应设置独立的通风系统。

燃气锅炉房应通过自然或机械通风方式保持良好的通风条件，使逸漏或挥发的可燃性气体与空气混合气体的浓度不能达到其爆炸下限值的25%。燃气锅炉房的通风设施应符合下列规定：

① 燃气锅炉房应设置自然通风或独立的机械通风设施（其送、排风系统应采用防爆型的通风设备；当送风机布置在单独分隔的通风机房内且送风干管上设置防止回流设施时，可采用普通型通风设备），且其空气不应循环使用。燃气锅炉房应选用防爆型的事故排风机。当采取机械通风时，机械通风设施应设置导除静电的接地装置，通风量应按换气次数不少于6次/h确定，事故排风量应按换气次数不少于12次/h确定。

② 当空气中含有比空气轻的可燃气体时，排风水平管全长应顺气流方向向上坡度敷设。

③ 排除有燃烧或爆炸危险气体的排风系统排风设备不应布置在地下或半地下建筑（室）内；且排风管应采用金属管道，并应直接通向室外安全地点，不应暗设。

4. 柴油发电机房

布置在民用建筑内的柴油发电机房应符合下列规定：

（1）宜布置在首层或地下一、二层。

（2）不应布置在人员密集场所的上一层、下一层或贴邻。

（3）应采用耐火极限不低于2.00 h的防火隔墙和1.50 h的不燃性楼板与其他部位分隔，门应采用甲级防火门。

（4）机房内设置储油间时，其总储存量不应大于1 m^3，储油间应采用耐火极限不低于3.00 h的防火隔墙与发电机间分隔；确需在防火隔墙上开门时，应设置甲级防火门。

（5）应设置火灾报警装置。

（6）应设置与柴油发电机容量和建筑规模相适应的灭火设施（对于未设置自动喷水灭火系统的建筑，可设置推车式ABC干粉灭火器或气体灭火器；如规模较大，则可设置水喷雾、细水雾或气体灭火系统等），当建筑内其他部位设置自动喷水灭火系统时，机房内应设置自动喷水灭火系统。

（7）设置在建筑内的柴油发电机，应在进入建筑物前和设备间内的燃料供给管道上设置自动和手动切断阀。

（8）储油间的油箱应密闭且应设置通向室外的通气管，通气管应设置带阻火器的呼吸阀，油箱的下部应设置防止油品流散的设施。

（9）储油间不应使用闪点低于60 ℃的柴油。

5. 会议厅、多功能厅

建筑内的会议厅、多功能厅等人员密集的场所，宜布置在首层、二层或三层。设置在三级耐火等级的建筑内时，不应布置在三层及以上楼层。确需布置在一、二级耐火等级建筑的其他楼层时，应符合下列规定：

（1）一个厅、室的疏散门不应少于2个，且建筑面积不宜大于400 m^2。

（2）设置在地下或半地下时，宜设置在地下一层，不应设置在地下三层及以下楼层。

（3）设置在高层建筑内时，应设置火灾自动报警系统和自动喷水灭火系统等自动灭火系统。

6. 电影院

剧场、电影院、礼堂宜设置在独立的建筑内；采用三级耐火等级建筑时，不应超过2层；确需设置在其他民用建筑内时，至少应设置1个独立的安全出口和疏散楼梯，并应符合下列规定：

（1）应采用耐火极限不低于2.00 h的防火隔墙和甲级防火门与其他区域分隔。

（2）设置在一、二级耐火等级的建筑内时，观众厅宜布置在首层、二层或三层；确需布置在四层及以上楼层时，一个厅、室的疏散门不应少于2个，且每个观众厅的建筑面积不宜大于400 m^2。

（3）设置在三级耐火等级的建筑内时，不应布置在三层及以上楼层。

（4）设置在地下或半地下时，宜设置在地下一层，不应设置在地下三层及以下楼层。

（5）设置在高层建筑内时，应设置火灾自动报警系统及自动喷水灭火系统等自动灭火系统。

7. 儿童游乐厅

（1）托儿所、幼儿园的儿童用房，老年人活动场所和儿童游乐厅等儿童活动场所宜设置在独立的建筑内，且不应设置在地下或半地下；当采用一、二级耐火等级的建筑时，不应超过3层；采用三级耐火等级的建筑时，不应超过2层；采用四级耐火等级的建筑时，应为单层；确需设置在其他民用建筑内时，应符合下列规定：

① 设置在一、二级耐火等级的建筑内时，应布置在首层、二层或三层。

② 设置在三级耐火等级的建筑内时，应布置在首层或二层。

③ 设置在四级耐火等级的建筑内时，应布置在首层。

④ 设置在高层建筑内时，应设置独立的安全出口和疏散楼梯。

⑤ 设置在单、多层建筑内时，宜设置独立的安全出口和疏散楼梯。

（2）附设在建筑内的托儿所、幼儿园的儿童用房和儿童游乐厅等儿童活动场所、老年人活动场所，应采用耐火极限不低于2.00 h的防火隔墙和1.00 h的楼板与其他场所或部位分隔，墙上必须设置的门、窗应采用乙级防火门、窗。

8. 商店营业厅、展览厅

商店建筑、展览建筑采用三级耐火等级建筑时，不应超过2层；采用四级耐火等级建筑时，应为单层。营业厅、展览厅设置在三级耐火等级的建筑内时，应布置在首层或二层；设置在四级耐火等级的建筑内时，应布置在首层。营业厅、展览厅不应设置在地下三层及以下楼层。地下或半地下营业厅、展览厅不应经营、储存和展示甲、乙类火灾危险性物品。

9. 通风空气调节机房、变配电室、防烟排烟机房和灭火设备室

附设在建筑内的通风空气调节机房、变配电室、防烟排烟机房和灭火设备室，应采用耐火极限不低于2.00 h的防火隔墙和不低于1.50 h的楼板与其他部位分隔。通风空气调节机房、变配电室和防烟排烟机房开向建筑内的门应采用甲级防火门，灭火设备室开向建筑内的门应采用乙级防火门。

四、思考题

（一）单项选择题

1. 该综合楼高层建筑主体内地上二层的商场营业厅，当设有火灾自动报警系统和自动灭火系统，且采用不燃或难燃烧材料装修时，其防火分区的允许最大建筑面积为（ ）。

A. 4000 m^2 B. 3000 m^2 C. 2000 m^2 D. 1000 m^2

[答案] A

2. 附设在民用建筑内的电影院应采用耐火极限不低于（ ）的防火隔墙和甲级防火门与其他区域分隔。

A. 2.50 h B. 2.00 h C. 1.50 h D. 1.00 h

[答案] B

3. 柴油发电机房应采用耐火极限不低于 2.00 h 的防火隔墙和不低于（ ）的不燃性楼板与其他部位分隔，门应采用甲级防火门。

A. 2.50 h B. 2.00 h C. 1.50 h D. 1.00 h

[答案] C

4. 建筑高度 24 m 以上部分任一楼层建筑面积大于（ ）的商店、展览建筑和其他多种功能组合的建筑分类应为一类高层公共建筑。

A. 2500 m^2 B. 2000 m^2 C. 1500 m^2 D. 1000 m^2

[答案] D

（二）判断题

1. 该综合楼的周围已设有环形消防车道，但因该建筑的沿街长度超过 150 m，故还应在该建筑的适中位置设置穿过建筑的消防车道。（ ）

[答案] ×

[解析] 按照《建规》第 7.1.2 条：高层民用建筑，超过 3000 个座位的体育馆，超过 2000 个座位的会堂，占地面积大于 3000 m^2 的商店建筑、展览建筑等单、多层公共建筑应设置环形消防车道，确有困难时，可沿建筑的两个长边设置消防车道；对于高层住宅建筑和山坡地或河道边临空建造的高层民用建筑，可沿建筑的一个长边设置消防车道，但该长边所在建筑立面应为消防车登高操作面。本题目说反了。

2. 该综合楼地下二层使用功能为办公用房的防火分区的建筑面积为 900 m^2，其中设置自动灭火系统的建筑面积为 750 m^2，该防火分区的建筑面积符合规范要求。（ ）

[答案] ×

[解析] 将现有的面积都折算回没有设置自动灭火系统的情况。其中设置自动灭火系统的建筑面积为 750 m^2，折算回没有设置自动灭火系统的时候是 375 m^2，题目中本身未设置自动灭火系统的面积是 $900-750=150(m^2)$，地下办公区域的防火分区建筑面积不应大于 500 m^2，而 $375+150>500$，不符合规范要求。

3. 裙房是指在高层建筑主体投影范围外，与建筑主体相连且建筑高度不超过 24 m 的附属建筑。（ ）

[答案] √

4. 裙房的防火分区可按单、多层建筑的要求确定。（ ）

[答案] ×

[解析] 裙房与高层建筑主体之间设置防火墙时，裙房的防火分区可按单、多层建筑的要求确定。

5. 消防控制室应采取防水淹的技术措施。 ( )

[答案] √

(三) 简答题

附设在该综合楼内的消防水泵房应采取哪些防火技术措施?

[答案]

(1) 附设在建筑内的消防水泵房，不应设置在地下三层及以下或室内地面与室外出入口地坪高差大于10 m的地下楼层。

(2) 消防水泵房的疏散门应直通室外或安全出口。

(3) 消防水泵房应采用耐火极限不低于2.00 h的防火隔墙和不低于1.50 h的楼板与其他部位隔开，并应设甲级防火门。

(4) 消防水泵房应采取防水淹的技术措施。

(四) 分析题

如果该综合楼在建设时受选址条件所限，综合楼高层建筑主体与周边归属同一单位的一栋已建二级耐火等级的单层商店建筑之间的防火间距仅为4 m，防火间距不足。问：通常情况下，两者之间的防火间距不应小于多少米？如防火间距不足，可采取哪些措施解决并说明原因。

[答案] 通常情况下，综合楼主楼与单层商店之间的防火间距不应小于9 m，可采取以下措施解决防火间距不足的问题：

(1) 将与单层商店相邻的一面综合楼高层建筑主体外墙改造为防火墙或将与单层商店相邻的一面比单层商店屋面高15 m及以下范围内的建筑主体外墙改造为防火墙后，其防火间距不限。

(2) 将单层商店改造为屋顶无天窗、屋面板的耐火极限不低于1.00 h，且相邻综合楼高层建筑主体的一面外墙为防火墙后，其防火间距不应小于4 m。

(3) 将单层商店改造为屋顶不设天窗，相邻较高一面外墙高出较低一座建筑的屋面15 m及以下范围内的开口部位设置甲级防火门、窗，或设置符合现行国家标准《自动喷水灭火系统设计规范（2005年版）》(GB 50084—2001）规定的防火分隔水幕或《建筑设计防火规范》(GB 50016—2014）第6.5.3条规定的防火卷帘时，其防火间距不应小于4 m。

(4) 拆除防火间距内的原建筑。

案例 11　地下人防电影院防火案例分析

一、情景描述

某地下建筑地下 2 层，人防区位于地下二层，地下二层的室内地面与室外出入口地坪之间高差为 9 m。某电影院位于地下二层整层（该层由人防区和局部非人防区组成），建筑面积 4300 m^2；人防区内设有 2 个建筑面积为 600 m^2 的大观众厅，6 个建筑面积均为 300 m^2 小观众厅；以上观众厅地面均有坡度并均设置固定座位。该电影院共划分 5 个防火分区，其中入口大厅及展示厅位于人防区外，为一个防火分区，其建筑面积为 300 m^2。人防区内划分 4 个防火分区，其中管理用房、售票厅和其中一个大观众厅为一个防火分区；放映设施用房、休息厅和其中一个大观众厅为一个防火分区；其余 6 个小观众厅区域分为 2 个防火分区；以上每个防火分区的建筑面积均不大于 1000 m^2。该电影院共设置 6 部通至室外的封闭楼梯间，每个防火分区至少各设置 1 部，各相邻防火分区之间均通过疏散走道连通。该电影院按现行有关国家工程建设消防技术标准配置了室内外消火栓给水系统、自动喷水灭火系统和火灾自动报警系统等消防设施及器材。

二、分析要点

本案例主要分析下列内容：

（1）防火分区。

（2）构造防火。

（3）安全疏散。

（4）平面布置。

（5）装修。

三、关键知识点及依据

（一）防火分区

根据《人民防空工程设计防火规范》(GB 50098—2009）的规定，情景描述中的电影院应采用防火墙划分防火分区，当采用防火墙确有困难时，可采用防火卷帘等防火分隔设施分隔，防火分区划分应符合以下要求：

（1）防火分区应在各安全出口处的防火门范围内划分。

（2）水泵房、污水泵房、水池、厕所、盥洗间等无可燃物的房间，其面积可不计入防火分区的面积之内。

（3）防火分区的划分宜与防护单元相结合。

（4）每个防火分区的允许最大建筑面积，除电影院观众厅外，不应大于 500 m^2。当设置有自动灭火系统时，允许最大建筑面积可增加 1 倍；局部设置时，增加的面积可按该局部面积的 1 倍计算。

(5) 电影院观众厅的防火分区允许最大建筑面积不应大于 1000 m^2。当设置有火灾自动报警系统和自动灭火系统时，其允许最大建筑面积也不得增加。

(二) 构造防火

根据《人民防空工程设计防火规范》(GB 50098—2009) 的规定，情景描述中电影院的构造防火应符合以下要求：

(1) 电影院的观众厅与舞台之间的墙，耐火极限不应低于 2.50 h；电影院放映室 (卷片室) 应采用耐火极限不低于 1.00 h 的隔墙与其他部位隔开，观察窗和放映孔应设置阻火闸门。

(2) 防火门的设置应符合下列规定：

① 位于防火分区分隔处安全出口的门应为甲级防火门，当使用功能上确实需要采用防火卷帘分隔时，应在其旁设置与相邻防火分区的疏散走道相通的甲级防火门。

② 消防控制室、消防水泵房、排烟机房、灭火剂储瓶室、变配电室、通信机房、通风和空调机房、可燃物存放量平均值超过 30 kg/m^2 火灾荷载密度的房间等，墙上应设置常闭的甲级防火门。

③ 公共场所人员频繁出入的防火门，应采用能在火灾时自动关闭的常开式防火门；平时需要控制人员随意出入的防火门，应设置火灾时不需使用钥匙等任何工具即能从内部易于打开的常闭防火门，并应在明显位置设置标识和使用提示；其他部位的防火门，宜选用常闭的防火门。

④ 用防护门、防护密闭门、密闭门代替甲级防火门时，其耐火性能应符合甲级防火门的要求且不得用于平战结合公共场所的安全出口处。

⑤ 常开的防火门应具有信号反馈的功能。

(三) 安全疏散

依据：《人民防空工程设计防火规范》(GB 50098—2009)。

(1) 每个防火分区安全出口设置的数量，应符合下列规定之一：

① 每个防火分区的安全出口数量不应少于 2 个。

② 当有 2 个或 2 个以上防火分区相邻，且将相邻防火分区之间防火墙上设置的防火门作为安全出口时，防火分区安全出口应符合下列规定：

a. 防火分区建筑面积大于 1000 m^2 的商业营业厅、展览厅等场所，设置通向室外、直通室外的疏散楼梯间或避难走道的安全出口个数不得少于 2 个。

b. 防火分区建筑面积不大于 1000 m^2 的商业营业厅、展览厅等场所，设置通向室外、直通室外的疏散楼梯间或避难走道的安全出口个数不得少于 1 个。

c. 在一个防火分区内，设置通向室外、直通室外的疏散楼梯间或避难走道的安全出口宽度之和，不宜小于《人民防空工程设计防火规范》第 5.1.6 条规定的安全出口总宽度的 70%。

③ 建筑面积不大于 500 m^2，且室内地面与室外出入口地坪高差不大于 10 m，容纳人数不大于 30 人的防火分区，当设置有仅用于采光或进风用的竖井，且竖井内有金属梯直通地面、防火分区通向竖井处设置有不低于乙级的常闭防火门时，可只设置一个通向室外、直通室外的疏散楼梯间或避难走道的安全出口；也可设置一个与相邻防火分区相通的

防火门。

④ 建筑面积不大于 200 m^2，且经常停留人数不超过 3 人的防火分区，可只设置一个通向相邻防火分区的防火门。

（2）房间建筑面积不大于 50 m^2，且经常停留人数不超过 15 人时，可设置一个疏散出口。

（3）每个防火分区的安全出口，宜按不同方向分散设置；当受条件限制需要同方向设置时，两个安全出口最近边缘之间的水平距离不应小于 5 m。

（4）安全疏散距离应满足下列规定：

① 房间内最远点至该房间门的距离不应大于 15 m。

② 房间门至最近安全出口的最大距离应为 40 m。位于袋形走道两侧或尽端的房间，其最大距离应为上述相应距离的一半。

③ 观众厅室内任意一点到最近安全出口的直线距离不宜大于 30 m；当该防火分区设置有自动喷水灭火系统时，疏散距离可增加 25%。

（5）疏散宽度的计算和最小净宽应符合下列规定：

① 每个防火分区安全出口的总宽度，应按该防火分区设计容纳总人数乘以疏散宽度指标计算确定。疏散宽度指标应按下列规定确定：

a. 室内地面与室外出入口地坪高差不大于 10 m 的防火分区，疏散宽度指标应为每 100 人不小于 0.75 m。

b. 室内地面与室外出入口地坪高差大于 10 m 的防火分区，疏散宽度指标应为每 100 人不小于 1.00 m。

c. 人员密集的厅、室以及歌舞娱乐放映游艺场所，疏散宽度指标应为每 100 人不小于 1.00 m。

② 安全出口、疏散楼梯和疏散走道的最小净宽应符合表 1－11－1 的规定。

表 1－11－1 安全出口、疏散楼梯和疏散走道的最小净宽 m

工程名称	安全出口和疏散楼梯净宽	疏散走道净宽	
		单面布置房间	双面布置房间
商场、公共娱乐场所、健身体育场所	1.40	1.50	1.60
医院	1.30	1.40	1.50
旅馆、餐厅	1.10	1.20	1.30
车间	1.10	1.20	1.50
其他民用工程	1.10	1.20	

③ 本案例中，由于该地下人防电影院室内地面与室外出入口地坪高差均小于 10 m，所以其疏散宽度指标应为每 100 人不小于 0.75 m；但因其中的观众厅人员密集，故观众厅的疏散宽度指标应为每 100 人不小于 1 m。

该地下人防电影院的安全出口和疏散楼梯净宽度均不应小于 1.40 m，单面布置房间的疏散走道净宽度不应小于 1.50 m，双面布置房间的疏散走道净宽度不应小于 1.60 m。

(6) 电影院观众厅的疏散走道、疏散出口等应符合下列规定：

① 厅内的疏散走道净宽度应按通过人数每 100 人不小于 0.80 m 计算，且不宜小于 1 m，边走道的净宽度不应小于 0.80 m。

② 厅的疏散出口和厅外疏散走道的总宽度，平坡地面应分别按通过人数每 100 人不小于 0.65 m 计算，阶梯地面应分别按通过人数每 100 人不小于 0.80 m 计算；疏散出口和疏散走道的净宽度均不应小于 1.40 m。

③ 观众厅座位的布置，横走道之间的排数不宜大于 20 排，纵走道之间每排座位不宜大于 22 个；当前后排座位的排距不小于 0.90 m 时，每排座位可为 44 个；只一侧有纵走道时，其座位数应减半。

④ 观众厅每个疏散出口的疏散人数平均不应大于 250 人。

⑤ 观众厅的疏散门，宜采用推闩式外开门。

(7) 公共疏散出口处内、外 1.40 m 范围内不应设置踏步，门必须向疏散方向开启，且不应设置门槛。

(8) 疏散走道、疏散楼梯，不应有影响疏散的突出物；疏散走道应减少曲折，走道内不宜设置门槛、阶梯；疏散楼梯的阶梯不宜采用螺旋楼梯和扇形踏步，但踏步上下两级所形成的平面角小于 10°，且每级离扶手 0.25 m 处的踏步宽度大于 0.22 m 时，可不受此限。

(9) 该人防工程设有电影院，地下建筑层数为两层，且地下二层的室内地面与室外出入口地坪高差不大于 10 m，故应设置封闭楼梯间。

(10) 公共场所的疏散门应向疏散方向开启，并在关闭后能从任何一侧手动开启。

(四) 平面布置

(1) 人防工程内不得使用和储存液化石油气、相对密度（与空气密度比值）大于或等于 0.75 的可燃气体和闪点小于 60 ℃的液体燃料。

(2) 人防工程内不应设置哺乳室、托儿所、幼儿园、游乐厅等儿童活动场所和残疾人员活动场所。

(3) 医院病房不应设置在地下二层及以下层，当设置在地下层时，室内地面与室外出入口地坪高度不应大于 10 m。

(4) 歌舞厅、卡拉 OK 厅（含具有卡拉 OK 功能的餐厅）、夜总会、录像厅、放映厅、桑拿浴室（除洗浴部分外）、游艺厅（含电子游艺厅）、网吧等歌舞娱乐放映游艺场所（简称歌舞娱乐放映游艺场所），不应设置在地下二层及以下层；当设置在地下一层时，室内地面与室外出入口地坪高差不应大于 10 m。

(5) 地下商店应符合下列规定：

① 不应经营和储存火灾危险性为甲、乙类储存物品属性的商品。

② 营业厅不应设置在地下三层及三层以下。

③ 当总建筑面积大于 20000 m^2 时，应采用防火墙进行分隔，且防火墙上不得开设门窗洞口，相邻区域确需局部连通时，应采取可靠的防火分隔措施，可选择下沉式广场、防火隔间等防火分隔方式。

(五) 装修

(1) 人防工程的内部装修应按现行国家标准《建筑内部装修设计防火规范》的有关规定执行。

(2) 人防工程的耐火等级应为一级。其出入口地面建筑物的耐火等级不应低于二级。

(3)《人民防空工程设计防火规范》允许使用的可燃气体和丙类液体管道，除可穿过柴油发电机房、燃油锅炉房的储油间与机房间的防火墙外，严禁穿过防火分区之间的防火墙；当其他管道需要穿过防火墙时，应采用防火封堵材料将管道周围的空隙紧密填塞。

(4) 通过防火墙或设置有防火门的隔墙处的管道和管线沟，应采用不燃材料将通过处的空隙紧密填塞。

(5) 变形缝的基层应采用不燃材料，表面层不应采用可燃或易燃材料。

四、思考题

(一) 单项选择题

1. 设有电影院的人防工程，当底层室内地面与室外出入口地坪高差大于 10 m 时，应设置（　　）。

A. 防烟楼梯间　　B. 封闭楼梯间

C. 敞开楼梯间　　D. 防烟楼梯间或封闭楼梯间

[答案] A

2. 人防工程的防火墙应直接设置在基础上或耐火极限不低于（　　）的承重构件上。

A. 3 h　　B. 2 h　　C. 4 h　　D. 2. 50 h

[答案] A

3. 防火墙上不宜开设门、窗、洞口，当需要开设时，应设置能自行关闭的（　　）防火门、窗。

A. 甲级　　B. 乙级　　C. 丙级　　D. 甲级或乙级

[答案] A

4. 人防工程内严禁采用（　　）和闪点小于 60 ℃的液体作为燃料。

A. 液化石油气　　B. 天然气　　C. 煤气　　D. 木材

[答案] A

5. 人防工程中火灾疏散照明的最低照度值不应低于（　　）。

A. 0. 50 lx　　B. 1 lx　　C. 5 lx　　D. 正常照明的照度

[答案] C

[解析] 在人防工程中，消防疏散照明灯应设置在疏散走道、楼梯间、防烟前室、公共活动场所等部位的墙面上部或顶棚下，地面的最低照度不应低于 5 lx。

6. 人防工程内建筑面积不大于（　　）m^2，且室内地面与室外出入口地坪高差不大于 10 m，容纳人数不大于 30 人的防火分区，当设置有仅用于采光或进风用的竖井，且竖井内有金属梯直通地面、防火分区通向竖井处设置有不低于乙级的常闭防火门时，可只设置一个通向室外、直通室外的疏散楼梯间或避难走道的安全出口；也可设置一个与相邻防火分区相通的防火门。

A. 500　　B. 300　　C. 200　　D. 100

[答案] A

7. 人防工程内建筑面积不大于（　　）m^2，且经常停留人数不超过 3 人的防火分区，可只设置一个通向相邻防火分区的防火门。

A. 200　　B. 150　　C. 100　　D. 50

［答案］A

（二）多项选择题

1. 人防工程不应设置（　　）。

A. 柴油发电机房　　B. 油浸电力变压器室

C. 高压锅炉房　　D. 甲、乙类的生产车间

E. 常（负）压锅炉房

［答案］BCD

2. 地下人防电影院观众厅内（　　）的装修材料燃烧性能等级应为 A 级。

A. 顶棚　　B. 墙面　　C. 地面　　D. 隔断

E. 固定家具

［答案］ABC

3. 地下人防电影院观众厅内（　　）的装修材料燃烧性能等级不应低于 B1 级。

A. 隔断　　B. 固定家具　　C. 装饰织物　　D. 顶棚

E. 墙面

［答案］ABC

（三）简答题

人防工程内用防火墙划分防火分区有困难时，可采用防火卷帘分隔，但应符合哪些规定?

［答案］

（1）当防火分隔部位的宽度不大于 30 m 时，防火卷帘的宽度不应大于 10 m；当防火分隔部位的宽度大于 30 m 时，防火卷帘的宽度不应大于防火分隔部位宽度的 1/3，且不应大于 20 m。

（2）防火卷帘的耐火极限不应低于 3. 00 h；当防火卷帘的耐火极限符合现行国家标准《门和卷帘的耐火试验方法》（GB/T 7633—2008）有关背火面温升的判定条件时，可不设置自动喷水灭火系统保护；当防火卷帘的耐火极限符合现行国家标准《门和卷帘的耐火试验方法》（GB/T 7633—2008）有关背火面辐射热的判定条件时，应设置自动喷水灭火系统保护；自动喷水灭火系统的设计应符合现行国家标准《自动喷水灭火系统设计规范（2005 年版）》（GB 50084—2001）的有关规定，但其火灾延续时间不应小于 3. 00 h。

（3）防火卷帘应具有防烟性能，与楼板、梁和墙、柱之间的空隙应采用防火封堵材料封堵。

（4）在火灾时能自动降落的防火卷帘，应具有信号反馈的功能。

案例 12　地下汽车库建筑防火案例分析

一、情景描述

某汽车库地下 3 层，每层层高均为 4 m，每层建筑面积均为 4000 m^2，每层均设有 4 部防烟楼梯间，共设有 420 个停车车位。地下三层主要使用功能为室内有车道且有人员停留的机械式汽车库和风机房，划分为两个防火分区，每个防火分区的建筑面积均为 2000 m^2，每个防火分区均设有两部防烟楼梯间；地下二层主要使用功能为汽车库、消防水泵房、变配电室和风机房，地下一层主要使用功能为汽车库、风机房和消防控制室，地下一、二层每层均划分为一个防火分区。该汽车库按现行有关国家工程建设消防技术标准配置了室内外消火栓给水系统、自动喷水灭火系统、火灾自动报警系统、机械排烟系统和火灾补风系统等消防设施及器材。

二、分析要点

本案例主要分析下列内容：

（1）建筑分类和耐火等级。

（2）防火分区。

（3）平面布置。

（4）构造防火。

（5）安全疏散。

三、专业术语

（一）地下汽车库

地下室内地坪面低于室外地坪面的高度之差大于该层车库净高 1/2 的汽车库。

（二）半地下汽车库

地下室内地坪面低于室外地坪面的高度之差大于该层车库净高 1/3 且不超过净高 1/2 的汽车库。

（三）高层汽车库

建筑高度大于 24 m 的汽车库或设在高层建筑内地面层以上楼层的汽车库。

四、关键知识点及依据

（一）建筑分类和耐火等级

（1）根据《汽车库、修车库、停车场设计防火规范》（GB 50067—2014）的规定，汽车库的分类应根据停车（车位）数量和总建筑面积确定，并应符合表 1－12－1 的规定。

表 1-12-1 汽车库的分类

名 称		Ⅰ	Ⅱ	Ⅲ	Ⅳ
汽车库	停车数量/辆	>300	151~300	51~150	≤50
	总建筑面积/m^2	$S>10000$	$5000<S\leqslant10000$	$2000<S\leqslant5000$	$S\leqslant2000$

（2）汽车库和修车库的耐火等级应符合下列规定：

① 地下、半地下和高层汽车库应为一级。

② 甲、乙类物品运输车的汽车库、修车库和Ⅰ类汽车库、修车库，应为一级。

③ Ⅱ、Ⅲ类的汽车库、修车库的耐火等级不应低于二级。

④ Ⅳ类的汽车库、修车库的耐火等级不应低于三级。

（3）情景描述中的汽车库应为Ⅰ类地下汽车库（系指地下室内地坪面与室外地坪面的高度之差大于该层车库净高1/2的汽车库），其耐火等级应为一级。

（二）防火分区

（1）根据《汽车库、修车库、停车场设计防火规范》（GB 50067—2014）的规定，汽车库防火分区的最大允许建筑面积应符合表1-12-2的规定。

表 1-12-2 汽车库防火分区的最大允许建筑面积 m^2

耐火等级	单层汽车库	多层汽车库、半地下汽车库	地下汽车库、高层汽车库
一、二级	3000	2500	2000
三级	1000	不允许	不允许

① 敞开式、错层式、斜楼板式汽车库的上下连通层面积应叠加计算，每个防火分区的最大允许建筑面积不应大于表1-12-2规定的2.0倍。

② 室内有车道且有人员停留的机械式汽车库，其防火分区最大允许建筑面积应按表1-12-2的规定减少35%。

③ 防火分区之间应采用符合《汽车库、修车库、停车场设计防火规范》规定的防火墙、防火卷帘等分隔。

（2）设置自动灭火系统的汽车库，其每个防火分区的最大允许建筑面积不应大于表1-12-2规定的2.0倍。

（3）情景描述中地下一、二层汽车库防火分区的最大允许建筑面积应为4000 m^2，地下三层室内有车道且有人员停留的机械式汽车库防火分区的最大允许建筑面积应为2600 m^2。

（三）平面布置

（1）汽车库、修车库、停车场不应布置在易燃、可燃液体或可燃气体的生产装置区和贮存区内。

（2）汽车库不应与火灾危险性为甲、乙类厂房、仓库贴邻或组合建造。

（3）汽车库不应与托儿所、幼儿园、老年人建筑，中小学校的教学楼，病房楼等组合建造。当符合下列要求时，汽车库可设置在托儿所、幼儿园、老年人建筑，中小学校的教学楼，病房楼等的地下部分：

① 汽车库与托儿所、幼儿园、老年人建筑，中小学校的教学楼，病房楼等建筑之间，应采用耐火极限不低于 2.00 h 的楼板完全分隔。

② 汽车库与托儿所、幼儿园、老年人建筑，中小学校的教学楼，病房楼等的安全出口和疏散楼梯应分别独立设置。

(4) 甲、乙类物品运输车的汽车库、修车库应为单层建筑，且应独立建造。当停车数量不大于 3 辆时，可与一、二级耐火等级的Ⅳ类汽车库贴邻，但应采用防火墙隔开。

(5) Ⅰ类修车库应单独建造；Ⅱ、Ⅲ、Ⅳ类修车库可设置在一、二级耐火等级的首层或与其贴邻，但不得与甲、乙类厂房、仓库、明火作业的车间或托儿所、幼儿园、中小学校的教学楼、老年人建筑、病房楼及人员密集场所组合或贴邻。

(6) 地下、半地下汽车库内不应设置修理车位、喷漆间、充电间、乙炔间和甲、乙类物品库房。

(7) 汽车库和修车库内不应设置汽油罐、加油机、液化石油气或液化天然气储罐、加气机。

(8) 停放易燃液体、液化石油气罐车的汽车库内，不得设置地下室和地沟。

(9) 燃油或燃气锅炉、油浸变压器、充有可燃油的高压电容器和多油开关等，不应设置在汽车库、修车库内。

(四) 构造防火

根据《汽车库、修车库、停车场设计防火规范》(GB 50067—2014) 的规定，汽车库的构造防火应符合以下要求：

(1) 附设在汽车库内的消防控制室、自动灭火系统的设备室、消防水泵房和排烟、通风空气调节机房等，应采用防火隔墙和耐火极限不低于 1.50 h 不燃性楼板相互隔开或与相邻部位分隔。

(2) 防火墙或防火隔墙上不宜开设门、窗、洞口，当必须开设时，应设置甲级防火门、窗或耐火极限不低于 3.00 h 的防火卷帘。

(3) 设置在车道上的防火卷帘的耐火极限，应符合现行国家标准《门和卷帘的耐火试验方法》(GB/T 7633—2008) 有关耐火完整性的判定标准；设置在停车区域上的防火卷帘的耐火极限，应符合现行国家标准《门和卷帘的耐火试验方法》(GB/T 7633—2008) 有关耐火完整性和耐火隔热性的判定标准。

(4) 电梯井、管道井、电缆井和楼梯间应分别独立设置。管道井、电缆井的井壁应采用不燃材料，且耐火极限不应低于 1.00 h；电梯井的井壁应采用不燃材料，且耐火极限不低于 2.00 h。电缆井、管道井应在每层楼板处采用不燃材料或防火封堵材料进行分隔，且分隔后的耐火极限不低于楼板的耐火极限，井壁上的检查门应采用丙级防火门。

(5) 除敞开式汽车库、斜楼板式汽车库外，其他汽车库内的汽车坡道两侧应用防火墙与停车区隔开，坡道的出入口应采用水幕、防火卷帘或甲级防火门等与停车区隔开；但当汽车库和汽车坡道上均设置自动灭火系统时，坡道的出入口可不设置水幕、防火卷帘或甲级防火门。

(五) 安全疏散

依据：《汽车库、修车库、停车场设计防火规范》(GB 50067—2014)。

1. 人员安全出口

(1) 汽车库的人员安全出口和汽车疏散出口应分开设置。

(2) 除室内无车道且无人员停留的机械式汽车库外，汽车库内每个防火分区的人员安全出口不应少于2个，Ⅳ类汽车库可设置1个。

(3) 建筑高度大于32 m的高层汽车库、室内地面与室外出入口地坪的高差大于10 m的地下汽车库应采用防烟楼梯间，其他汽车库应采用封闭楼梯间；楼梯间和前室的门应采用乙级防火门，并应向疏散方向开启；疏散楼梯的宽度不应小于1.10 m。

(4) 除室内无车道且无人员停留的机械式汽车库外，建筑高度超过32 m的汽车库应设置消防电梯。

(5) 汽车库室内任一点至最近人员安全出口的疏散距离不应大于45 m，当设置自动灭火系统时，其距离不应大于60 m，对于单层或设置在建筑首层的汽车库，室内任一点至室外最近出口的距离不应大于60 m。

(6) 与住宅地下室相连通的地下汽车库、半地下汽车库，人员疏散可借用住宅部分的疏散楼梯；当不能直接进入住宅部分的疏散楼梯间时，应在汽车库与住宅部分的疏散楼梯之间设置连通走道，走道应采用防火隔墙分隔，汽车库开向该走道的门均应采用甲级防火门。

2. 汽车疏散出口

(1) 汽车库的汽车疏散出口总数不应少于2个。但Ⅳ类汽车库，设置双车道汽车疏散出口的Ⅲ类地上汽车库，以及设置双车道汽车疏散出口、停车数量小于或等于100辆且建筑面积小于4000 m^2 的地下或半地下汽车库，其汽车疏散出口可设置1个。

(2) Ⅰ、Ⅱ类地上汽车库和停车数量大于100辆的地下、半地下汽车库，当采用错层或斜楼板式，坡道为双车道且设置自动喷水灭火系统时，其首层或地下一层至室外的汽车疏散出口不应少于2个，汽车库内的其他楼层的汽车疏散坡道可设置1个。

(3) 汽车疏散坡道的净宽度，单车道不应小于3.0 m，双车道不应小于5.5 m。

(4) 除室内无车道且无人员停留的机械式汽车库外，相邻两个汽车疏散出口之间的水平距离不应小于10 m；毗邻设置的两个汽车坡道应采用防火隔墙分隔。

五、思考题

(一) 单项选择题

1. 汽车库的每个防火分区内，其人员安全出口不应少于两个，但符合（　　）条件的可设一个。

A. Ⅱ类、Ⅲ类和Ⅳ类汽车库　　B. Ⅲ类和Ⅳ类汽车库

C. Ⅲ类汽车库　　D. Ⅳ类汽车库

[答案] D

2. 建筑高度超过32 m的高层汽车库的室内疏散楼梯应设置（　　）。

A. 防烟楼梯间　　B. 封闭楼梯间

C. 敞开楼梯间　　D. 防烟楼梯间或封闭楼梯间

[答案] A

3. 设置在汽车库车道上的防火卷帘的耐火极限，应符合现行国家标准《门和卷帘的

耐火试验方法》(GB/T 7633—2008) 有关(　　)的判定标准。

A. 耐火完整性　　B. 耐火隔热性

C. 耐火完整性和隔热性　　D. 耐火稳定性

[答案] A

(二) 多项选择题

1. (　　)宜设置耐火等级不低于二级的灭火器材间。

A. Ⅰ类汽车库　　B. Ⅱ类汽车库

C. Ⅲ类汽车库　　D. Ⅰ类停车场

E. Ⅱ类停车场

[答案] ABDE

2. 当符合(　　)条件之一时，汽车库的汽车疏散出口可设置 1 个。

A. Ⅳ类汽车库

B. 设置双车道汽车疏散出口的Ⅲ类地上汽车库

C. 设置双车道汽车疏散出口、停车数量小于或等于 100 辆且建筑面积小于 4000 m^2 的地下或半地下汽车库

D. 设置双车道汽车疏散出口的Ⅱ类地上汽车库

E. 设置双车道汽车疏散出口、停车数量小于或等于 150 辆的地下汽车库

[答案] ABC

案例13　汽车加油站防火案例分析

一、情景描述

某公司拟在市区新建一个加油站，其总平面布局及周边民用建筑等相关信息图，如图1-13-1所示。站内拟建一栋站房，一个采用不燃建筑构件且净高度为6 m的罩棚，5个埋地油罐，4台加油机；拟采用加油和卸油油气回收系统。该加油站选址用地西临城市主干路，北临某幼儿园建筑，南临某住宅楼，东北临某办公楼，东临某商场。该加油站拟在其北、南、东三侧设置不燃实体围墙，西侧敞开并供车辆进出。该加油站按现行有关国家工程建设消防技术标准配置了消防设施及器材。

二、分析要点

本案例主要分析下列内容：

（1）加油站等级。

（2）站址选择。

（3）站内平面布置。

（4）加油站内爆炸危险区域。

（5）加油工艺及设施。

（6）站房和罩棚。

三、关键知识点及依据

（一）加油站等级

根据《汽车加油加气站设计与施工规范（2014年版）》（GB 50156—2012）的规定，柴油罐容积可折半计入油罐总容积，情景描述中加油站（加油站是指具有储油设施，使用加油机为机动车加注汽油、柴油等车用燃油并可提供其他便利性服务的场所）的总计算容积应为120 m^3；因该加油站的埋地油罐（埋地油罐是指罐顶低于周围4 m范围内的地面，并采用直接覆土或罐池充沙方式埋设在地下的卧式油品储罐）总容积大于90 m^3且不大于150 m^3，单罐容积均不大于50 m^3，故该加油站的等级划分应为二级加油站。加油站的等级划分应符合表1-13-1的规定。

表1-13-1　加油站的等级划分　　m^3

级别	油罐容积	
	总容积	单罐容积
一级	$150<V\leqslant210$	$V\leqslant50$
二级	$90<V\leqslant150$	$V\leqslant50$
三级	$V\leqslant90$	汽油罐$V\leqslant30$，柴油罐$V\leqslant50$

注：柴油罐容积可折半计入油罐总容积。

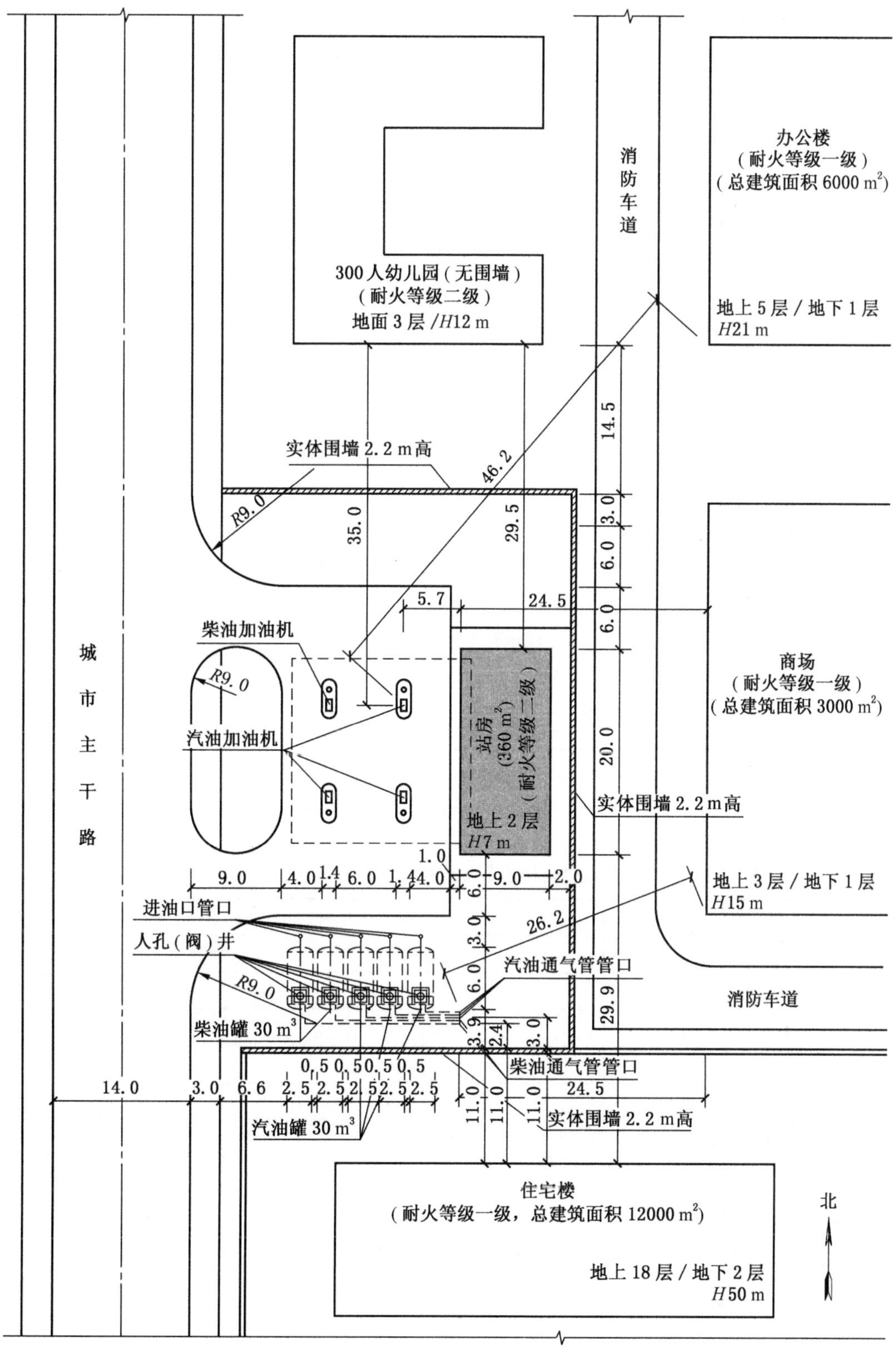

图1－13－1 汽车加油站建筑总平面图

（二）站址选择

根据《汽车加油加气站设计与施工规范（2014 年版）》（GB 50156—2012）的规定，该加油站宜靠近城市道路，不宜选在城市干道的交叉路口附近。该加油站内汽油设备与站外建（构）筑物、道路的安全间距不应小于表 1－13－2 的规定，该加油站内柴油设备与站外建（构）筑物、道路的安全间距不应小于表 1－13－3 的规定。

表 1－13－2 加油站内汽油设备与站外建（构）筑物、道路的安全间距 m

站外建（构）筑物	站内汽油设备					
	埋地油罐			加油机、通气管管口		
	无油气回收系统	有卸油油气回收系统	有卸油和加油油气回收系统	无油气回收系统	有卸油油气回收系统	有卸油和加油油气回收系统
某幼儿园建筑（重要公共建筑）	50	40	35	50	40	35
某住宅楼（一类保护物）	20	16	14	16	13	11
某办公楼（二类保护物）	16	13	11	12	9.50	8.50
某商场（三类保护物）	12	9.50	8.50	10	8	7
城市主干路	8	6.50	5.50	6	5	5

注：一、二级耐火等级民用建筑物面向加油站一侧的墙为无门窗洞口的实体墙时，油罐、加油机和通气管管口与该民用建筑物的距离，不应低于表 1－13－2 规定的安全间距的 70%，并不得小于 6 m。

表 1－13－3 加油站内柴油设备与站外建（构）筑物、道路的安全间距 m

站外建（构）筑物	站内柴油设备	
	二级站埋地油罐	加油机、通气管管口
某幼儿园建筑（重要公共建筑）	25	25
某住宅楼（一类保护物）	6	6
某办公楼（二类保护物）	6	6
某商场（三类保护物）	6	6
城市主干路	3	3

（三）站内平面布置

根据《汽车加油加气站设计与施工规范（2014 年版）》（GB 50156—2012）的规定，该加油站的站内平面布置应符合以下要求：

（1）车辆入口和出口应分开设置。

（2）站内车道宽度应按车辆类型确定，单车道宽度不应小于 4 m，双车道宽度不应小于 6 m；站内的道路转弯半径应按行驶车型确定，且不宜小于 9 m；站内的道路坡度不应大于 8%，且宜坡向站外；加油作业区内的停车位和道路路面不应采用沥青路面。

（3）站内的爆炸危险区域不应超出站区围墙和可用地界线。

（4）加油作业区是指加油站内布置油卸车设施、储油设施、加油机、通气管、可燃液体罐车卸车停车位等设备的区域。该区域不得有“明火地点”或“散发火花地点”。

（5）加油站的工艺设备与站外建（构）筑物之间，宜设置高度不低于 2.20 m 的不燃烧体实体围墙。当加油站的工艺设备与站外建（构）筑物之间的距离大于表 1－13－2 或表 1－13－3 中安全间距的 1.50 倍，且大于 25 m 时，可设置非实体围墙。面向车辆入口和出口道路的一侧可设非实体围墙或不设围墙。

（6）站内设施之间的防火距离，不应小于表 1－13－4 的规定。

表 1－13－4　站内设施之间的防火距离　m

设施名称	汽油罐	柴油罐	汽油通气管管口	柴油通气管管口	加油机	站房	站区围墙
汽油罐	0.5	0.5	—	—	—	4	3
柴油罐	0.5	0.5	—	—	—	3	2
汽油通气管管口	—	—	—	—	—	4	3
柴油通气管管口	—	—	—	—	—	3.5	2
加油机	—	—	—	—	—	5	—

注：表中“—”表示无防火距离要求。

（四）加油站内爆炸危险区域

根据《汽车加油加气站设计与施工规范（2014 年版）》（GB 50156　2012）的规定，加油站内爆炸危险区域的等级和范围划分为：

（1）埋地卧式汽油储罐内部油品表面以上的空间应划分为 0 区。

（2）埋地卧式汽油储罐的人孔（阀）井内部空间，以其通气管管口为中心，半径为 0.75 m 的球形空间和以其密闭卸油口为中心，半径为 0.50 m 的球形空间，应划分为 1 区。

（3）距埋地卧式汽油储罐的人孔（阀）井外边缘 1.50 m 以内，自地面算起 1 m 高的圆柱形空间；以其通气管管口为中心，半径为 2 m 的球形空间和以其密闭卸油口为中心，半径为 1.50 m 的球形并延至地面的空间，应划分为 2 区。

（五）加油工艺及设施

根据《汽车加油加气站设计与施工规范（2014 年版）》（GB 50156—2012）的规定，该加油站的加油工艺及设施应符合以下要求：

（1）加油站的汽油罐和柴油罐（撬装式加油装置所配置的防火防爆油罐除外）应埋地设置，严禁设在室内或地下室内。

（2）储油罐应采用卧式油罐。

（3）加油机不得设置在室内。

（4）油罐车卸油必须采用密闭卸油方式。

（5）进油管应伸至罐内距罐底 50～100 mm 处。进油立管的底端应为 45°斜管口或 T 形管口。进油管管壁上不得有与油罐气相空间相通的开口。

（6）汽油罐与柴油罐的通气管应分开设置。通气管管口高出地面的高度不应小于

4 m。沿建（构）筑物的墙（柱）向上敷设的通气管，其管口应高出建筑物的顶面 1.50 m 及以上。通气管管口应设置阻火器。当加油站采用油气回收系统时，汽油罐的通气管管口除应装设阻火器外，尚应装设呼吸阀。通气管的公称直径不应小于 50 mm。

（六）站房和罩棚

根据《汽车加油加气站设计与施工规范（2014 年版）》（GB 50156—2012）的规定，该加油站的站房和罩棚应符合以下要求：

（1）加油作业区内的站房及其他附属建筑物的耐火等级不应低于二级。当罩棚顶棚的承重构件为钢结构时，其耐火极限可为 0.25 h。

（2）汽车加油场地宜设罩棚，罩棚应采用不燃材料建造；进站口无限高措施时，罩棚的净空高度不应小于 4.50 m；进站口有限高措施时，罩棚的净空高度不应小于限高高度。罩棚遮盖加油机的平面投影距离不宜小于 2 m。

（3）站房是指用于加油站管理、经营和提供其他便利性服务的建筑物。站房可由办公室、值班室、营业室、控制室、变配电间、卫生间和便利店等组成。当站房的一部分位于加油作业区内时，该站房的建筑面积不宜超过 300 m^2，且该站房内不得有明火设备。

四、思考题

（一）单项选择题

1. 油罐容积符合下列（　　）条件的汽油加油站的等级划分应为一级。

A. 油罐总容积 150 m^3 < V ≤ 210 m^3、单罐容积 ≤ 50 m^3

B. 油罐总容积 90 m^3 < V ≤ 150 m^3、单罐容积 ≤ 50 m^3

C. 油罐总容积 V ≤ 90 m^3、单罐容积 ≤ 30 m^3

D. 油罐总容积 210 m^3 < V ≤ 310 m^3、单罐容积 ≤ 50 m^3

［答案］A

2. 埋地卧式汽油储罐内部油品表面以上的空间爆炸危险区域划分为（　　）。

A. 0 区　　B. 1 区　　C. 2 区　　D. 3 区

［答案］A

［解析］埋地卧式汽油储罐爆炸危险区域划分，应符合下列规定：【图 1－13－2】

（1）罐内部油品表面以上的空间应划分为 0 区。

（2）人孔（阀）井内部空间、以通气管管口为中心，半径为 1.5 m（0.75 m）的球形空间和以密闭卸油口为中心，半径为 0.5 m 的球形空间，应划分为 1 区。

（3）距人孔（阀）井外边缘 1.5 m 以内，自地面算起 1 m 高的圆柱形空间、以通气管管口为中心，半径为 3 m（2 m）的球形空间和以密闭卸油口为中心，半径为 1.5 m 的球形并延至地面的空间，应划分为 2 区。

（二）多项选择题

1. 在城市建成区内不宜建，且在城市中心区不应建（　　）。

A. 一级加油站　　B. 一级加气站

C. 一级加油加气合建站　　D. 二级加气站

E. 二级加油加气合建站

［答案］ABC

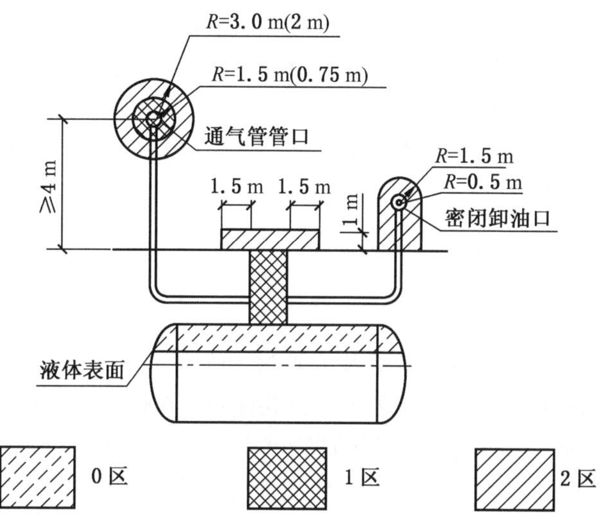

图 1-13-2　埋地卧式汽油储罐爆炸危险区域划分

［解析］在城市建成区不宜建一级加油站、一级加气站、一级加油加气合建站、CNG 加气母站。在城市中心区不应建一级加油站、一级加气站、一级加油加气合建站、CNG 加气母站。

2. 该加油站的（　　）等处均应设事故照明。

A. 营业室　　B. 消防水泵房　　C. 罩棚　　D. 卸油区

E. 门卫室

［答案］ABC

［解析］加油站、加气站及加油加气合建站的消防泵房、罩棚、营业室、LPG 泵房、压缩机间等处，均应设事故照明。

（三）分析题

1. 某市老城区内现有一个加油站，受周边环境条件（周边安全间距，城市规划等）所限，不便于改造。现加油站申请将原有柴油储罐及其加油机改造为汽油储罐及其加油机，请问从哪些方面检查该改造方案及采取哪些措施可以减小彼此之间的防火间距。

［答案］

（1）按照《汽车加油加气站设计与施工规范（2014 年版）》（GB 50156—2012），计算确定柴油储罐调整汽油储罐后，加油站的等级是否变化。

（2）根据新核准后的加油站等级，按照《汽车加油加气站设计与施工规范（2014 年版）》（GB 50156—2012），检查加油站内埋地储罐、加油机及通气管管口与站外建（构）筑物的安全间距是否满足规范要求。

（3）根据加油站现状，按照《汽车加油加气站设计与施工规范（2014 年版）》（GB 50156—2012），检查加油站内设施之间的防火间距是否满足规范要求。同时结合加油站作业区划分图，核准站内设施及各功能用房设置位置是否满足规范要求。

（4）检查消防器材布置是否满足要求。

（5）若安全间距不够时，采取措施（增设卸油油气回收系统、卸油和加油油气回收系统等）后检查其是否满足要求。

2. 拟在位于县城中心区的某县政府办公楼 20 m 处，建有两个 50 m^3 埋地汽油罐和一个 40 m^3 的埋地柴油罐的市政加油站。该加油站距小学（600 人）50 m，距一宾馆停车场（50 个车位）12 m、距 10 m 杆高有绝缘层的架空电线 10 m，站内设不发火花的沥青地面，油罐区设 3 m 宽的环形车道。

问：（1）该加油站是否可建？为什么？

（2）设计中有什么问题？

［答案］

（1）可以建设。该加油站油罐总容积未超过 150 m^3，单罐容积未超过 50 m^3，属于二级加油站，可以建在城市中心区。且距重要公共建筑（600 人小学）50 m、距三类保护物（50 个车位宾馆停车场）12 m、距一类保护物（县政府办公楼）20 m、距 10 m 杆高有绝缘层的架空电线 1 倍杆高，均符合《汽车加油加气站设计与施工规范（2014 年版）》（GB 50156—2012）的要求。

（2）设计中存在的问题：一是站内的加油作业区内不应采用沥青路面；二是车道宽度不能小于 4 m。

3. 有一座一级加油站，按《汽车加油加气站设计与施工规范（2014 年版）》（GB 50156—2012）汽油埋地储罐与一类民用建筑保护物的防火距离为 25 m。现有一加油站在总平面布置时，汽油埋地储罐与一类保护物的距离最多只能控制在 21 m。问：需采取什么措施？

［答案］

（1）设置卸油油气回收系统。

（2）同时设置卸油和加油油气回收系统。

案例 14　可燃液体储罐区建筑防火案例分析

一、情景描述

某油料储运基地的储罐区内，设有 1 号和 2 号地上式立式固定顶重油储罐，3 号、4 号和 5 号内浮顶汽油储罐，其总平面布局及周边建（构）筑物等相关信息，如图 1－14－1 所示。该储罐区按现行有关国家工程建设消防技术标准配置了消防设施及器材。

二、分析要点

本案例主要分析下列内容：

（1）可燃液体火灾危险性分类。

（2）可燃液体储罐区选址。

（3）防火间距。

（4）可燃液体储罐区防止液体流淌措施。

三、关键知识点及依据

依据：《建筑设计防火规范》（GB 50016—2014）。

（一）可燃液体火灾危险性分类

根据《建筑设计防火规范》（GB 50016—2014）的规定，汽油的火灾危险性特征为闪点小于 28 ℃的液体，属于甲类液体；重油的火灾危险性特征为闪点不小于 60 ℃的液体，属于丙类液体。

（二）可燃液体储罐区选址

（1）甲、乙、丙类液体储罐区，液化石油气储罐区，可燃、助燃气体储罐区和可燃材料堆场等，应布置在城市（区域）的边缘或相对独立的安全地带，并宜布置在城市（区域）全年最小频率风向的上风侧。甲、乙、丙类液体储罐（区）宜布置在地势较低的地带。当布置在地势较高的地带时，应采取安全防护设施。液化石油气储罐（区）宜布置在地势平坦、开阔等不易积存液化石油气的地带。

（2）甲、乙、丙类液体储罐区，液化石油气储罐区，可燃、助燃气体储罐区和可燃材料堆场，应与装卸区、辅助生产区及办公区分开布置。

（三）防火间距

甲、丙类液体储罐区与室外变电站、锅炉房、架空电力线、厂外道路、厂外铁路线及储罐之间的防火间距应符合以下要求：

（1）甲、乙、丙类液体储罐（区）和乙、丙类液体桶装堆场与其他建筑的防火间距，

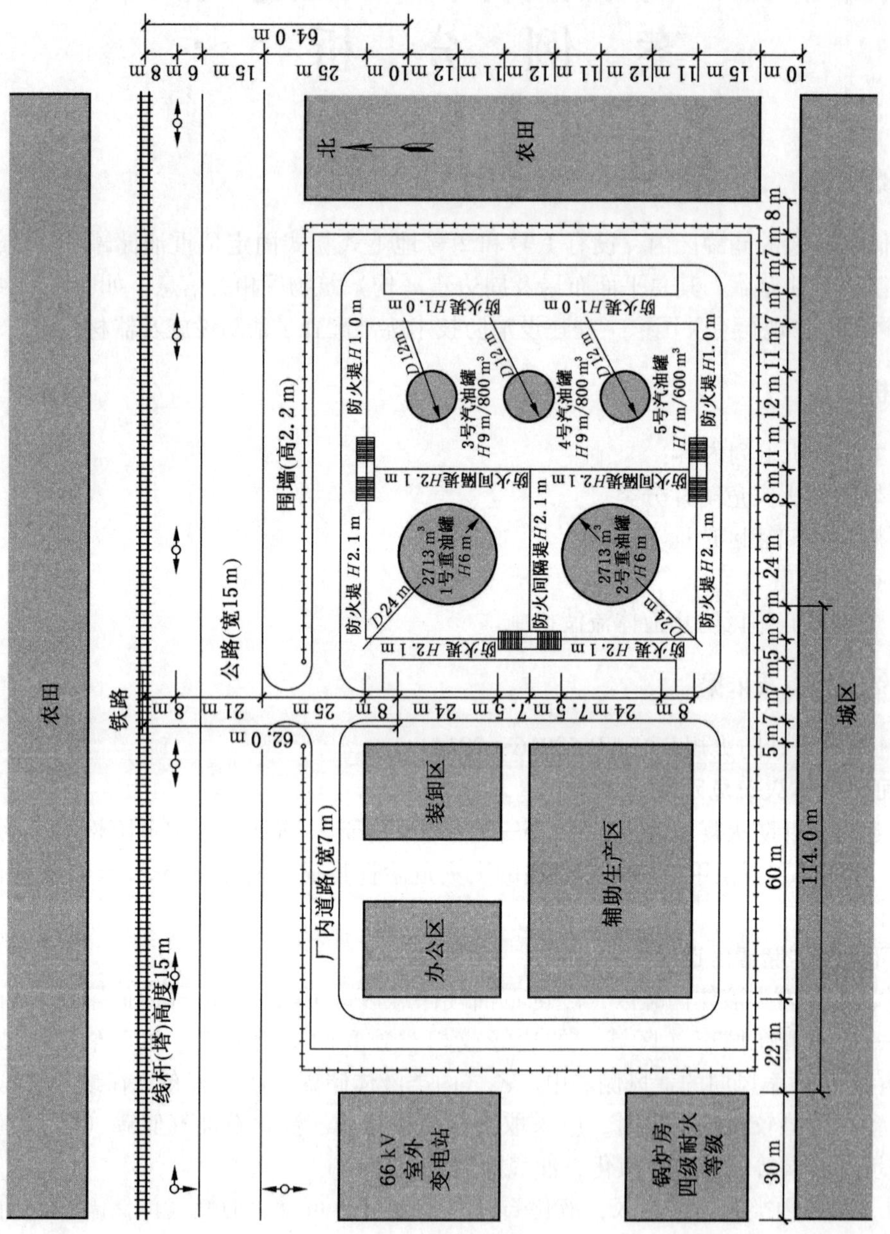

图 1-14-1 建筑总平面图

表 1-14-1 甲、乙、丙类液体储罐（区）和乙、丙类液体桶装堆场与其他建筑的防火间距

类 别	一个罐区或堆场的总容量（V/m^3）	建筑物/m				室外变、配电站/m
		一、二级		三级	四级	
		高层民用建筑	裙房，其他建筑			
甲、乙类液体储罐（区）	$1 \leq V < 50$	40	12	15	20	30
	$50 \leq V < 200$	50	15	20	25	35
	$200 \leq V < 1000$	60	20	25	30	40
	$1000 \leq V < 5000$	70	25	30	40	50
丙类液体储罐（区）	$5 \leq V < 250$	40	12	15	20	24
	$250 \leq V < 1000$	50	15	20	25	28
	$1000 \leq V < 5000$	60	20	25	30	32
	$5000 \leq V < 25000$	70	25	30	40	40

注：1. 当甲、乙类液体储罐和丙类液体储罐布置在同一储罐区时，罐区的总容量可按 1 m^3 甲、乙类液体相当于 5 m^3 丙类液体折算。

2. 储罐防火堤外侧基脚线至相邻建筑的距离不应小于 10 m。

3. 甲、乙、丙类液体的固定顶储罐区或半露天堆场，乙、丙类液体桶装堆场与甲类厂房（仓库）、民用建筑的防火间距，应按表 1-14-1 的规定增加 25%，且甲、乙类液体的固定顶储罐区或半露天堆场，乙、丙类液体桶装堆场与甲类厂房（仓库）、裙房、单、多层民用建筑的防火间距不应小于 25 m，与明火或散发火花地点的防火间距应按表 1-14-1 有关四级耐火等级建筑物的规定增加 25%。

不应小于表 1-14-1 的规定。

本案例中，可燃液体储罐区总储量按折合成甲类液体计算为

$$2713\ m^3 \times 2/5 + 800\ m^3 \times 2 + 600\ m^3 = 3285.20\ m^3$$

该储罐区的储罐与西侧室外变电站的防火间距不应小于 50 m，现状最小防火间距为 114 m，符合要求；该储罐区的储罐与锅炉房（明火或散发火花地点）的防火间距，应按甲类液体固定顶储罐区与四级耐火等级建筑的防火间距的规定增加 25% 确定，即不应小于 50 m，现状该储罐区的储罐与西侧锅炉房的最小防火间距为 114 m，符合要求。

（2）架空电力线与甲、乙类厂房（仓库），可燃材料堆垛，甲、乙、丙类液体储罐，液化石油气储罐，可燃、助燃气体储罐的最近水平距离应符合表 1-14-2 的规定。

35 kV 及以上架空电力线与单罐容积大于 200 m^3 或总容积大于 1000 m^3 液化石油气储罐（区）的最近水平距离不应小于 40 m。

表 1-14-2 架空电力线与甲、乙类厂房（仓库）、可燃材料堆垛等的最近水平距离

名 称	架空电力线
甲、乙类厂房（仓库），可燃材料堆垛，甲、乙类液体储罐，液化石油气储罐，可燃、助燃气体储罐	电杆（塔）高度的 1.5 倍
直埋地下的甲、乙类液体储罐和可燃气体储罐	电杆（塔）高度的 0.75 倍
丙类液体储罐	电杆（塔）高度的 1.2 倍
直埋地下的丙类液体储罐和可燃气体储罐	电杆（塔）高度的 0.6 倍

本案例中，3 号汽油储罐、1 号重油储罐与北侧架空电力线的最近水平距离分别不应小于 22.50 m、18 m；现状以上最近水平距离分别为 56 m、54 m，均符合要求。

（3）甲、乙、丙类液体储罐与铁路、道路的防火间距不应小于表 1－14－3 的规定。

表 1－14－3　甲、乙、丙类液体储罐与铁路、道路的防火间距　m

<table>
<tr><th rowspan="2">名　称</th><th rowspan="2">厂外铁路线中心线</th><th rowspan="2">厂内铁路线中心线</th><th rowspan="2">厂外道路路边</th><th colspan="2">厂内道路路边</th></tr>
<tr><th>主要</th><th>次要</th></tr>
<tr><td>甲、乙类液体储罐</td><td>35</td><td>25</td><td>20</td><td>15</td><td>10</td></tr>
<tr><td>丙类液体储罐</td><td>30</td><td>20</td><td>15</td><td>10</td><td>5</td></tr>
</table>

本案例中，甲类液体储罐与北侧厂外铁路线中心线、厂外道路路边的防火间距分别不应小于 35 m、20 m，丙类液体储罐与北侧厂外铁路线中心线、厂外道路路边的防火间距分别不应小于 30 m、15 m。现状，3 号汽油储罐与北侧厂外铁路线中心线、厂外道路路边的防火间距分别为 64 m、35 m，1 号重油储罐与北侧厂外铁路线中心线、厂外道路路边的防火间距分别为 62 m、33 m，均符合要求。

（4）甲、乙、丙类液体储罐之间的防火间距不应小于表 1－14－4 的规定。

表 1－14－4　甲、乙、丙类液体储罐之间的防火间距

<table>
<tr><th colspan="3" rowspan="2">类　别</th><th colspan="3">固 定 顶 储 罐</th><th rowspan="2">浮顶储罐或设置充氮保护设备的储罐</th><th rowspan="2">卧式储罐</th></tr>
<tr><th>地上式</th><th>半地下式</th><th>地下式</th></tr>
<tr><td rowspan="2">甲、乙类液体储罐</td><td rowspan="3">单罐容量/ (V/m^{-3})</td><td>$V \leqslant 1000$</td><td>$0.75D$</td><td rowspan="2">$0.5D$</td><td rowspan="2">$0.4D$</td><td rowspan="2">$0.4D$</td><td rowspan="3">≥0.8 m</td></tr>
<tr><td>$V > 1000$</td><td>$0.6D$</td></tr>
<tr><td>丙类液体储罐</td><td>不限</td><td>$0.4D$</td><td>不限</td><td>不限</td><td>—</td></tr>
</table>

注：1. D 为相邻较大立式储罐的直径（m），矩形储罐的直径为长边与短边之和的一半。

2. 不同液体、不同形式储罐之间的防火间距不应小于表 1－14－4 规定的较大值。

3. 两排卧式储罐之间的防火间距不应小于 3 m。

4. 当单罐容量不大于 1000 m^3 且采用固定冷却系统时，甲、乙类液体的地上式固定顶储罐之间的防火间距不应小于 $0.6D$。

5. 地上式储罐同时设置液下喷射泡沫灭火系统、固定冷却水系统和扑救防火堤内液体火灾的泡沫灭火设施时，储罐之间的防火间距可适当减小，但不宜小于 $0.4D$。

6. 闪点大于 120 ℃的液体，当单罐容量大于 1000 m^3 时，储罐之间的防火间距不应小于 5 m；当单罐容量不大于 1000 m^3 时，储罐之间的防火间距不应小于 2 m。

（5）按照表 1－14－4，甲类液体浮顶储罐之间的防火间距不应小于相邻较大立式储罐直径的 0.40 倍，该储罐区 3 号和 4 号、4 号和 5 号内浮顶汽油储罐之间的防火间距均不应小于 4.80 m；现状 3 号和 4 号、4 号和 5 号内浮顶汽油储罐之间的防火间距均为 11 m，符合要求。

（6）按照表 1－14－4，丙类液体地上式固定顶罐之间的防火间距不应小于相邻较大立式储罐直径的 0.40 倍，该储罐区 1 号和 2 号地上式立式固定顶重油储罐之间的防火间

距不应小于9.60 m，现状1号和2号地上式立式固定顶重油储罐之间的防火间距为15 m，符合要求。

（7）按照表1－14－4，不同液体、不同形式储罐之间的防火间距不应小于关于甲、乙、丙类液体储罐之间防火间距规定的较大值，故该储罐区1号地上式立式固定顶重油储罐与3号内浮顶汽油储罐，及2号地上式立式固定顶重油储罐与5号内浮顶汽油储罐之间的防火间距均不应小于9.60 m；现状以上防火间距均为19 m，符合要求。

（四）可燃液体储罐区防止液体流淌措施

该储罐区应采取以下防止液体流淌措施：

（1）该储罐区的每个防火堤内，宜布置火灾危险性类别相同或相近的储罐。

（2）沸溢性液体储罐与非沸溢性液体储罐不应布置在同一防火堤内。

（3）甲、丙类液体的地上式储罐或储罐组，其四周应设置不燃烧体防火堤。防火堤的设置应符合下列规定：

① 防火堤内的储罐布置不宜超过2排，单罐容量小于或等于1000 m^3 且闪点大于120 ℃ 的液体储罐不宜超过4排。

② 防火堤的有效容量不应小于其中最大储罐的容量。对于浮顶储罐，防火堤的有效容量可为其中最大储罐容量的一半。

③ 防火堤内侧基脚线至立式储罐外壁的水平距离不应小于罐壁高度的一半。

④ 防火堤的设计高度应比计算高度高出0.20 m，且其高度应为1.00～2.20 m，并应在防火堤的适当位置设置灭火时便于消防队员进出防火堤的踏步。

⑤ 沸溢性液体地上式储罐，每个储罐应设置一个防火堤或防火隔堤。

⑥ 含油污水排水管应在防火堤的出口处设置水封设施，雨水排水管应设置阀门等封闭、隔离装置。

现状，1号和2号地上式立式固定顶重油储罐的四周均分别设置不燃烧体防火堤（堤宽均为1 m），3号、4号和5号内浮顶汽油储罐的四周共设置一个不燃烧体防火堤（堤宽均为1 m）。1号和2号储罐防火堤的计算高度均不应小于 $2713 \div (39.5 \times 40) \approx 1.72(m)$，防火堤的设计高度应比计算高度高出0.20 m，其设计高度均不应小于1.92 m；现状，1号和2号储罐防火堤的高度均为2.10 m，符合要求。3号、4号和5号储罐合用防火堤的计算高度均不应小于 $800\ m^3 \div 2 \div (79\ m \times 34\ m) \approx 0.15\ m$，其设计高度均不应小于0.35 m；现状，除与1号和2号储罐相邻一侧防火堤高度均为2.10 m外，其他部分防火堤高度均为1 m，符合要求。现状，防火堤内侧基脚线至立式储罐外壁的水平距离均大于罐壁高度的一半；防火堤均在适当位置设置灭火时便于消防队员进出防火堤的踏步；含油污水排水管均在防火堤的出口处设置水封设施，雨水排水管均设置阀门等封闭、隔离装置，均符合要求。

四、思考题

（一）单项选择题

1. 甲、乙、丙类液体储罐区应设置在城市（区域）的边缘或相对独立的安全地带，并宜设置在城市（区域）（　　）。

A. 全年最小频率风向的上风侧　　B. 全年最小频率风向的下风侧

C. 全年最大频率风向的下风侧　　　　D. 不论什么风向的地方

［答案］A

2. 防火堤内的储罐布置不宜超过 2 排，单罐容量小于或等于 1000 m^3 且闪点大于 120 ℃ 的液体储罐不宜超过（　）排。

A. 2　　B. 3　　C. 4　　D. 5

［答案］C

（二）多项选择题

1. 甲、乙、丙类液体储罐区应与（　　）分开布置。

A. 装卸区　　　　B. 辅助生产区

C. 办公区　　　　D. 甲、乙类液体储罐

E. 丙类液体储罐

［答案］ABC

2. 甲、乙、丙类液体的（　　）储罐区的每个防火堤内，宜布置火灾危险性类别相同或相近的储罐。

A. 地上式　　　　B. 半地下式

C. 地下式　　　　D. 地下水封式

E. 地下人工洞

［答案］AB

第二篇

消防设施应用

案例15　多层歌舞娱乐放映游艺场所建筑消防设施配置案例分析

一、情景描述

某夜总会地上3层，每层建筑面积为18 m×60 m=1080 m^2，砖混结构。首层为大堂（建筑面积190 m^2）、迪斯科舞厅（建筑面积810 m^2）和消防控制室（建筑面积80 m^2），二、三层为KTV包间（每个包间的建筑面积均不大于200 m^2）。建筑高度为12 m。

在距该夜总会两侧山墙50 m处各设有室外地上式消火栓一个；该建筑内每层设三个DN65室内消火栓，均配置长度25 m的消防水带和当量喷嘴直径19 mm的消防水枪，室内消火栓的布置间距均为30 m，并与室内环状消防给水管道相连。

该建筑内还设有湿式自动喷水灭火系统，选用标准喷头，喷头间距均不大于3.6 m，距墙均不大于1.8 m。室内外消防给水均取至市政环状给水管网，水压、水量均符合规范要求。

该建筑二、三层走道（宽度2 m，长度60 m）和一层迪斯科舞厅，因不具备自然排烟条件而设有机械排烟系统，并在屋顶设排烟机房（内设一台排烟风机），排烟风机风量为50000 m^3/h。迪斯科舞厅划分两个防烟分区，最大的防烟分区建筑面积为410 m^2。

在KTV包间、迪斯科舞厅、疏散走道、封闭楼梯间、大堂等部位均设有消防应急照明和疏散指示标志。在每层消火栓处配置手提式MF/ABC5灭火器两具。

二、分析要点

本案例包含或涉及下列内容：

（1）室外消火栓系统。

（2）室内消火栓系统。

（3）自动喷水灭火系统。

（4）消防供水。

（5）防排烟设施。

（6）火灾自动报警系统。

（7）灭火器。

（8）应急照明和疏散指示标志。

三、关键知识点和依据

(一) 室外消火栓系统

1. 设置范围

城镇(包括居住区、商业区、开发区、工业区等)应沿可通行消防车的街道设置市政消火栓系统。民用建筑、厂房、仓库、储罐(区)和堆场周围应设置室外消火栓系统。用于消防救援和消防车停靠的屋面上,应设置室外消火栓系统。

注:耐火等级不低于二级且建筑体积不大于3000 m^3 的戊类厂房,居住区人数不超过500人且建筑层数不超过两层的居住区,可不设置室外消火栓系统。

2. 设置要求

(1) 建筑室外消火栓的数量应根据室外消火栓设计流量和保护半径经计算确定,保护半径不应大于150.0 m,每个室外消火栓的出流量宜按10~15 L/s计算,室外消火栓宜沿建筑周围均匀布置,且不宜集中布置在建筑一侧;建筑消防扑救面一侧的室外消火栓数量不宜少于2个。

(2) 人防工程、地下工程等建筑应在出入口附近设置室外消火栓,距出入口的距离不宜小于5 m,并不宜大于40 m;停车场的室外消火栓宜沿停车场周边设置,与最近一排汽车的距离不宜小于7 m,距加油站或油库不宜小于15 m。

(3) 甲、乙、丙类液体储罐区和液化烃罐罐区等构筑物的室外消火栓,应设在防火堤或防护墙外,数量应根据每个罐的设计流量经计算确定,但距罐壁15 m范围内的消火栓,不应计算在该罐可使用的数量内。

3. 供水管道

(1) 建筑物室外宜采用低压消防给水系统,当采用市政给水管网供水时,应符合下列规定:

① 应采用两路消防供水,除建筑高度超过54 m的住宅外,室外消火栓设计流量小于等于20 L/s时可采用一路消防供水。

② 室外消火栓应由市政给水管网直接供水。

(2) 向室外、室内环状消防给水管网供水的输水干管不应少于两条,当其中一条发生故障时,其余的输水干管应仍能满足消防给水设计流量。

(3) 室外消防给水管网应符合下列规定:

① 室外消防给水采用两路消防供水时应采用环状管网,但当采用一路消防供水时可采用枝状管网。

② 管道的直径应根据流量、流速和压力要求经计算确定,但不应小于DN100。

③ 消防给水管道应采用阀门分成若干独立段,每段内室外消火栓的数量不宜超过5个。

4. 设计流量

该建筑体积为 $18 \times 60 \times 12 = 12960(m^3)$,建筑体积在5000~20000 m^3 之间,依据表2-15-1的规定,其室外消防用水量不应小于25 L/s。

表2-15-1 建筑物室外消火栓设计流量

<table>
<tr><th rowspan="2">耐火等级</th><th rowspan="2" colspan="3">建筑物名称及类别</th><th colspan="6">建筑体积 V</th></tr>
<tr><th>$V \leqslant 1500\ m^3$</th><th>$1500\ m^3 < V \leqslant 3000\ m^3$</th><th>$3000\ m^3 < V \leqslant 5000\ m^3$</th><th>$5000\ m^3 < V \leqslant 20000\ m^3$</th><th>$20000\ m^3 < V \leqslant 50000\ m^3$</th><th>$V > 50000\ m^3$</th></tr>
<tr><td rowspan="11">一、二级</td><td rowspan="6">工业建筑</td><td rowspan="3">厂房</td><td>甲、乙</td><td colspan="2">15 L/s</td><td>20 L/s</td><td>25 L/s</td><td>30 L/s</td><td>35 L/s</td></tr>
<tr><td>丙</td><td colspan="2">15 L/s</td><td>20 L/s</td><td>25 L/s</td><td>30 L/s</td><td>40 L/s</td></tr>
<tr><td>丁、戊</td><td colspan="5">15 L/s</td><td>20 L/s</td></tr>
<tr><td rowspan="3">仓库</td><td>甲、乙</td><td colspan="2">15 L/s</td><td colspan="2">25 L/s</td><td colspan="2">—</td></tr>
<tr><td>丙</td><td colspan="2">15 L/s</td><td colspan="2">25 L/s</td><td>35 L/s</td><td>45 L/s</td></tr>
<tr><td>丁、戊</td><td colspan="5">15 L/s</td><td>20 L/s</td></tr>
<tr><td rowspan="3">民用建筑</td><td>住宅</td><td>普通</td><td colspan="6">15 L/s</td></tr>
<tr><td rowspan="2">公共建筑</td><td>单层及多层</td><td colspan="3">15 L/s</td><td>25 L/s</td><td>30 L/s</td><td>40 L/s</td></tr>
<tr><td>高层</td><td colspan="3">—</td><td>25 L/s</td><td>30 L/s</td><td>40 L/s</td></tr>
<tr><td colspan="3">地下建筑（包括地铁）、平战结合的人防工程</td><td colspan="3">15 L/s</td><td>20 L/s</td><td>25 L/s</td><td>30 L/s</td></tr>
<tr><td colspan="3">汽车库、修车库［独立］</td><td colspan="5">15 L/s</td><td>20 L/s</td></tr>
<tr><td rowspan="3">三级</td><td rowspan="2" colspan="2">工业建筑</td><td>乙、丙</td><td>15 L/s</td><td>20 L/s</td><td>30 L/s</td><td>40 L/s</td><td>45 L/s</td><td>—</td></tr>
<tr><td>丁、戊</td><td colspan="3">15 L/s</td><td>20 L/s</td><td>25 L/s</td><td>35 L/s</td></tr>
<tr><td colspan="3">单层及多层民用建筑</td><td colspan="2">15 L/s</td><td>20 L/s</td><td>25 L/s</td><td>30 L/s</td><td>—</td></tr>
<tr><td rowspan="2">四级</td><td colspan="3">丁、戊类工业建筑</td><td colspan="2">15 L/s</td><td>20 L/s</td><td>25 L/s</td><td colspan="2">—</td></tr>
<tr><td colspan="3">单层及多层民用建筑</td><td colspan="2">15 L/s</td><td>20 L/s</td><td>25 L/s</td><td colspan="2">—</td></tr>
</table>

室外消火栓的数量应按其保护半径和室外消防用水量等综合计算确定，每个室外消火栓的用水量应按10~15 L/s计算，因此，在该夜总会四周120 m内应有两个或两个以上室外消火栓。

（二）室内消火栓系统

1. 设置范围

（1）下列建筑或场所应设置室内消火栓系统：

① 建筑占地面积大于300 m^2 的厂房和仓库。

② 高层公共建筑和建筑高度大于21 m的住宅建筑。

注：建筑高度不大于27 m的住宅建筑，设置室内消火栓系统确有困难时，可只设置干式消防竖管和不带消火栓箱的DN65的室内消火栓。

③ 体积大于5000 m^3 的车站、码头、机场的候车（船、机）建筑、展览建筑、商店建筑、旅馆建筑、医疗建筑和图书馆建筑等单、多层建筑。

④ 特等、甲等剧场，超过800个座位的其他等级的剧场和电影院等以及超过1200个座位的礼堂、体育馆等单、多层建筑。

⑤ 建筑高度大于15 m或体积大于10000 m^3 的办公建筑、教学建筑和其他单、多层民

用建筑。

（2）第（1）条未规定的建筑或场所和符合第（1）条规定的下列建筑或场所，可不设置室内消火栓系统，但宜设置消防软管卷盘或轻便消防水龙：

① 耐火等级为一、二级且可燃物较少的单、多层丁、戊类厂房（仓库）。

② 耐火等级为三、四级且建筑体积不大于3000 m^3 的丁类厂房；耐火等级为三、四级且建筑体积不大于5000 m^3 的戊类厂房（仓库）。

③ 粮食仓库、金库、远离城镇且无人值班的独立建筑。

④ 存有与水接触能引起燃烧爆炸的物品的建筑。

⑤ 室内无生产、生活给水管道，室外消防用水取自储水池且建筑体积不大于5000 m^3 的其他建筑。

2. 设置要求

（1）室内消火栓的选用应符合下列要求：

① 室内消火栓 DN65 可与消防软管卷盘一同使用。

② DN65 的消火栓应配置公称直径 65 有内衬里的消防水带，每根水带的长度不宜超过 25 m；消防软管卷盘应配置内径不小于 $\phi19$ 的消防软管，其长度宜为 30 m。

③ DN65 的消火栓宜配当量喷嘴直径 16 mm 或 19 mm 的消防水枪，但当消火栓设计流量为 2. 5 L/s 时宜配当量喷嘴直径 11 mm 或 13 mm 的消防水枪；消防软管卷盘应配当量喷嘴直径 6 mm 的消防水枪。

（2）设置室内消火栓的建筑，包括设备层在内的各层均应设置消火栓。

（3）室内消火栓的布置应满足同一平面有 2 支消防水枪的 2 股充实水柱同时达到任何部位的要求，但建筑高度小于或等于 24. 0 m 且体积小于或等于 5000 m^3 的多层仓库、建筑高度小于或等于 54 m 且每单元设置一部疏散楼梯的住宅，以及规定可采用 1 支消防水枪的场所，可采用 1 支消防水枪的 1 股充实水柱到达室内任何部位。

（4）建筑室内消火栓栓口的安装高度应便于消防水龙带的连接和使用，其距地面高度宜为 1. 1 m；其出水方向应便于消防水带的敷设，并宜与设置消火栓的墙面成 90°角或向下。

（5）室内消火栓栓口压力和消防水枪充实水柱，应符合下列规定：

① 消火栓栓口动压力不应大于 0. 50 MPa，但当大于 0. 70 MPa 时应设置减压装置。

② 高层建筑、厂房、库房和室内净空高度超过 8 m 的民用建筑等场所的消火栓栓口动压，不应小于 0. 35 MPa，且消防防水枪充实水柱应按 13 m 计算；其他场所的消火栓栓口动压不应小于 0. 25 MPa，且消防水枪充实水柱应按 10 m 计算。

3. 设计流量

（1）建筑物室内消火栓设计流量不应小于表 2 – 15 – 2 的规定。

（2）当建筑物室内设有自动喷水灭火系统、水喷雾灭火系统、泡沫灭火系统或固定消防炮灭火系统等一种或两种以上自动水灭火系统全保护时，高层建筑当高度不超过 50 m 且室内消火栓系统设计流量超过 20 L/s 时，其室内消火栓设计流量可按表 2 – 15 – 2 减少 5 L/s；多层建筑室内消火栓设计流量可减少 50% ，但不应小于 10 L/s。

表2-15-2　建筑物室内消火栓设计流量

建筑物名称		高度 h、层数、体积 V、座位数 n、火灾危险性			消火栓设计流量/(L·s^{-1})	同时使用消防水枪数/支	每根竖管最小流量/(L·s^{-1})
工业建筑	厂房	$h \leqslant 24$ m	甲、乙、丁、戊		10	2	10
			丙	$V \leqslant 5000$ m^3	10	2	10
				$V > 5000$ m^3	20	4	15
		24 m $< h \leqslant 50$ m	乙、丁、戊		25	5	15
			丙		30	6	15
		$h > 50$ m	乙、丁、戊		30	6	15
			丙		40	8	15
	仓库	$h \leqslant 24$ m	甲、乙、丁、戊		10	2	10
			丙	$V \leqslant 5000$ m^3	15	15	15
				$V > 5000$ m^3	25	15	15
		$h > 24$ m	丁、戊		30	6	15
			丙		40	8	15
民用建筑	单层及多层	剧场、电影院、会堂、礼堂、体育馆等	800个 $< n \leqslant 1200$ 个		10	2	10
			1200个 $< n \leqslant 5000$ 个		15	3	10
			5000个 $< n \leqslant 10000$ 个		20	4	15
			$n > 10000$ 个		30	6	15
		旅馆	5000个 $< V \leqslant 10000$ 个		10	2	10
			10000个 $< V \leqslant 25000$ 个		15	3	10
			$V > 25000$ 个		20	4	15
		办公楼、教学楼、公寓、宿舍等其他建筑	高度超过15 m或 $V > 10000$ m^3		15	3	10
		住宅	21 m $< h \leqslant 27$ m		5	2	5
	高层	住宅	27 m $< h \leqslant 54$ m		10	2	10
			$h > 54$ m		20	4	10
		二类公共建筑	$h \leqslant 50$ m		20	4	10
		一类公共建筑	$h \leqslant 50$ m		30	6	15
			$h > 50$ m		40	8	15

注：1. 丁、戊类高层厂房（仓库）室内消火栓的设计流量可按本表减少10 L/s，同时使用消防水枪数量可按本表减少2支。

2. 消防软管卷盘、轻便消防水龙及多层住宅楼梯间中的干式消防竖管，其消火栓设计流量可不计入室内消防给水设计流量。

3. 当一座多层建筑有多种作用功能时，室内消火栓设计流量应分别按本表中不同功能计算，且应取最大值。

（三）自动喷水灭火系统

1. 设置范围

（1）除《建规》另有规定和不宜用水保护或灭火的场所外，下列单、多层民用建筑或场所应设置自动灭火系统，并宜采用自动喷水灭火系统：

① 特等、甲等剧场，超过1500个座位的其他等级的剧场，超过2000个座位的会堂或礼堂，超过3000个座位的体育馆，超过5000人的体育场的室内人员休息室与器材间等。

② 任一层建筑面积大于1500 m^2 或总建筑面积大于3000 m^2 的展览、商店、餐饮和旅馆建筑以及医院中同样建筑规模的病房楼、门诊楼和手术部。

③ 设置送回风道（管）的集中空气调节系统且总建筑面积大于3000 m^2 的办公建筑等。

④ 藏书量超过50万册的图书馆。

⑤ 大、中型幼儿园，总建筑面积大于500 m^2 的老年人建筑。

⑥ 总建筑面积大于500 m^2 的地下或半地下商店。

⑦ 设置在地下或半地下或地上四层及以上楼层的歌舞娱乐放映游艺场所（除游泳场所外），设置在首层、二层和三层且任一层建筑面积大于300 m^2 的地上歌舞娱乐放映游艺场所（除游泳场所外）。

（2）依据《建规》规定，设置在地上一至三层且每层建筑面积大于300 m^2 的歌舞娱乐放映游艺场所应设自动灭火系统。

2. 设计要求

（1）常见自动喷水灭火系统设置场所火灾危险等级划分举例见表2－15－3。

表2－15－3 自动喷水灭火系统设置场所火灾危险等级举例

火灾危险等级		设置场所
轻危险级		建筑高度为24 m及以下的旅馆、办公楼；仅在走道设置闭式系统的建筑等
中危险级	Ⅰ级	① 高层民用建筑：旅馆、办公楼、综合楼、邮政楼、金融电信楼、指挥调度楼、广播电视楼（塔）等； ② 公共建筑（含单多高层）：医院、疗养院；图书馆（书库除外）、档案馆、展览馆（厅）；影剧院、音乐厅和礼堂（舞台除外）及其他娱乐场所；火车站和飞机场及码头的建筑；总建筑面积小于5000 m^2 的商场、总建筑面积小于1000 m^2 的地下商场等； ③ 文化遗产建筑：木结构古建筑、国家文物保护单位等； ④ 工业建筑：食品、家用电器、玻璃制品等工厂的备料与生产车间等；冷藏库、钢屋架等建筑构件
	Ⅱ级	① 民用建筑：书库、舞台（葡萄架除外）、汽车停车场、总建筑面积5000 m^2 及以上的商场、总建筑面积1000 m^2 及以上的地下商场、净空高度不超过8 m、物品高度不超过3.5 m的自选商场等； ② 工业建筑：棉毛麻丝及化纤的纺织、织物及制品、木材木器及胶合板谷物加工、烟草及制品、饮用酒（啤酒除外）、皮革及制品、造纸及纸制品、制药等工厂的备料与生产车间
严重危险级	Ⅰ级	印刷厂、酒精制品、可燃液体制品等工厂的备料与车间、净空高度不超过8 m、物品高度超过3.5 m的自选商场等
	Ⅱ级	易燃液体喷雾操作区域、固体易燃物品、可燃的气溶胶制品、溶剂清洗、喷涂油漆、沥青制品等工厂的备料及生产车间、摄影棚、舞台葡萄架下部
仓库危险级	Ⅰ级	食品、烟酒；木箱、纸箱包装的不燃难燃物品等
	Ⅱ级	木材、纸、皮革、谷物及制品、棉毛麻丝化纤及制品、家用电器、电缆、B组塑料与橡胶及其制品、钢塑混合材料制品、各种塑料瓶盒包装的不燃物品及各类物品混杂储存的仓库等
	Ⅲ级	A组塑料与橡胶及其制品；沥青制品等

（2）民用建筑和工业厂房的系统设计基本参数。

对于民用建筑和工业厂房，系统设计基本参数应符合表2－15－4的要求。仅在走道设置单排闭式喷头的闭式系统，其作用面积应按最大疏散距离所对应的走道面积确定；在装有网格、栅板类通透性吊顶的场所，系统的喷水强度应按下表规定值的1.3倍确定；干式系统的作用面积按表2－15－4规定值的1.3倍确定。系统最不利点处喷头的工作压力不应低于0.05 MPa。

表2－15－4　民用建筑和工业厂房的系统设计基本参数

火灾危险等级		净空高度/m	喷水强度/[L·(min·m^2)$^{-1}$]	作用面积/m^2
轻危险级		≤8	4	160
中危险级	Ⅰ级		6	160
	Ⅱ级		8	
严重危险级	Ⅰ级		12	260
	Ⅱ级		16	

（3）本案例中，该场所环境温度大于4 ℃，且不高于70 ℃，依据《自动喷水灭火系统设计规范》应采用湿式自动喷水灭火系统。系统设置场所火灾危险等级应为中危险级Ⅰ级，其喷水强度不应小于6 L/min·m^2，作用面积不应小于160 m^2。

3. 系统设计

（1）喷头设置要求。

同一根配水支管上喷头的间距及相邻配水支管的间距，应根据系统的喷水强度、喷头的流量系数和工作压力确定，并应符合表2－15－5的要求。

表2－15－5　同一根配水支管上喷头的间距及相邻配水支管的间距

喷水强度/[L·(min·m^2)$^{-1}$]	正方形布置的边长/m	矩形或平行四边形布置的长边边长/m	一只喷头的最大保护面积/m^2	喷头与端墙的最大距离/m
4	4.4	4.5	20.0	2.2
6	3.6	4.0	12.5	1.8
8	3.4	3.6	11.5	1.7
≥12	3.0	3.6	9.0	1.5

（2）报警阀组设置要求。

报警阀组宜设在安全及易于操作、检修的地点，环境温度不低于4 ℃且不高于70 ℃，距地面的距离宜为1.2 m。水力警铃应设置在有人值班的地点附近，其与报警阀连接的管道直径应为20 mm，总长度不宜大于20 m；水力警铃的工作压力不应大于0.05 MPa。

一个报警阀组控制的喷头数，对于湿式系统、预作用系统不宜超过800只，对于干式系统不宜超过500只。串联接入湿式系统配水干管的其他自动喷水灭火系统，应分别设置独立的报警阀组，其控制的喷头数计入湿式阀组控制的喷头总数。每个报警阀组供水的最高和最低位置喷头的高程差不宜大于 50 m。

(3) 本案例中，喷头选用流量系数 $K=80$，公称动作温度高于环境最高温度 30 ℃，即 68 ℃的红色喷头，厨房区域选取 93 ℃的绿色喷头。该项目地上 3 层，每层建筑面积 1080 m^2，总建筑面积为 3240 m^2，根据表 2－15－5 规定，中危险Ⅰ级一个喷头的最大保护面积为 12.5 m^2，初步计算该建筑至少需要 260 个喷头，需设至少 1 个湿式报警阀。

(四) 消防供水

1. 消防水泵

(1) 当采用电动机驱动的消防水泵时，应选择电动机干式安装的消防水泵。

(2) 流量扬程性能曲线应为无驼峰、无拐点的光滑曲线，零流量时的压力不应超过设计压力的 140%，且宜大于设计额定压力的 120%；当出流量为设计流量的 150% 时，其出口压力不应低于设计工作压力的 65%。

(3) 消防给水同一泵组的消防水泵型号宜一致，且工作泵不宜超过 3 台。

2. 消防水箱

(1) 临时高压消防给水系统的高位消防水箱的有效容积应满足初期火灾消防用水量的要求，其具体设置要求如下：

① 一类高层公共建筑，不应小于 36 m^3，但当建筑高度大于 100 m 时，不应小于 50 m^3，当建筑高度大于 150 m 时，不应小于 100 m^3。

② 多层公共建筑、二类高层公共建筑和一类高层住宅，不应小于 18 m^3，当一类高层住宅建筑高度超过 100 m 时，不应小于 36 m^3。

③ 二类高层住宅，不应小于 12 m^3。

④ 建筑高度大于 21 m 的多层住宅，不应小于 6 m^3。

⑤ 工业建筑室内消防给水设计流量当小于或等于 25 L/s 时，不应小于 12 m^3，大于 25 L/s 时，不应小于 18 m^3。

⑥ 总建筑面积大于 10000 m^2 且小于 30000 m^2 的商店建筑，不应小于 36 m^3；总建筑面积大于 30000 m^2 的商店，不应小于 50 m^3，当与本条第①款规定不一致时应取其较大值。

(2) 高位消防水箱的设置位置应高于其所服务的水灭火设施，且最低有效水位应满足水灭火设施最不利点处的静水压力，其具体设置要求如下：

① 一类高层公共建筑，不应低于 0.10 MPa，当建筑高度超过 100 m 时，不应低于 0.15 MPa。

② 高层住宅、二类高层公共建筑、多层公共建筑，不应低于 0.07 MPa；多层住宅不宜低于 0.07 MPa。

③ 工业建筑，不应低于 0.10 MPa，当建筑体积小于 20000 m^3 时，不宜低于 0.07 MPa。

④ 自动喷水灭火系统等自动水灭火系统应根据喷头灭火需求压力确定，但最小不应小于 0.10 MPa。

⑤ 当高位消防水箱不能满足本条①～④款的静压要求时，应设稳压泵。

3. 消防水池

消防水池进水管应根据其有效容积和补水时间确定，补水时间不宜大于48 h，但当消防水池有效总容积大于2000 m^3 时，不应大于96 h。消防水池进水管管径应经计算确定，且不应小于DN100。

消防水池的总蓄水有效容积大于500 m^3 时，宜设两格能独立使用的消防水池；当大于1000 m^3 时，应设置能独立使用的两座消防水池。每格（或座）消防水池应设置独立的出水管，并应设置满足最低有效水位的连通管，且其管径应能满足消防给水设计流量的要求。

4. 火灾延续时间

不同场所消火栓系统和固定冷却水系统的火灾延续时间不应小于表2－15－6的规定。

表2－15－6　不同场所的火灾延续时间

<table>
<tr><th colspan="2">建　筑</th><th>场所与火灾危险性</th><th>火灾延续时间/h</th></tr>
<tr><td rowspan="4">工业建筑</td><td rowspan="2">仓库</td><td>甲、乙、丙类仓库</td><td>3.0</td></tr>
<tr><td>丁、戊类仓库</td><td>2.0</td></tr>
<tr><td rowspan="2">厂房</td><td>甲、乙、丙类厂房</td><td>3.0</td></tr>
<tr><td>丁、戊类厂房</td><td>2.0</td></tr>
<tr><td rowspan="3">民用建筑</td><td rowspan="2">公共建筑</td><td>高层建筑中的商业楼、展览楼、综合楼，建筑高度大于50 m的财贸金融楼、图书馆、书库、重要的档案楼、科研楼和高级宾馆等</td><td>3.0</td></tr>
<tr><td>其他公共建筑</td><td rowspan="2">2.0</td></tr>
<tr><td colspan="2">住　宅</td></tr>
<tr><td colspan="2" rowspan="2">人防工程</td><td>建筑面积小于3000 m^2</td><td>1.0</td></tr>
<tr><td>建筑面积大于或等于3000 m^2</td><td rowspan="2">2.0</td></tr>
<tr><td colspan="3">地下建筑、地铁车站</td></tr>
</table>

5. 消防用水计算

消防水池有效容积的计算应符合下列规定：

（1）当市政给水管网能保证室外消防给水设计流量时，消防水池的有效容积应满足在火灾延续时间内室内消防用水量的要求。

（2）当市政给水管网不能保证室外消防给水设计流量时，消防水池的有效容积应满足火灾延续时间内室内消防用水量和室外消防用水量不足部分之和的要求。

一起火灾灭火用水量应按需要同时作用的室内外消防给水用水量之和计算。

$$V=V_1+V_2=[3.6\times25\times2.0+(3.6\times15\times2.0+3.6\times6\times160/60\times1.0)](m^3)=345.6(m^3)$$

式中　V——建筑消防给水一起火灾灭火用水总量，m^3；

V_1——室外消防给水一起火灾灭火用水量，m^3；

V_2——室内消防给水一起火灾灭火用水量，m^3。

（五）防排烟设施

1. 设置范围

（1）建筑的下列场所或部位应设置防烟设施：

① 防烟楼梯间及其前室。

② 消防电梯间前室或合用前室。

③ 避难走道的前室、避难层（间）。

建筑高度不大于50 m的公共建筑、厂房、仓库和建筑高度不大于100 m的住宅建筑，当其防烟楼梯间的前室或合用前室符合下列条件之一时，楼梯间可不设置防烟系统：

① 前室或合用前室采用敞开的阳台、凹廊。

② 前室或合用前室具有不同朝向的可开启外窗，且可开启外窗的面积满足自然排烟口的面积要求。

（2）厂房或仓库的下列场所或部位应设置排烟设施：

① 人员或可燃物较多的丙类生产场所，丙类厂房内建筑面积大于300 m^2 且经常有人停留或可燃物较多的地上房间。

② 建筑面积大于5000 m^2 的丁类生产车间。

③ 占地面积大于1000 m^2 的丙类仓库。

④ 高度大于32 m的高层厂房（仓库）内长度大于20 m的疏散走道，其他厂房（仓库）内长度大于40 m的疏散走道。

（3）民用建筑的下列场所或部位应设置排烟设施：

① 设置在一、二、三层且房间建筑面积大于100 m^2 的歌舞娱乐放映游艺场所，设置在四层及以上楼层、地下或半地下的歌舞娱乐放映游艺场所。

② 中庭。

③ 公共建筑内建筑面积大于100 m^2 且经常有人停留的地上房间。

④ 公共建筑内建筑面积大于300 m^2 且可燃物较多的地上房间。

⑤ 建筑内长度大于20 m的疏散走道。

地下或半地下建筑（室）、地上建筑内的无窗房间，当总建筑面积大于200 m^2 或一个房间建筑面积大于50 m^2，且经常有人停留或可燃物较多时，应设置排烟设施。

依据《建筑设计防火规范》的规定，该夜总会建筑面积大于100 m^2 的房间和长度大于20 m的内走道应设机械排烟系统。因此，应在一层迪斯科舞厅和2～3层走道内设置机械排烟系统。

2. 排烟量计算

（1）设置排烟设施的场所当不具备自然排烟条件时，应设置机械排烟设施。

（2）需设置机械排烟设施且室内净高小于等于6.0 m的场所应划分防烟分区；每个防烟分区的建筑面积不宜超过500 m^2，防烟分区不应跨越防火分区。

（3）防烟分区宜采用隔墙、顶棚下凸出不小于500 mm的结构梁以及顶棚或吊顶下凸出不小于500 mm的不燃烧体等进行分隔。

（4）机械排烟系统的排烟量不应小于表2－15－7的规定。

（5）本案例中，一层迪斯科舞厅建筑面积810 m^2，至少应划分两个防烟分区，每个防烟分区内设一个排烟口，并应满足至防烟分区内最远点的距离不大于30 m的要求。

迪斯科舞厅用一台排烟风机负担一层两个防烟分区排烟，排烟量不应小于120 $m^3/h\cdot m^2$，经计算其排烟量为：$120\times410=49200(m^3/h)$。

表 2-15-7　机械排烟系统的最小排烟量

条件和部位	单位排烟量/[$m^3 \cdot (h \cdot m^2)^{-1}$]	换气次数/($次 \cdot h^{-1}$)	备注
担负 1 个防烟分区 室内净高大于 6.0 m 且不划分防烟分区的空间	60	—	单台风机排烟量不应小于 7200 m^3/h
担负 2 个及 2 个以上防烟分区	120	—	应按最大的防烟分区面积确定
中庭	体积小于等于 17000 m^3	6	体积大于 17000 m^3 时，排烟量不应小于 102000 m^3/h
	体积大于 17000 m^3	4	

2～3 层走道建筑面积(宽度 2 m,长度 60 m)$2 \times 60 = 120(m^2)$,其排烟量为:$60 \times 120 = 7200(m^3/h)$。

该夜总会屋顶设排烟机房，排烟机风量是 50000 m^3/h，大于 49200(m^3/h) 和 7200(m^3/h)，因此，夜总会屋顶排烟机房内排烟风机的排烟量能够满足排烟要求。

（六）火灾自动报警系统

1. 设置要求

（1）下列建筑或场所应设置火灾自动报警系统：

① 任一层建筑面积大于 1500 m^2 或总建筑面积大于 3000 m^2 的制鞋、制衣、玩具、电子等类似用途的厂房。

② 每座占地面积大于 1000 m^2 的棉、毛、丝、麻、化纤及其制品的仓库，占地面积大于 500 m^2 或总建筑面积大于 1000 m^2 的卷烟仓库。

③ 任一层建筑面积大于 1500 m^2 或总建筑面积大于 3000 m^2 的商店、展览、财贸金融、客运和货运等类似用途的建筑，总建筑面积大于 500 m^2 的地下或半地下商店。

④ 图书或文物的珍藏库，每座藏书超过 50 万册的图书馆，重要的档案馆。

⑤ 地市级及以上广播电视建筑、邮政建筑、电信建筑，城市或区域性电力、交通和防灾等指挥调度建筑。

⑥ 特等、甲等剧场，座位数超过 1500 个的其他等级的剧场或电影院，座位数超过 2000 个的会堂或礼堂，座位数超过 3000 个的体育馆。

⑦ 大、中型幼儿园的儿童用房等场所，老年人建筑，任一层建筑面积大于 1500 m^2 或总建筑面积大于 3000 m^2 的疗养院的病房楼、旅馆建筑和其他儿童活动场所，不少于 200 床位的医院门诊楼、病房楼和手术部等。

⑧ 歌舞娱乐放映游艺场所。

⑨ 净高大于 2.6 m 且可燃物较多的技术夹层，净高大于 0.8 m 且有可燃物的闷顶或吊顶内。

⑩ 电子信息系统的主机房及其控制室、记录介质库，特殊贵重或火灾危险性大的机器、仪表、仪器设备室、贵重物品库房。

⑪ 二类高层公共建筑内建筑面积大于 50 m^2 的可燃物品库房和建筑面积大于 500 m^2

的营业厅。

⑫ 其他一类高层公共建筑。

⑬ 设置机械排烟、防烟系统，雨淋或预作用自动喷水灭火系统，固定消防水炮灭火系统、气体灭火系统等需与火灾自动报警系统联锁动作的场所或部位。

（2）建筑高度大于 100 m 的住宅建筑，应设置火灾自动报警系统。

① 建筑高度大于 54 m 但不大于 100 m 的住宅建筑，其公共部位应设置火灾自动报警系统，套内宜设置火灾探测器。

② 建筑高度不大于 54 m 的高层住宅建筑，其公共部位宜设置火灾自动报警系统。当设置需联动控制的消防设施时，公共部位应设置火灾自动报警系统。

③ 高层住宅建筑的公共部位应设置具有语音功能的火灾声警报装置或应急广播。

（3）建筑内可能散发可燃气体、可燃蒸气的场所应设置可燃气体报警装置。

2. 设计要求

火灾自动报警系统形式的选择，应符合下列规定：

（1）仅需要报警，不需要联动自动消防设备的保护对象宜采用区域报警系统。

（2）不仅需要报警，同时需要联动自动消防设备且只设置一台具有集中控制功能的火灾报警控制器和消防联动控制器的保护对象，应采用集中报警系统，并应设置一个消防控制室。

（3）设置两个及以上消防控制室的保护对象，或已设置两个及以上集中报警系统的保护对象，应采用控制中心报警系统。

集中火灾自动报警控制系统应由火灾探测器、手动火灾报警按钮、火灾声光警报器、消防应急广播、消防专用电话、消防控制室图形显示装置、火灾报警控制器、消防联动控制器等组成。

（七）灭火器

1. 灭火器配置场所的火灾种类

灭火器配置场所的火灾种类可划分为以下五类：

A 类火灾：固体物质火灾。

B 类火灾：液体火灾或可熔化固体物质火灾。

C 类火灾：气体火灾。

D 类火灾：金属火灾。

E 类火灾（带电火灾）：物体带电燃烧的火灾。

2. 灭火器的配置计算

（1）灭火器配置场所的配置设计计算：

① 确定各灭火器配置场所的火灾种类和危险等级。

② 划分计算单元，计算各单元的保护面积。

③ 计算各单元的最小需配灭火级别。

④ 确定各单元内的灭火器设置点的位置和数量。

⑤ 计算每个灭火器设置点的最小需配灭火级别。

⑥ 确定各单元和每个设置点的灭火器的类型、规格与数量。

⑦ 确定每具灭火器的设置方式和要求。

⑧ 一个计算单元内的灭火器数量不应少于2具，每个设置点的灭火器数量不宜多于5具。

⑨ 在工程设计图上用灭火器图例和文字标明灭火器的类型、规格、数量与设置位置。

(2) 灭火器配置场所计算单元的划分：

① 计算单元的划分：灭火器配置场所的危险等级和火灾种类均相同的相邻场所，可将一个楼层或一个防火分区作为一个计算单元；灭火器配置场所的危险等级或火灾种类不相同的场所，应分别作为一个计算单元；同一计算单元不得跨越防火分区和楼层。

② 计算单元保护面积（S）的计算：建筑物应按其建筑面积进行计算；可燃物露天堆场，甲、乙、丙类液体储罐区，可燃气体储罐区按堆垛、储罐的占地面积进行计算。

(3) 计算单元的最小需配灭火级别的计算。

在确定了计算单元的保护面积后，应根据下式计算该单元应配置的灭火器的最小灭火级别：

$$Q = K\frac{S}{U}$$

式中　Q——计算单元的最小需配灭火级别，A或B；

S——计算单元的保护面积，m^2；

U——A类或B类火灾场所单位灭火级别最大保护面积，m^2/A 或 m^2/B；

K——修正系数。

歌舞娱乐放映游艺场所、网吧、商场、寺庙以及地下场所等的计算单元的最小需配灭火级别计算公式应调整为。

$$Q = 1.3K\frac{S}{U}$$

火灾场所单位灭火级别的最大保护面积依据火灾危险等级、火灾种类从表2-15-8或表2-15-9中选取。

表2-15-8　A类火灾场所灭火器的最低配置基准

危　险　等　级	严重危险级	中危险级	轻危险级
单具灭火器最小配置灭火级别	3A	2A	1A
单位灭火级别最大保护面积/($m^2 \cdot A^{-1}$)	50	75	100

表2-15-9　B、C类火灾场所灭火器的最低配置基准

危　险　等　级	严重危险级	中危险级	轻危险级
单具灭火器最小配置灭火级别	89B	55B	21B
单位灭火级别最大保护面积/($m^2 \cdot B^{-1}$)	0.5	1.0	1.5

修正系数值按表2-15-10的规定取值：

表 2-15-10 修 正 系 数

计算单元	K	计算单元	K
未设室内消火栓系统和灭火系统	1.0	设有室内消火栓系统和灭火系统	0.5
设有室内消火栓系统	0.9	可燃物露天堆场，甲、乙、丙类液体储罐区，可燃气体储罐区	0.3
设有灭火系统	0.7		

（4）计算单元中每个灭火器设置点的最小需配灭火级别计算。

计算单元中每个灭火器设置点的最小需配灭火级别按下式进行计算：

$$Q_e = \frac{Q}{N}$$

式中 Q_e——计算单元中每个灭火器设置点的最小需配灭火级别（A 或 B）；
N——计算单元中的灭火器设置点数（个）。

（5）灭火器设置点的确定：

每个灭火器设置点实配灭火器的灭火级别和数量不得小于最小需配灭火级别和数量的计算值。计算单元中的灭火器设置点数依据火灾的危险等级、灭火器型式（手提式或推车式）按不大于表 2-15-11 或表 2-15-12 规定的最大保护距离合理设置，并应保证最不利点至少在 1 具灭火器的保护范围内。

表 2-15-11 A 类火灾场所的灭火器最大保护距离 m

危险等级	手提式灭火器	推车式灭火器
严重危险级	15	30
中危险级	20	40
轻危险级	25	50

表 2-15-12 B、C 类火灾场所的灭火器最大保护距离 m

危险等级	手提式灭火器	推车式灭火器
严重危险级	9	18
中危险级	12	24
轻危险级	15	30

（6）部分手提式灭火器类型、规格和灭火级别见表 2-15-13。

（7）本案例中，该夜总会应配置灭火器。灭火器配置场所的危险等级为严重危险级（《建筑灭火器配置设计规范》附录 D），火灾种类为 A 类火灾（A 类火灾：固体物质火灾；A 类火灾严重危险性的单具灭火器最小配置灭火级别是 3A，保护面积是 50 m^2/A）。

计算单元的最小需配灭火级别计算：$Q = 1.30KS/U = 1.3 \times 0.50 \times 1080(m^2) \div 50(m^2/A) = 14.04(A) \approx 15(A)$。

表 2-15-13　手提式灭火器类型、规格和灭火级别

灭火器类型	灭火剂充装量（规格）	灭火器类型规格代码（型号）	灭火级别	
			A 类	B 类
干粉（磷酸铵盐）	1	MF/ABC1	1A	21B
	2	MF/ABC2	1A	21B
	3	MF/ABC3	2A	34B
	4	MF/ABC4	2A	55B
	5	MF/ABC5	3A	89B
	6	MF/ABC6	3A	89B
	8	MF/ABC8	4A	144B
	10	MF/ABC10	6A	144B

计算单元中每个灭火器设置点的最小需配灭火级别计算：$Q_e = Q/N = 15(\text{A}) \div 3(\text{个}) = 5(\text{A/个})$。

该建筑在每层的三个消火栓处各设置 2 具 3A 级别的 ABC 干粉灭火器，符合规范要求，但 A 类火灾场所严重危险级的手提灭火器最大保护距离为 15 m，目前的灭火器布置有漏保护的地方，应进一步调整。

（八）应急照明和疏散指示标志

（1）除建筑高度小于 27 m 的住宅建筑外，民用建筑、厂房和丙类仓库的下列部位应设置疏散照明：

① 封闭楼梯间、防烟楼梯间及其前室、消防电梯间的前室或合用前室、避难走道、避难层（间）。

② 观众厅、展览厅、多功能厅和建筑面积大于 200 m^2 的营业厅、餐厅、演播室等人员密集的场所。

③ 建筑面积大于 100 m^2 的地下或半地下公共活动场所。

④ 公共建筑内的疏散走道。

⑤ 人员密集的厂房内的生产场所及疏散走道。

（2）建筑内疏散照明的地面最低水平照度应符合下列规定：

① 对于疏散走道，不应低于 1.0 lx。

② 对于人员密集场所、避难层（间），不应低于 3.0 lx；对于病房楼或手术部的避难间，不应低于 10.0 lx。

③ 对于楼梯间、前室或合用前室、避难走道，不应低于 5.0 lx。

（3）消防控制室、消防水泵房、自备发电机房、配电室、防排烟机房以及发生火灾时仍需正常工作的消防设备房应设置备用照明，其作业面的最低照度不应低于正常照明的照度。

（4）疏散照明灯具应设置在出口的顶部、墙面的上部或顶棚上；备用照明灯具应设置在墙面的上部或顶棚上。

（5）公共建筑、建筑高度大于 54 m 的住宅建筑、高层厂房（库房）和甲、乙、丙类

单、多层厂房，应设置灯光疏散指示标志，并应符合下列规定：

① 应设置在安全出口和人员密集的场所的疏散门的正上方。

② 应设置在疏散走道及其转角处距地面高度 1.0 m 以下的墙面或地面上。灯光疏散指示标志的间距不应大于 20 m；对于袋形走道，不应大于 10 m；在走道转角区，不应大于 1.0 m。

(6) 下列建筑或场所应在疏散走道和主要疏散路径的地面上增设能保持视觉连续的灯光疏散指示标志或蓄光疏散指示标志：

① 总建筑面积大于 8000 m^2 的展览建筑。

② 总建筑面积大于 5000 m^2 的地上商店。

③ 总建筑面积大于 500 m^2 的地下或半地下商店。

④ 歌舞娱乐放映游艺场所。

⑤ 座位数超过 1500 个的电影院、剧场，座位数超过 3000 个的体育馆、会堂或礼堂。

⑥ 车站、码头建筑和民用机场航站楼中建筑面积大于 3000 m^2 的候车、候船厅和航站楼的公共区。

四、思考题

（一）单项选择题

1. 设置在建筑的首层、二层和三层且任一层建筑面积大于（　　）m^2 的地上歌舞娱乐放映游艺场所（除游泳场所外）应设置自动灭火系统，并宜采用自动喷水灭火系统。

A. 100　　B. 200　　C. 300　　D. 400

[答案] C

2. 设置在一、二、三层且房间建筑面积大于（　　）m^2，设置在四层及以上楼层、地下或半地下的歌舞娱乐放映游艺场所应设置排烟设施。

A. 100　　B. 200　　C. 300　　D. 400

[答案] A

3. 仓库中喷头（非标准喷头）溅水盘与其下方被保护对象的最小垂直距离，不应小于（　　）cm。

A. 45　　B. 60　　C. 75　　D. 90

[答案] D

[解析] 根据《自动喷水灭火系统设计规范（2005 年版）》(GB 50084—2001) 7.1.5 条，图书馆、档案馆、商场、仓库中的通道上方宜设有喷头。喷头与被保护对象的水平距离，不应小于 0.3 m；喷头溅水盘与保护对象的最小垂直距离不应小于下表的规定：

喷头溅水盘与保护对象的最小垂直距离　　m

喷头类型	最小垂直距离
标准喷头	0.45
其他喷头	0.90

4. 某综合楼地上 8 层，每层层高 4.5 m，建筑高度 36 m，首层至地上五层每层建筑面

积均为 1500 m^2，地上六层至八层每层建筑面积均为 1200 m^2，该建筑属于（ ）高层建筑。

A. 一类 B. 二类 C. 三类 D. 四类

［答案］A

［解析］建筑高度 24 m 以上任一楼层建筑面积大于 1000 m^2 的商店、展览、电信、邮政、财贸金融建筑和其他多种功能组合的建筑属于一类高层公共建筑。

5. 排烟口应设在顶棚上或靠近顶棚的墙面上，且与附近安全出口沿走道方向相邻边缘之间的最小水平距离不应小于（ ）m。

A. 0.50 B. 1 C. 1.50 D. 2

［答案］C

［解析］排烟口应设置在顶棚或靠近顶棚的墙面上，且与附近安全出口沿走道方向相邻边缘之间的最小水平距离不应小于 1.50 m。设在顶棚上的排烟口，距可燃构件或可燃物的距离不应小于 1.00 m。

6. 能起到防火分隔作用的自动喷水系统是（ ）。

A. 湿式系统 B. 水幕系统 C. 干式系统 D. 预作用系统

［答案］B

（二）多项选择题

1. 下列属于歌舞娱乐放映游艺场所的是（ ）。

A. 录像厅 B. KTV

C. 桑拿浴室（不包括洗浴部分） D. 游戏机房

E. 迪斯科舞厅

［答案］ABCDE

［解析］歌舞娱乐放映游艺场所是指歌舞厅、录像厅、夜总会、卡拉 OK 厅（含具有卡拉 OK 功能的餐厅）、游艺厅（含电子游艺厅）、桑拿浴室（不包括洗浴部分）、网吧等。

2. 建筑体积大于 11000 m^3、建筑层数为 1～5 层、每层建筑面积均大于 300 m^2 的歌舞厅应设下列（ ）建筑消防设施。

A. 室外消火栓给水系统 B. 室内消火栓给水系统

C. 自动喷水灭火系统 D. 火灾自动报警系统

E. 建筑灭火器

［答案］ABCDE

［解析］按照《建规》第 8.1.2 条规定，民用建筑、厂房、仓库、储罐（区）和堆场周围应设置室外消火栓系统。按照《建规》第 8.1.2 条规定，建筑高度大于 15 m 或体积大于 10000 m^3 的办公建筑、教学建筑和其他单、多层民用建筑应设置室内消火栓系统。按照《建规》第 8.3.4 条规定，设置在地下或半地下或地上四层及以上楼层的歌舞娱乐放映游艺场所（除游泳场所外），设置在首层、二层和三层且任一层建筑面积大于 300 m^2 的地上歌舞娱乐放映游艺场所（除游泳场所外）应设置自动灭火系统，并宜采用自动喷水灭火系统。按照《建规》第 8.4.1 条规定，歌舞娱乐放映游艺场所应设置火灾自动报警系统。按照《建规》第 8.7.10 条规定，高层住宅建筑的公共部位和公共建筑内应设置

灭火器。

3. 下列建筑物的消防用电设备可按二级负荷供电的有（　　）。

A. 高度超过 50 m 的丙类仓库

B. 1600 座的影剧院

C. 室外消防用水量超过 25 L/s 的多层办公楼

D. 每层面积为 4000 m^2 的多层百货楼

E. 建筑高度超过 100 m 的综合楼

[答案] BCD

[解析] 下列建筑物的消防用电应按一级负荷供电：建筑高度大于 50 m 的乙、丙类厂房和丙类仓库；一类高层民用建筑。

下列建筑物、储罐（区）和堆场的消防用电应按二级负荷供电：室外消防用水量大于 30 L/s 的厂房（仓库）；室外消防用水量大于 35 L/s 的可燃材料堆场、可燃气体储罐（区）和甲、乙类液体储罐（区）；粮食仓库及粮食筒仓；二类高层民用建筑；座位数超过 1500 个的电影院、剧场，座位数超过 3000 个的体育馆，任一层建筑面积大于 3000 m^2 的商店和展览建筑，省（市）级及以上的广播电视、电信和财贸金融建筑，室外消防用水量大于 25 L/s 的其他公共建筑。

4. 下列哪些建筑可不设置室内消火栓（　　）？

A. 耐火等级为三、四级且建筑体积小于或等于 3000 m^3 的丁类厂房和建筑体积小于或等于 5000 m^3 的戊类厂房（仓库）

B. 金库

C. 耐火等级为一、二级且可燃物较少的单层、多层丁、戊类厂房（仓库）

D. 展览馆

E. 粮食仓库

[答案] ABCE

5. 按《建筑设计防火规范》(GB 50016—2014）的规定，下列建筑物中应设置自动灭火系统，并宜采用闭式自动喷水灭火系统的是（　　）。

A. 高层针织仓库

B. 占地面积为 1200 m^2 的棉制品仓库

C. 藏书最 60 万册的图书馆

D. 500 m^2 的演播室

E. 液化石油气灌瓶间

[答案] ABC

6. 下列建筑中，（　　）应设消防软管卷盘，其用水量可不计入消防用水总量。

A. 高级旅馆

B. 建筑面积为 300 m^2 商业服务网点

C. 建筑高度为 110 m 的高层办公楼

D. 多层电信楼

E. 多层防灾指挥调度楼

[答案] ABC

[解析] 根据《建规》第 8.2.4 条规定，人员密集的公共建筑，建筑高度大于 100 m 的建筑和建筑面积大于 200 m^2 的商业服务网点内应设置消防软管卷盘或轻便消防小龙带。

7. 消防电梯的设置应符合（　　）要求。

A. 消防电梯应分别设在不同的防火分区内

B. 消防电梯间应设前室或与防烟楼梯间合用前室

C. 消防电梯的载重最不应小于 800 kg

D. 消防电梯的行驶速度，应按从首层到顶层的运行时间不超过 60 s 计算确定

E. 消防电梯轿厢的内装修应采用不燃烧材料

[答案] ABCDE

8. 建筑高度不超过 100 m 的一类高层建筑及其裙房，除（　　）部位外，应设置自动灭火系统，并宜采用自动喷水灭火系统。

A. 游泳池　　B. 溜冰场

C. 建筑面积小于 5 m^2 的卫生间　　D. 普通住宅

E. 不宜用水扑救的部位

[答案] ABDE

[解析] 根据《建规》第 8. 3. 3 条，除《建规》另有规定和不宜用水保护或灭火的场所外，下列高层民用建筑或场所应设置自动灭火系统，并宜采用自动喷水灭火系统：一类高层公共建筑（除游泳池、溜冰场外）及其地下、半地下室；二类高层公共建筑及其地下、半地下室的公共活动用房、走道、办公室和旅馆的客房、可燃物品库房、自动扶梯底部；高层民用建筑内的歌舞娱乐放映游艺场所；建筑高度大于 100 m 的住宅建筑。

9. 通风、空气调节系统的管道（　　）应设防火阀。

A. 在穿越防火分区处

B. 在穿越通风、空气调节机房及重要的或火灾危险性大的房间隔墙和楼板处

C. 在垂直风管与每层水平风管交接处的水平管段上

D. 在穿越变形缝处的两侧

E. 在风管穿过普通房间隔墙处

[答案] ABCD

10. 消防电梯设置应符合下列要求：（　　）。

A. 应能每层停靠

B. 前室的门口设置挡水设施

C. 消防电梯内应设专用电话

D. 应在首层设供消防队员专用的操作按钮

E. 消防电梯井底应设排水设施

[答案] ABCDE

（三）简答题

1. 简述歌舞娱乐放映游艺场所建筑的消防设施、器材配置要点。

[答题要点]

（1）应设置室外消火栓给水系统。

（2）应设置室内消火栓给水系统，但建筑高度不大于 15 m 且建筑体积不大于 10000 m^3 的单层或多层建筑可不设。

（3）应设置自动喷水灭火系统，但单层或多层民用建筑内，设置在首层、二层和三层且任一层建筑面积不大于 300 m^2 的地上歌舞娱乐放映游艺场所可不设。

（4）应设置火灾自动报警系统。

（5）应设置排烟设施，但设置在首层、二层和三层且房间建筑面积不大于 100 m^2 的歌舞娱乐放映游艺场所可不设。

（6）应设置安全疏散设施。

（7）应配置建筑灭火器。

2. 简述任一层建筑面积大于 1500 m^2 或总建筑面积大于 3000 m^2 的多层制衣厂房的建筑消防设施配置要点。

[答题要点]

（1）应设置室外消火栓给水系统。

（2）应设置室内消火栓给水系统。

（3）应设置自动灭火系统，并宜采用自动喷水灭火系统。

（4）应设置火灾自动报警系统。

（5）应设置排烟设施。

（6）应设置消防应急照明和疏散指示标志。

（7）应设置建筑灭火器。

3. 某电信楼，共 34 层，建筑高度 106 m，火灾自动报警系统采用总线制方式布线，其传输线路采用铜芯绝缘导线沿桥架明敷。

（1）该建筑火灾自动报警系统应采用何种形式的火灾自动报警系统？

（2）线路敷设方式是否恰当？为什么？

（3）设置了控制中心报警系统后是否还应设置消防应急广播？

[答题要点]

（1）应采用集中报警系统或控制中心报警系统。

（2）不恰当。当传输线路明敷时，应采用金属管、可挠（金属）电气导管或金属封闭线槽保护，矿物绝缘类不燃性电缆可直接明敷。

（3）还应设置消防应急广播。控制中心报警系统应设置消防应急广播。

4. 请简述消防电梯设置要点有哪些？

[答题要点]

（1）消防电梯的数量应依据规范按每层防火分区数量确定，且每个防火分区不应少于 1 台。

（2）消防电梯间应设前室，宜靠外墙设置，使用面积应符合规范要求。

（3）电梯前室的门应用乙级防火门（不应设防火卷帘），电梯井及机房围护结构的耐火性能应符合规范要求。

（4）消防电梯轿厢内应设专用消防对讲电话；首层应设消防队员专用操作按钮；消防电梯井底应设排水设施；消防电梯前室门口宜设挡水设施；轿厢内装修应采用不燃材料；消防电梯的动力与控制电缆、电线、控制面板应采取防水措施。

（5）消防电梯载重量不应小于 800 kg；行驶速度应按从首层到顶层不宜超过 60 s 确定。

案例16　地下汽车库消防设施配置案例分析

一、情景描述

某汽车库，建筑面积3999 m^2，地下1层，层高3 m，地下汽车库地面标高至室外地面的距离不大于10 m。车库可停车101辆，划分1个防火分区，2个防烟分区。车库设人员疏散口2个，设汽车疏散口2个，汽车出入口处均设有防火卷帘。该汽车库消防供电负荷为二级，并设有火灾自动报警系统、自动喷水灭火系统、室内外消火栓给水系统、机械排烟设施、消防应急照明和疏散指示标志、建筑灭火器等消防设施及器材。

二、分析要点

本案例包含或涉及下列内容：

（1）地下汽车库的类别。

（2）室外消火栓给水系统配置。

（3）室内消火栓给水系统配置。

（4）自动喷水灭火系统配置。

（5）火灾自动报警系统配置。

（6）火灾应急照明和疏散指示标志配置。

（7）防排烟系统配置。

（8）灭火器配置的相关规定。

三、关键知识点和依据

依据：《汽车库、修车库、停车场设计防火规范》(GB 50067—2014)。

（一）地下汽车库的类别

车库的防火分类分为四类，并应符合表2-16-1的规定。

表2-16-1　车库的防火分类

名　称		Ⅰ	Ⅱ	Ⅲ	Ⅳ
汽车库	停车数量/辆	>300	151~300	51~150	≤50
	或总建筑面积/m^2	>10000	5001~10000	2001~5000	≤2000
修车库	车位数/个	>15	6~15	3~5	≤2
	或总建筑面积/m^2	>3000	1001~3000	501~1000	≤500
停车场	停车数量/辆	>400	251~400	101~250	≤100

注：1. 当屋面露天停车场与下部汽车库共用汽车坡道时，其停车数量应计算在汽车库的总车辆数内。

2. 室外坡道、屋面露天停车场的建筑面积可不计入车库的建筑面积之内。

3. 公交汽车库的建筑面积可按本表的规定值增加2.0倍。

本案例中，汽车库在 51 辆<停车数量≤150 辆，且 2000 m^2 <总建筑面积≤5000 m^2 时，其分类为Ⅲ类。该地下汽车库分类为Ⅲ类地下汽车库。

（二）室外消火栓给水系统配置

（1）汽车库、修车库、停车场应设置消防给水系统。消防给水可由市政给水管道、消防水池或天然水源供给。利用天然水源时，应设置可靠的取水设施和通向天然水源的道路，并应在枯水期最低水位时，确保消防用水量。

（2）符合下列条件之一的汽车库、修车库、停车场，可不设置消防给水系统：

① 耐火等级为一、二级且停车数量不大于 5 辆的汽车库。

② 耐火等级为一、二级的Ⅳ类修车库。

③ 停车数量不大于 5 辆的停车场。

（3）当室外消防给水采用高压或临时高压给水系统时，汽车库、修车库、停车场消防给水管道内的压力应保证在消防用水量达到最大时，最不利点水枪的充实水柱不应小于 10 m；当室外消防给水采用低压给水系统时，消防给水管道内的压力应保证灭火时最不利点消火栓的水压不小于 0.1 MPa（从室外地面算起）。

（三）室内消火栓给水系统配置

（1）汽车库、修车库的消防用水量应按室内、外消防用水量之和计算。其中，汽车库、修车库内设置消火栓、自动喷水、泡沫等灭火系统时，其室内消防用水量应按需要同时开启的灭火系统用水量之和计算。

（2）除本规范另有规定外，汽车库、修车库、停车场应设置室外消火栓给水系统，其室外消防用水量应按消防用水量最大的一座计算，并应符合下列规定：

① Ⅰ、Ⅱ类汽车库、修车库、停车场，不应小于 20 L/s。

② Ⅲ类汽车库、修车库、停车场，不应小于 15 L/s。

③ Ⅳ类汽车库、修车库、停车场不应小于 10 L/s。

（3）室外消火栓的保护半径不应大于 150 m，在市政消火栓保护半径 150 m 范围内的汽车库、修车库、停车场，市政消火栓可计入建筑室外消火栓的数量。

（4）除《汽车库、修车库、停车场设计防火规范》另有规定外，汽车库、修车库应设置室内消火栓给水系统，其消防用水量应符合下列规定：

① Ⅰ、Ⅱ、Ⅲ类汽车库及Ⅰ、Ⅱ类修车库的用水量不应小于 10 L/s，系统管道内的压力应保证相邻两个消火栓的水枪充实水柱同时到达室内任何部位。

② Ⅳ类汽车库及Ⅲ、Ⅳ类修车库的用水量不应小于 5 L/s，且应保证一个消火栓的水枪充实水柱到达室内任何部位。

（5）室内消火栓水枪的充实水柱不应小于 10 m。同层相邻室内消火栓的间距不应大于 50 m，高层汽车库和地下汽车库、半地下汽车库室内消火栓的间距不应大于 30 m。

室内消火栓应设置在易于取用的明显地点，栓口距离地面宜为 1.1 m，其出水方向宜向下或设置消火栓的墙面垂直。

（6）汽车库、修车库室内消火栓超过 10 个时，室内消防管道应布置成环状，并应有两条进水管与室外管道相连接。

（7）室内消防管道应采用阀门分成若干独立段，每段内消火栓不应超过 5 个。高层汽车库内管道阀门的布置，应保证检修管道时关闭的竖管不超过 1 根，当竖管超过 4 根时，可关闭不相邻的2根。

（8）4层以上多层汽车库、高层汽车库和地下、半地下汽车库，其室内消防给水管网应设水泵接合器。水泵接合器的数量应按室内消防用水量计算确定，每个水泵接合器的流量应按10～15 L/s计算。水泵接合器应设置明显的标志，并应设置在便于消防车停靠使用的地点，其周围15～40 m范围内应设室外消火栓或消防水池。

（9）设置高压给水系统的汽车库、修车库，当能保证最不利点消火栓和自动喷水灭火系统等的水量和水压时，可不设置消防水箱。

设置临时高压消防给水系统的汽车库、修车库，应设屋顶消防水箱，其容量不应小于12 m^3。

（10）采用消防水池作为消防水源时，其有效容量应满足火灾延续时间内室内、外消防用水量之和的要求。

（11）火灾延续时间应按2.00 h计算，但自动喷水灭火系统可按1.00 h计算，泡沫灭火系统可按0.50 h计算。当室外给水管网能确保连续补水时，消防水池的有效容量可减去火灾延续时间内连续补充的水量。

（12）供消防车取水的消防水池应设取水口或取水井，其水深应保证消防车的消防水泵吸水高度不大于6 m。消防用水与其他用水共用的水池，应采取保证消防用水不作他用的技术措施。严寒或寒冷地区的消防水池应采取防冻措施。

（四）自动喷水灭火系统配置

（1）除敞开式汽车库、屋面停车场外，下列汽车库、修车库应设置自动喷水灭火系统：

① Ⅰ、Ⅱ、Ⅲ类地上汽车库。

② 停车数大于10辆的地下、半地下汽车库。

③ 机械式汽车库。

④ 采用汽车专用升降机作汽车疏散出口的汽车库。

⑤ Ⅰ类修车库。

（2）下列汽车库、修车库宜采用泡沫—水喷淋系统，泡沫—水喷淋系统的设计应符合现行国家标准《泡沫灭火系统设计规范》GB 50151的有关规定：

① Ⅰ类地下、半地下汽车库。

② Ⅰ类修车库。

③ 停车数大于100辆的室内无车道且无人员停留的机械式汽车库。

（3）地下、半地下汽车库可采用高倍数泡沫灭火系统。停车数量不大于50辆的室内无车道且无人员停留的机械式汽车库，可采用二氧化碳等气体灭火系统。

（4）环境温度低于4 ℃时间较短的非寒冷或寒冷地区，可采用湿式自动喷水灭火系统，但应采用防冻措施。

（5）设置在汽车库、修车库内的自动喷水灭火系统，其设计除应符合现行国家标准《自动喷水灭火系统设计规范》GB 50084的有关规定外，喷头布置还应符合下列规定：

① 应设置在汽车库停车位的上方或侧上方，对于机械式汽车库，尚应按停车的载车板分层布置，且应在喷头的上方设置集热板。

② 错层式、斜楼板式汽车库的车道、坡道上方均应设置喷头。

（五）火灾自动报警系统配置

（1）消防水泵、火灾自动报警系统、自动灭火系统、防排烟设备、电动防火卷帘、电动防火门、消防应急照明和疏散指示标志等消防用电设备以及采用汽车专用升降机作车辆疏散出口的升降机用电应符合下列要求：

① Ⅰ类汽车库、采用汽车专用升降机作车辆疏散出口的升降机用电应按一级负荷供电。

② Ⅱ、Ⅲ类汽车库和Ⅰ类修车库应按二级负荷供电。

③ Ⅳ类汽车库和Ⅱ类、Ⅲ类、Ⅳ类修车库可采用三级负荷供电。

（2）除敞开式汽车库、屋面停车场以外的下列汽车库、修车库，应设置火灾自动报警系统：

① Ⅰ类汽车库、修车库。

② Ⅱ类地下、半地下汽车库、修车库。

③ Ⅱ类高层汽车库、修车库。

④ 机械式汽车库。

⑤ 采用汽车专用升降机作汽车疏散出口的汽车库。

（六）火灾应急照明和疏散指示标志配置

（1）除停车数量不超过50辆的汽车库，以及室内无车道且无人员停留的机械式汽车库外，汽车库内应设置消防应急照明和疏散指示标志。用于疏散走道上的消防应急照明和疏散指示标志，可采用蓄电池作备用电源，但其连续供电时间不应少于30 min。

（2）消防应急照明灯宜设置在墙面或顶棚上，其地面最低水平照度不应低于1.0 lx。安全出口标志宜设在疏散出口的顶部；疏散指示标志宜设在疏散通道及其转角处，且距地面高度1 m以下的墙面上。通道上的指示标志，其间距不宜大于20 m。

（七）防排烟系统配置

（1）除敞开式汽车库、建筑面积小于1000 m^2 的地下一层汽车库和修车库外，汽车库、修车库应设置排烟系统，并应划分防烟分区。

（2）防烟分区的建筑面积不宜大于2000 m^2，且防烟分区不应跨越防火分区。防烟分区可采用挡烟垂壁、隔墙或从顶棚下突出不小于0.5 m的梁划分。

（3）排烟系统可采用自然排烟方式或机械排烟方式。机械排烟系统可与人防、卫生等排气、通风系统合用。

（4）当采用自然排烟方式时，可采用手动排烟窗、自动排烟窗、孔洞等作为自然排烟口，并应符合下列规定：

① 自然排烟口的总面积不应小于室内地面面积的2%。

② 自然排烟口应设置在外墙上方或屋顶上，并应设置方便开启的装置。

③ 房间外墙上的排烟口（窗）宜沿外墙周长方向均匀分布，排烟口（窗）的下沿不应低于室内净高的1/2，并应沿气流方向开启。

（5）汽车库、修车库内每个防烟分区排烟风机的排烟量不应小于表2-16-2的规定。

（6）每个防烟分区应设置排烟口，排烟口宜设在顶棚或靠近顶棚的墙面上。排烟口距该防烟分区内最远点的水平距离不应大于30 m。

表 2-16-2　汽车库、修车库内每个防烟分区排烟风机的排烟量

车库的净高/m	车库的排烟量/($m^3 \cdot h^{-1}$)	车库的净高/m	车库的排烟量/($m^3 \cdot h^{-1}$)
3 及以下	30000	6.1～7.0	36000
3.1～4.0	31500	7.1～8.0	37500
4.1～5.0	33000	8.1～9.0	39000
5.1～6.0	34500	9.1 及以上	40500

注：建筑空间净高位于表中两个高度之间的，按线性插值法取值。

（7）排烟风机可采用离心风机或排烟轴流风机，并应保证 280 ℃时能连续工作 30 min。

（8）在穿过不同防烟分区的排烟支管上应设置烟气温度大于 280 ℃时能自动关闭的排烟防火阀，排烟防火阀应联锁关闭相应的排烟风机。

（9）机械排烟管道的风速，采用金属管道时不应大于 20 m/s；采用内表面光滑的非金属材料风道时，不应大于 15 m/s。排烟口的风速不宜大于 10 m/s。

（10）汽车库内无直接通向室外的汽车疏散出口的防火分区，当设置机械排烟系统时，应同时设置补风系统，且补风量不宜小于排烟量的 50%。

（八）灭火器配置的相关规定

（1）除室内无车道且无人员停留的机械式汽车库外，汽车库、修车库、停车场均应配置灭火器。灭火器的配置设计应符合现行国家标准《建筑灭火器配置设计规范》GB 50140 的有关规定。

（2）根据《建筑灭火器配置设计规范》（GB 50140—2005）规定，该地下汽车库灭火器配置场所火灾种类为 B 类，危险等级为中危险级。手提式灭火器保护半径为 12 m，推车式灭火器保护半径为 24 m。

（3）单具灭火器最小配置灭火级别为 55B，单位灭火级别最大保护面积为 1 m^2/B。地下汽车库灭火器配置计算应按计算单元进行，计算单元的最小需配灭火级别按公式 $Q = 1.3KS/U$ 计算。

四、思考题

（一）单项选择题

1. 地下汽车库机械排烟风机的排烟量不应小于（　　）m^3/h。

A. 20000　　B. 25000　　C. 30000　　D. 35000

［答案］C

2. Ⅲ类地下汽车库应按（　　）级负荷供电。

A. 一　　B. 二

C. 三　　D. 一级负荷中特别重要负荷

［答案］B

［解析］Ⅰ类汽车库、采用汽车专用升降机作车辆疏散出口的升降机用电应按一级负荷供电；Ⅱ、Ⅲ类汽车库和Ⅰ类修车库应按二级负荷供电；Ⅳ类汽车库和Ⅱ类、Ⅲ类、Ⅳ类修车库可采用三级负荷供电。

3. 停车数超过（　　）辆的地下汽车库、Ⅰ类修车库等应设自动喷水灭火系统。

A. 10　　B. 8　　C. 5　　D. 4

［答案］A

4. 地下汽车库消火栓水枪的充实水柱不应小于（　　）m。

A. 8　　B. 10　　C. 13　　D. 15

［答案］B

5. 面积超过（　　）m^2 的地下汽车库应设置排烟系统。

A. 500　　B. 1000　　C. 1500　　D. 2000

［答案］B

（二）多选题

下列哪些地下汽车库应设置火灾自动报警系统（　　）。

A. Ⅰ类汽车库、修车库

B. Ⅱ类高层、地下汽车库、修车库

C. 敞开式汽车库

D. 采用汽车专用升降机作汽车疏散出口的汽车库

E. 机械式汽车库

［答案］ABDE

（三）分析题

某独立设置的地下汽车库，位于地下1层，层高3.30 m，建筑面积3300 m^2，停车数为99辆，问：

（1）该汽车库防火分类？

（2）该汽车库至少应设置哪些消防设施及器材？

（3）该汽车库室内外消防用水量分别不应小于多少？

［答题要点］

（1）该地下汽车库属于Ⅲ类汽车库。

（2）作为Ⅲ类汽车库，应至少设置室外消火栓系统、室内消火栓系统、自动喷水灭火系统、排烟系统、火灾应急照明和疏散指示标志、建筑灭火器。

（3）因为该地下汽车库为Ⅲ类汽车库，室外消防用水量不应小于15 L/s，室内消防用水量不应小于10 L/s。

案例17　高度超过100 m的综合楼建筑消防设施配置案例分析

一、情景描述

某综合楼地上52层，地下3层，建筑高度231 m，总建筑面积为193159.58 m^2。地下部分为汽车库和设备用房（层高均为4 m），首层至地上五层的主要使用功能为商场，地上六层至地上十四层的主要使用功能为写字楼，地上十六层至地上三十六层、地上三十八层至地上五十二层的主要使用功能为酒店。每层建筑面积不小于3000 m^2。

消防用水分别从两路市政管网各引一路DN300的进水管，并在综合楼四周环通，环网上设置室外消火栓系统。综合楼各层均设置室内消火栓给水系统；变（配）电室、通信机房采用七氟丙烷气体灭火系统，可燃油油浸电力变压器、充可燃油的高压电容器和多油断路器室采用水喷雾灭火系统，其他部位均设置湿式自动喷水灭火系统。

室内消防给水系统为临时高压给水系统并采用串联消防给水方式供水。

在地下二层（该层室内地面与室外出入口地坪高差为9 m）、地上十五层避难层、地上三十七层避难层分别设置消防泵房和消防水泵转输水箱，在顶层设大于100 m^3的高位消防水箱。该建筑还设有正压送风系统、机械排烟系统、火灾自动报警系统、消防应急照明、消防疏散指示标志、灭火器、消防电梯等消防设施及器材。

二、分析要点

本案例包含或涉及下列内容：

（1）水喷雾灭火系统配置。

（2）消防给水形式。

（3）气体灭火系统。

（4）火灾自动报警系统。

（5）灭火器配置的相关规定。

三、关键知识点及依据

该综合楼建筑高度231 m，建筑高度超过100 m，为一类高层公共建筑。

（一）水喷雾灭火系统配置

（1）根据《建筑设计防火规范》（GB 50016—2014）第8.3.8条规定，可燃油油浸电力变压器、充可燃油的高压电容器和多油断路器室宜设水喷雾灭火系统。

（2）根据《水喷雾灭火系统设计规范》（GB 50219—2014）规定，水喷雾灭火系统可用于扑救固体火灾和闪点大于60 ℃的液体火灾及电气火灾。可燃油油浸电力变压器、充可燃油的高压电容器和多油断路器室的水喷雾灭火系统的设计供给强度不应小于 20 L/(min·m^2)，可燃油油浸电力变压器、多油断路器室的持续供给时间不应小于 0.4 h；柴油发电机室及其储油间的持续供给时间不应小于 0.5 h。

(3) 系统应选择水雾喷头，工作压力不应小于 0.35 MPa。水喷雾灭火系统消防用水量取决于被保护对象表面积大小，上述被保护对象表面积最大的为变压器室。

(二) 消防给水形式

依据：《消防给水及消火栓系统技术规范》(GB 50974—2014)，简称《消规》。

(1) 符合下列条件时，消防给水系统应分区供水：

① 系统工作压力大于 2.40 MPa。

② 消火栓栓口处静压大于 1.0 MPa。

③ 自动水灭火系统报警阀处的工作压力大于 1.60 MPa 或喷头处的工作压力大于 1.20 MPa。

(2) 分区供水形式应根据系统压力、建筑特征，经技术经济和安全可靠性等综合因素确定，可采用消防水泵并行或串联、减压水箱和减压阀减压的形式，但当系统的工作压力大于 2.40 MPa 时，应采用消防水泵串联或减压水箱分区供水形式。

(3) 采用消防水泵串联分区供水时，宜采用消防水泵转输水箱串联供水方式，并应符合下列规定：

① 当采用消防水泵转输水箱串联时，转输水箱的有效储水容积不应小于 60 m^3，转输水箱可作为高位消防水箱。

② 串联转输水箱的溢流管宜连接到消防水池。

③ 当采用消防水泵直接串联时，应采取确保供水可靠性的措施，且消防水泵从低区到高区应能依次顺序启动。

④ 当采用消防水泵直接串联时，应校核系统供水压力，并应在串联消防水泵出水管上设置减压型倒流防止器。

(4) 采用减压阀减压分区供水时应符合下列规定：

① 消防给水所采用的减压阀性能应安全可靠，并应满足消防给水的要求。

② 减压阀应根据消防给水设计流量和压力选择，且设计流量应在减压阀流量压力特性曲线的有效段内，并校核在 150% 设计流量时，减压阀的出口动压不应小于设计值的 65% 。

③ 每一供水分区应设不少于两组减压阀组，每组减压阀组宜设置备用减压阀。

④ 减压阀仅应设置在单向流动的供水管上，不应设置在有双向流动的输水干管上。

⑤ 减压阀宜采用比例式减压阀，当超过 1.20 MPa 时，宜采用先导式减压阀。

⑥ 减压阀的阀前阀后压力比值不宜大于 3：1，当一级减压阀减压不能满足要求时，可采用减压阀串联减压，但串联减压不应大于两级，第二级减压阀宜采用先导式减压阀，阀前后压力差不宜超过 0.40 MPa。

⑦ 减压阀后应设置安全阀，安全阀的开启压力应能满足系统安全，且不应影响系统的供水安全性。

(5) 采用减压水箱减压分区供水时应符合下列规定：

① 减压水箱的有效容积不应小于 18 m^3，且宜分为两格。

② 减压水箱应有两条进、出水管，且每条进、出水管应满足消防给水系统所需消防用水量的要求。

③ 减压水箱进水管的水位控制应可靠，宜采用水位控制阀。

④ 减压水箱进水管应设置防冲击和溢水的技术措施，并宜在进水管上设置紧急关闭阀门，溢流水宜回流到消防水池。

（6）本案例中，采用消防水泵串联分区供水时，宜采用消防水泵转输水箱串联供水方式，转输水箱的有效储水容积不应小于 60 m^3。该工程建筑高度超过 100 m，最不利点水灭火设施处静水压力不应低于 0.15 MPa，否则应设稳压泵。

室内消火栓给水系统和自动喷水灭火系统及水喷雾灭火系统应设水泵接合器，每个水泵接合器的流量应按 10 ~ 15 L/s 计算。附设在建筑物内的消防水泵房，不应设置在地下三层及以下，或室内地面与室外出入口地坪高差大于 10 m 的地下楼层。

（三）气体灭火系统

根据《建筑设计防火规范》(GB 50016—2014）第 8.3.9 条规定，该高层建筑内的变（配）电室、通信机房宜设置气体灭火系统。该建筑的气体灭火系统采用组合分配式七氟丙烷全淹没灭火系统，设计压力宜为 4.20 MPa，设计浓度不应低于 8%，喷放时间不应大于 8 s，浸渍时间不小于 5 min。系统采用自动控制、手动控制和机械应急操作三种启动方式。

（四）火灾自动报警系统

1. 设置范围

根据《建筑设计防火规范》(GB 50016—2014）第 8.4.1 条规定，该高层建筑应设置火灾自动报警系统。

根据《汽车库、修车库、停车场设计防火规范》(GB 50067—2014）第 9.0.7 条规定，高层建筑地下车库也应设置火灾自动报警系统。

2. 报警系统形式的选择

火灾自动报警系统由火灾探测报警系统、消防联动控制系统、可燃气体探测报警系统及电气火灾监控系统组成。

（1）火灾探测报警系统。

组成：火灾探测报警系统由火灾报警控制器、触发器件和火灾警报装置等组成。

功能：能及时、准确地探测被保护对象的初起火灾，并做出报警响应，从而使建筑物中的人员有足够的时间在火灾尚未发展蔓延到危害生命安全的程度时疏散至安全地带，是保障人员生命安全的最基本的建筑消防系统。

（2）消防联动控制系统。

组成：消防联动控制系统由消防联动控制器、消防控制室图形显示装置、消防电气控制装置（防火卷帘控制器、气体灭火控制器等）、消防电动装置、消防联动模块、消火栓按钮、消防应急广播设备、消防电话等设备和组件组成。

功能：在火灾发生时，联动控制器按设定的控制逻辑准确发出联动控制信号给消防泵、喷淋泵、防火门、防火阀、防排烟阀和通风等消防设备，完成对灭火系统、疏散指示系统、防排烟系统及防火卷帘等其他消防有关设备的控制功能。

3. 系统适用范围

火灾自动报警系统适用于人员居住和经常有人滞留的场所、存放重要物资或燃烧后产生严重污染需要及时报警的场所。

（1）区域报警系统。

区域报警系统适用于仅需要报警，不需要联动自动消防设备的保护对象。

（2）集中报警系统。

集中报警系统适用于具有联动要求的保护对象。

（3）控制中心报警系统。

控制中心报警系统一般适用于建筑群或体量很大的保护对象，这些保护对象中可能设置几个消防控制室，也可能由于分期建设而采用了不同企业的产品或同一企业不同系列的产品，或由于系统容量限制而设置了多个起集中作用的火灾报警控制器等情况，这些情况下均应选择控制中心报警系统。

4. 火灾探测器的选择

（1）下列场所宜选择点型感烟火灾探测器：

① 饭店、旅馆、教学楼、办公楼的厅堂、卧室、办公室、商场、列车载客车厢等。

② 计算机房、通信机房、电影或电视放映室等。

③ 楼梯、走道、电梯机房、车库等。

④ 书库、档案库等。

（2）符合下列条件之一的场所，不宜选择点型离子感烟火灾探测器：

① 相对湿度经常大于95%。

② 气流速度大于5 m/s。

③ 有大量粉尘、水雾滞留。

④ 可能产生腐蚀性气体。

⑤ 在正常情况下有烟滞留。

⑥ 产生醇类、醚类、酮类等有机物质。

（3）符合下列条件之一的场所，不宜选择点型光电感烟火灾探测器：

① 有大量粉尘、水雾滞留。

② 可能产生蒸气和油雾。

③ 高海拔地区。

④ 在正常情况下有烟滞留。

（4）符合下列条件之一的场所，宜选择点型感温火灾探测器；且应根据使用场所的典型应用温度和最高应用温度选择适当类别的感温火灾探测器：

① 相对湿度经常大于95%。

② 可能发生无烟火灾。

③ 有大量粉尘。

④ 吸烟室等在正常情况下有烟或蒸气滞留的场所。

⑤ 厨房、锅炉房、发电机房、烘干车间等不宜安装感烟火灾探测器的场所。

⑥ 需要联动熄灭“安全出口”标志灯的安全出口内侧。

⑦ 其他无人滞留且不适合安装感烟火灾探测器，但发生火灾时需要及时报警的场所。

（5）可能产生阴燃火或发生火灾不及时报警将造成重大损失的场所，不宜选择点型感温火灾探测器；温度在 0 ℃以下的场所，不宜选择定温探测器；温度变化较大的场所，不宜选择具有差温特性的探测器。

（6）符合下列条件之一的场所，宜选择点型火焰探测器或图像型火焰探测器：

① 火灾时有强烈的火焰辐射。

② 可能发生液体燃烧等无阴燃阶段的火灾。

③ 需要对火焰做出快速反应。

（7）符合下列条件之一的场所，不宜选择点型火焰探测器和图像型火焰探测器：

① 在火焰出现前有浓烟扩散。

② 探测器的镜头易被污染。

③ 探测器的“视线”易被油雾、烟雾，水雾和冰雪遮挡。

④ 探测区域内的可燃物是金属和无机物。

⑤ 探测器易受阳光、白炽灯等光源直接或间接照射。

（8）探测区域内正常情况下有高温物体的场所，不宜选择单波段红外火焰探测器。

（9）正常情况下有明火作业，探测器易受 X 射线、弧光和闪电等影响的场所，不宜选择紫外火焰探测器。

（10）下列场所应选择可燃气体探测器：

① 使用可燃气体的场所。

② 燃气站和燃气表房以及存储液化石油气罐的场所。

③ 其他可燃气体和可燃蒸气的场所。

（11）在火灾初期产生一氧化碳的下列场所可选择点型一氧化碳火灾探测器：

① 烟不容易对流或顶棚下方有热屏障的场所。

② 在棚顶上无法安装其他点型火灾探测器的场所。

③ 需要多信号复合报警的场所。

（12）污物较多且必须安装感烟火灾探测器的场所，应选择间断吸气的点型采样吸气式感烟火灾探测器或具有过滤网和管路自清洗功能的管路采样吸气式感烟火灾探测器。

（13）无遮挡的大空间或有特殊要求的房间，宜选择线型光束感烟火灾探测器。

（14）符合下列条件之一的场所，不宜选择线型光束感烟火灾探测器：

① 有大量粉尘、水雾滞留。

② 可能产生蒸气和油雾。

③ 在正常情况下有烟滞留。

④ 固定探测器的建筑结构由于振动等原因会产生较大位移的场所。

（15）下列场所或部位，宜选择缆式线型感温火灾探测器：

① 电缆隧道、电缆竖井、电缆夹层、电缆桥架。

② 不易安装点型探测器的夹层、闷顶。

③ 各种带式运输机装置。

④ 其他环境恶劣不适合点型探测器安装的场所。

（16）下列场所或部位，宜选择线型光纤感温火灾探测器：

① 除涂液化石油气外的石油储罐。

② 需要设置线型感温火灾探测器的易燃易爆场所。

③ 需要监测环境温度的地下空间等场所宜设置具有实时温度监测功能的线型光纤感温火灾探测器。

④ 公路隧道、敷设动力电缆的铁路隧道和城市地铁隧道等。

(17) 线型定温火灾探测器的选择，应保证其不动作温度符合设置场所的最高环境温度的要求。

(18) 下列场所宜选择吸气式感烟火灾探测器：

① 具有高速气流的场所。

② 点型感烟、感温火灾探测器不适宜的大空间、舞台上方、建筑高度超过 12 m 或有特殊要求的场所。

③ 低温场所。

④ 需要进行隐蔽探测的场所。

⑤ 需要进行火灾早期探测的重要场所。

⑥ 人员不宜进入的场所。

(19) 灰尘比较大的场所，不应选择没有过滤网和管路自清洗功能的管路采样式吸气感烟火灾探测器。

(20) 除厨房、锅炉房、发电机房等不宜安装感烟探测器的场所宜选用点型感温火灾探测器外，汽车库、商场、空调机房、疏散走道、酒店客房、办公室等场所均宜选用点型感烟火灾探测器，但上述场所内若有属于大空间等特殊场所的应特殊考虑。

5. 消防控制室

消防控制室内设置的消防设备应包括火灾报警控制器、消防联动控制器、消防控制室图形显示装置、消防专用电话总机、消防应急广播控制装置、消防应急照明和疏散指示系统控制装置、消防电源监控器等设备，或具有相应功能的组合设备。

具有两个及两个以上消防控制室时，应确定主消防控制室和分消防控制室。主消防控制室的消防设备应对系统内共用的消防设备进行控制，并显示其状态信息；主消防控制室内的消防设备应能显示各分消防控制室内消防设备的状态信息，并可对分消防控制室内的消防设备及其控制的消防系统和设备进行控制；各分消防控制室内的消防设备之间可以互相传输、显示状态信息，但不应互相控制。

(五) 灭火器配置的相关规定

(1) 根据《建筑设计防火规范》(GB 50016—2014) 第 8.1.9 条规定，该高层建筑应设置灭火器。

(2) 根据《建筑灭火器配置设计规范》(GB 50140—2005) 的规定，该建筑各层均应配置建筑灭火器。该建筑灭火器配置场所的危险等级应为严重危险级，地上商场、酒店客房和办公室的火灾种类为 A 类火灾，地下汽车库火灾种类为 B 类火灾，应配置 ABC 型干粉灭火器，但在变（配）电室、开关室、柴油发电机室宜配二氧化碳灭火器。

四、思考题

(一) 单项选择题

1. 建筑高度为 58 m 的财贸金融楼消火栓系统的火灾延续时间应按（　　）h 计算。

A. 1　　B. 2　　C. 3　　D. 4

［答案］C

2. 建筑高度小于100 m的一类高层公共建筑的高位消防水箱的有效容积不应小于（　　）m^3。

A. 12　　B. 18　　C. 36　　D. 60

［答案］C

3. 中危险级自动喷水灭火系统配水管两侧每根配水支管控制的标准喷头数不应超过（　　）只。

A. 6　　B. 7　　C. 8　　D. 15

［答案］C

［解析］配水管两侧每根配水支管控制的标准喷头数，轻、中危险级场所不应超过8只，同时在吊顶上下侧安装喷头的配水支管，上下侧均不超过8只。严重危险级和仓库危险级场所不应超过6只。

4. 某超高层建筑内设置的发电机房，利用七氟丙烷灭火系统防护，其灭火设计浓度为（　　）。

A. 5.8%　　B. 8%　　C. 9%　　D. 10%

［答案］C

［解析］图书、档案、票据和文物资料库等防护区，灭火设计浓度宜采用10%。油浸变压器室、带油开关的配电室和自备发电机房等防护区，灭火设计浓度宜采用9%。通讯机房和电子计算机房等防护区，灭火设计浓度宜采用8%。

5.（　　）是火灾自动报警系统中用以接收、显示和传递火灾报警信号，并能发出控制信号和其他辅助功能的控制指示设备。

A. 火灾探测器　　B. 火灾报警控制器

C. 火灾警报装置　　D. 消防联动控制器

［答案］B

6. 环境温度高于70 ℃或低于4 ℃的建筑物内有不允许漏水损失要求时，应设置的自动喷水灭火系统的类型是（　　）。

A. 预作用系统　　B. 湿式系统　　C. 干式系统　　D. 雨淋系统

［答案］A

7. 当气体灭火系统设置自动启动方式时，应在接到（　　）独立的火灾信号后方可启动。

A. 单个　　B. 两个　　C. 三个　　D. 三个以上

［答案］B

（二）多项选择题

1. 下列哪些部位应设置独立的机械加压送风的防烟设施（　　）?

A. 不具备自然排烟条件的防烟楼梯间

B. 不具备自然排烟条件的消防电梯间前室或合用前室

C. 采用自然排烟措施的防烟楼梯间，其不具备自然排烟条件的前室

D. 有可开启外窗的封闭避难层（间）

E. 长度大于 20 m 的内走道

[答案] ABC

2. 水喷雾灭火系统由（ ）等组成。

A. 水雾喷头　B. 雨淋阀组　C. 闭式喷头　D. 管道

E. 供水设备

[答案] ABDE

3. 气体灭火系统按其装配形式可分为（ ）。

A. 全淹没系统　B. 局部应用系统　C. 管网灭火系统　D. 无管网灭火系统

E. 单元独立灭火系统

[答案] CD

4. 发生火灾时仍需坚持工作并仍应保证正常照明照度的房间有（ ）。

A. 消防控制室　B. 消防水泵房　C. 锅炉房　D. 配电室

E. 防烟排烟机房

[答案] ABDE

[解析] 消防控制室、消防水泵房、自备发电机房、配电室、防排烟机房以及发生火灾时仍需正常工作的消防设备房应设置备用照明，其作业面的最低照度不应低于正常照明的照度。

5. 某大型展览建筑，地上 2 层，地下 1 层。每层建筑面积 3000 m^2，建筑高度 12 m。地上二层为展厅。该展览建筑应设应急照明的部位（ ）。

A. 展览厅

B. 封闭楼梯间、防烟楼梯间及其前室

C. 建筑面积大于 100 m^2 的地下公共活动场所

D. 疏散走道

E. 建筑面积大于 200 m^2 的餐厅

[答案] ABCDE

6. 上述展览建筑应设排烟设施的部位有（ ）。

A. 长度超过 20 m 的疏散走道

B. 建筑面积大于 100 m^2，且经常有人停留的地上房间

C. 中庭

D. 建筑面积大于 300 m^2，且可燃物较多的地上房间

E. 前室

[答案] ABCD

（三）分析题

1. 手动火灾报警按钮的设置要点？

[答题要点]

（1）每个防火分区应至少布置一只手动火灾报警按钮。

（2）从一个防火分区内的任何位置到最邻近的一个手动火灾报警按钮的距离不应大于 30 m。

（3）手动火灾报警按钮宜设置在公共活动场所的出入口处。

（4）手动火灾报警按钮宜设置在明显和便于操作的部位，当安装在墙上时，其底边距地高度宜为 1.30 ~ 1.50 m，且应有明显的标志。

2. 二类高层公共建筑哪些部位应设自动喷水灭火系统?

[答题要点]

公共活动用房、走道、办公室和旅馆的客房，自动扶梯底部，可燃物品库房。

3. 某综合楼，地下 1 层，地上 4 层，高度 23.8 m，总建筑面积 14000 m^2，地下 1 层为车库，停车位 120 辆，1 ~ 3 层为展览厅，4 层为办公室，设有自动灭火系统。

问：（1）室内消火栓充实水柱长度应为多少米?

（2）应选择哪种火灾自动报警系统形式?

[答题要点]

（1）消火栓充实水柱长度不应小于 10 m。

（2）可选择集中报警系统或控制中心报警系统。

案例18 甲、乙、丙类液体储罐区消防设施配置案例分析

一、情景描述

某占地80 hm^2 工厂厂区内设置储罐区，储存有正丙醇、乙醇、异丙醇、正丁醇、环己酮、乙二醇、二甘醇、轻柴油和丙二醇，均为钢制单盘式内浮顶储罐。罐区储存物主要理化性能见表2－18－1。

表2－18－1 罐区储存物主要理化性能

罐体编号	储存物质	闪点/℃	水溶性	单罐容积/m^3
1	正丙醇	15	是	1200
2	正丁醇	35	是	1200
3	乙醇	12	是	1000
4	二甘醇	124	是	500
5	环己酮	43	否	500
6	异丙醇	12	是	500
7	丙二醇	99	是	500
8	乙二醇	111.10	是	1200
9	轻柴油	65	否	500

二、分析要点

本案例包含或涉及下列内容：

（1）火灾危险性分类。

（2）泡沫灭火系统的设置。

（3）消防给水系统的设置。

（4）建筑灭火器配置的相关规定。

三、关键知识点及依据

（一）火灾危险性分类

根据《建筑设计防火规范》（GB 50016—2014）第3.1.3条规定，正丙醇、乙醇、异丙醇储罐储存物品闪点小于28 ℃，其火灾危险性分类为甲类；正丁醇、环己酮储罐储存

物品闪点大于或等于28 ℃，但小于60 ℃，火灾危险性分类为乙类；乙二醇、二甘醇、丙二醇和轻柴油储罐储存物品闪点大于或等于60 ℃，火灾危险性分类为丙类。上述储存物品除环已酮、轻柴油外均为水溶性物质。

（二）泡沫灭火系统的设置

（1）系统的分类：

按喷射方式分为液上喷射、液下喷射、半液下喷射。

① 液上喷射系统：泡沫从液面上喷入被保护储罐内的灭火系统，它有固定式、半固定式、移动式三种应用形式。

② 液下喷射系统：泡沫从液面下喷入被保护储罐内的灭火系统。泡沫在注入液体燃烧层下部之后，上升至液体表面并扩散开，形成一个泡沫层的灭火系统。液下用的泡沫液必须是氟蛋白泡沫液或是水膜泡沫液。该系统通常设计为固定式和半固定式两种。

③ 半液下喷射系统：泡沫从储罐底部注入，并通过软管浮升到液体燃料表面进行灭火的泡沫灭火系统。

（2）甲、乙、丙类液体储罐的灭火系统设置应符合下列规定：

① 单罐容量大于1000 m^3 的固定顶罐应设置固定式泡沫灭火系统。

② 罐壁高度小于7 m或容量不大于200 m^3 的储罐可采用移动式泡沫灭火系统。

③ 其他储罐宜采用半固定式泡沫灭火系统。

④ 石油库、石油化工、石油天然气工程中甲、乙、丙类液体储罐的灭火系统设置，应符合现行国家标准《石油库设计规范》(GB 50074—2014）等标准的规定。

本案例中，该储罐区应设置固定泡沫灭火系统。

（3）储罐区低倍数泡沫灭火系统的选择，应符合下列规定：

① 非水溶性甲、乙、丙类液体固定顶储罐，应选用液上喷射、液下喷射或半液下喷射系统。

② 水溶性甲、乙、丙类液体和其他对普通泡沫有破坏作用的甲、乙、丙类液体固定顶储罐，应选用液上喷射系统或半液下喷射系统。

③ 外浮顶和内浮顶储罐应选用液上喷射系统。

④ 非水溶性液体外浮顶储罐、内浮顶储罐、直径大于18 m的固定顶储罐及水溶性甲、乙、丙类液体立式储罐，不得选用泡沫炮作为主要灭火设施。

⑤ 高度大于7 m或直径大于9 m的固定顶储罐，不得选用泡沫枪作为主要灭火设施。

（4）储罐区泡沫灭火系统扑救一次火灾的泡沫混合液设计用量，应按罐内用量、该罐辅助泡沫枪用量、管道剩余量三者之和最大的储罐确定。

（5）钢制单盘式、双盘式和敞口隔舱式内浮顶储罐的保护面积，应按罐壁与泡沫堰板之间的环形面积确定，其他形式的内浮顶储罐应按固定顶储罐的消防要求设防。

（三）消防给水系统的设置

（1）根据《建筑设计防火规范》(GB 50016—2014）第8.1.2条规定，该储罐区应设室外消火栓系统。

（2）工厂、仓库、堆场、储罐区或民用建筑的室外消防用水量，应按同一时间内的火灾起数和一起火灾灭火所需室外消防用水量确定。同一时间内的火灾起数应符合下列规定：

① 工厂、堆场和储罐区等，当占地面积小于等于100 hm^2，且附有居住区人数小于或等于1.5万人时，同一时间内的火灾起数应按1起确定；当占地面积小于或等于100 hm^2，且附有居住区人数大于1.5万人时，同一时间内的火灾起数应按2起确定，居住区应计1起，工厂、堆场或储罐区应计1起。

② 工厂、堆场和储罐区等，当占地面积大于100 hm^2，同一时间内的火灾起数应按2起确定，工厂、堆场和储罐区应按需水量最大的两座建筑（或堆场、储罐）各计1起。

③ 仓库和民用建筑同一时间内的火灾起数应按1起确定。

本案例中，占地面积小于100 hm^2 的工厂、堆场、储罐区等，且附近有居住区人数小于或等于1.5万人时，同一时间内的火灾起数应按1起确定。

（3）一起火灾灭火所需消防用水的设计流量。根据《消防给水及消火栓系统技术规范》(GB 50974—2014）第3.1.2条规定，应由室外消火栓系统、泡沫灭火系统、固定冷却水系统等需要同时作用的各种水灭火系统的设计流量组成。根据《消防给水及消火栓系统技术规范》(GB 50974—2014）第3.4.2条规定，甲、乙、丙类可燃液体储罐的消防给水设计流量应按最大罐组确定，并应按泡沫灭火系统设计流量、固定冷却水系统设计流量与室外消火栓设计流量之和确定。

（四）建筑灭火器配置的相关规定

（1）根据《建筑设计防火规范》(GB 50016—2015）第8.1.9条规定，该储罐区应设置灭火器。

（2）根据《建筑灭火器配置设计规范》(GB 50140—2005）的规定，该甲、乙、丙类液体储罐区应配置建筑灭火器。灭火器配置场所火灾种类为B类，闪点小于60 ℃的可燃液体危险等级为严重危险级；闪点大于或等于60 ℃的液体为中危险级。应配置泡沫或干粉灭火器，灭火器配置设计的计算单元应按储罐的占地面积计算。

四、思考题

（一）单项选择

1. 该储罐区距起火罐壁的净距大于或等于（　　）D的相邻罐可不设冷却水系统，D为起火罐与相邻罐两者中较大油罐的直径。

A. 0.8　　B. 0.6　　C. 0.4　　D. 0.2

［答案］C

［解析］依据《消防给水及消火栓系统技术规范》(GB 50974—2014）第3.4.2条，甲、乙、丙类可燃液体储罐的消防给水设计流量应按最大罐组确定，并应按泡沫灭火系统设计流量、固定冷却水系统设计流量与室外消火栓设计流量之和确定，除浮盘采用易熔材料制作的储罐外，当着火罐为浮顶、内浮顶罐时，距着火罐壁的净距离大于或等于0.4D的邻近罐可不设冷却水系统，D为着火油罐与相邻油罐两者中较大油罐的直径；距着火罐壁的净距离小于0.4D范围内的相邻油罐受火焰辐射热影响比较大的局部应设置冷却水系统，且所有相邻油罐的冷却水系统设计流量之和不应小于45 L/s。

2. 该罐区内轻柴油的火灾危险性类别属于（　　）。

A. 甲类　　B. 乙类　　C. 丙类　　D. 丁戊类

［答案］C

［解析］依据表2－18－1，轻柴油的闪点是65 ℃。

3. 柴油机消防水泵应具备连续工作的性能，试验运行时间不应小于（　　）小时。

A. 8　　B. 12　　C. 24　　D. 36

［答案］C

［解析］依据《消规》第5.1.8条，当采用柴油机消防水泵时应采用压缩式点火型柴油机，柴油机消防水泵应具备连续工作的性能，试验运行时间不应小于24 h，柴油机消防水泵的蓄电池应保证消防水泵随时自动启泵的要求。

（二）多项选择

1. 下列哪些可燃液体储罐，需要使用抗溶性泡沫灭火剂（　　）。

A. 正丁醇　　B. 乙二醇　　C. 二甘醇　　D. 异丙醇

E. 乙醇

［答案］ABCDE

2. 正丙醇固定顶储罐储存，应选用（　　）泡沫灭火系统。

A. 液上喷射　　B. 液下喷射　　C. 半液下喷射　　D. 以上全部

E. 不能采用

［答案］AC

［解析］正丙醇是水溶性甲类液体，水溶性甲、乙、丙类液体和其他对普通泡沫有破坏作用的甲、乙、丙类液体固定顶储罐，应选用液上喷射系统或半液下喷射系统。

（三）分析题

1. 某储罐区，设有4个内浮顶汽油储罐，单罐容积为2000 m^3。问：

（1）该储存物品的火灾危险类别是什么？

（2）该储罐应采用何种泡沫灭火系统？

（3）泡沫消防泵启动后，将泡沫液或泡沫混合液输送到最远储罐的时间不应大于多少分钟？

［解析］泡沫灭火系统选择基本要求：

（1）甲、乙、丙类液体储罐区宜选用低倍数泡沫灭火系统；单罐容量不大于5000 m^3的甲、乙类固定顶与内浮顶油罐和单罐容量不大于10000 m^3的丙类固定顶与内浮顶油罐，可选用中倍数泡沫系统。

（2）甲、乙、丙类液体储罐区固定式、半固定式或移动式泡沫灭火系统的选择应符合下列规定：低倍数泡沫灭火系统，应符合相关现行国家标准的规定；油罐中倍数泡沫灭火系统宜为固定式。

（3）储罐区泡沫灭火系统的选择，应符合下列规定：烃类液体固定顶储罐，可选用液上喷射、液下喷射或半液下喷射泡沫系统；水溶性甲、乙、丙液体的固定顶储罐，应选用液上喷射或半液下喷射泡沫系统；外浮顶和内浮顶储罐应选用液上喷射泡沫系统；烃类液体外浮顶储罐、内浮顶储罐、直径大于18 m的固定顶储罐以及水溶性液体的立式储罐，不得选用泡沫炮作为主要灭火设施；高度大于7 m、直径大于9 m的固定顶储罐，不得选用泡沫枪作为主要灭火设施；油罐中倍数泡沫系统，应选液上喷射泡沫系统。

（4）单罐容量大于1000 m^3的甲、乙、丙类液体的固定顶罐应设置固定式泡沫灭火系统。

[答题要点]

(1) 属于甲类。

(2) 应采用固定式低倍数或中倍数泡沫灭火系统。

(3) 不应大于 5 min。

2. 某储罐区设有 2 个固定顶储罐，单罐容积 10000 m^2，直径 36 m，储存物质为乙醇。问：

(1) 设置泡沫灭火系统时是否可以选用液下喷射泡沫灭火系统？为什么？

(2) 应选择何种泡沫液？

(3) 如果将泡沫炮和泡沫枪作为上述储罐的主要灭火设施是否符合要求？为什么？

[答题要点]

(1) 采用液下喷射泡沫灭火系统是不可以的。因为水溶性甲、乙、丙类液体的固定顶罐，应选用液上喷射泡沫灭火系统或半液下喷射泡沫灭火系统。

(2) 选择抗溶性泡沫液。乙醇是水溶性甲类液体。

(3) 不符合。水溶性液体的立式储罐，不应用泡沫炮作为主要灭火设施。直径大于 9 m，高度大于 7 m 的固定顶储罐，不应用泡沫枪作为主要灭火设施。

案例 19　室内消火栓系统检测与验收案例分析

一、情景描述

某二级耐火等级的多功能组合公共建筑地上 6 层，建筑高度 22.70 m；地上一层为商铺、地上二至四层为办公，地上五至六层为旅馆。该建筑内设有室内外消火栓系统、火灾自动报警系统、消防应急照明、消防疏散指示标志、灭火器等消防设施及器材。室内消火栓系统如图 2－19－1 所示。

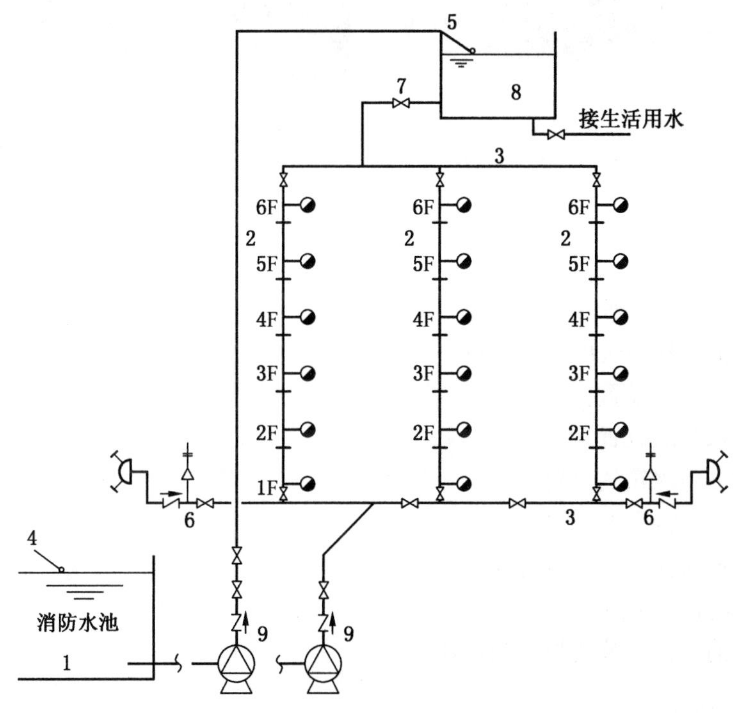

1—消防水池；2—消火栓竖管；3—消火栓干管；4、5—浮球；6—水泵结合器附件；7—闸阀；8—高位水箱；9—消防水泵

图 2－19－1　某建筑室内消火栓系统

该建筑室内消火栓系统，采用临时高压给水系统。检测和验收时发现：设有符合要求的消防水池一座，两台符合要求的消防水泵从池中取水供给高位消防水箱和消火栓系统，系统设有三条竖管和一个环网向 18 个消火栓供水，消火栓系统管网上设有两组水泵接合

器，室内消火栓安装在走道上，室内消火栓间距不大于 30 m。室外消火栓给水系统流量为 25 L/s，室内消火栓给水系统流量为 15 L/s，室内同时动用水枪数为 3 支，竖管最小流量 10 L/s，消火栓竖管直径 DN80，办公区室内消火栓采用 DN50 单阀单栓。商业和旅馆区室内消火栓采用 DN65 单阀单栓。消火栓箱内配置软管卷盘。消火栓箱内安装有报警按钮，按动后红灯点亮，并向消防控制中心报警，消防控制中心以硬线点对点的控制方式手动直接控制消火栓泵的启停。现场检测时拍摄的部分照片如图 2－19－2 与图 2－19－3 所示。

图 2－19－2 室内消火栓箱安装图

图 2－19－3 消火栓泵及其附件安装图

二、分析要点

本案例主要分析下列内容：

（1）室内消火栓系统的工作原理。

（2）消防水池的设置。

（3）消防水泵的设置。

（4）高位消防水箱的设置。

（5）消防水泵接合器的设置。

（6）室内消火栓系统的设计要求。

（7）管网的设计要求。

（8）室内消火栓系统的控制与操作。

三、关键知识点及依据

（一）室内消火栓系统的工作原理

1. 系统组成

室内消火栓给水系统由消防给水基础设施、消防给水管网、室内消火栓设备、报警控制设备及系统附件等组成，如图 2－19－4 所示。

其中，消防给水基础设施包括消防水池、消防水泵、消防水箱、增（稳）压设备、水泵接合器等，该设施的主要任务是为系统储存并提供灭火用水。消防给水管网包括进水

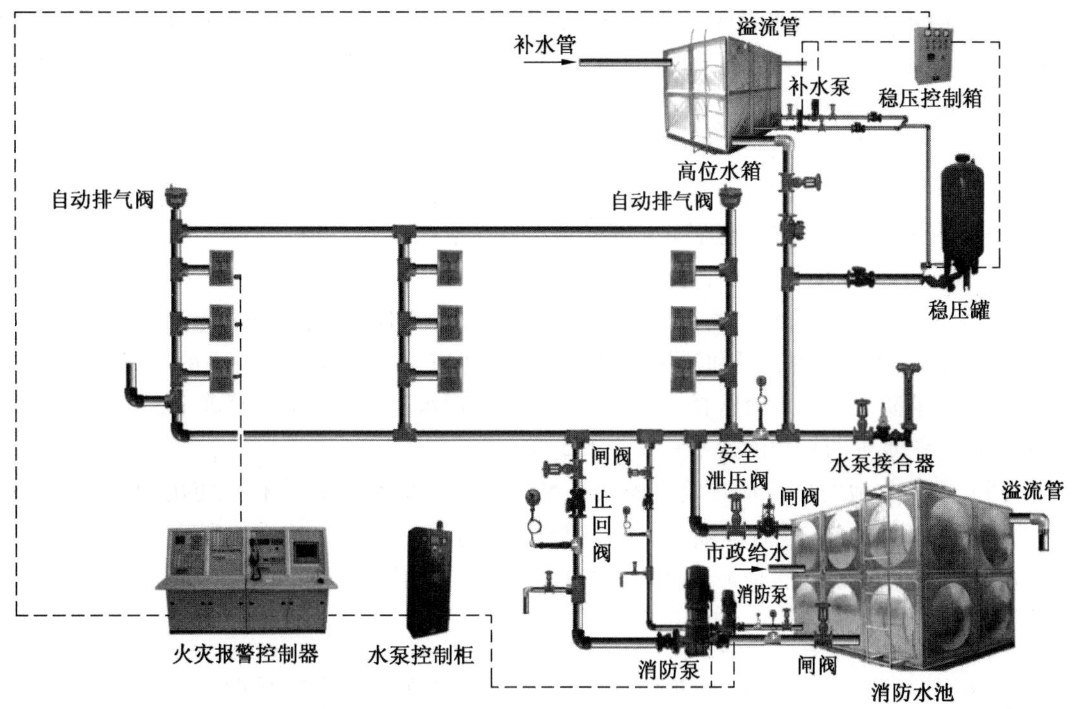

图 2-19-4　室内消火栓系统示意图

管、水平干管、消防竖管等，其任务是向室内消火栓设备输送灭火用水。室内消火栓设备包括水带、水枪、水喉等，是供人员灭火使用的主要工具。系统附件包括各种阀门、屋顶消火栓等。报警控制设备用于启动消防水泵。

2. 工作原理

室内消火栓给水系统的工作原理与系统采用的给水方式有关，通常建筑消防给水系统采用的是临时高压消防给水系统。

在临时高压消防给水系统中，系统设有消防泵和高位消防水箱。当火灾发生后，现场人员可以打开消火栓箱，将水带与消火栓栓口连接，打开消火栓的阀门，消火栓即可投入使用。按下消火栓箱内的按钮向消防控制中心报警，同时设在高位水箱出水管上的流量开关和设在消防水泵出水干管上的压力开关，或报警阀压力开关等开关信号应能直接启动消防水泵。在供水的初期，由于消火栓泵的启动需要一定的时间，其初期供水由高位消防水箱来供给。对于消火栓泵的启动，还可由消防泵现场、消防控制中心控制，消火栓泵一旦启动便不得自动停泵，其停泵只能由现场手动控制。

（二）消防水池的设置

（1）消防水池有效容积的计算应符合下列规定：

① 当市政给水管网能保证室外消防给水设计流量时，消防水池的有效容积应满足在火灾延续时间内室内消防用水量的要求。

② 当市政给水管网不能保证室外消防给水设计流量时，消防水池的有效容积应满足火灾延续时间内室内消防用水量和室外消防用水量不足部分之和的要求。

（2）消防水池的给水管应根据其有效容积和补水时间确定，补水时间不宜大于 48 h，但当消防水池有效总容积大于 2000 m^3 时，不应大于 96 h。消防水池进水管管径应计算确定，且不应小于 DN100。

（3）当消防水池采用两路消防供水且在火灾情况下连续补水能满足消防要求时，消防水池的有效容积应根据计算确定，但不应小于 100 m^3，当仅设有消火栓系统时不应小于 50 m^3。

（4）火灾时消防水池连续补水应符合下列规定：

① 消防水池应采用两路消防给水。

② 火灾延续时间内的连续补水流量应按消防水池最不利进水管供水量计算。

③ 消防水池进水管管径和流量应根据市政给水管网或其他给水管网的压力、入户引入管管径、消防水池进水管管径，以及火灾时其他用水量等经水力计算确定，当计算条件不具备时，给水管的平均流速不宜大于 1.5 m/s。

（5）消防水池的总蓄水有效容积大于 500 m^3 时，宜设两格能独立使用的消防水池；当大于 1000 m^3 时，应设置能独立使用的两座消防水池。每格（或座）消防水池应设置独立的出水管，并应设置满足最低有效水位的连通管，且其管径应能满足消防给水设计流量的要求。【图 2－19－5】

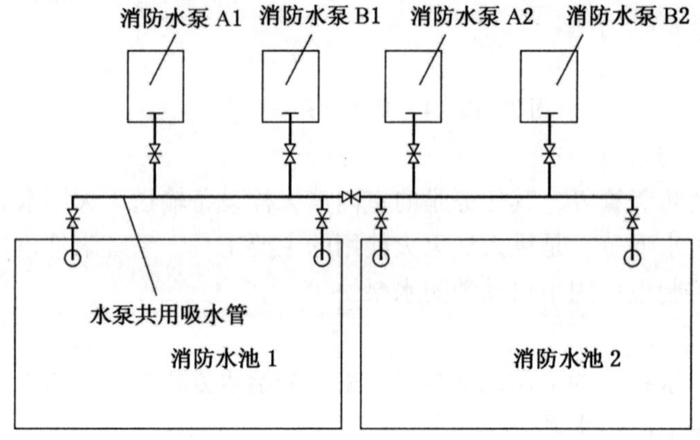

(a) 独立使用的两座消防水池示例（一）

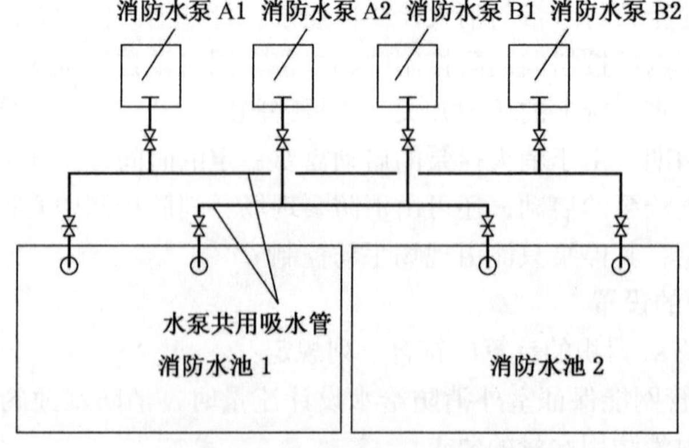

(b) 独立使用的两座消防水池示例（二）

图 2－19－5 独立使用的两座消防水池

注意：

① 两座或两格消防水池可设置水泵共用吸水管。

② 两座水池每座应有独立的池壁，不可共用池壁。当为装配水池时，两相邻池壁之间的距离不应小于0.7 m，用于检修操作。

③ 当最低有效水位低于穿水池壁的吸水管中心线时，应加设连通管。

（6）消防用水与其他用水共用的水池，应采取确保消防用水量不作他用的技术措施。

（7）消防水池的出水、排水和水位应符合下列规定：

① 消防水池的出水管应保证消防水池的有效容积能被全部利用。【图2-19-6】

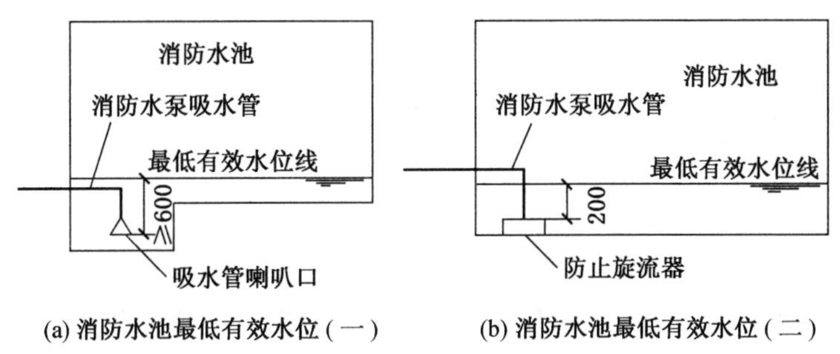

(a) 消防水池最低有效水位（一）　(b) 消防水池最低有效水位（二）

图2-19-6　消防水池最低有效水位

② 消防水池应设置就地水位显示装置，并应在消防控制中心或值班室等地点设置显示消防水池水位的装置，同时应有最高和最低报警水位。

③ 消防水池应设置溢流水管和排水设施，并应采用间接排水。

注意：消防水池（箱）的有效水深是设计最高水位至消防水池（箱）最低有效水位之间的距离。消防水池（箱）最低有效水位是消防水泵吸水喇叭口或出水管喇叭口以上0.6 m水位，当消防水泵吸水管或消防水箱出水管上设置防止旋流器时，最低有效水位为防止旋流器顶部以上0.20 m。

【练习题】

1. 消防水池有效容积不大于2000 m^3 时，补水时间不宜大于（　　）h，消防水池进水管管径应经计算确定，且不应小于DN100。

A. 24　　B. 36　　C. 48　　D. 96

［答案］C

2. 消防水池采用两路供水且在火灾情况下连续补水能满足消防要求，且仅设有消火栓系统时，消防水池的有效容积应根据计算确定，但不应小于（　　）m^3。

A. 50　　B. 60　　C. 80　　D. 100

［答案］A

（三）消防水泵的设置

（1）消防水泵的选择和应用应符合下列规定：

① 消防水泵的性能应满足消防给水系统所需流量和压力的要求。

② 消防水泵所配驱动器的功率应满足所选水泵流量扬程性能曲线上任何一点运行所需功率的要求。【图 2－19－7】

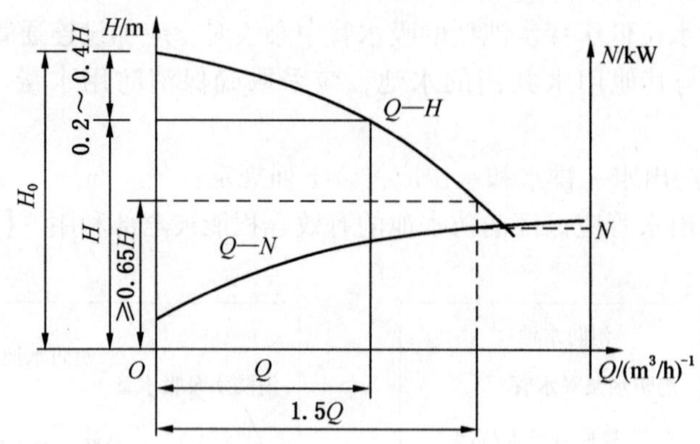

图 2－19－7 消防泵特性曲线要求

③ 当采用电动机驱动的消防水泵时，应选择电动机干式安装的消防水泵。

④ 流量扬程性能曲线应为无驼峰、无拐点的光滑曲线，零流量时的压力不应大于设计压力的 140%，且宜大于设计工作压力的 120%。

⑤ 当出流量为设计流量的 150% 时，其出口压力不应低于设计压力的 65%。

⑥ 泵轴的密封方式和材料应满足消防水泵在低流量时运转的要求。

⑦ 消防给水同一泵组的消防水泵型号宜一致，且工作泵不宜超过 3 台。

⑧ 多台消防水泵并联时，应校核流量叠加对消防水泵出口压力的影响。【图 2－19－8】

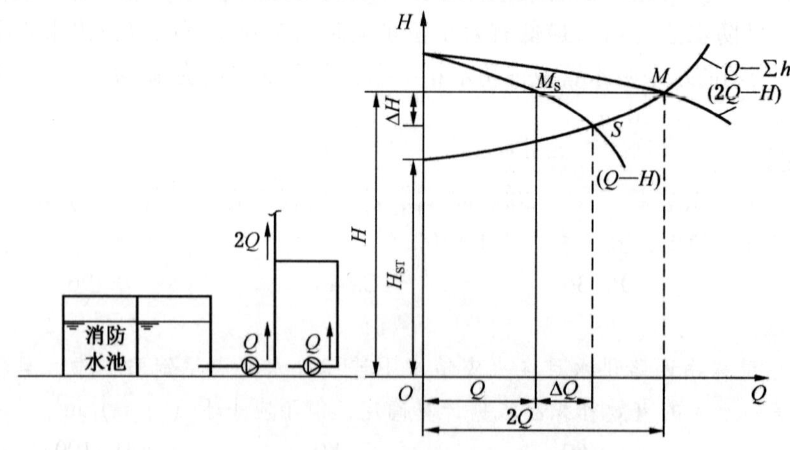

图 2－19－8 多台水泵并联后对压力影响图示

（2）消防水泵吸水应符合下列规定：

① 消防水泵应采取自灌式吸水。【图 2－19－9】

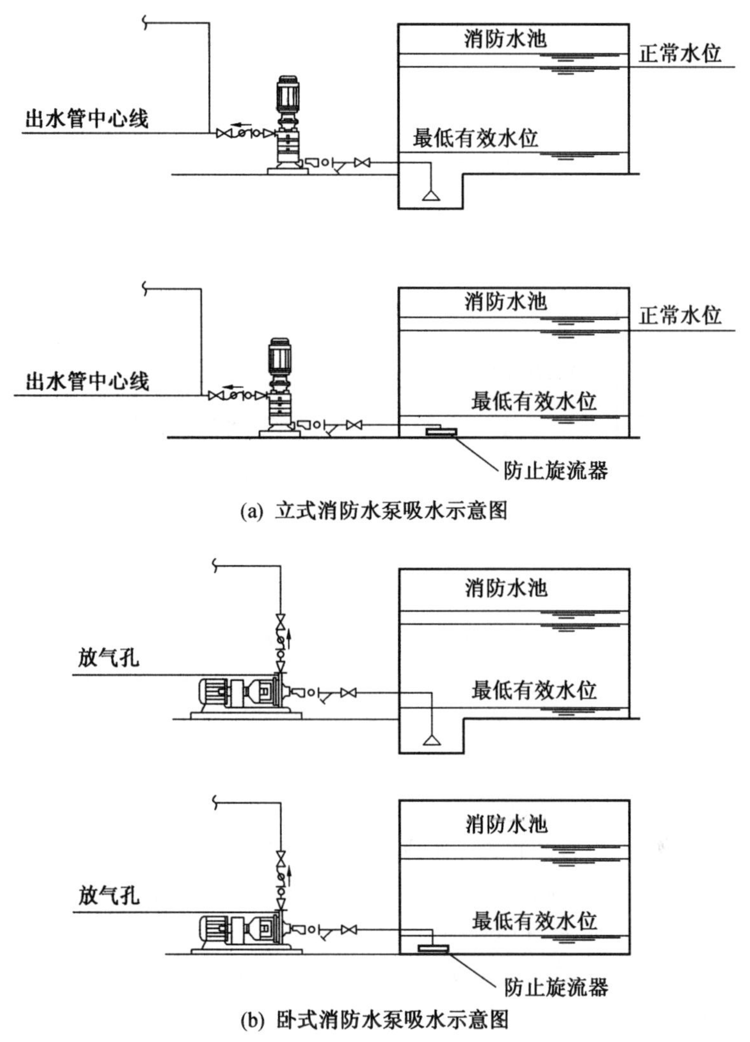

图2-19-9 消防水泵吸水示意图

② 消防水泵从市政管网直接抽水时，应在消防水泵出水管上设置有空气隔断的倒流防止器。

③ 当吸水口处无吸水井时，吸水口处应设置旋流防止器。

(3) 离心式消防水泵吸水管、出水管和阀门等，应符合下列规定：

① 一组消防水泵，吸水管不应少于两条，当其中一条损坏或检修时，其余吸水管应仍能通过全部消防给水设计流量。

② 消防水泵吸水管布置应避免形成气囊。

③ 一组消防水泵应设不少于两条的输水干管与消防给水环状管网连接，当其中一条输水管检修时，其余输水管应仍能供应全部消防给水设计流量。

④ 消防水泵吸水口的淹没深度应满足消防水泵在最低水位运行安全的要求，吸水管

喇叭口在消防水池最低有效水位下的淹没深度应根据吸水管喇叭口的水流速度和水力条件确定，但不应小于600 mm，当采用旋流防止器时，淹没深度不应小于200 mm。【图2－19－10】

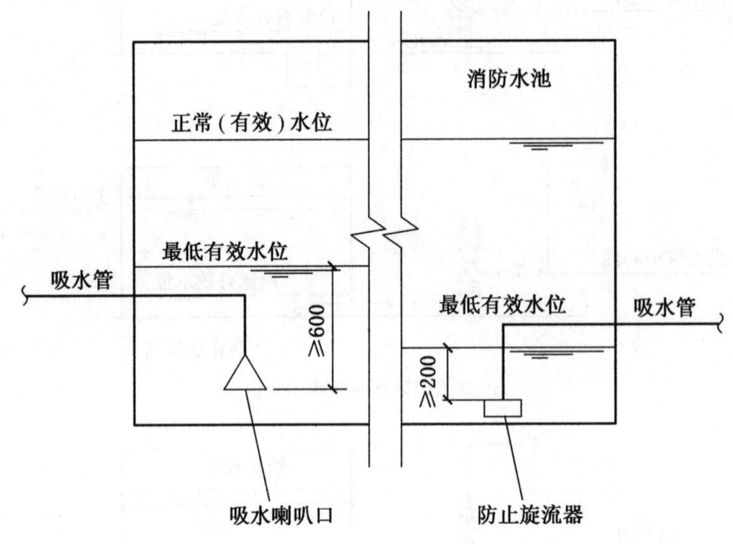

图2－19－10　消防水泵吸水口设置

⑤ 消防水泵的吸水管上应设置明杆闸阀或带自锁装置的蝶阀，但当设置暗杆阀门时应设有开启刻度和标志；当管径超过DN300时，宜设置电动阀门。

⑥ 消防水泵的出水管上应设止回阀、明杆闸阀；当采用蝶阀时，应带有自锁装置；当管径大于DN300时，宜设置电动阀门。

⑦ 消防水泵吸水管的直径小于DN250时，其流速宜为1.0～1.2 m/s；直径大于DN250时，宜为1.2～1.6 m/s。

⑧ 消防水泵出水管的直径小于DN250时，其流速宜为1.5～2.0 m/s；直径大于DN250时，宜为2.0～2.5 m/s。

⑨ 吸水井的布置应满足井内水流顺畅、流速均匀、不产生涡漩的要求，并应便于安装施工。

⑩ 消防水泵的吸水管、出水管道穿越外墙时，应采用防水套管；消防水泵的吸水管穿越消防水池时，应采用柔性套管；采用刚性防水套管时应在水泵吸水管上设置柔性接头，且管径不应大于DN150。

(4) 消防水泵吸水管和出水管上应设置压力表，并应符合下列规定：

① 消防水泵出水管压力表的最大量程不应低于其设计工作压力的2倍，且不应低于1.60 MPa。

② 消防水泵吸水管宜设置真空表、压力表或真空压力表，压力表的最大量程应根据工程具体情况确定，但不应低于0.70 MPa，真空表的最大量程宜为－0.10 MPa。

③ 压力表的直径不应小于100 mm，应采用直径不小于6 mm的管道与消防水泵进出

口管相接，并应设置关断阀门。

【练习题】

1.【实务 2015 - 51】某建筑采用临时高压消防给水系统，经计算消防水泵设计扬程为 0.90 MPa。选择消防水泵时，消防水泵零流量时的压力应在（　　）MPa 之间。

A. 0.90 ~ 1.08　　B. 1.26 ~ 1.35　　C. 1.26 ~ 1.44　　D. 1.08 ~ 1.26

[答案] D

2.【实务 2016 - 99】下列关于消防水泵选用的说法中，正确的有（　　）。

A. 柴油机消防水泵应采用火花塞点火型柴油机

B. 消防水泵流量—扬程性能曲线应平滑，无拐点，无驼峰

C. 消防给水同一泵组的消防水泵型号应一致，且工作泵不宜超过 5 台

D. 消防水泵泵轴的密封方式和材料应满足消防水泵在最低流量时运转的要求

E. 当采用电动机驱动的消防水泵时，应选择电动机干式安装的消防水泵

[答案] BDE

（四）高位消防水箱的设置

（1）临时高压消防给水系统的高位消防水箱的有效容积应满足初期火灾消防用水量的要求，并应符合下列规定：

① 一类高层公共建筑，不应小于 36 m^3，但当建筑高度大于 100 m 时，不应小于 50 m^3，当建筑高度大于 150 m 时，不应小于 100 m^3。

② 多层公共建筑、二类高层公共建筑和一类高层住宅，不应小于 18 m^3，当一类高层住宅建筑高度超过 100 m 时，不应小于 36 m^3。

③ 二类高层住宅，不应小于 12 m^3。

④ 建筑高度大于 21 m 的多层住宅，不应小于 6 m^3。

⑤ 工业建筑室内消防给水设计流量当小于等于 25 L/s 时，不应小于 12 m^3，大于 25 L/s 时不应小于 18 m^3。

⑥ 总建筑面积大于 10000 m^2 且小于 30000 m^2 的商店建筑，不应小于 36 m^3，总建筑面积大于 30000 m^2 的商店，不应小于 50 m^3，当与本条第 1 款规定不一致时应取其较大值。

总结：

高位消防水箱有效容积要求见表 2 - 19 - 1。

表 2 - 19 - 1　高位消防水箱有效容积

序号	建筑性质	建筑高度/m	有效容积/m^3
1	一类高层公共建筑	—	≥36
		>100	≥50
		>150	≥100
2	多层公共建筑、二类高层公共建筑、一类高层住宅	—	≥18
		>100	≥36
3	二类高层住宅	—	≥12

表 2-19-1（续）

序号	建筑性质	建筑高度/m	有效容积/m^3
4	多层住宅	>21	≥6
5	工业建筑（室内消防给水设计流量≤25 L/s）	—	≥12
	工业建筑（室内消防给水设计流量>25 L/s）	—	≥18
6	商店建筑（总建筑面积>10000 m^2 且<30000 m^2）	—	≥36
	商店建筑（总建筑面积>30000 m^2）	—	≥50

注：1. 当第 6 项规定与第 1 项不一致时应取其较大值。
2. 高位水箱容积指屋顶水箱，不含转输水箱兼高位水箱。

（2）高位消防水箱的设置位置应高于其所服务的水灭火设施，且最低有效水位应满足水灭火设施最不利点处的静水压力，并应按下列规定确定：

① 一类高层民用公共建筑，不应低于 0.10 MPa，但当建筑高度超过 100 m 时，不应低于 0.15 MPa。

② 高层住宅、二类高层公共建筑、多层公共建筑，不应低于 0.07 MPa，多层住宅不宜低于 0.07 MPa。

③ 工业建筑不应低于 0.10 MPa，当建筑体积小于 20000 m^3 时，不宜低于 0.07 MPa。

④ 自动喷水灭火系统等自动水灭火系统应根据喷头灭火需求压力确定，但最小不应小于 0.10 MPa。

⑤ 当高位消防水箱不能满足本条第①款～第④款的静压要求时，应设稳压泵。

（3）稳压泵的设计压力应保持系统最不利点处水灭火设施在准工作状态时的静水压力大于 0.15 MPa。

（4）高位消防水箱间应通风良好，不应结冰，当必须设置在严寒、寒冷等冬季结冰地区的非采暖房间时，应采取防冻措施，环境温度或水温不应低于 5 ℃。

（5）高位消防水箱应符合下列规定：

① 高位消防水箱的最低有效水位应根据出水管喇叭口和防止旋流器的淹没深度确定，当采用出水管喇叭口时，喇叭口在消防水池最低有效水位下的淹没深度应根据吸水管喇叭口的水流速度和水力条件确定，但不应小于 600 mm；当采用防止旋流器时应根据产品确定，且不应小于 150 mm 的保护高度。【图 2-19-11】

② 高位消防水箱外壁与建筑本体结构墙面或其他池壁之间的净距，应满足施工或装配的需要，无管道的侧面，净距不宜小于 0.7 m；安装有管道的侧面，净距不宜小于 1.0 m，且管道外壁与建筑本体墙面之间的通道宽度不宜小于 0.6 m，设有人孔的水箱顶，其顶面与其上面的建筑物本体板底的净空不应小于 0.8 m。

③ 进水管的管径应满足消防水箱 8 h 充满水的要求，但管径不应小于 DN32，进水管宜设置液位阀或浮球阀；进水管应在溢流水位以上接入，进水管口的最低点高出溢流边缘的高度应等于进水管管径，但最小不应小于 100 mm，最大不应大于 150 mm。

④ 当进水管为淹没出流时，应在进水管上设置防止倒流的措施或在管道上设置虹吸破坏孔和真空破坏器，虹吸破坏孔的孔径不宜小于管径的 1/5，且不应小于 25 mm。但当采用生活给水系统补水时，进水管不应淹没出流。

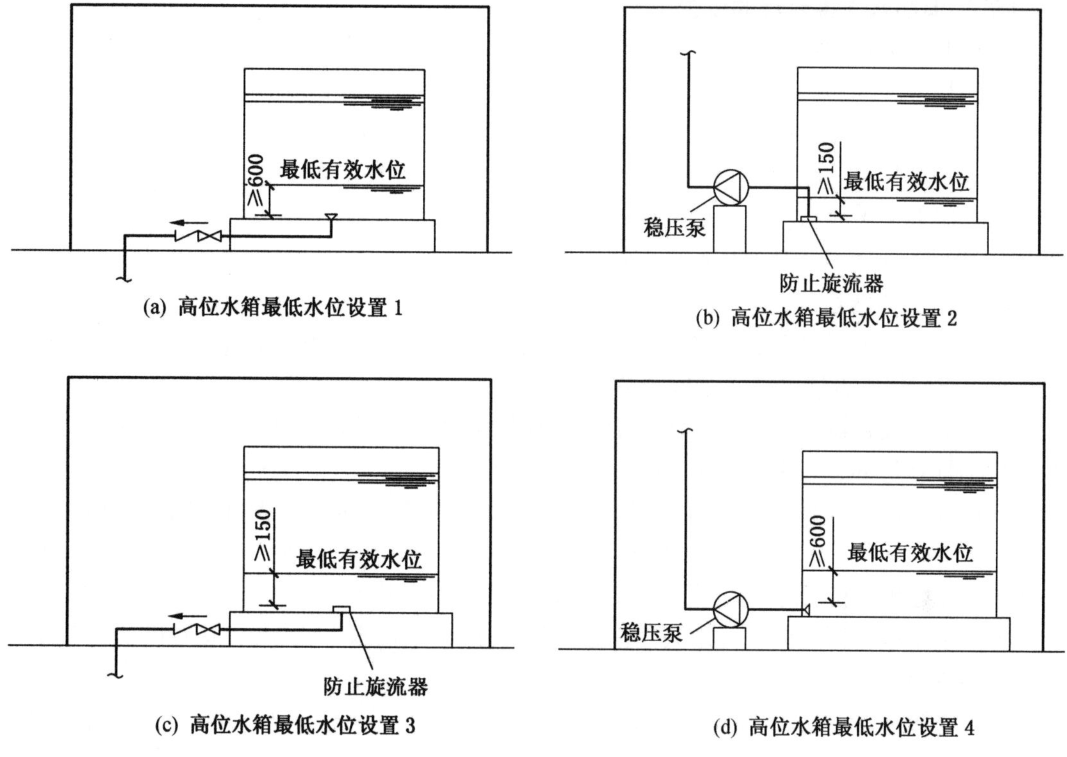

图 2-19-11　高位水箱最低水位设置

⑤ 溢流管的直径不应小于进水管直径的 2 倍，且不应小于 DN100，溢流管的喇叭口直径不应小于溢流管直径的 1.5 倍~2.5 倍。

⑥ 高位消防水箱出水管管径应满足消防给水设计流量的出水要求，且不应小于 DN100。

⑦ 高位消防水箱出水管应位于高位消防水箱最低水位以下，并应设置防止消防用水进入高位消防水箱的止回阀。

⑧ 高位消防水箱的进、出水管应设置带有指示启闭装置的阀门。

【练习题】

1. 某高层公共建筑高度 120 m，采用临时高压给水系统，高位消防水箱的有效储水量，不应小于（　　）m^3。

A. 18　　B. 36　　C. 50　　D. 100

[答案] C

2. 一类高层公共建筑高位消防水箱的设置高度应保证最不利点消火栓静水压力。除规范另有规定外，当建筑高度不超过 100 m 时，最不利点消火栓静水压力不应低于（　　）MPa。

A. 0.05　　B. 0.07　　C. 0.10　　D. 0.15

[答案] C

（五）消防水泵接合器的设置

（1）下列场所的室内消火栓给水系统应设置消防水泵接合器：

① 高层民用建筑。

② 设有消防给水的住宅、超过五层的其他多层民用建筑。

③ 超过 2 层或建筑面积大于 10000 m^2 的地下或半地下建筑（室）、室内消火栓设计流量大于 10 L/s 平战结合的人防工程。

④ 高层工业建筑和超过四层的多层工业建筑。

⑤ 城市交通隧道。

（2）自动喷水灭火系统、水喷雾灭火系统、泡沫灭火系统和固定消防炮灭火系统等水灭火系统，均应设置消防水泵接合器。

（3）水泵接合器应设在室外便于消防车使用的地点，且距室外消火栓或消防水池的距离不宜小于 15 m，并不宜大于 40 m。

（4）墙壁消防水泵接合器的安装高度距地面宜为 0.70 m；与墙面上的门、窗、孔、洞的净距离不应小于 2.0 m，且不应安装在玻璃幕墙下方；地下消防水泵接合器的安装，应使进水口与井盖底面的距离不大于 0.4 m，且不应小于井盖的半径。

（5）水泵接合器处应设置永久性标志铭牌，并应标明供水系统、供水范围和额定压力。

【练习题】

某栋建筑为 20 层，建筑高度为 100 m，耐火等级为一级。该建筑内设有室内消火栓给水系统，室外设有消防水泵接合器。则消防水泵接合器的位置应该在距室外消火栓（　　）m 范围内。

A. 15 ~ 40　　B. 25 ~ 50　　C. 40 ~ 100　　D. 50 ~ 120

[答案] A

（六）室内消火栓系统的设计要求

（1）室内消火栓的配置应符合下列要求：

① 应采用 DN65 室内消火栓，并可与消防软管卷盘或轻便水龙设置在同一箱体内。

② 应配置公称直径 65 有内衬里的消防水带，长度不宜超过 25.0 m；消防软管卷盘应配置内径不小于 ϕ19 的消防软管，其长度宜为 30.0 m；轻便水龙应配置公称直径 25 有内衬里的消防水带，长度宜为 30.0 m。

③ 宜配置当量喷嘴直径 16 mm 或 19 mm 的消防水枪，但当消火栓设计流量为 2.5 L/s 时宜配置当量喷嘴直径 11 mm 或 13 mm 的消防水枪；消防软管卷盘和轻便水龙应配置当量喷嘴直径 6 mm 的消防水枪。

（2）设置室内消火栓的建筑，包括设备层在内的各层均应设置消火栓。

（3）消防电梯前室应设置室内消火栓，并应计入消火栓使用数量。

（4）室内消火栓的布置应满足同一平面有 2 支消防水枪的 2 股充实水柱同时达到任何部位的要求，但建筑高度小于或等于 24.0 m 且体积小于或等于 5000 m^3 的多层仓库、建筑高度小于或等于 54 m 且每单元设置一部疏散楼梯的住宅，以及《建规》中规定可采用 1 支消防水枪的场所，可采用 1 支消防水枪的 1 股充实水柱到达室内任何部位，见表 2-19-2。

表 2－19－2　可采用 1 支消防水枪的场所

可采用 1 支消防水枪的场所	建筑高度≤24.0 m 且体积≤5000 m^3 的多层仓库
	建筑高度≤54 m 且每单元设置一部疏散楼梯的住宅
	跃层住宅和商业网点
	体积≤1000 m^3 展览厅、影院、剧场、礼堂、健身体育场所等
	体积≤5000 m^3 商场、餐厅、旅馆、医院等
	体积≤2500 m^3 丙、丁、戊类生产车间、自行车库
	体积≤3000 m^3 丙、丁、戊类物品库房、图书资料档案库

（5）建筑室内消火栓的设置位置应满足火灾扑救要求，并应符合下列规定：

① 室内消火栓应设置在楼梯间及其休息平台和前室、走道等明显易于取用，以及便于火灾扑救的位置。

② 住宅的室内消火栓宜设置在楼梯间及其休息平台。

③ 汽车库内消火栓的设置不应影响汽车的通行和车位的设置，并应确保消火栓的开启。

④ 同一楼梯间及其附近不同层设置的消火栓，其平面位置宜相同。

⑤ 冷库的室内消火栓应设置在常温穿堂或楼梯间内。

（6）建筑室内消火栓栓口的安装高度应便于消防水龙带的连接和使用，其距地面高度宜为 1.1 m；其出水方向应便于消防水带的敷设，并宜与设置消火栓的墙面成 90°角或向下。

（7）设有室内消火栓的建筑应设置带有压力表的试验消火栓，其设置位置应符合下列规定：

① 多层和高层建筑应在其屋顶设置，严寒、寒冷等冬季结冰地区可设置在顶层出口处或水箱间内等便于操作和防冻的位置。

② 单层建筑宜设置在水力最不利处，且应靠近出入口。【图 2－19－12】

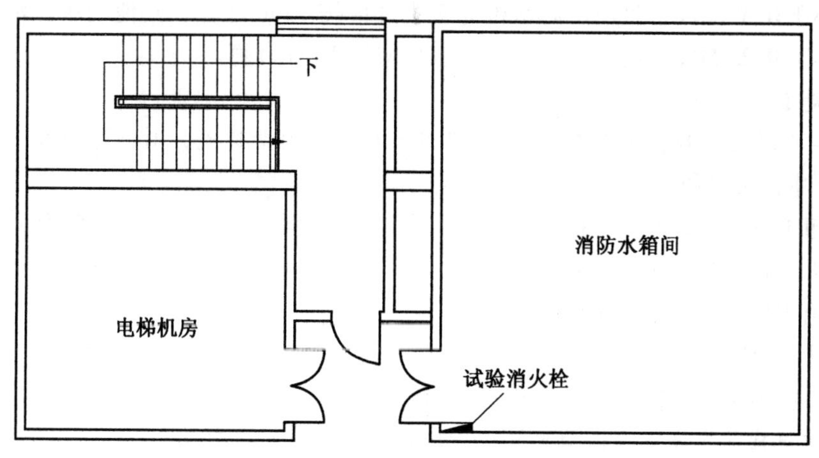

图 2－19－12　试验消火栓布置示意图

(8) 室内消火栓宜按直线距离计算其布置间距，并应符合下列规定：【图 2－19－13】

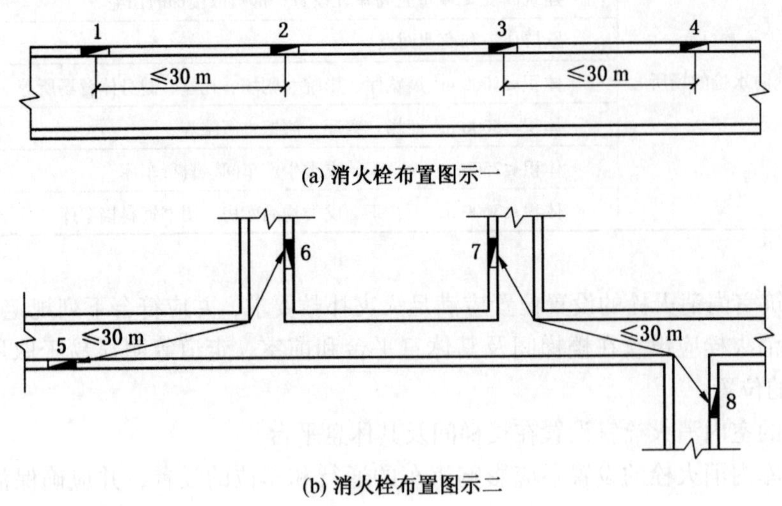

(a) 消火栓布置图示一

(b) 消火栓布置图示二

图 2－19－13　消火栓布置图示

① 消火栓按 2 支消防水枪的 2 股充实水柱布置的建筑物，消火栓的布置间距不应大于 30.0 m。

② 消火栓按 1 支消防水枪的 1 股充实水柱布置的建筑物，消火栓的布置间距不应大于 50.0 m。

(9) 消防软管卷盘和轻便水龙的用水量可不计入消防用水总量。

(10) 室内消火栓栓口压力和消防水枪充实水柱，应符合下列规定：

① 消火栓栓口动压力不应大于 0. 50 MPa，当大于 0. 70 MPa 时必须设置减压装置。

② 高层建筑、厂房、库房和室内净空高度超过 8 m 的民用建筑等场所，消火栓栓口动压不应小于 0. 35 MPa，且消防防水枪充实水柱应按 13 m 计算；其他场所，消火栓栓口动压不应小于 0. 25 MPa，且消防水枪充实水柱应按 10 m 计算。

【练习题】

1. 【实务 2015－94】某建筑高度为 23. 8 m 的 4 层商业建筑，对其进行室内消火栓的配置和设计中，正确的有（　　）。

A. 选用 DN65 的室内消火栓　　B. 消火栓栓口动压大于 0. 5 MPa

C. 消火栓栓口动压不小于 0. 25 MPa　　D. 配置直径 65 mm 长 30 m 的消防水带

E. 水枪充实水柱不小于 10 m

［答案］ACE

2. 【实务 2016－38】下列关于建筑室内消火栓设置的说法中，错误的是（　　）。

A. 消防电梯前应设置室内消火栓，并应计入消火栓使用数量

B. 设置室内消火栓的建筑，层高超过 2. 2 m 的设备层宜设置室内消火栓

C. 冷库的室内消火栓应设置在常温穿堂或楼梯间内

D. 屋顶设置直升机停机坪的建筑，应在停机坪出入口处设置消火栓

［答案］B

（七）管网的设计要求

（1）室内消防给水管网应符合下列规定：

① 室内消火栓系统管网应布置成环状，当室外消火栓设计流量不大于 20 L/s，且室内消火栓不超过 10 个时，除《消规》第 8.1.2 条外，可布置成枝状。

② 当由室外生产生活消防合用系统直接供水时，合用系统除应满足室外消防给水设计流量以及生产和生活最大小时设计流量的要求外，还应满足室内消防给水系统的设计流量和压力要求。

③ 室内消防管道管径应根据系统设计流量、流速和压力要求经计算确定；室内消火栓竖管管径应根据竖管最低流量经计算确定，但不应小于 DN100。

（2）室内消火栓环状给水管道检修时应符合下列规定：

① 室内消火栓竖管应保证检修管道时关闭停用的竖管不超过 1 根，当竖管超过 4 根时，可关闭不相邻的 2 根。

② 每根竖管与供水横干管相接处应设置阀门。

（3）室内消火栓给水管网宜与自动喷水等其他水灭火系统的管网分开设置；当合用消防泵时，供水管路沿水流方向应在报警阀前分开设置。

（八）室内消火栓系统的控制与操作

（1）消防水泵不应设置自动停泵的控制功能，停泵应由具有管理权限的工作人员根据火灾扑救情况确定。

（2）消防水泵应确保从接到启泵信号到水泵正常运转的自动启动时间不大于 2 min。

（3）消防水泵应由消防水泵出水干管上设置的低压压力开关、高位消防水箱出水管上的流量开关，或报警阀压力开关等开关信号应能直接自动启动消防水泵。消防水泵房内的压力开关宜引入消防水泵控制柜内。【图 2 – 19 – 14】

（4）消防水泵应能手动启停和自动启动。

（5）当消防给水分区供水采用转输消防水泵时，转输泵宜在消防水泵启动后再启动；当消防给水分区供水采用串联消防水泵时，上区消防水泵宜在下区消防水泵启动后再动。【图 2 – 19 – 15】

（6）消防水泵双电源切换时应符合下列规定：

① 双路电源自动切换时间不应大于 2 s。

② 当一路电源与内燃机动力的切换时间不应大于 15 s。

（7）消火栓按钮不宜作为直接启动消防水泵的开关，但可作为发出报警信号的开关或启动干式消火栓系统的快速启闭装置等。

四、思考题

（一）单项选择题

1.（　　）消防给水系统中由消防水泵供给的消防用水不应进入高位消防水箱中。

A. 临时高压　　B. 低压　　C. 高压　　D. 常高压

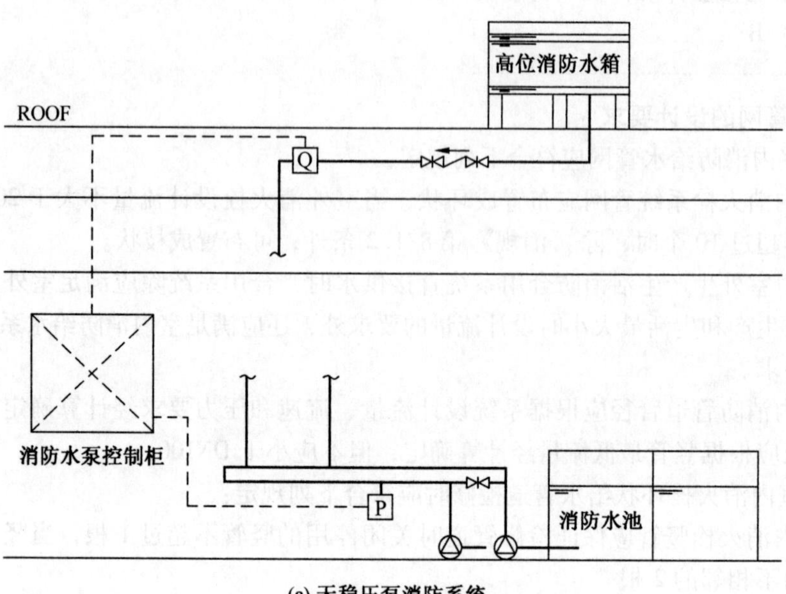

(a) 无稳压泵消防系统

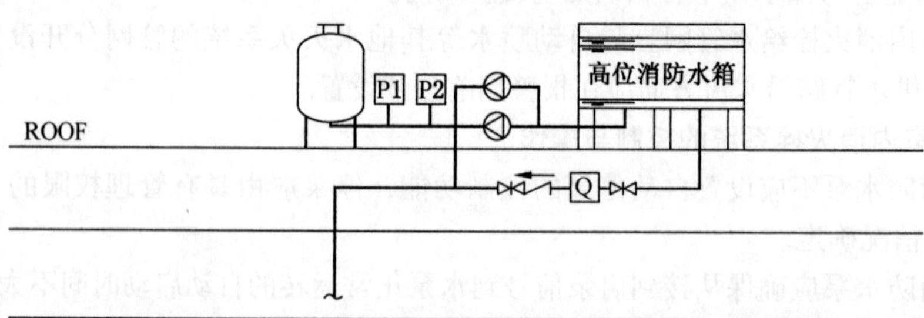

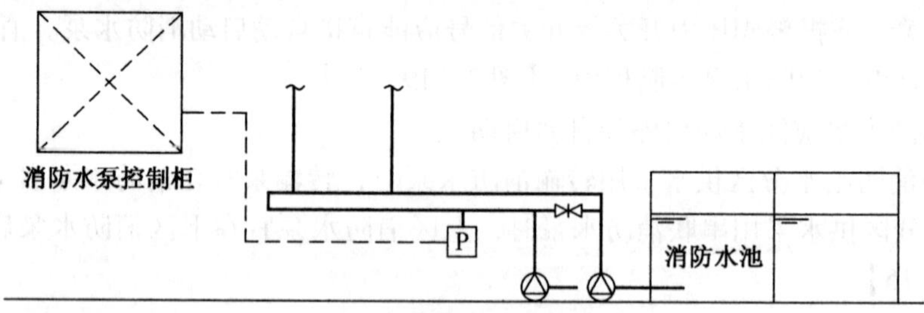

(b) 有稳压泵消防系统

注：1. 消火栓系统中无稳压泵时，由高位消防水箱出水管上设置的流量开关自动启动消防水泵。

2. 消火栓系统中有稳压泵时，由消防水泵出水干管上设置的压力开关自动启动消防水泵。

3. 流量开关性能基本要求：动作后延迟 30 s 再启泵；流量不超过系统的设计泄漏补水量时，不应动作；消火栓出水后应动作。

4. 自动喷水系统报警阀的压力开关可取代本图中的压力开关和流量开关启泵。

5. 有稳压泵的消防系统中流量开关做报警信号，不直接启泵

图 2－19－14　消防水泵自动启动信号控制示意图

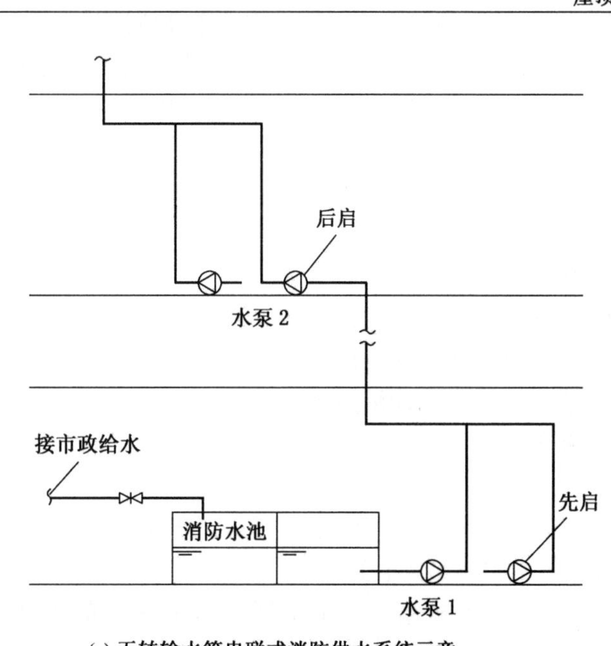

(a) 无转输水箱串联式消防供水系统示意

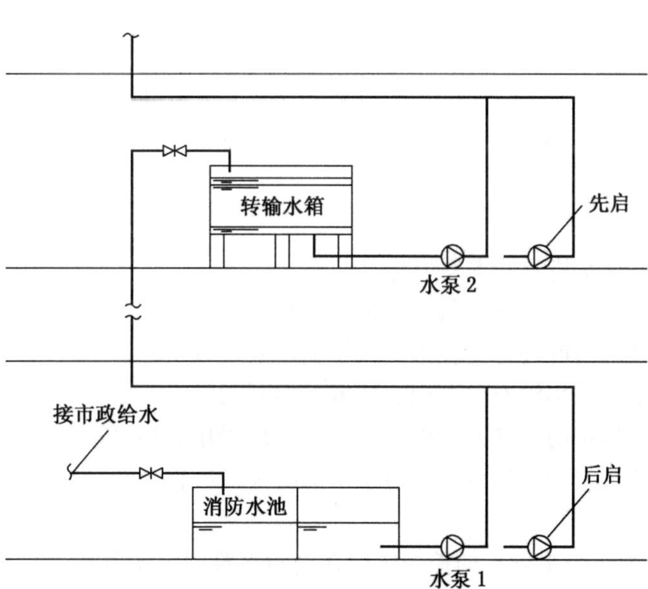

(b) 有转输水箱串联式消防供水系统示意

注：1. 水泵直接接力时宜先启动下面的泵，后启动上面的泵，图 2－19－15a 先启动水泵 1，后启动水泵 2。

2. 当水泵有水箱吸水时，宜先启动上面的泵，后启动下面的泵，图 2－19－15b 先启动水泵 2，后启动水泵 1

图 2－19－15　串联式消防供水系统示意图

[答案] A

[解析] 采用临时高压给水系统的建筑物，应设置高位消防水箱。

2. 检测时本建筑室内消火栓系统最低处消火栓静水压力不应大于（　　）。

A. 0.15 MPa　　B. 0.5 MPa　　C. 1.0 MPa　　D. 1.5 MPa

[答案] C

[解析] 消火栓栓口处静压大于1.0 MPa时，消防给水系统应分区供水，本案例中未进行分区，可以判断是不大于1.0 MPa。

3. 消火栓按钮的功能是（　　）。

A. 直接启动消火栓泵并接收其反馈信号

B. 向消防中心报警，并显示其地址信息

C. 向消防中心报警，并直接启动消防泵

D. 启动消防事故报警广播

[答案] B

[解析] 消火栓按钮不宜作为直接启动消防水泵的开关，但可作为发出报警信号的开关或启动干式消火栓系统的快速启闭装置等。

4. 安装在防火墙上的消火栓箱，其预留洞口后部剩余的墙体结构厚度不应小于（　　）mm。

A. 140　　B. 120　　C. 100　　D. 50

[答案] B

（二）多项选择题

1. 在检查时下列组件上应有永久性的水流方向标志的组件是（　　）。

A. 止回阀　　B. 蝶阀　　C. 减压阀　　D. 回流阀

E. 球阀

[答案] AC

2. 消防泵吸水管安装的基本要求是（　　）。

A. 吸水管水平管段上不应有气囊和漏气现象

B. 吸水管及其阀门的公称管径不应大于消防泵入口直径

C. 吸水管上不应采用没有可靠锁定装置的控制阀门

D. 吸水管变径连接时，应采用偏心异径管并应采用管顶平接

E. 吸水管及其阀门的公称管径不应小于消防泵入口直径

[答案] ACDE

[解析] 消防水泵吸水管上的控制阀应在消防水泵固定于基础上后再进行安装，其直径不应小于消防水泵吸水口直径，且不应采用没有可靠锁定装置的控制阀，控制阀应采用沟槽式或法兰式阀门。

3. 本案例每台消防泵出水管上应设置的主要附件有（　　）。

A. 消声止回阀　　B. DN65 的试验放水阀

C. 压力表　　D. 闸阀

E. 压力开关

[答案] ABCDE

4. 室内消火栓箱在装修时必须做到（　　）。

A. 箱门上应有红色“消火栓”字样

B. 箱门不应被装饰物遮掩

C. 箱门应能开启至 120°

D. 箱体背面的墙体厚度不小于规定

E. 箱门的颜色应与四周装修材料的颜色有明显区别

[答案] BE

[解析] 选项 ACD 是安装时要做到的，题干是要求“装修”时必须做到的。

（三）分析题

1. 请分析本案例情景描述中和图 2－19－1 中的错误。

[答案] 本案例情景描述中和图 2－19－1 中存在以下错误：

（1）一组消防水泵的供水应设不少于两条供水管道与消防给水环网连接，当其中一条检修时，其余供水管道仍应能供应全部消防给水设计流量。

（2）本案例中的消火栓给水系统应设置备用消防水泵，消防水泵的供水只能供向消防系统管网，不可直接供给高位消防水箱。

（3）消防水泵的进出水管上缺少真空压力表，出水管上缺少 DN65 的试验放水阀，消防水泵的吸水管上缺少阀门。

（4）消火栓环网上没有足够的阀门保证环网任一段检修时关闭的竖管不超过 1 条。

（5）屋顶上未设置室内消火栓和试验检查消火栓。

（6）办公区不应采用 DN50 的室内消火栓。

2. 请分析图 2－19－2 和图 2－19－3 中的错误。

[答案] 图 2－19－2 和图 2－19－3 中存在以下错误：

（1）图 2－19－2 中立式消火栓水泵未按标准图固定在合格的基础上，吸入管上采用了同心异径接头，而且直接焊在法兰上，吸入管上未安装真空压力表。

（2）图 2－19－3 中消火栓栓口设置在箱门轴侧，箱内为一栓二带，且未正常挂起。

案例 20 自动喷水灭火系统的检测与维保案例分析

一、情景描述

某大型商业建筑，主体地上 4 层，地下 1 层，建筑高度 23.80 m，按规定设置了自动喷水灭火系统，其中地上商业均采用格栅类通透吊顶，地下车库均不设吊顶，该商业建筑在地下一层设有符合要求的消防和生活合用的消防水池一座，在屋面设有消防气压给水设备配合 18 m^3 消防水箱增压，现场验收检查的照片如图 2-20-1 至图 2-20-5 所示。

图 2-20-1 湿式报警阀组安装

图 2-20-2 隐蔽式喷头安装在格栅条之间

图 2-20-3 集热罩补偿与顶棚超距

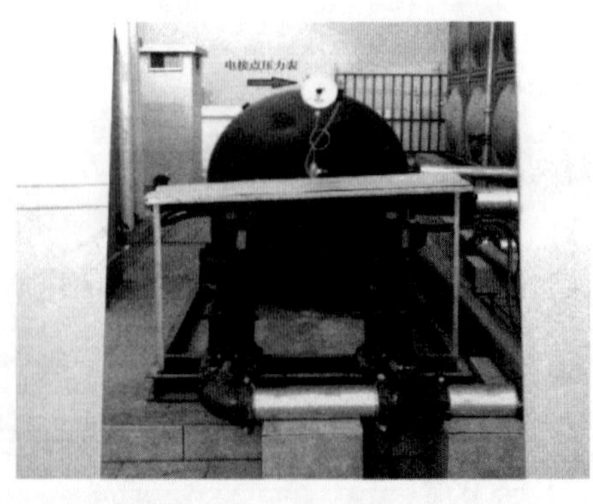

图 2-20-4 卧式隔膜式消防气压罐

二、分析要点

本案例主要分析下列内容：

（1）设置场所危险等级的划分。

（2）设计基本参数。

（3）喷头的设置。

（4）喷头的安装

（5）报警阀组的设置。

（6）报警阀组的安装。

（7）水流指示器的设置与安装。

（8）压力开关的设置与安装。

（9）末端试水装置的设置。

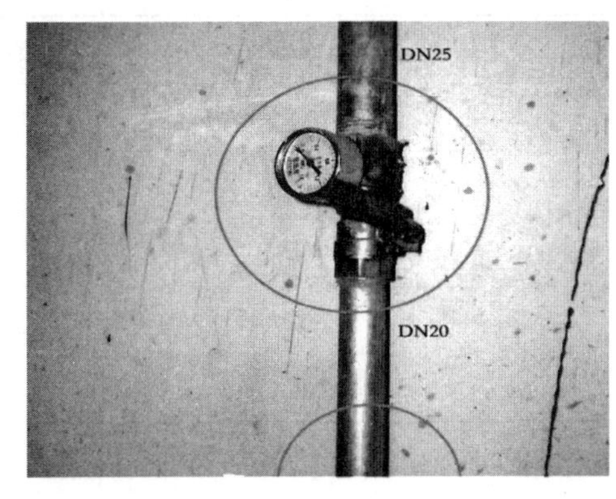

图 2-20-5　系统的末端试水装置

三、关键知识点及依据

（一）设置场所危险等级的划分

【练习题】

1.【实务 2015-52】自动喷水灭火系统设置场所的危险等级应根据建筑规模、高度以及火灾危险性、火灾荷载和保护对象的特点等确定。下列建筑中，自动喷水灭火系统设置场所的火灾危险等级为中危险级Ⅰ级的是（　　）。

A. 建筑高度为 50 m 的办公楼　　B. 建筑高度为 23 m 的四星级旅馆

C. 2000 个座位剧场的舞台　　D. 总建筑面积 5600 m^2 的商场

［答案］A

2.【实务 2016-34】某总建筑面积为 5200 m^2 的百货商场，其营业厅的室内净高为 5.8 m，所设置的自动喷水灭火系统的设计参数应按火灾危险等级不低于（　　）确定。

A. 中危险Ⅱ级　　B. 严重危险Ⅱ级

C. 严重危险Ⅰ级　　D. 中危险Ⅰ级

［答案］A

（二）设计基本参数

（1）民用建筑和工业厂房的系统设计参数不应低于表 2-20-1 的规定。在装有网格、栅板类通透性吊顶的场所，系统的喷水强度应按表 2-20-1 规定值的 1.3 倍确定；干式系统的作用面积按表 2-20-1 规定值的 1.3 倍确定。系统最不利点处喷头的工作压力不应低于 0.05 MPa。

（2）仅在走道设置单排喷头的闭式系统，其作用面积应按最大疏散距离所对应的走道面积确定。

当走道的宽度为 1.4 m、长度为 15 m，喷水覆盖全部走道面积时的喷头布置及开放喷头数。【图 2-20-6】

（3）除规范另有规定外，自动喷水灭火系统的持续喷水时间，应按火灾延续时间不小于 1 h 确定。

表2-20-1 民用建筑和工业厂房的系统设计参数

火灾危险等级		净空高度/m	喷水强度/[L·(min·m^2)$^{-1}$]	作用面积/m^2
轻危险级		≤8	4	160
中危险级	Ⅰ级		6	160
	Ⅱ级		8	
严重危险级	Ⅰ级		12	260
	Ⅱ级		16	

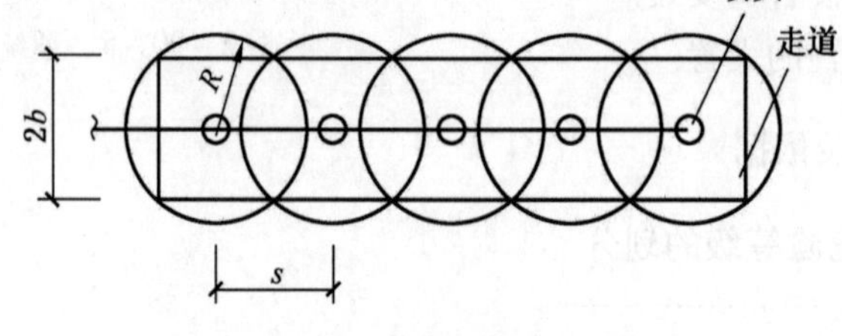

R—喷头有效保护半径

图2-20-6 仅在走廊布置喷头的示意图

【练习题】

1.【实务2015-55】在环境温度低于4℃的地区，建设一座地下车库，采用干式自动喷水灭火系统保护，系统的设计参数按照火灾危险等级的中危险级Ⅱ级确定，其作用面积不应小于（　　）m^2。

A. 160　　B. 208　　C. 192　　D. 260

［答案］B

2.【实务2016-84】某3层图书馆，建筑面积为12000 m^2，室内最大净空高度为4.5 m，图书馆内全部设置自动喷水灭火系统，下列关于该自动喷水灭火系统的做法中，正确的有（　　）。

A. 系统的喷水强度为4 L/(min·m^2)

B. 共设置1套湿式报警阀组

C. 采用流量系数 $K=80$ 的洒水喷头

D. 系统的作用面积为160 m^2

E. 系统最不利点处喷头的工作压力为0.1 MPa

［答案］CDE

（三）喷头的设置

（1）采用闭式系统场所的最大净空高度不应大于表2-20-2的规定，仅用于保护室内钢屋架等建筑构件和设置货架内置喷头的闭式系统，不受此表规定的限制。

表 2－20－2　采用闭式系统场所的最大净空高度　m

设置场所	采用闭式系统场所的最大净空高度	设置场所	采用闭式系统场所的最大净空高度
民用建筑和工业厂房	8	采用早期抑制快速响应喷头的仓库	13.5
仓库	9	非仓库类高大净空场所	12

（2）闭式系统的喷头，其公称动作温度宜高于环境最高温度 30 ℃。

（3）湿式系统的喷头选型应符合下列规定：不做吊顶的场所，当配水支管布置在梁下时，应采用直立型喷头；吊顶下布置的喷头，应采用下垂型喷头或吊顶型喷头；顶板为水平面的轻危险级、中危险级 I 级居室和办公室，可采用边墙型喷头；自动喷水—泡沫联用系统应采用洒水喷头；易受碰撞的部位，应采用带保护罩的喷头或吊顶型喷头。

（4）干式系统、预作用系统应采用直立型喷头或干式下垂型喷头。

（5）下列场所宜采用快速响应喷头：公共娱乐场所、中庭环廊；医院、疗养院的病房及治疗区域，老年、少儿、残疾人的集体活动场所；超出水泵接合器供水高度的楼层；地下的商业及仓储用房。

（6）同一隔间内应采用相同热敏性能的喷头。

（7）自动喷水灭火系统应有备用喷头，其数量不应少于总数的 1%，且每种型号均不得少于 10 只。

（8）直立型、下垂型喷头的布置，包括同一根配水支管上喷头的间距及相邻配水支管的间距，应根据系统的喷水强度、喷头的流量系数和工作压力确定，并不应大于表 2－20－3 的规定，且不宜小于 2.4 m。

表 2－20－3　同一根配水支管上喷头的间距及相邻配水支管的间距

喷水强度/[L·(min·m^2)$^{-1}$]	正方形布置的边长/m	矩形或平行四边形布置的长边边长/m	一只喷头的最大保护面积/m^2	喷头与端墙的最大距离/m
4	4.4	4.5	20.0	2.2
6	3.6	4.0	12.5	1.8
8	3.4	3.6	11.5	1.7
≥12	3.0	3.6	9.0	1.5

（9）除吊顶型喷头及吊顶下安装的喷头外，直立型、下垂型标准喷头，其溅水盘与顶板的距离，不应小于 75 mm、不应大于 150 mm。

① 当在梁或其他障碍物底面下方的平面上布置喷头时，溅水盘与顶板的距离不应大于 300 mm，同时溅水盘与梁等障碍物底面的垂直距离不应小于 25 mm、不应大于 100 mm。

② 当在梁间布置喷头时，应符合《自动喷水灭火系统设计规范（2005 版）》（GB 50084—2001），简称《喷规》第 7.2.1 条的规定。确有困难时，溅水盘与顶板的距离不应大于 550 mm。梁间布置的喷头，喷头溅水盘与顶板距离达到 550 mm 仍不能符合《喷规》7.2.1 条规定时，应在梁底面的下方增设喷头。

③ 密肋梁板下方的喷头，溅水盘与密肋梁板底面的垂直距离，不应小于 25 mm、不

应大于 100 mm。

④ 净空高度不超过 8 m 的场所中，间距不超过 4 m × 4 m 布置的十字梁，可在梁间布置 1 只喷头，但喷水强度仍应符合表 2 - 20 - 1 的规定。

（10）早期抑制快速响应喷头的溅水盘与顶板的距离，应符合表 2 - 20 - 4 的规定。

表 2 - 20 - 4 早期抑制快速响应喷头的溅水盘与顶板的距离 mm

喷头安装方式	直立型		下垂型	
	不应小于	不应大于	不应小于	不应大于
溅水盘与顶板的距离	100	150	150	360

（11）图书馆、档案馆、商场、仓库中的通道上方宜设有喷头。喷头与被保护对象的水平距离，不应小于 0.3 m；喷头溅水盘与保护对象的最小垂直距离不应小于表 2 - 20 - 5 的规定。【图 2 - 20 - 7】

表 2 - 20 - 5 喷头溅水盘与保护对象的最小垂直距离 m

喷头类型	最小垂直距离	喷头类型	最小垂直距离
标准喷头	0.45	其他喷头	0.90

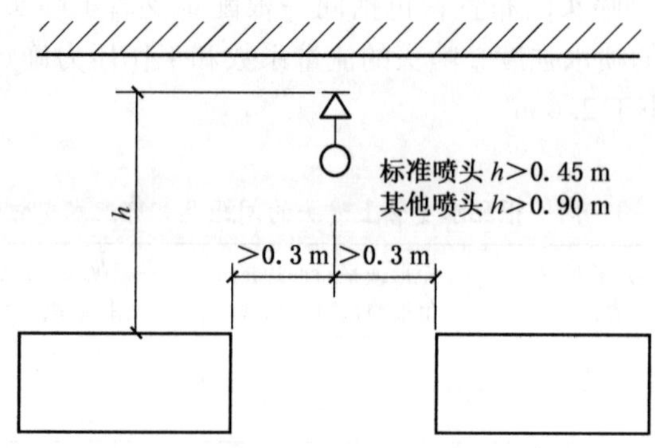

图 2 - 20 - 7 堆物较高场所通道上方喷头的设置

（12）货架内置喷头宜与顶板下喷头交错布置，其溅水盘与上方层板的距离，应符合第（9）条的规定，与其下方货品顶面的垂直距离不应小于 150 mm。

（13）货架内喷头上方的货架层板，应为封闭层板。货架内喷头上方如有孔洞、缝隙，应在喷头的上方设置集热挡水板。集热挡水板应为正方形或圆形金属板，其平面面积不宜小于 0.12 m^2，周围弯边的下沿，宜与喷头的溅水盘平齐。

（14）净空高度大于 800 mm 的闷顶和技术夹层内有可燃物时，应设置喷头。

（15）当局部场所设置自动喷水灭火系统时，与相邻不设自动喷水灭火系统场所连通的走道或连通门窗的外侧，应设喷头。

（16）装设通透性吊顶的场所，喷头应布置在顶板下。

(17) 顶板或吊顶为斜面时，喷头应垂直于斜面，并应按斜面距离确定喷头间距。

尖屋顶的屋脊处应设一排喷头。喷头溅水盘至屋脊的垂直距离，屋顶坡度≥1/3时，不应大于0.8 m；屋顶坡度<1/3 时，不应大于0.6 m。【图 2-20-8】

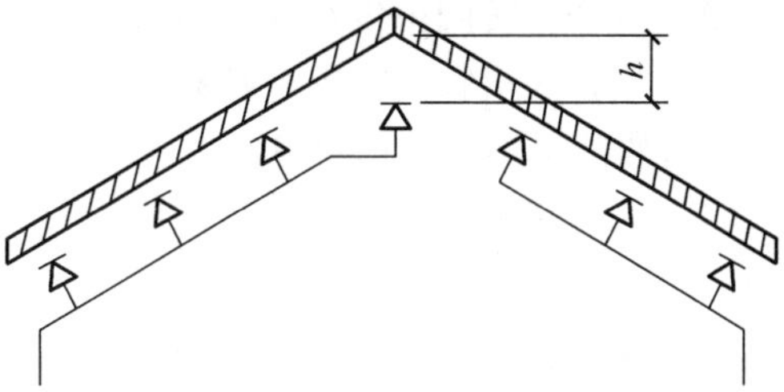

图 2-20-8　屋脊处设置喷头示意图

(四) 喷头的安装

(1) 喷头安装应在系统试压、冲洗合格后进行。

(2) 喷头安装时，不得对喷头进行拆装、改动，并严禁给喷头附加任何装饰性涂层。

(3) 喷头安装应使用专用扳手，严禁利用喷头的框架施拧，喷头的框架、溅水盘产生变形或释放原件损伤时，应采用规格、型号相同的喷头更换。

(4) 安装在易受机械损伤处的喷头，应加设喷头防护罩。

(5) 当喷头的公称直径小于 10 mm 时，应在配水干管或配水管上安装过滤器。

(6) 当梁、通风管道、排管、桥架宽度大于 1.2 m 时，增设的喷头应安装在其腹面以下部位。

【练习题】

1.【实务 2015-66】某单层工业厂房，建筑面积 10000 m^2，室内最大净高为 8 m，屋面坡度为 2%，未设置吊顶。该建筑按中危险级Ⅱ级设置自动喷水灭火系统，应选择（　　）。

A. 直立型　　B. 隐蔽型　　C. 吊顶型　　D. 边墙型

[答案] A

2.【实务 2015-82】某地下车库，设置的自动喷水灭火系统采用直立型喷头。下列关于喷头溅水盘与车库顶板的垂直距离的说法，符合规范规定的有（　　）。

A. 喷头无障碍物遮挡时，不应小于 25 mm，不应大于 150 mm

B. 喷头有障碍物遮挡时，不应大于 850 mm

C. 喷头无障碍物遮挡时，不应小于 75 mm，不应大于 150 mm

D. 喷头有障碍物遮挡时，不应大于 650 mm

E. 喷头有障碍物遮挡时，不应大于 550 mm

[答案] CE

3. 非仓库类高大净空场所采用闭式系统的最大净空高度为（　　）m。

A. 13.5　　B. 12　　C. 10　　D. 9

[答案] B

(五) 报警阀组的设置

(1) 一个报警阀组控制的喷头数应符合下列规定：

① 湿式系统、预作用系统不宜超过 800 只；干式系统不宜超过 500 只。

② 当配水支管同时安装保护吊顶下方和上方空间的喷头时，应只将数量较多一侧的喷头计入报警阀组控制的喷头总数。

（2）每个报警阀组供水的最高与最低位置喷头，其高程差不宜大于 50 m。

（3）报警阀组宜设在安全及易于操作的地点，报警阀距地面的高度宜为 1.2 m。安装报警阀组的部位应设有排水设施。

（4）连接报警阀进出口的控制阀应采用信号阀。当不采用信号阀时，控制阀应设锁定阀位的锁具。

（5）水力警铃的工作压力不应小于 0.05 MPa，应设在有人值班的地点附近，与报警阀连接的管道，其管径应为 20 mm，总长不宜大于 20 m。

（六）报警阀组的安装

依据：《自动喷水灭火系统施工及验收规范》（GB 50261—2005）。

（1）报警阀组的安装应在供水管网试压、冲洗合格后进行。安装时应先安装水源控制阀、报警阀，然后进行报警阀辅助管道的连接，水源控制阀、报警阀与配水干管的连接，应使水流方向一致。报警阀组安装的位置应符合设计要求；当设计无要求时，报警阀组应安装在便于操作的明显位置，距室内地面高度宜为 1.2 m，两侧与墙的距离不应小于 0.5 m，正面与墙的距离不应小于 1.2 m；报警阀组凸出部位之间的距离不应小于 0.5 m。安装报警阀组的室内地面应有排水设施。

（2）报警阀组附件的安装应符合下列要求：

① 压力表应安装在报警阀上便于观测的位置。

② 排水管和试验阀应安装在便于操作的位置。

③ 水源控制阀安装应便于操作，且应有明显开闭标志和可靠的锁定设施。

④ 在报警阀与管网之间的供水干管上，应安装由控制阀、检测供水压力、流量用的仪表及排水管道组成的系统流量压力检测装置，其过水能力应与系统过水能力一致；干式报警阀组、雨淋报警阀组应安装检测时水流不进入系统管网的信号控制阀门。

（3）湿式报警阀组的安装应符合下列要求：

① 应使报警阀前后的管道中能顺利充满水；压力波动时，水力警铃不应发生误报警。

② 报警水流通路上的过滤器应安装在延迟器前，且便于排渣操作的位置。

（4）干式报警阀组的安装应符合下列要求：

① 应安装在不发生冰冻的场所。

② 安装完成后，应向报警阀气室注入高度为 50～100 mm 的清水。

③ 充气连接管接口应在报警阀气室充注水位以上部位，且充气连接管的直径不应小于 15 mm；止回阀、截止阀应安装在充气连接管上。

④ 气源设备的安装应符合设计要求和国家现行有关标准的规定。

⑤ 安全排气阀应安装在气源与报警阀之间，且应靠近报警阀。

⑥ 加速器应安装在靠近报警阀的位置，且应有防止水进入加速器的措施。

⑦ 低气压预报警装置应安装在配水干管一侧。

⑧ 下列部位应安装压力表：报警阀充水一侧和充气一侧；空气压缩机的气泵和储气罐上；加速器上。

⑨ 管网充气压力应符合设计要求。

【练习题】

【实务 2015-30】某 3 层商业建筑，采用湿式自动喷水系统保护，共设计了 2800 个喷头保护吊顶下方空间，该建筑湿式自动喷水报警阀组设置数量至少（　　）个。

A. 2　　B. 3　　C. 4　　D. 5

［答案］C

（七）水流指示器的设置与安装

（1）除报警阀组控制的喷头只保护不超过防火分区面积的同层场所外，每个防火分区、每个楼层均应设水流指示器。

（2）仓库内顶板下喷头与货架内喷头应分别设置水流指示器。

（3）当水流指示器入口前设置控制阀时，应采用信号阀。

（4）水流指示器的安装应符合下列要求：

① 水流指示器的安装应在管道试压和冲洗合格后进行，水流指示器的规格、型号应符合设计要求。

② 水流指示器应使电器元件部位竖直安装在水平管道上侧，其动作方向应和水流方向一致，安装后的水流指示器桨片、膜片应动作灵活，不应与管壁发生碰擦。

【练习题】

【实务 2016－41】某 2 层地上商店建筑，每层建筑面积为 6000 m^2，所设置的自动喷水灭火系统应至少设置（　　）个水流指示器。

A. 2　　B. 3　　C. 4　　D. 5

［答案］C

（八）压力开关的设置与安装

（1）雨淋系统和防火分隔水幕，其水流报警装置宜采用压力开关。

（2）应采用压力开关控制稳压泵，并应能调节启停压力。

（3）压力开关应竖直安装在通往水力警铃的管道上，且不应在安装中拆装改动。管网上的压力控制装置的安装应符合设计要求。

【练习题】

【实务 2015－35】设置湿式自动喷水灭火系统的房间，起火时喷头动作喷水，水流指示器动作并报警，报警阀动作，延迟器充水，启泵装置动作报警并直接启动消防水泵，该系统应选择的启动装置是（　　）。

A. 压力开关　　B. 电接点压力表

C. 流量开关　　D. 水位仪

［答案］A

（九）末端试水装置的设置

（1）每个报警阀组控制的最不利点喷头处，应设末端试水装置，其他防火分区、楼层均应设直径为 25 mm 的试水阀。末端试水装置和试水阀应便于操作，且应有足够排水能力的排水设施。

（2）末端试水装置应由试水阀、压力表以及试水接头组成。试水接头出水口的流量系数，应等同于同楼层或防火分区内的最小流量系数喷头。末端试水装置的出水，应采取

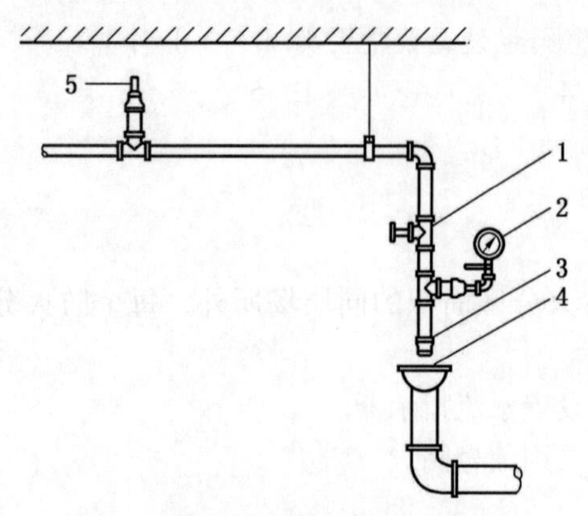

1—截止阀；2—压力表；3—试水接头；
4—排水漏斗；5—最不利点处喷头

图 2－20－9 末端试水装置示意图

孔口出流的方式排入排水管道。【图 2－20－9】

四、思考题

(一) 单项选择题

1. 在通透性吊顶内安装喷头时应选用( )喷头。

A. 直立型　　B. 下垂型

C. 隐蔽型　　D. 边墙型

[答案] A

[解析] 装设通透性吊顶的场所，喷头应布置在顶板下。

2. 规范对管道支吊架最大间距的控制，其目的是( )。

A. 控制管道不发生挠曲过大　　B. 控制管道不发生剪断

C. 保证管道的强度和刚度　　D. 保证管道支吊架不发生破坏

[答案] C

(二) 多项选择题

1. 本案例在消防系统验收时属于 A 级缺陷的检验项目有( )。

A. 消防水箱和消防水池的容量，室内给水管网的供水能力

B. 主备电源的自动切换装置的可靠性

C. 管道材质、管径、接头、连接方式、防腐防冻措施

D. 信号阀应锁定在常开位置

E. 系统流量和压力检测合格

[答案] ACE

[解析]

《自动喷水灭火系统施工及验收规范》(GB 50261—2005) 附录 F

缺陷分类	严重缺陷 (A)	重缺陷 (B)	轻缺陷 (C)
包含条款	—	—	第 8.0.3 条第 1~5 款
	第 8.0.4 条第 1、2 款	—	—
	—	第 8.0.5 条第 1~3 款	—
	第 8.0.6 条第 4 款	第 8.0.6 条第 1、2、3、5、6 款	第 8.0.6 条第 7 款
	—	第 8.0.7 条第 1、2、3、4、6 款	第 8.0.7 条第 5 款
	第 8.0.8 条第 1 款	第 8.0.8 条第 4、5 款	第 8.0.8 条第 2、3、6、7 款
	第 8.0.9 条第 1 款	第 8.0.9 条第 2 款	第 8.0.9 条第 3~5 款
	—	第 8.0.10 条	—
	第 8.0.11 条	—	—
	第 8.0.12 条第 3、4 款	第 8.0.12 条第 5~7 款	第 8.0.12 条第 1、2 款

第 8.0.4 条规定，系统供水水源的检查验收应符合下列要求：

① 应检查室外给水管网的进水管管径及供水能力，并应检查消防水箱和消防水池容量，均应符合设计要求。

② 当采用天然水源作系统的供水水源时，其水量、水质应符合设计要求，并应检查枯水期最低水位时确保消防用水的技术措施。

第 8.0.6 条规定，消防水泵验收应符合下列要求：打开消防水泵出水管上试水阀，当采用主电源启动消防水泵时，消防水泵应启动正常；关掉主电源，主、备电源应能正常切换。

第 8.0.8 条规定，管网验收应符合下列要求：管道的材质、管径、接头、连接方式及采取的防腐、防冻措施，应符合设计规范及设计要求。

第 8.0.9 条规定，喷头验收应符合下列要求：

① 喷头设置场所、规格、型号、公称动作温度、响应时间指数（RTI）应符合设计要求。

② 检查数量：抽查设计喷头数量 10%，总数不少于 40 个，合格率应为 100%。

第 8.0.11 条规定，系统流量、压力的验收，应通过系统流量压力检测装置进行放水试验，系统流量、压力应符合设计要求。

第 8.0.12 条规定，应进行系统模拟灭火功能试验，且应符合下列要求：

① 压力开关动作，应启动消防水泵及与其联动的相关设备，并应有反馈信号显示。

② 电磁阀打开，雨淋阀应开启，并应有反馈信号显示。

2. 湿试报警阀组的安装位置应符合（　　）。

A. 经常有人值班的地点附近

B. 不易发生冰冻的场所

C. 位置明显而安全

D. 便于操作，而地面有排水设施

E. 必须设置在消防泵房内

[答案] CD

[解析] 报警阀组宜设在安全及易于操作的地点，报警阀距地面的高度宜为 1.2 m。安装报警阀组的部位应设有排水设施。

3. 当（　　）时，应在喷头的上方增设集热挡水板。

A. 货架内喷头上方有孔洞

B. 喷头离顶板太远，需要集热

C. 货架内喷头上方有缝隙

D. 设置在通透性吊顶下方

E. 设置在通透性吊顶上方

[答案] AC

[解析]《自动喷水灭火系统设计规范（2005 年版）》(GB 50084—2001) 第 7.1.7 条规定，货架内喷头上方的货架层板，应为封闭层板。货架内喷头上方如有孔洞、缝隙，应在喷头的上方设置集热挡水板。

（三）分析题

请分析指出本案例图片中的错误。

[答案] 本案例图片中存在下列错误：

（1）湿式报警阀的上、下腔压力表的规格型号、表径和量程均不一致。

（2）通透性格栅吊顶的喷头不应采用隐蔽式吊顶型喷头。

（3）通透性格栅吊顶内的喷头不应安装在格栅之间和格栅的锯口上。

（4）气压给水设备只设一只电接点压力表，只能控制稳压泵启停，不能发出启动喷淋泵的信号。

（5）稳压泵的设计压力应满足系统自动启动的要求。

（6）不应采用集热挡水板补偿喷头溅水盘与顶板之间的距离。

（7）末端试水装置的排水为暗排方式，没有试水接头和漏斗，而且采用了 DN20 的试水阀和排水管，压力表表面不正，不便读值，而且压力表在试水阀上游，不符合《自动喷水灭火系统设计规范（2005 年版）》（GB 50084—2001）的要求。

案例 21　气体灭火设施检测与验收案例分析

一、情景描述

某发电厂气体灭火系统主要分布于 1 号、2 号机组的集控室、电子间、工程师站、电缆夹层、380 V 母线室和 6 KV 母线室等关键部位。该气体灭火系统选择组合分配方式的 IG541 全淹没的灭火方式，药剂瓶组 42 瓶。该系统竣工距今已使用近 10 多年。

二、分析要点

本案例主要分析下列内容：

(1) 系统工作原理。

(2) 系统设计要求。

(3) 系统组件设置。

(4) 操作与控制。

(5) 安全要求。

(6) 系统组件安装。

(7) 系统调试。

三、关键知识点及依据

(一) 系统工作原理

1. 系统组成

气体灭火系统按系统的结构特点分为无管网灭火系统和管网灭火系统。管网系统又可分为组合分配系统和单元独立系统。组合分配系统是指用一套灭火系统储存装置同时保护两个或两个以上防护区或保护对象的气体灭火系统。组合分配系统的灭火剂设计用量是按最大的一个防护区或保护对象来确定的。【图 2－21－1】

2. 控制流程

气体灭火系统具体控制过程如图 2　21　2 所示。

3. 气体灭火系统联动控制设计

依据《火灾自动报警系统设计规范》(GB 50116—2013)，气体灭火系统和泡沫灭火系统的联动控制方式一致，在这里一并讲解。

气体灭火控制器、泡沫灭火控制器直接连接火灾探测器时，气体灭火系统、泡沫灭火系统的自动控制方式应符合下列规定：

(1) 应由同一防护区域内两只独立的火灾探测器的报警信号、一只火灾探测器与一

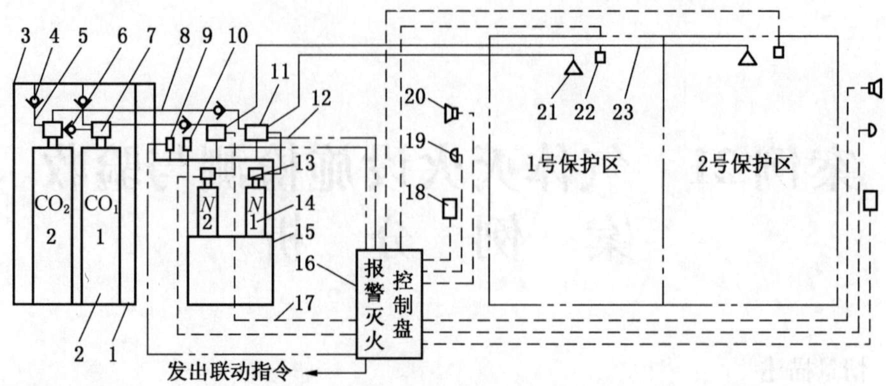

1—XT 灭火剂储瓶框架；2—灭火剂储瓶；3—集流管；4—液流单向阀；5—软管；6—气流单向阀；7—瓶头阀；8—启动管道；9—压力信号器；10—安全阀；11—选择阀；12—信号反馈线路；13—电磁阀；14—启动钢瓶；15—QXT 启动瓶框架；16—报警灭火控制盘；17—控制线路；18—手动控制盒；19—光报警器；20—声报警器；21—喷嘴；22—火灾探测器；23—灭火剂输送管道

图 2－21－1 组合分配系统示意图

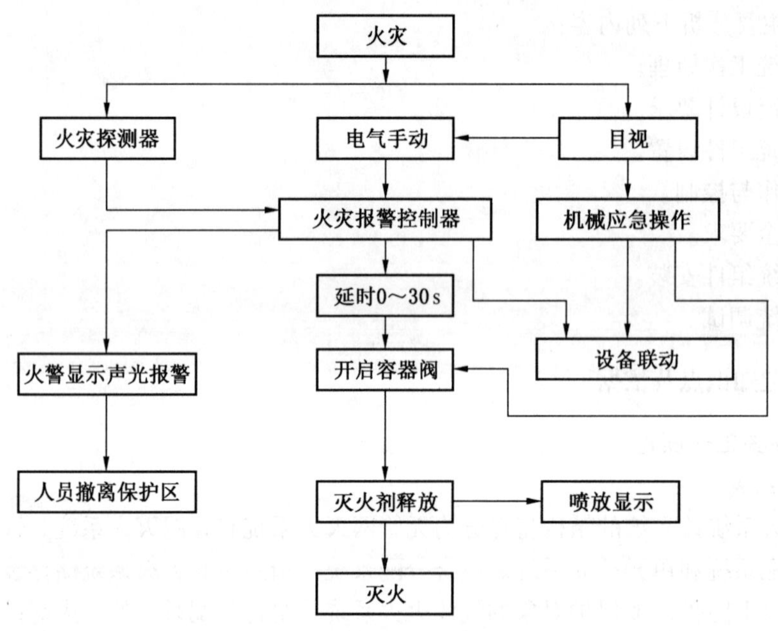

图 2－21－2 气体灭火系统控制流程图

只手动火灾报警按钮的报警信号或防护区外的紧急启动信号，作为系统的联动触发信号，探测器的组合宜采用感烟火灾探测器和感温火灾探测器，各类探测器应按规范第 6.2 节的规定分别计算保护面积。

（2）气体灭火控制器、泡沫灭火控制器在接收到满足联动逻辑关系的首个联动触发信号后，应启动设置在该防护区内的火灾声光警报器，且联动触发信号应为任一防护区域内设置的感烟火灾探测器、其他类型火灾探测器或手动火灾报警按钮的首次报警信号；在接收到第二个联动触发信号后，应发出联动控制信号，且联动触发信号应为同一防护区域内与首次报警的火灾探测器或手动火灾报警按钮相邻的感温火灾探测器、火焰探测器或手动火灾报警按钮的报警信号。

（3）联动控制信号应包括下列内容：关闭防护区域的送（排）风机及送（排）风阀门；停止通风和空气调节系统及关闭设置在该防护区域的电动防火阀；联动控制防护区域开口封闭装置的启动，包括关闭防护区域的门、窗；启动气体灭火装置、泡沫灭火装置，气体灭火控制器、泡沫灭火控制器，可设定不大于 30 s 的延迟喷射时间。

（4）平时无人工作的防护区，可设置为无延迟的喷射，应在接收到满足联动逻辑关系的首个联动触发信号后按规范规定执行除启动气体灭火装置、泡沫灭火装置外的联动控制；在接收到第二个联动触发信号后，应启动气体灭火装置、泡沫灭火装置。

（5）气体灭火防护区出口外上方应设置表示气体喷洒的火灾声光警报器，指示气体释放的声信号应与该保护对象中设置的火灾声警报器的声信号有明显区别。启动气体灭火装置、泡沫灭火装置的同时，应启动设置在防护区入口处表示气体喷洒的火灾声光警报器；组合分配系统应首先开启相应防护区域的选择阀，然后启动气体灭火装置、泡沫灭火装置。

（二）系统设计要求

1. 系统设计的一般规定

两个或两个以上的防护区采用组合分配系统时，一个组合分配系统所保护的防护区不应超过 8 个。

一个防护区设置的预制灭火系统，其装置数量不宜超过 10 台。同一防护区内的预制灭火系统装置多于 1 台时，必须能同时启动，其动作响应时差不得大于 2 s。防护区内设置的预制灭火系统的充压压力不应大于 2. 5 MPa。

组合分配系统的灭火剂储存量，应按储存量最大的防护区确定。灭火系统的灭火剂储存量，应为防护区的灭火设计用量、储存容器内的灭火剂剩余量和管网内的灭火剂剩余量之和。灭火系统的储存装置 72 h 内不能重新充装恢复工作的，应按系统原储存量的 100% 设置备用量。

同一集流管上的储存容器，其规格、充压压力和充装量应相同。同一防护区，当设计两套或三套管网时，集流管可分别设置，系统启动装置必须共用。各管网上喷头流量均应按同一灭火设计浓度、同一喷放时间进行设计。

管网上不应采用四通管件进行分流。

喷头的保护高度和保护半径，应符合下列规定：最大保护高度不宜大于 6. 5 m；最小保护高度不应小于 0. 3 m；喷头安装高度小于 1. 5 m 时，保护半径不宜大于 4. 5 m；喷头安装高度不小于 1. 5 m 时，保护半径不应大于 7. 5 m。喷头宜贴近防护区顶面安装，距顶面的最大距离不宜大于 0. 5 m。

喷头的布置应满足喷放后气体灭火剂在防护区内均匀分布的要求。当保护对象属可燃液体时，喷头射流方向不应朝向液体表面。

2. 防护区的设置要求

（1）防护区划分应符合下列规定：

① 防护区宜以单个封闭空间划分；同一区间的吊顶层和地板下需同时保护时，可合为一个防护区。

② 采用管网灭火系统时，一个防护区的面积不宜大于800 m²，且容积不宜大于3600 m³。

③ 采用预制灭火系统时，一个防护区的面积不宜大于500 m²，且容积不宜大于1600 m³。

(2) 防护区围护结构及门窗的耐火极限均不宜低于0.5 h；吊顶的耐火极限不宜低于0.25 h。防护区围护结构承受内压的允许压强，不宜低于1200 Pa。防护区应设置泄压口，七氟丙烷灭火系统的泄压口应位于防护区净高的2/3以上。防护区设置的泄压口，宜设在外墙上。泄压口面积按相应气体灭火系统设计规定计算。喷放灭火剂前，防护区内除泄压口外的开口应能自行关闭。防护区的最低环境温度不应低于-10 ℃。

3. 七氟丙烷灭火系统

七氟丙烷灭火系统的灭火设计浓度不应小于灭火浓度的1.3倍，惰化设计浓度不应小于惰化浓度的1.1倍。

固体表面火灾的灭火浓度为5.8%，规范附录中未列出的，应经试验确定。图书、档案、票据和文物资料库等防护区，灭火设计浓度宜采用10%。油浸变压器室、带油开关的配电室和自备发电机房等防护区，灭火设计浓度宜采用9%。通信机房和电子计算机房等防护区，灭火设计浓度宜采用8%。防护区实际应用的浓度不应大于灭火设计浓度的1.1倍。

在通讯机房和电子计算机房等防护区，设计喷放时间不应大于8 s；在其他防护区，设计喷放时间不应大于10 s。

灭火浸渍时间应符合下列规定：木材、纸张、织物等固体表面火灾，宜采用20 min；通信机房、电子计算机房内的电气设备火灾，应采用5 min；其他固体表面火灾，宜采用10 min；气体和液体火灾，不应小于1 min。

七氟丙烷灭火系统应采用氮气增压输送。氮气的含水量不应大于0.006%。

储存容器的增压压力宜分为三级，并应符合下列规定：一级是2.5+0.1 MPa(表压)；二级是4.2+0.1 MPa(表压)；三级是5.6+0.1 MPa(表压)。

七氟丙烷单位容积的充装量应符合下列规定：一级增压储存容器，不应大于1120 kg/m³；二级增压焊接结构储存容器，不应大于950 kg/m³；二级增压无缝结构储存容器，不应大于1120 kg/m³；三级增压储存容器，不应大于1080 kg/m³。

【练习题】

1. 某5层数据计算机房，层高5 m，每层有1200 m² 的大空间计算机用房，设置IG541组合分配气体灭火系统保护。该建筑的气体灭火系统防护区最少应划分为(　　)个。

A. 5　　B. 6　　C. 8　　D. 10

[答案] D

2. 某电子计算机主机房为无人值守的封闭区域，室内净高为3.6 m，采用全淹没式七氟丙烷灭火系统防护。该防护区设置的泄压口下沿距离防护区楼地板的高度不应低于(　　) m。

A. 2.4　　B. 1.8　　C. 3.0　　D. 3.2

[答案] A

3. 下列关于气体灭火系统组件及其设置要求的说法中，不正确的是(　　)。

A. 同一防护区内，当设计两套或三套管网时，集流管和系统启动装置可分别设置

B. 灭火系统的储存装置72 h内不能重新充装恢复工作的，应按系统原储存量的

100% 设置备用量

C. 喷头最大保护高度不宜大于 6.5 m，当喷头安装高度小于 1.5 m 时，保护半径不宜大于 4.5 m

D. 一个防护区设置的预制灭火系统，其装置数量不宜超过 10 台

[答案] A

(三) 系统组件设置

1. 储存装置

储存装置应符合下列规定：

(1) 管网灭火系统的储存装置宜设在专用储瓶间内。储瓶间宜靠近防护区，并应符合建筑物耐火等级不低于二级的有关规定及有关压力容器存放的规定，且应有直接通向室外或疏散走道的出口。储瓶间和设置预制灭火系统的防护区的环境温度应为 -10 ℃ ~50 ℃。

(2) 储存装置的布置，应便于操作、维修及避免阳光照射。操作面距墙面或两操作面之间的距离，不宜小于 1.0 m，且不应小于储存容器外径的 1.5 倍。

储存装置的储存容器与其他组件的公称工作压力，不应小于在最高环境温度下所承受的工作压力。

在储存容器或容器阀上，应设安全泄压装置和压力表。组合分配系统的集流管，应设安全泄压装置。安全泄压装置的动作压力，应符合相应气体灭火系统的设计规定。

在通向每个防护区的灭火系统主管道上，应设压力讯号器或流量讯号器。

2. 选择阀

组合分配系统中的每个防护区应设置控制灭火剂流向的选择阀，其公称直径应与该防护区灭火系统的主管道公称直径相等。【图 2-21-3】

图 2-21-3　选择阀现场实际安装图

选择阀的位置应靠近储存容器且便于操作。选择阀应设有标明其工作防护区的永久性铭牌。

选择阀的工作压力：高压系统不应小于 12 MPa，低压系统不应小于 2.5 MPa。

3. 管道

(1) 管道及管道附件应符合下列规定：

① 输送气体灭火剂的管道应采用无缝钢管。无缝钢管内外应进行防腐处理，防腐处理宜采用符合环保要求的方式。

② 输送气体灭火剂的管道安装在腐蚀性较大的环境里，宜采用不锈钢管。

③ 输送启动气体的管道，宜采用铜管。

④ 管道的连接，当公称直径小于或等于 80 mm 时，宜采用螺纹连接；大于 80 mm 时，宜采用法兰连接。钢制管道附件应内外防腐处理，防腐处理宜采用符合环保要求的方式。使用在腐蚀性较大的环境里，应采用不锈钢的管道附件。

(2) 系统组件与管道的公称工作压力，不应小于在最高环境温度下所承受的工作压力。

【练习题】

某大型城市综合体中的变配电间、计算机主机房、通信设备间等场所内设置了组合分配式七氟丙烷气体灭火系统。下列关于该系统组件的说法中，错误的是（ ）。

A. 集流管应设置安全溃压装置

B. 选择阀的公称直径应和与其对应的防护区灭火系统的主管道公称直径相同

C. 输送启动气体的管道宜采用铜管

D. 输送气体灭火剂的管道必须采用不锈钢管

［答案］D

（四）操作与控制

采用气体灭火系统的防护区，应设置火灾自动报警系统，其设计应符合现行国家标准《火灾自动报警系统设计规范》（GB 50116—2013）的规定，并应选用灵敏度级别高的火灾探测器。

管网灭火系统应设自动控制、手动控制和机械应急操作三种启动方式。预制灭火系统应设自动控制和手动控制两种启动方式。

采用自动控制启动方式时，根据人员安全撤离防护区的需要，应有不大于 30 s 的可控延迟喷射；对于平时无人工作的防护区，可设置为无延迟的喷射。

灭火设计浓度或实际使用浓度大于无毒性反应浓度（NOAEL 浓度）的防护区和采用热气溶胶预制灭火系统的防护区，应设手动与自动控制的转换装置。当人员进入防护区时，应能将灭火系统转换为手动控制方式；当人员离开时，应能恢复为自动控制方式。防护区内外应设手动、自动控制状态的显示装置。

自动控制装置应在接到两个独立的火灾信号后才能启动。手动控制装置和手动与自动转换装置应设在防护区疏散出口的门外便于操作的地方，安装高度为中心点距地面 1.5 m。机械应急操作装置应设在储瓶间内或防护区疏散出口门外便于操作的地方。

气体灭火系统的操作与控制，应包括对开口封闭装置、通风机械和防火阀等设备的联动操作与控制。

设有消防控制室的场所，各防护区灭火控制系统的有关信息，应传送给消防控制室。

气体灭火系统的电源，应符合现行国家有关消防技术标准的规定；采用气动力源时，应保证系统操作和控制需要的压力和气量。

组合分配系统启动时，选择阀应在容器阀开启前或同时打开。

【练习题】

1. 某通信机房设置柜式七氟丙烷灭火装置，该系统应有（ ）种启动方式。

A. 1　　B. 2　　C. 3　　D. 4

［答案］B

2. 下列关于气体灭火系统操作和控制的说法中，正确的有（ ）。

A. 组合分配系统启动时，选择阀应在容器阀开启后打开

B. 采用气体灭火系统保护的防护区应选用灵敏度级别高的火灾探测器

C. 自动控制装置应在接到任一火灾信号后联动启动

D. 预制灭火系统应设置自动控制和手动控制两种启动方式

E. 气体灭火系统的操作和控制应包括对防火阀、通风机械、开口封闭装置的联动操作与控制

[答案] BDE

3. 某气体灭火系统采用多个保护区域的组合分配系统，当系统启动时，关于系统的选择阀和容器阀的打开顺序，说法正确的是（　　）。

A. 容器阀应先于选择阀打开

B. 选择阀应先于容器阀打开

C. 选择阀应与容器阀同时打开

D. 选择阀应先于容器阀或两者同时打开

[答案] D

（五）安全要求

防护区应有保证人员在30 s内疏散完毕的通道和出口。防护区内的疏散通道及出口，应设应急照明与疏散指示标志。防护区内应设火灾声报警器，必要时，可增设闪光报警器。防护区的入口处应设火灾声、光报警器和灭火剂喷放指示灯，以及防护区采用的相应气体灭火系统的永久性标志牌。灭火剂喷放指示灯信号，应保持到防护区通风换气后，以手动方式解除。防护区的门应向疏散方向开启，并能自行关闭；用于疏散的门必须能从防护区内打开。

灭火后的防护区应通风换气，地下防护区和无窗或设固定窗扇的地上防护区，应设置机械排风装置，排风口宜设在防护区的下部并应直通室外。通信机房、电子计算机房等场所的通风换气次数应不少于每小时5次。

储瓶间的门应向外开启，储瓶间内应设应急照明；储瓶间应有良好的通风条件，地下储瓶间应设机械排风装置，排风口应设在下部，可通过排风管排出室外。

经过有爆炸危险和变电、配电场所的管网，以及布设在以上场所的金属箱体等，应设防静电接地。

灭火系统的手动控制与应急操作应有防止误操作的警示显示与措施。

设有气体灭火系统的场所，宜配置空气呼吸器。

【练习题】

1. 灭火后的防护区应通风换气，通信机房、电子计算机房等场所的通风换气次数应不小于（　　）次/h。

A. 2　　B. 3　　C. 4　　D. 5

[答案] D

2. 设置气体灭火系统的防护区应设有疏散通道和安全出口，使该区人员能在（　　）min内撤离防护区。

A. 0.5　　B. 1　　C. 5　　D. 10

[答案] A

（六）系统组件安装

1. 灭火剂储存装置的安装

同一规格的灭火剂储存容器，其高度差不宜超过 20 mm；同一规格的驱动气体储存容器，其高度差不宜超过 10 mm。

灭火剂储存装置安装后，泄压装置的泄压方向不应朝向操作面。低压二氧化碳灭火系统的安全阀应通过专用的泄压管接到室外。储存装置上压力计、液位计、称重显示装置的安装位置应便于人员观察和操作。

储存容器的支、框架应固定牢靠，并应做防腐处理。储存容器宜涂红色油漆，正面应标明设计规定的灭火剂名称和储存容器的编号。

安装集流管前应检查内腔，确保清洁。集流管上的泄压装置的泄压方向不应朝向操作面。连接储存容器与集流管间的单向阀的流向指示箭头应指向介质流动方向。集流管应固定在支、框架上。支、框架应固定牢靠，并做防腐处理。集流管外表面宜涂红色油漆。

2. 选择阀及信号反馈装置的安装

选择阀操作手柄应安装在操作面一侧，当安装高度超过 1.7 m 时应采取便于操作的措施。

采用螺纹连接的选择阀，其与管网连接处宜采用活接。

选择阀的流向指示箭头应指向介质流动方向。选择阀上应设置标明防护区或保护对象名称或编号的永久性标志牌，并应便于观察。

3. 阀驱动装置的安装

安装以重力式机械驱动装置时，应保证重物在下落行程中无阻挡，其下落行程应保证驱动所需距离，且不得小于 25 mm。

气动驱动装置的管道安装后应做气压严密性试验，并合格。

4. 灭火剂输送管道的安装

(1) 灭火剂输送管道连接应符合下列规定：

① 采用螺纹连接时，管材宜采用机械切割；螺纹不得有缺纹、断纹等现象；螺纹连接的密封材料应均匀附着在管道的螺纹部分，拧紧螺纹时，不得将填料挤入管道内；安装后的螺纹根部应有 2 ~3 条外露螺纹；连接后，应将连接处外部清理干净并做防腐处理。

② 采用法兰连接时，衬垫不得凸入管内，其外边缘宜接近螺栓，不得放双垫或偏垫。连接法兰的螺栓，直径和长度应符合标准，拧紧后，凸出螺母的长度不应大于螺杆直径的 1/2 且保证有不少于 2 条外露螺纹。

③ 已经防腐处理的无缝钢管不宜采用焊接连接，与选择阀等个别连接部位需采用法兰焊接连接时，应对被焊接损坏的防腐层进行二次防腐处理。

(2) 管道穿过墙壁、楼板处应安装套管。套管公称直径比管道公称直径至少应大 2 级，穿墙套管长度应与墙厚相等，穿楼板套管长度应高出地板 50 mm。管道与套管间的空隙应采用防火封堵材料填塞密实。当管道穿越建筑物的变形缝时，应设置柔性管段。

(3) 管道支、吊架的安装，管道末端应采用防晃支架固定，支架与末端喷嘴间的距离不应大于 500 mm。公称直径大于或等于 50 mm 的主干管道，垂直方向和水平方向至少应各安装 1 个防晃支架，当穿过建筑物楼层时，每层应设 1 个防晃支架。当水平管道改变方向时，应增设防晃支架。

(4) 灭火剂输送管道安装完毕后，应进行强度试验和气压严密性试验，并合格。

(5) 灭火剂输送管道的外表面宜涂红色油漆。

在吊顶内、活动地板下等隐蔽场所内的管道，可涂红色油漆色环，色环宽度不应小于 50 mm。每个防护区或保护对象的色环宽度应一致，间距应均匀。

5. 喷嘴的安装

安装喷嘴时应按设计要求逐个核对其型号、规格及喷孔方向。

安装在吊顶下的不带装饰罩的喷嘴，其连接管管端螺纹不应露出吊顶；安装在吊顶下的带装饰罩的喷嘴，其装饰罩应紧贴吊顶。

6. 控制组件的安装

设置在防护区处的手动、自动转换开关应安装在防护区入口便于操作的部位，安装高度为中心点距地（楼）面 1.5 m。

手动启动、停止按钮应安装在防护区入口便于操作的部位，安装高度为中心点距地（楼）面 1.5 m；防护区的声光报警装置安装应符合设计要求，并应安装牢固，不得倾斜。

气体喷放指示灯宜安装在防护区入口的正上方。

【练习题】

某通信楼设置 IG541 管网灭火系统，该系统的机械应急操作应设在（　　）。

A. 防护区内

B. 消防控制室内

C. 贮瓶间内或防护区外便于操作的地方

D. 防护区泄压口处

[答案] C

（七）系统调试

1. 模拟启动试验

调试时，应对所有防护区或保护对象进行系统手动、自动模拟启动试验，并应合格。

（1）手动模拟启动试验：

按下手动启动按钮，观察相关动作信号及联动设备动作是否正常（如发出声、光报警，启动输出端的负载响应，关闭通风空调、防火阀等）。

人工使压力信号反馈装置动作，观察相关防护区门外的气体喷放指示灯是否正常。

（2）自动模拟启动试验：

① 将灭火控制器的启动输出端与灭火系统相应防护区驱动装置连接。驱动装置应与阀门的动作机构脱离。也可以用 1 个启动电压、电流与驱动装置的启动电压、电流相同的负载代替。

② 人工模拟火警使防护区内任意一个火灾探测器动作，观察单一火警信号输出后，相关报警设备动作是否正常（如警铃、蜂鸣器发出报警声等）。

③ 人工模拟火警使该防护区内另一个火灾探测器动作，观察复合火警信号输出后，相关动作信号及联动设备动作是否正常（如发出声、光报警，启动输出端的负载，关闭通风空调、防火阀等）。

（3）模拟启动试验结果应符合下列规定：延迟时间与设定时间相符，响应时间满足要求；有关声、光报警信号正确；联动设备动作正确；驱动装置动作可靠。

2. 模拟喷气试验

调试时，应对所有防护区或保护对象进行模拟喷气试验，并应合格。

（1）模拟喷气试验的条件：

① IG541 混合气体灭火系统及高压二氧化碳灭火系统应采用其充装的灭火剂进行模拟喷气试验。试验采用的储存容器数应为选定试验的防护区或保护对象设计用量所需容器总数的 5%，且不得少于 1 个。

② 低压二氧化碳灭火系统应采用二氧化碳灭火剂进行模拟喷气试验。试验应选定输送管道最长的防护区或保护对象进行，喷放量应不小于设计用量的 10%。

③ 卤代烷灭火系统模拟喷气试验不应采用卤代烷灭火剂，宜采用氮气，也可采用压缩空气。氮气或压缩空气储存容器与被试验的防护区或保护对象用的灭火剂储存容器的结构、型号、规格应相同，连接与控制方式应一致，氮气或压缩空气的充装压力按设计要求执行。氮气或压缩空气储存容器数不应少于灭火剂储存容器数的 20%，且不得少于一个。

④ 模拟喷气试验宜采用自动启动方式。

（2）模拟喷气试验结果应符合下列规定：

① 延迟时间与设定时间相符，响应时间满足要求。

② 有关声、光报警信号正确。

③ 有关控制阀门工作正常。

④ 信号反馈装置动作后，气体防护区门外的气体喷放指示灯应工作正常。

⑤ 储存容器间内的设备和对应防护区或保护对象的灭火剂输送管道无明显晃动和机械性损坏。

⑥ 试验气体能喷入被试防护区内或保护对象上，且应能从每个喷嘴喷出。

四、思考题

（一）单项选择题

根据《气体灭火系统施工及验收规范》（GB 50263—2007）规定，气体灭火系统的材料进场检验时，对管材、管道连接件的品种、规格、性能等检查数量和检查方法是（　　）。

A. 检查数量：全数检查。检查方法：现场取样送法定检验机构检验

B. 检查数量：20% 抽查。检查方法：核查出厂合格证与质量检验报告

C. 检查数量：30% 抽查。检查方法：核查出厂合格证与质量检验报告

D. 检查数量：全数检查。检查方法：核查出厂合格证与质量检验报告

[答案] D

[解析] 系统组件、管件（材）、设备到场后，对其外观、规格型号、基本性能、严密性等进行全数检查。管材、管道连接件的品种、规格、性能等符合相应产品标准和设计要求。管材、管道连接件的外观质量除符合设计规定外，还要符合下列规定：镀锌层不得有脱落、破损等缺陷；螺纹连接管道连接件不得有缺纹、断纹等现象；法兰盘密封面不得有缺损、裂痕；密封垫片应完好无划痕。管材、管道连接件的规格尺寸、厚度及允许偏差应符合其产品标准和设计要求。

（二）多项选择题

1. 检查管材、管道连接件的外观质量主要查看（　　）。

A. 镀锌层是否有脱落、破损等缺陷

B. 螺纹连接管道连接件是否有缺纹、断纹等现象

C. 法兰盘密封面是否有缺损、裂痕

D. 密封垫片是否完好无划痕

E. 是否涂刷防锈漆

[答案] ABCD

2. 气体灭火系统模拟喷气试验调试时，下列选项符合规定的有（　　）。

A. 试验气体能喷入被试防护区内，且应能从被试防护区的每个喷嘴喷出

B. 有关控制阀门工作正常

C. 有关声、光报警信号正确

D. 储瓶间内设备和对应防护区内的灭火剂输送管道无明显晃动和机械性损伤

E. 防护区相关防火阀能联动关闭

[答案] ABCD

[解析] 模拟喷气试验结果应符合下列规定：延迟时间与设定时间相符，响应时间满足要求。有关声、光报警信号正确。有关控制阀门工作正常。信号反馈装置动作后，气体防护区门外的气体喷放指示灯应工作正常。储存容器间内的设备和对应防护区或保护对象的灭火剂输送管道无明显晃动和机械性损坏。试验气体能喷入被试防护区内或保护对象上，且应能从每个喷嘴喷出。

3. 气体灭火系统功能验收模拟自动启动试验时，下列选项符合规定的有（　　）。

A. 指示灯显示正常或压力表测定的气压足以驱动容器阀和选择阀

B. 有关声、光报警装置均能发出符合设计要求的正常信号

C. 有关控制阀门工作正常

D. 有关的联动设备动作正确，符合设计要求

E. 防护区内非消防用电被联动强切

[答案] ABD

[解析] 模拟启动试验结果应符合下列规定：延迟时间与设定时间相符，响应时间满足要求；有关声、光报警信号正确；联动设备动作正确；驱动装置动作可靠。

4. 防护区划分符合规定的有（　　）。

A. 防护区宜以单个封闭空间划分；同一区间的顶棚层和地板下需同时保护时，可合为一个防护区

B. 防护区宜以单个封闭空间划分；同一区间的顶棚层和地板下需同时保护时，不可合为一个防护区

C. 采用预制灭火系统时，一个防护区的面积不宜大于 500 m^2，且容积不宜大于 1600 m^3

D. 采用管网灭火系统时，一个防护区的面积不宜大于 800 m^2，且容积不宜大于 3600 m^3

E. 采用管网灭火系统时，一个防护区的面积不宜大于 1000 m^2，且容积不宜大于 3000 m^3

[答案] ACD

（三）分析题

1. 气体灭火系统的功能验收一般包括哪些步骤？

［答案］包括：系统模拟启动试验、模拟喷气试验、对设有灭火剂备用量的系统进行模拟切换操作试验、对主备电源进行切换试验。

2. 请指出本案例图2－21－4、图2－21－5中的问题？

图2－21－4 容器阀

图2－21－5 压力表

［答案］图2－21－4中容器阀被腐蚀（钢瓶顶部也有锈蚀），为保证灭火系统的安全运行，应当重新评估运行环境，并采取防护措施。图2－21－5中储气瓶的压力指示器已显示储气瓶压力明显不足，应当尽快维修，并查明原因。

案例 22　泡沫灭火设施检测与验收案例分析

一、情景描述

某原油罐区设有 6 个 10×10^4 m^3 外浮顶储罐，储罐浮盘为钢制双盘式外浮顶，密封装置采用二次密封。储罐直径为 80 m，高 21. 80 m，泡沫堰板距罐壁 1. 20 m。

经计算确定罐区泡沫混合液设计流量为 120 L/s，系统设计压力 1. 20 MPa，配置泡沫混合液用水量为 253 m^3，泡沫液用量为 7. 83 m^3（采用质量分数为 3% 的水成膜泡沫液）。每个储罐设有 12 个 PC8 泡沫产生器，罐区配有 3 支 PQ8 泡沫枪，用于扑救流散火灾。罐区采用环状供水管网，消防冷却水和泡沫混合液用水均有 2 条干管与各自环状管网连接。

油罐区设火灾自动报警系统、手动报警系统和工业电视监控系统。泡沫灭火系统采用人工确认火灾，远程控制启动消防设施的控制方式。当罐区发生火灾时，经确认火灾后，人工开启消防控制程序，程序自动启动消防泵、比例混合装置和相应的阀门，对着火油罐进行冷却和灭火。泡沫灭火系统可在 5 min 内将泡沫混合液输送至罐上任何着火点。

二、案例说明

本案例主要分析下列内容：

（1）泡沫灭火系统工作原理。

（2）泡沫液和系统组件。

（3）低倍数泡沫灭火系统。

（4）泡沫液的现场检验。

（5）系统各组件的安装。

（6）系统调试。

三、关键知识点及依据

（一）泡沫灭火系统工作原理

图 2－22－1 所示是泡沫灭火系统灭火过程图。

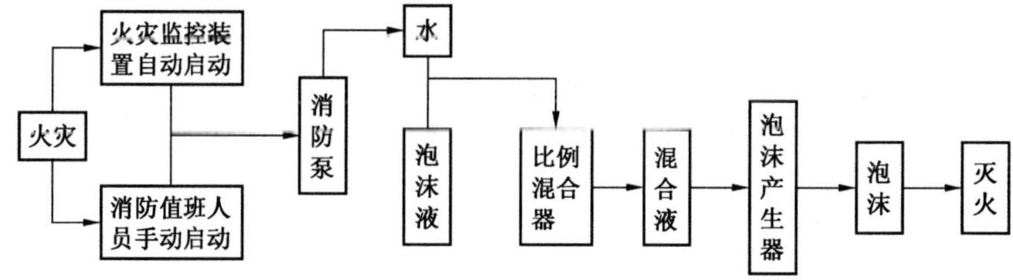

图 2－22－1　泡沫灭火系统灭火过程图

（二）泡沫液和系统组件

1. 泡沫液的选择

（1）非水溶性甲、乙、丙类液体储罐低倍数泡沫液的选择，应符合下列规定：

① 当采用液上喷射系统时，应选用蛋白、氟蛋白、成膜氟蛋白或水成膜泡沫液。

② 当采用液下喷射系统时，应选用氟蛋白、成膜氟蛋白或水成膜泡沫液。

③ 当选用水成膜泡沫液时，其抗烧水平不应低于C级。

（2）水溶性甲、乙、丙类液体和其他对普通泡沫有破坏作用的甲、乙、丙类液体，以及用一套系统同时保护水溶性和非水溶性甲、乙、丙类液体的，必须选用抗溶泡沫液。

2. 泡沫消防泵

（1）泡沫消防水泵、泡沫混合液泵的选择与设置，应符合下列规定：

① 应选择特性曲线平缓的离心泵，且其工作压力和流量应满足系统设计要求。

② 当泡沫液泵采用水力驱动时，应将其消耗的水流量计入泡沫消防水泵的额定流量。

③ 当采用环泵式比例混合器时，泡沫混合液泵的额定流量宜为系统设计流量的1.1倍。

④ 泵出口管道上应设置压力表、单向阀和带控制阀的回流管。

（2）泡沫液泵的选择与设置应符合下列规定：

① 泡沫液泵的工作压力和流量应满足系统最大设计要求，并应与所选比例混合装置的工作压力范围和流量范围相匹配，同时应保证在设计流量范围内泡沫液供给压力大于最大水压力。

② 泡沫液泵的结构形式、密封或填充类型应适宜输送所选的泡沫液，其材料应耐泡沫液腐蚀且不影响泡沫液的性能。

③ 应设置备用泵，备用泵的规格型号应与工作泵相同，且工程泵故障时应能自动与手动切换到备用泵。

④ 泡沫液泵应耐受不低于10 min的空载运转。

⑤ 除水力驱动型外，泡沫液泵的动力源设置宜与系统泡沫消防水泵的动力源一致。

【练习题】

1. 低倍数泡沫灭火系统对于非水溶性甲、乙、丙类液体火灾，当采用液下喷射泡沫方式时，不能选用（　　）泡沫液。

A. 蛋白　　B. 氟蛋白　　C. 水成膜　　D. 成膜氟蛋白

［答案］A

2. 某油罐区一容量为600 m^3 的内浮顶油罐用于储存车用乙醇汽油，选用低倍泡沫灭火系统，喷射方式和泡沫液选择正确的是（　　）。

A. 采用液上喷射方式，选用蛋白泡沫液

B. 采用液下喷射方式，选用抗溶氟蛋白泡沫液

C. 采用半液下喷射方式，选用成膜氟蛋白泡沫液

D. 采用液上喷射方式，选用抗溶水成膜泡沫液

［答案］D

3. 泡沫比例混合器

（1）泡沫比例混合器（装置）的选择，应符合下列规定：

① 系统比例混合器（装置）的进口工作压力与流量，应在标定的工作压力与流量范围内。

② 单罐容量不小于20000 m^3 的非水溶性液体与单罐容量不小于5000 m^3 的水溶性液体固定顶储罐及按固定顶储罐对待的内浮顶储罐、单罐容量不小于50000 m^3 的内浮顶和外浮顶储罐，宜选择计量注入式比例混合装置或平衡式比例混合装置。

③ 当选用的泡沫液密度低于1.12 g/mL时，不应选择无囊式压力式比例混合装置。

④ 全淹没高倍数泡沫灭火系统或局部应用高倍数、中倍数泡沫灭火系统，采用集中控制方式保护多个防护区时，应选用平衡式比例混合装置或囊式压力式比例混合装置。

⑤ 全淹没高倍数泡沫灭火系统或局部应用高倍数、中倍数泡沫灭火系统保护一个防护区时，宜选用平衡式比例混合装置或囊式压力式比例混合装置。

（2）当采用平衡式比例混合装置时，应符合下列规定：

① 平衡阀的泡沫液进口压力应大于水进口压力，且其压差应满足产品的使用要求。

② 比例混合器的泡沫液进口管道上应设置单向阀。

③ 泡沫液管道上应设置冲洗及放空设施。

4. 泡沫产生器

（1）低倍数泡沫产生器应符合下列要求：

① 固定顶储罐、按固定顶储罐对待的内浮顶储罐，宜选用立式泡沫产生器。

② 泡沫产生器进口的工作压力应为其额定值±0.1 MPa。

③ 泡沫产生器的空气吸入口及露天的泡沫喷射口，应设置防止异物进入的金属网。

④ 横式泡沫产生器的出口，应设置长度不小于1 m的泡沫管。

⑤ 外浮顶储罐上的泡沫产生器，不应设置密封玻璃。

（2）高背压泡沫产生器应符合下列要求：

① 进口工作压力应在标定的工作压力范围内。

② 出口工作压力应大于泡沫管道的阻力和罐内液体静压力之和。

③ 发泡倍数不应小于2，且不应大于4。

（3）中倍数泡沫产生器应符合下列规定：

① 发泡网应采用不锈钢材料。

② 安装于油罐上的中倍数泡沫产生器，其进空气口应高出罐壁顶。

（4）高倍数泡沫发生器应符合下列规定：

① 在防护区内设置并利用热烟气发泡时，应选用水力驱动型泡沫产生器。

② 在防护区内固定设置泡沫产生器时，必须采用不锈钢材料的发泡网。

（5）泡沫—水喷头、泡沫—水雾喷头的工作压力应在标定的工作压力范围内，且不应小于其额定压力的0.8倍。

5. 控制阀门和管道

（1）泡沫灭火系统中所用的控制阀门应有明显的启闭标志。当泡沫消防水泵或泡沫混合液泵出口管道口径大于300 mm时，不宜采用手动阀门。

（2）倍数泡沫灭火系统的水与泡沫混合液及泡沫管道应采用钢管，且管道外壁应进行防腐处理。泡沫液管道应采用不锈钢管。

【练习题】

低倍数泡沫产生器有横式和竖式两种，下列关于低倍数泡沫灭火器系统的设置不符合规定的是（　　）。

A. 泡沫产生器进口的工作压力应为其额定值 ±0.2 MPa

B. 横式泡沫产生器的出口，应设置长度不小于 1 m 的泡沫管

C. 外浮顶储罐上的泡沫产生器，不应设置密封玻璃

D. 泡沫产生器的空气吸入口及露天的泡沫喷射口，应设置防止异物进入的金属网

［答案］A

（三）低倍数泡沫灭火系统

1. 一般规定

（1）储罐区低倍数泡沫灭火系统的选择，应符合下列规定：

① 非水溶性甲、乙、丙类液体固定顶储罐，应选用液上喷射、液下喷射或半液下喷射系统。

② 水溶性甲、乙、丙类液体和其他对普通泡沫有破坏作用的甲、乙、丙类液体固定顶储罐，应选用液上喷射系统或半液下喷射系统。

③ 外浮顶和内浮顶储罐应选用液上喷射系统。

④ 非水溶性液体外浮顶储罐、内浮顶储罐、直径大于 18 m 的固定顶储罐及水溶性甲、乙、丙类液体立式储罐，不得选用泡沫炮作为主要灭火设施。

⑤ 高度大于 7 m 或直径大于 9 m 的固定顶储罐，不得选用泡沫枪作为主要灭火设施。

（2）储罐区泡沫灭火系统扑救一次火灾的泡沫混合液设计用量，应按罐内用量、该罐辅助泡沫枪用量、管道剩余量三者之和最大的储罐确定。

（3）设置固定式泡沫灭火系统的储罐区，应配置用于扑救液体流散火灾的辅助泡沫枪，泡沫枪的数量及其泡沫混合液连续供给时间不应小于表 2－22－1 的规定。每支辅助泡沫枪的泡沫混合液流量不应小于 240 L/min。

表 2－22－1　泡沫枪数量及其泡沫混合液连续供给时间

储罐直径/m	配备泡沫枪数/支	连续供给时间/min
≤10	1	10
＞10 且≤20	1	20
＞20 且≤30	2	20
＞30 且≤40	2	30
＞40	3	30

（4）当储罐区固定式泡沫灭火系统的泡沫混合液流量大于或等于 100 L/s 时，系统的泵、比例混合装置及其管道上的控制阀、干管控制阀宜具备远程控制功能。

（5）采用固定式泡沫灭火系统的储罐区，宜沿防火堤外均匀布置泡沫消火栓，且泡沫消火栓的间距不应大于 60 m。

（6）储罐区固定式泡沫灭火系统应具备半固定式系统功能。

（7）固定式泡沫灭火系统的设计应满足在泡沫消防水泵或泡沫混合液泵启动后，将泡沫混合液或泡沫输送到保护对象的时间不大于5 min。

2. 外浮顶储罐

钢制单盘式与双盘式外浮顶储罐的保护面积，应按罐壁与泡沫堰板间的环形面积确定。

非水溶性液体的泡沫混合液供给强度不应小于12.5 L/(min · m^2)，连续供给时间不应小于30 min。

【练习题】

某石油库储罐区共有14个储存原油的外浮顶储罐，单罐容量均为100000 m^3，该储罐区应选用的泡沫灭火系统是（　　）。

A. 液上喷射中倍数泡沫灭火系统　　B. 液下喷射低倍数泡沫灭火系统

C. 液上喷射低倍数泡沫灭火系统　　D. 液下喷射中倍数泡沫灭火系统

［答案］C

（四）泡沫液的现场检验

依据：《泡沫灭火系统施工及验收规范》(GB 50281—2006)。

对属于下列情况之一的泡沫液，应由监理工程师组织现场取样，送至具备相应资质的检测单位进行检测，其结果应符合国家现行有关产品标准和设计要求。

（1）6%型低倍数泡沫液设计用量大于或等于7.0 t。

（2）3%型低倍数泡沫液设计用量大于或等于3.5 t。

（3）6%蛋白型中倍数泡沫液最小储备量大于或等于2.5 t。

（4）6%合成型中倍数泡沫液最小储备量大于或等于2.0 t。

（5）高倍数泡沫液最小储备量大于或等于1.0 t。

（6）合同文件规定现场取样送检的泡沫液。

【练习题】

下列情况中，泡沫液进场时不需要将泡沫液送至检测单位进行检测的是（　　）。

A. 3%型低倍数泡沫液设计用量为4 t

B. 6%型低倍数泡沫液设计用量为4 t

C. 6%蛋白型中倍数泡沫液最小储备量为4 t

D. 6%合成型中倍数泡沫液最小储备量为4 t

［答案］B

（五）系统各组件的安装

（1）泡沫液储罐的安装位置和高度应符合设计要求，当设计无要求时，泡沫液储罐周围应留有满足检修需要的通道，其宽度不宜小于0.7 m，且操作面不宜小于1.5 m；当泡沫液储罐上的控制阀距地面高度大于1.8 m时，应在操作面处设置操作平台或操作凳。

（2）常压泡沫液储罐的现场制作、安装和防腐应符合下列规定：

① 现场制作的常压钢质泡沫液储罐，泡沫液管道出液口不应高于泡沫液储罐最低液

面1 m，泡沫液管道吸液口距泡沫液储罐底面不应小于0.15 m，且宜做成喇叭口形。

② 现场制作的常压钢质泡沫液储罐应该进行严密性试验，试验压力应为储罐装满水后的静压力，试验时间不应小于30 min，目测应无渗漏。

③ 现场制作的常压钢质泡沫液储罐内、外表面应按设计要求防腐，并应在严密性试验合格后进行。

(3) 泡沫液压力储罐安装时，支架应与基础牢固固定，且不应拆卸和损坏配管、附件；储罐的安全阀出口不应朝向操作面。

(4) 平衡式比例混合装置的安装应符合下列规定：

① 整体平衡式比例混合装置应竖直安装在压力水的水平管道上；并应在水和泡沫液进口的水平管道上分别安装压力表，且与平衡式比例混合装置进口处的距离不宜大于0.3 m。

② 分体平衡式比例混合装置的平衡压力流量控制阀应竖直安装。

③ 水力驱动式平衡式比例混合装置的泡沫液泵应水平安装，安装尺寸和管道的连接方式应符合设计要求。

(5) 低倍数泡沫产生器的安装应符合下列规定：

① 水溶性液体储罐内泡沫溜槽的安装应沿罐壁内侧螺旋下降到距罐底1.0～1.5 m处，溜槽与罐底平面夹角宜为30°～45°；泡沫降落槽应垂直安装，其垂直度允许偏差为降落槽高度的5‰，且不得超过30 mm，坐标允许偏差为25 mm，标高允许偏差为±20 mm。

②液下及半液下喷射的高背压泡沫产生器应水平安装在防火堤外的泡沫混合液管道上。

(6) 在高背压泡沫产生器进口侧设置的压力表接口应竖直安装；其出口侧设置的压力表、背压调节阀和泡沫取样口的安装尺寸应符合设计要求，环境温度为0 ℃及以下的地区，背压调节阀和泡沫取样口上的控制阀应选用钢质阀门。

(7) 液下喷射泡沫产生器或泡沫导流罩沿罐周均匀布置时，其间距偏差不宜大于100 mm。

(8) 外浮顶储罐泡沫喷射口设置在浮顶上时，泡沫混合液支管应固定在支架上，泡沫喷射口T型管应水平安装，伸入泡沫堰板后向下倾斜角度应符合设计要求。外浮顶储罐泡沫喷射口设置在罐壁顶部、密封或挡雨板上方或金属挡雨板的下部时，泡沫堰板的高度及与罐壁的间距应符合设计要求。

(9) 泡沫堰板的最低部位设置排水孔的数量和尺寸应符合设计要求，并应沿泡沫堰板周长均布，其间距偏差不宜大于20 mm。

(10) 半液下泡沫喷射装置应整体安装在泡沫管道进入储罐处设置的钢质明杆闸阀与止回阀之间的水平管道上，并应采用扩张器（伸缩器）或金属软管与止回阀连接，安装时不应拆卸和损坏密封膜及其附件。

【练习题】

泡沫灭火系统使用的常压钢制泡沫液储罐通常采用现场制作的方式，下列关于现场制作要求的说法中，正确的是（ ）。

A. 泡沫液管道吸液口应紧贴常压钢制泡沫液储罐底面

B. 现场制作的常压钢制泡沫液储罐应进行严密性试验，试验时间应在30 min 以上，

目测不能有泄漏

C. 现场制作的常压钢制泡沫液储罐，仅需对内表面进行防腐处理

D. 现场制作的常压钢制泡沫液储罐的防腐处理应在严密性试验前进行

[答案] B

（六）系统调试

（1）泡沫比例混合器（装置）调试时，应与系统喷泡沫试验同时进行，其混合比应符合设计要求。

检查数量：全数检查。

检查方法：用流量计测量；蛋白、氟蛋白等折射指数高的泡沫液可用手持折射仪测量，水成膜、抗溶水成膜等折射指数低的泡沫液可用手持导电度测量仪测量。

（2）泡沫产生装置的调试应符合下列规定：

① 低倍数（含高背压）泡沫产生器、中倍数泡沫产生器应进行喷水试验，其进口压力应符合设计要求。

检查数量：全数检查。

检查方法：用压力表检查。对储罐或不允许进行喷水试验的防护区，喷水口可设在靠近储罐或防护区的水平管道上。关闭非试验储罐或防护区的阀门，调节压力使之符合设计要求。

② 泡沫枪应进行喷水试验，其进口压力和射程应符合设计要求。

检查数量：全数检查。

检查方法：用压力表、尺量检查。

（3）泡沫灭火系统的调试应符合下列规定：

① 当为手动灭火系统时，应以手动控制的方式进行一次喷水试验；当为自动灭火系统时，应以手动和自动控制的方式各进行一次喷水试验，其各项性能指标均应达到设计要求。

检查数量：当为手动灭火系统时，选择最远的防护区或储罐；当为自动灭火系统时，选择最大和最远两个防护区或储罐分别以手动和自动的方式进行试验。

检查方法：用压力表、流量计、秒表测量。

② 低、中倍数泡沫灭火系统按本条第①款的规定喷水试验完毕，将水放空后，进行喷泡沫试验；当为自动灭火系统时，应以自动控制的方式进行；喷射泡沫的时间不应小于 1 min；实测泡沫混合液的混合比及泡沫混合液的发泡倍数及到达最不利点防护区或储罐的时间和湿式联用系统自喷水至喷泡沫的转换时间应符合设计要求。

检查数量：选择最不利点的防护区或储罐，进行一次试验。

检查方法：测量泡沫混合液的混合比、泡沫混合液的发泡倍数；喷射泡沫的时间和泡沫混合液或泡沫到达最不利点防护区或储罐的时间及湿式联用系统自喷水至喷泡沫的转换时间，用秒表测量。

③ 高倍数泡沫系统喷泡沫试验。

高倍数泡沫灭火系统喷水试验完毕，将水放空后，以手动或自动控制的方式对防护区进行喷泡沫试验，喷射泡沫的时间不小于 30 s，实测泡沫混合液的混合比和泡沫供给速率

及自接到火灾模拟信号至开始喷泡沫的时间符合设计要求。

检查数量：全数检查。

检查方法：对于混合比的检测，蛋白、氟蛋白等折射指数高的泡沫液可用手持折射仪测量，水成膜、抗溶水成膜等折射指数低的泡沫液可用手持导电度测量仪测量；记录各高倍数泡沫产生器进口端压力表读数，用秒表测量喷射泡沫的时间，然后按制造厂给出的曲线查出对应的发泡量，经计算得出的泡沫供给速率，不能小于设计要求的最小供给速率；喷射泡沫的时间和自接到火灾模拟信号至开始喷泡沫的时间，用秒表测量。

【练习题】

1. 在对泡沫灭火系统进行功能验收时，可用手持折射仪测量混合比的是（ ）。

A. 水成膜泡沫液　　B. 折射指数较小的泡沫液

C. 氟蛋白泡沫液　　D. 抗溶水成膜泡沫液

［答案］C

2. 以下关于泡沫灭火系统调试说法不正确的是（ ）。

A. 当为手动灭火系统时，应以手动控制方式进行一次喷水试验

B. 当为自动灭火系统时，应以自动控制方式进行一次喷水试验

C. 低、中倍泡沫灭火系统进行喷泡沫试验，当为自动灭火系统时，应以自动控制方式进行

D. 高倍数泡沫灭火系统进行喷泡沫试验，应以手动或自动控制方式进行

［答案］B

四、思考题

（一）单项选择题

1. 本例中的泡沫混合液的进场检验需要送至具备相应资质的检测单位进行检测，下列不属于检测内容的是（ ）。

A. 灭火时间　　B. 抗烧时间　　C. 发泡倍数　　D. 泡沫液的凝点

［答案］D

［解析］送检泡沫液主要对其发泡性能和灭火性能进行检测，检测内容主要包括发泡倍数、析液时间、灭火时间和抗烧时间。

2. 本案例中的（ ）区段管道应采用不锈钢管道。

A. 从泡沫液罐至比例混合器　　B. 从比例混合器至泡沫发生器

C. 从泡沫液罐至泡沫发生器　　D. 从泡沫发生器至泡沫消火栓

［答案］A

［解析］泡沫液管道应采用不锈钢管。从泡沫液罐至比例混合器是泡沫液管道。

（二）多项选择题

1. 高倍数泡沫灭火系统调试时对喷水试验和喷泡沫试验的程序要求是（ ）。

A. 先喷水试验，后喷泡沫试验

B. 当为自动灭火系统时，选择最大和最远两个防护区进行喷水试验

C. 每个防护区都应进行喷泡沫试验

D. 只在最不利点的防护区进行喷水试验

E. 只在最不利点防护区进行喷泡沫试验

[答案] ABC

[解析] 对于高倍数泡沫系统，所有防护区均需要进行喷泡沫试验。

2. 本案例中，在进行功能试验时，应满足（　　）。

A. 喷泡沫试验应持续 3 min

B. 喷泡沫试验应持续 1 min

C. 消防泵和备用泵应在设计负荷下进行转换运行试验，其主要性能应符合设计要求

D. 混合比和发泡倍数符合要求

E. 将泡沫混合液送达保护对象的时间不大于 5 min

[答案] BDE

[解析] 本案例中是低倍数泡沫灭火系统，系统调试主要包括系统各组件的调试和系统功能调试。选项 C 属于组件调试。

3. 泡沫消防水泵出口管道上应设的组件有（　　）。

A. 过滤器

B. 压力表和止回阀

C. 流量计

D. 带控制阀的回流管

E. 水流指示器

[答案] BD

[解析] 泵进口管道上，应设置真空压力表或真空表；泵出口管道上，应设置压力表、单向阀和带控制阀的回流管。

4. 在固定式泡沫灭火系统的泡沫混合液管道上应安装的检测设施有（　　）。

A. 留出流量检测仪的安装位置

B. 带闷盖的管螺纹接口

C. 试验检测取样口

D. 检测泡沫发生器工作压力的压力表接头

E. 水流指示器

[答案] ACD

[解析] 泡沫混合液主管道上留出的流量检测仪器安装位置要符合设计要求。泡沫混合液管道上试验检测口的设置位置和数量要符合设计要求。

5. 低倍数泡沫灭火系统功能验收时喷泡沫试验的要求是（　　）。

A. 任选一个防护区或储罐进行

B. 应对每一个防护区或储罐进行

C. 当为自动灭火系统时，应以自动控制方式进行，喷泡沫时间不宜小于 1 min

D. 按自动及手动方式各进行一次

E. 先进行喷水试验，后进行喷泡沫试验

[答案] AC

[解析] 本题是指进入了喷泡沫环节，E 因此不选，喷水是在喷泡沫之前。根据《泡沫灭火系统施工及验收规范》(GB 50281—2006) 第 7. 2. 2 条规定，可知 C 正确。

（三）分析题

试述本案例检测泡沫混合液发泡倍数所需设备及操作方法。

[答案]

(1) 所需设备：台秤、PQ8 型泡沫枪 1 支、量桶 1 个、大于量桶上口的刮板一块。

(2) 操作方法：

① 用台秤测定量桶的空桶重 W_1(kg) 和桶的满水重 W_2(kg)，并计算桶的空容积 $V=W_2-W_1$，按清水的重量与体积的关系 1 kg = 1 dm^3 求得容积。

② 从系统的最不利处的泡沫消火栓处取泡沫混合液，经泡沫枪向量桶喷放，当量桶接满泡沫后立即用刮板将量桶上口的泡沫刮平，并擦干桶外壁，立即对桶称重 W(kg)。注意一定要在泡沫枪的进口压力达到额定值，打开泡沫枪连续喷放 10s 泡沫后再取泡沫。

③ 按以下公式求发泡倍数：

$$N=V\rho/(W-W_1)$$

式中 ρ——泡沫混合液密度，按 1 kg/dm^3 计算。

④ 反复 2 次取平均值。

案例 23　防烟和排烟设施检测与验收案例分析

一、情景描述

某商业建筑，建筑总高度 26 m，总建筑面积 137519 m^2。其地下一层为地下汽车库、人防、设备用房和建筑面积为 10000 m^2 的地下商业。地下汽车库停车数 499 辆，建筑层高 3.70 m，净高 2.30 m，主梁高 0.90 m，地下汽车库防火分区面积均小于 4000 m^2，防烟分区面积不大于 2000 m^2，机械排烟系统按防火分区设置，并按排风与排烟兼容的模式工作，且排风口与排烟口分开设置，系统排烟量按每小时 6 次计算，其中最大的一个机械排烟系统为 PY(F) - B1 - 3 系统，为防烟分区Ⅰ（面积为 1426 m^2），防烟分区Ⅱ（面积为 1726 m^2）和防烟分区Ⅲ（面积为 2000 m^2）服务，其排烟风机的排烟量为 53280 m^3/h，系统构成如图 2 - 23 - 1 所示。

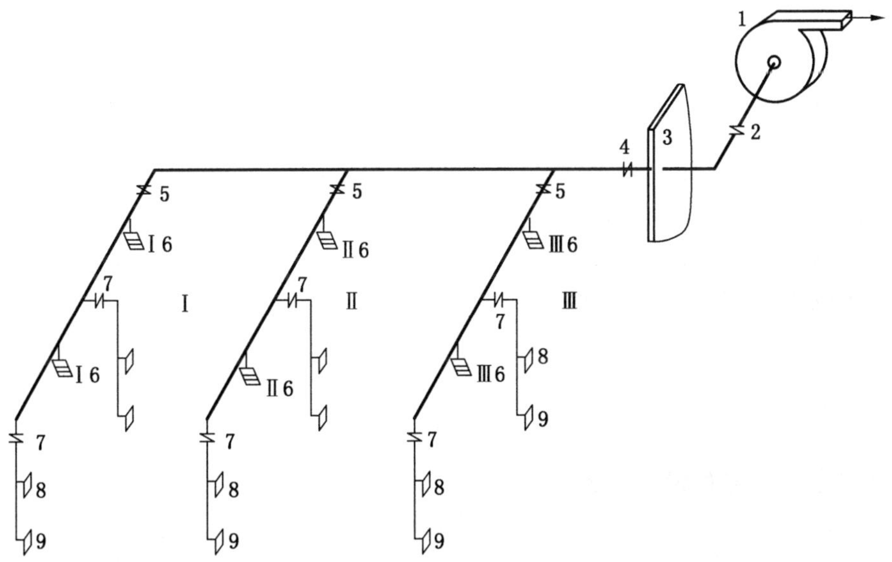

1—排烟风机；2、5—排烟防火阀（280 ℃）；3—风机房隔墙；4—排烟防火阀；6—排烟口（带阀）；7—防火阀（70 ℃）；8—上排风口；9—下排风口

图 2 - 23 - 1　排风与排烟兼容系统（排风口与排烟口分开设置）

该系统的主排烟风管上壁贴主梁底敷设，每个防烟分区接出一排烟支管，支管从主管接出处设有排烟防火阀。在每条支管的适当位置上设有两个排烟口，均设在风管下壁，每

个百叶排烟口均带排烟阀，具有手柄启动和电信号自动控制功能，平时常闭，每个排烟口距防烟分区最远距离不大于30 m。另外在每条支管的适当位置上接出两条排风竖管，在接出处设70 ℃防火阀，平时常开，在温度达到70 ℃时，能自动关闭，在竖管上还设有上下两个常开百叶风口，上部和下部排风口各按比例排除汽车尾气。主排烟风管进入专用排烟机房并在接入排烟风机前设置280 ℃自动关闭的总防火阀，该阀动作后能联动排烟风机停运。该系统所服务的区域设有机械补风系统。补风量按风机排烟量的50%确定。

该地下汽车库设有与地上商业共用的防烟楼梯间并设有正压送风系统，采用楼梯间竖向井道加压送风，前室不送风方式，风口为常开百叶风口，风口按“每隔二到三层设一个风口的原则”布置在地上一、三、五层，加压送风量按规范规定在计算值与规定值中取较大值确定，能满足门洞风速的要求。由于地下商业区有餐饮场所，厨房油烟管道采用不锈钢板制作，并沿防烟楼梯间敷设至屋面。

发生火灾时建筑内所有通风空调系统的电源自动切断，火灾确认信号自动启动排烟风机运行并联动打开着火防烟分区的排烟口，当排烟风机前的总防火阀（280 ℃）自动关闭时排烟风机联动停运。火灾时，当进入排风支管的烟温达70 ℃时支管上的防火阀自动关闭，并联动排烟风机停运。

该系统在验收时，采用在现场向感温探测器加温的方法使其动作，并手动按下手动报警按钮，系统上的排烟风机转入排烟工况，并联动系统上的6个排烟口自动开启，随后验收人员用柔软纸条贴在排烟口处，只见软纸条未被风口吸引，因此该系统验收不合格。

二、案例说明

本案例主要分析下列内容：

（1）防排烟系统的设置场所。

（2）排烟系统的设置。

（3）机械加压送风系统的设置。

（4）系统控制方式。

三、关键知识点及依据

（一）防排烟系统的设置场所

（1）建筑的下列场所或部位应设置防烟设施：

① 防烟楼梯间及其前室。

② 消防电梯间前室或合用前室。

③ 避难走道的前室、避难层（间）。

（2）建筑高度不大于50 m的公共建筑、厂房、仓库和建筑高度不大于100 m的住宅建筑，当其防烟楼梯间的前室或合用前室符合下列条件之一时，楼梯间可不设置防烟系统：

① 前室或合用前室采用敞开的阳台、凹廊，如图2－23－2所示。

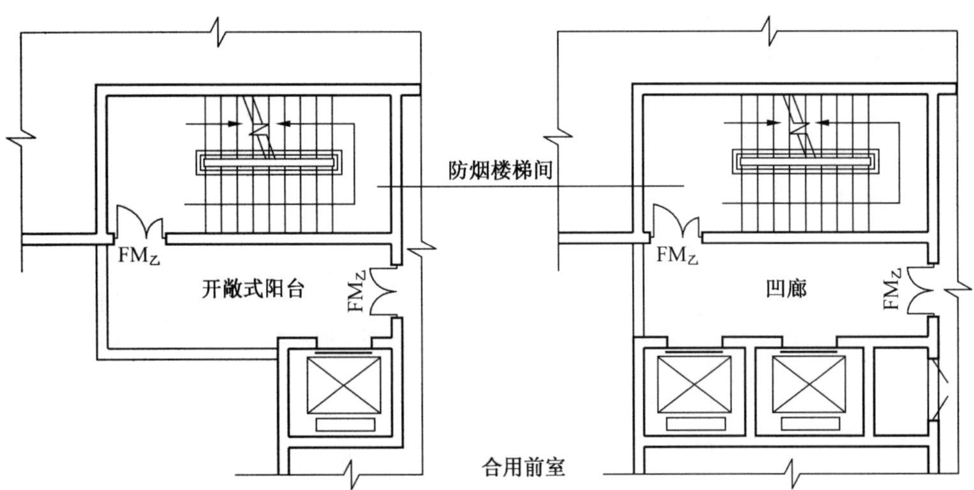

［注释］敞开的阳台、凹廊做合用前室时，其面积要满足防烟楼梯间合用前室的使用面积要求（公共建筑、高层厂房仓库≥10 m^2；住宅建筑≥6 m^2）

图 2-23-2　合用前室采用敞开的阳台、凹廊

② 前室或合用前室具有不同朝向的可开启外窗，且可开启外窗的面积满足自然排烟口的面积要求，如图 2-23-3 所示。

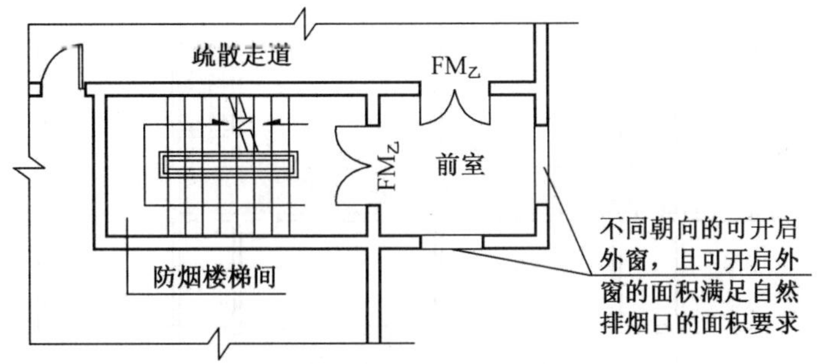

［注释］防烟楼梯间前室、消防电梯前室自然通风的有效面积≥2.0 m^2；合用前室≥3.0 m^2

图 2-23-3　前室或合用前室具有不同朝向的可开启外窗

（3）厂房或仓库的下列场所或部位应设置排烟设施：

① 人员或可燃物较多的丙类生产场所，丙类厂房内建筑面积大于 300 m^2 且经常有人停留或可燃物较多的地上房间。

② 建筑面积大于 5000 m^2 的丁类生产车间。

③ 占地面积大于 1000 m^2 的丙类仓库。

④ 高度大于 32 m 的高层厂房（仓库）内长度大于 20 m 的疏散走道，其他厂房（仓库）内长度大于 40 m 的疏散走道，如图 2-23-4 所示。

（4）民用建筑的下列场所或部位应设置排烟设施：

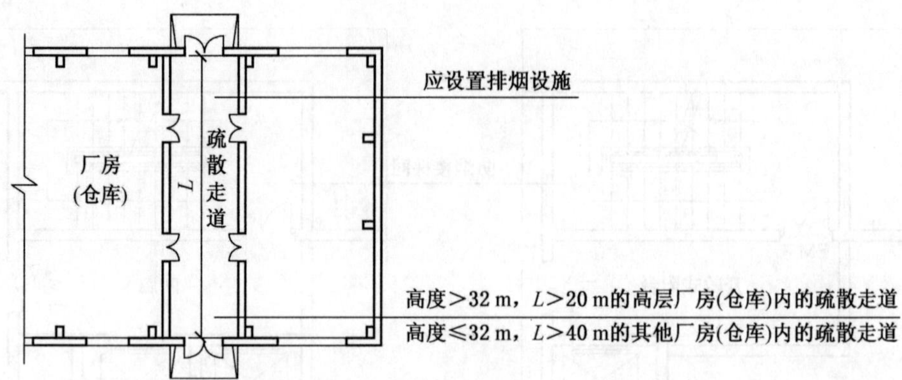

图 2-23-4 厂房内的疏散走道平面示意图

① 设置在一、二、三层且房间建筑面积大于 100 m^2 的歌舞娱乐放映游艺场所，设置在四层及以上楼层、地下或半地下的歌舞娱乐放映游艺场所。

② 中庭。

③ 公共建筑内建筑面积大于 100 m^2 且经常有人停留的地上房间。

④ 公共建筑内建筑面积大于 300 m^2 且可燃物较多的地上房间。

⑤ 建筑内长度大于 20 m 的疏散走道，如图 2-23-5 所示。

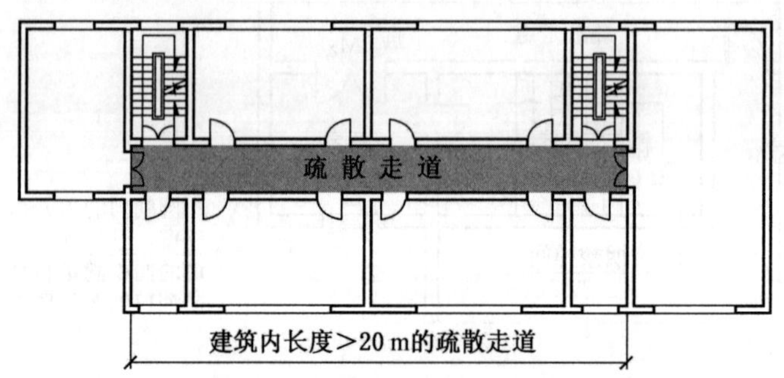

图 2-23-5 民用建筑内的疏散走道

（5）地下或半地下建筑（室）、地上建筑内的无窗房间，当总建筑面积大于 200 m^2 或一个房间建筑面积大于 50 m^2，且经常有人停留或可燃物较多时，应设置排烟设施。

【练习题】

1. 下列建筑中，当其楼梯间的前室或合用前室采用敞开阳台时，楼梯间可不设置防烟系统的是（　　）。

A. 建筑高度为 68 m 的旅馆建筑　　B. 建筑高度为 52 m 的生产建筑

C. 建筑高度为 81 m 的住宅建筑　　D. 建筑高度为 52 m 的办公建筑

［答案］C

2. 下列厂房或仓库中，按规范应设置排烟设施的是（　　）。

A. 每层建筑面积为 1200 m^2 的 2 层丙类仓库

B. 丙类厂房内建筑面积为 120 m^2 的生产监控室

C. 建筑面积为 3000 m^2 的丁类生产车间

D. 单层丙类厂房内长度为 35 m 的疏散走道

［答案］A

（二）排烟系统的设置

1. 防烟分区

设置排烟系统的场所或部位应划分防烟分区，防烟分区不应跨越防火分区，防烟分区面积不宜大于 500 m^2，采用隔墙等形成封闭的分隔空间时，该空间应作为一个防烟分区；防烟分区的长边不应大于 60 m；防烟分区应采用挡烟垂壁、结构梁及隔墙等划分；储烟仓高度不应小于空间净高的 10%，且不应小于 500 mm；同一个防烟分区应采用同一种排烟方式。

2. 设置要求

当排烟风机负担多个防烟分区时，其风量应按最大一个防烟分区的排烟量确定；地下汽车库的排烟量应按每小时换气次数不小于 6 次计算确定，且不应小于规范中的规定值；

排烟系统与通风系统宜分开设置。当合用时，应符合下列条件：系统的风口、风道、风机等应满足排烟系统的要求；当火灾被确认后，应能开启排烟区域的排烟口和排烟风机，并在 15 s 内自动关闭与排烟无关的通风、空调系统。

排烟系统应设置补风系统，补风系统应直接从室外引入空气，且补风量不应小于排烟量的 50%。补风口与排烟口设置在同一空间内相邻的防烟分区时，补风口位置不限；当补风口与排烟口设置在同一防烟分区时，补风口应设在储烟仓下沿以下；补风口与排烟口水平距离不应小于 5 m。

走道的机械排烟系统宜竖向设置；房间的机械排烟系统宜按防烟分区设置。

建筑高度超过 50 m 的公共建筑和建筑高度超过 100 m 的住宅排烟系统应竖向分段独立设置，且每段的高度，公共建筑不宜超过 50 m，住宅不宜超过 100 m。

3. 排烟风机

（1）排烟风机可采用离心式或轴流式排烟风机，并应满足 280 ℃条件下连续工作 30 min 的要求，排烟风机入口处应设置 280 ℃能自动关闭的排烟防火阀，该阀应与排烟风机联锁，当该阀关闭时，排烟风机应能停止运转。

（2）排烟风机应设置在专用机房内，该房间应采用耐火极限不低于 2.00 h 的隔墙和 1.50 h 的楼板及甲级防火门与其他部位隔开。风机两侧应有 600 mm 以上的空间。当必须与其他风机合用机房时，应符合下列条件：

① 机房内应设有自动喷水灭火系统。

② 机房内不得设有用于机械加压送风的风机与管道。排烟风机与排烟管道上不宜设有软接管。当排烟风机及系统中设置有软接头时，该软接头应能在 280 ℃的环境条件下连续工作不少于 30 min。

4. 排烟防火阀

排烟系统竖向穿越防火分区时垂直风管应设置在管井内，且与垂直风管连接的水平风管应设置280 ℃排烟防火阀。排烟防火阀安装在排烟系统管道上，平时呈关闭状态，火灾时由电信号或手动开启，同时排烟风机启动开始排烟；当管内烟气温度达到280 ℃时自动关闭，同时排烟风机停机。

5. 排烟阀（口）

（1）排烟阀（口）的设置应符合下列要求：

① 排烟口应设在防烟分区所形成的储烟仓内；火灾时由火灾自动报警系统联动开启排烟区域的排烟阀或排烟口，并应在现场设置方便操作的手动开启装置；排烟口至该防烟分区最远点的水平距离不应超过30 m，如图2－23－6所示。

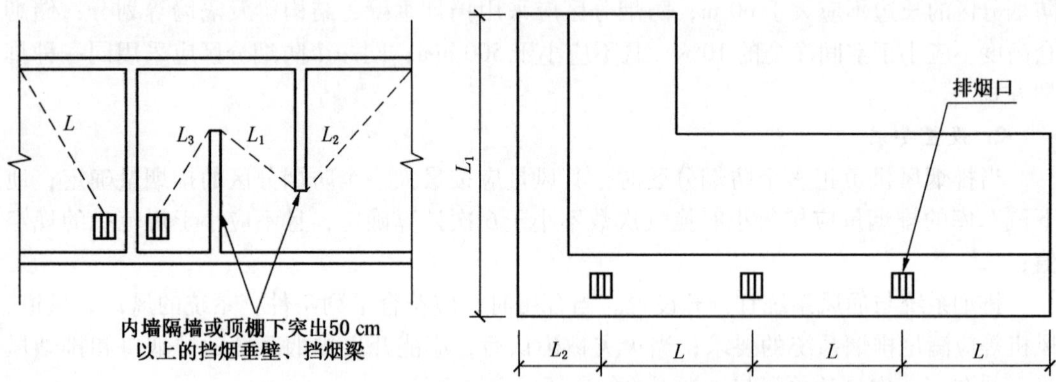

图2－23－6　房间、走道排烟口至防烟区最远水平距离示意图

② 走道内排烟口应设置在其净空高度的1/2以上，当设置在侧墙时，其最近的边缘与吊顶的距离不应大于0.50 m，如图2－23－7所示。

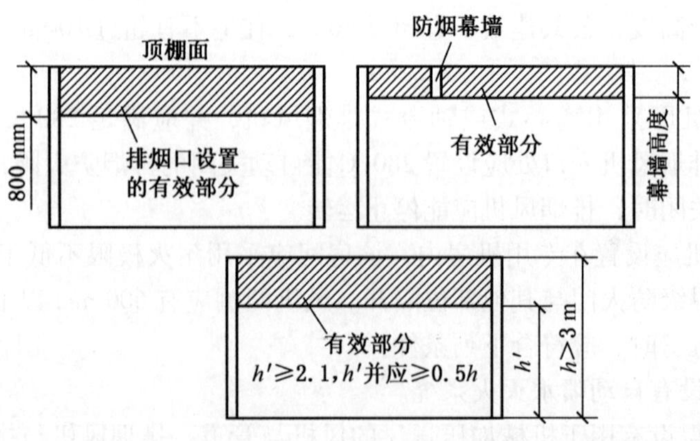

图2－23－7　排烟口设置的有效高度

(2) 火灾时由火灾自动报警系统联动开启排烟区域的排烟阀(口)，应在现场设置手动开启装置。

(3) 排烟口的设置宜使烟流方向与人员疏散方向相反，排烟口与附近安全出口相邻边缘之间的水平距离不应小于1.50 m，如图2-23-8所示。

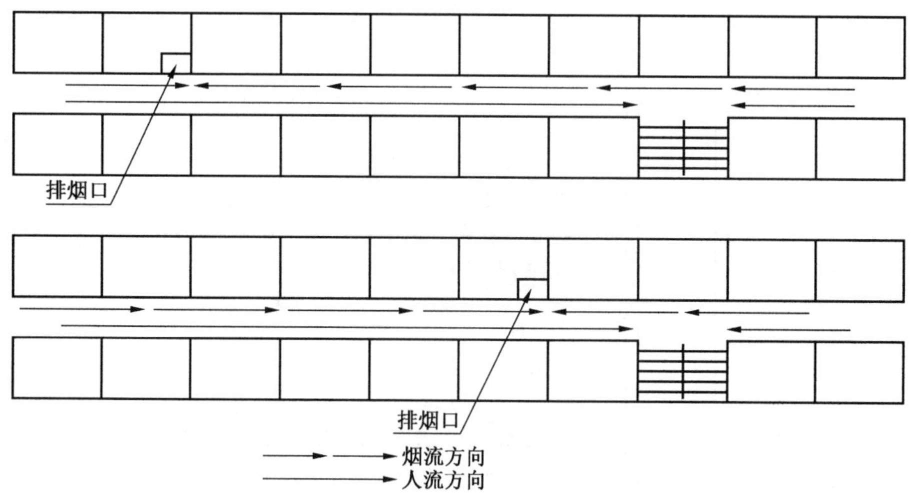

图2-23-8　疏散方向与排烟口的布置

(4) 每个排烟口的排烟量不应大于最大允许排烟量，排烟口的风速不应大于10 m/s。

6. 排烟管道

排烟管道井应采用耐火极限不小于1.00 h的隔墙与相邻区域分隔；当墙上必须设置检修门时，应采用乙级防火门。

排烟管道的耐火极限不应低于0.50 h，当水平穿越两个及两个以上防火分区或排烟管道在走道的吊顶内时，其管道的耐火极限不应小于1.50 h；排烟管道不应穿越前室或楼梯间，如果确有困难必须穿越时，其耐火极限不应小于2.00 h，且不得影响人员疏散。

当排烟管道竖向穿越防火分区时，垂直风道应设在管井内，且排烟井道必须要有1.00 h的耐火极限。

图2-23-9为一些常用的、推荐的处理方法。

7. 挡烟垂壁

挡烟垂壁有效高度不小于500 mm。活动式的挡烟垂壁应由感烟探测器控制，或与排烟口联动，或受消防控制中心控制，但同时应能就地手动控制。当活动挡烟垂壁落下时，其下端距地面的高度应大于1.80 m。

划分防烟分区的活动挡烟垂壁应具有火灾自动报警系统自动启动和现场手动启动功能，当火灾确认后，火灾自动报警系统应在15 s内联动同一排烟区域的全部活动挡烟垂壁，并在60 s内或小于烟气充满储烟仓的时间内开启完毕自动排烟窗。

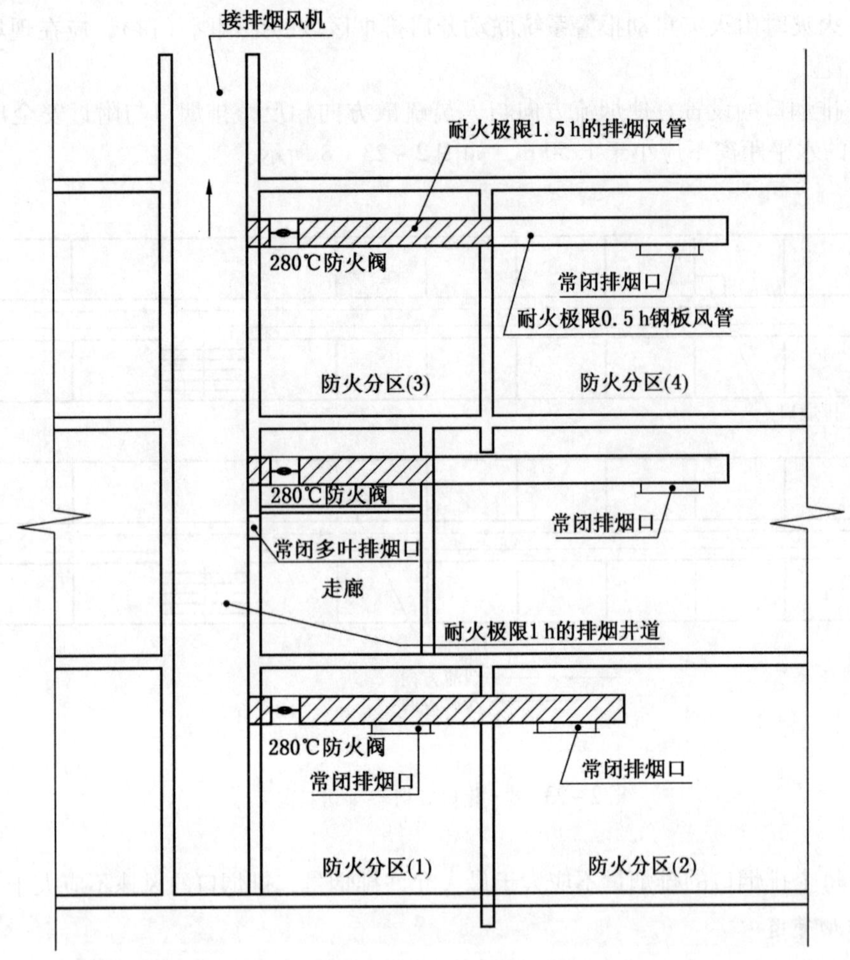

图 2-23-9 排烟管道布置示意图

【练习题】

1. 下列关于自然排烟的说法，错误的是（　　）。

A. 建筑面积为 800 m^2 的地下车库可采用自然排烟方式

B. 采用自然排烟的场所可不划分防烟分区

C. 防烟楼梯间及其前室不应采用自然排烟方式

D. 建筑面积小于 50 m^2 的公共建筑，宜优先考虑采用自然排烟方式

［答案］C

2. 下列关于防烟分区划分的说法中，错误的是（　　）。

A. 防烟分区可采用防火隔墙划分

B. 设置防烟系统的场所应划分防烟分区

C. 一个防火分区可划分为多个防烟分区

D. 防烟分区可采用在楼板下突出 0.8 m 的结构梁划分

［答案］B

（三）机械加压送风系统的设置

建筑高度大于 50 m 的公共建筑、工业建筑和建筑高度大于 100 m 的住宅建筑，其防烟楼梯间、消防电梯前室应采用机械加压送风方式的防烟系统。

当防烟楼梯间采用机械加压送风方式的防烟系统时，楼梯间应设置机械加压送风设施，前室可不设机械加压送风设施；地下室、半地下室楼梯间与地上部分楼梯间均需设置机械加压送风系统时，宜分别独立设置。当受建筑条件限制，与地上部分的楼梯间共用机械加压送风系统时，应按规范的要求分别计算地上、地下的加压送风量，相加后作为共用加压送风系统风量，且应采取有效措施满足地上、地下的送风量的要求。

当地上部分楼梯间利用可开启外窗进行自然通风时，地下部分不能采用自然通风的防烟楼梯间应采用机械加压送风系统。当地下室层数为 3 层及以上，或室内地面与室外出入口地坪高差大于 10 m 时，按规定应设置防烟楼梯间，并设有机械加压送风，其前室为独立前室时，前室可不设置防烟系统，否则前室也应按要求采取机械加压送风方式的防烟措施。

自然通风条件不能满足每 5 层内的可开启外窗或开口的有效面积不小于 2. 00 m^2，且在该楼梯间的最高部位应设置有效面积不小于 1. 00 m^2 的可开启外窗或开口的封闭楼梯间和防烟楼梯间，应设置机械加压送风系统，当封闭楼梯间位于地下且不与地上楼梯间共用时，可不设置机械加压送风系统，但应在首层设置不小于 1. 20 m^2 的可开启外窗或直通室外的门。

避难层应设置直接对外的可开启窗口或独立的机械防烟设施，外窗应采用乙级防火窗或耐火极限不低于 1. 00 h 的 C 类防火窗。设置机械加压送风系统的避难层（间），应在外墙设置固定窗，且面积不应小于该层（间）面积的 1%，每个窗的面积不应小于 2. 00 m^2。除长度小于 60 m 两端直通室外的避难走道外，避难走道的前室应设置机械加压送风系统。

建筑高度大于 100 m 的高层建筑，其送风系统应竖向分段设计，且每段高度不应超过 100 m。

机械加压送风风机可采用轴流风机或中、低压离心风机；送风机应设置在专用机房内。

除直灌式送风方式外，楼梯间宜每隔 2 ~3 层设一个常开式百叶送风口；前室、合用前室应每层设一个常闭式加压送风口，并应设手动开启装置；送风口的风速不应大于 7 m/s。

送风管道应独立设置在管道井内。当必须与排烟管道布置在同一管道井内时，排烟管道的耐火极限不应小于 2. 00 h。管道井应采用耐火极限不小于 1. 00 h 的隔墙与相邻部位分隔，当墙上必须设置检修门时，应采用乙级防火门。未设置在管道井内的加压送风管，其耐火极限不应小于 1. 50 h。

采用机械加压送风的场所不应设置百叶窗，且不应设置可开启外窗。

【练习题】

下列关于高层建筑中设置机械加压送风系统的说法，错误的是（　　）。

A. 地下室的楼梯间和地上部分的防烟楼梯间均需设置机械加压送风系统时，机械加压送风系统宜分别独立设置

B. 建筑高度大于 50 m 的公共建筑，其防烟楼梯间、消防电梯前室应设置机械加压送风系统

C. 建筑高度大于 50 m 的住宅建筑，其防烟楼梯间、消防电梯前室应设置机械加压送风系统

D. 建筑高度大于50 m的工业建筑，其防烟楼梯间、消防电梯前室应设置机械加压送风系统

[答案] C

(四) 系统控制方式

(1) 机械加压送风方式的防烟系统和机械排烟系统应与火灾自动报警系统联动，其联动控制应符合现行国家标准《火灾自动报警系统设计规范》(GB 50116—2013) 的有关规定，防排烟系统联动控制方式如图 2-23-10 所示。

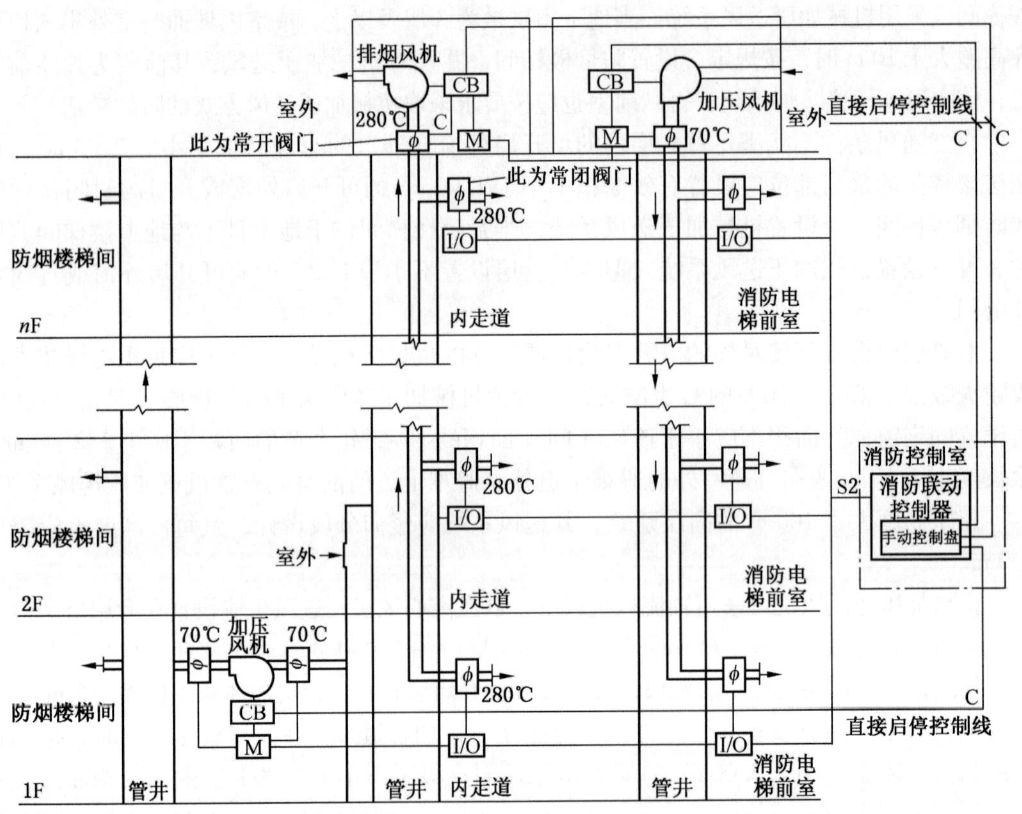

注：1. 消防控制室手动控制送风口、电动挡烟垂壁、排烟口、排烟窗、排烟阀的开启或关闭由总线控制盘上的一键式操作按键通过总线实现。

2. 消防控制室手动控制防烟、排烟风机的启停由手动控制盘通过专用线路实现

图 2-23-10 防排烟系统联动控制

(2) 防烟系统的联动控制方式应符合下列规定：

① 应由加压送风口所在防火分区内的两只独立的火灾探测器或一只火灾探测器与一只手动火灾报警按钮的报警信号，作为送风门开启和加压送风机启动的联动触发信号，并应由消防联动控制器联动控制相关层前室等需要加压送风场所的加压送风口开启和加压送风机启动。

② 应由同一防烟分区内且位于电动挡烟垂壁附近的两只独立的感烟火灾探测器的报警信号，作为电动挡烟垂壁降落的联动触发信号，并应由消防联动控制器联动控制电动挡烟垂壁的降落。

（3）排烟系统的联动控制方式应符合下列规定：

① 应由同一防烟分区内的两只独立的火灾探测器的报警信号，作为排烟口、排烟窗或排烟阀开启的联动触发信号，并应由消防联动控制器联动控制排烟口、排烟窗或排烟阀的开启，同时停止该防烟分区的空气调节系统。

② 应由排烟口、排烟窗或排烟阀开启的动作信号，作为排烟风机启动的联动触发信号，并应由消防联动控制器联动控制排烟风机的启动。

③ 当火灾确认后，负担两个及以上防烟分区的排烟系统，应仅打开起火防烟分区的排烟阀或排烟口，其他防烟分区的排烟阀或排烟口应呈关闭状态。当一个排烟系统负担多个防烟分区时，排烟支管应设 280 ℃自动关闭的排烟防火阀。

（4）防烟系统、排烟系统的手动控制方式，应能在消防控制室内的消防联动拉制器上手动控制送风口、电动挡烟垂壁、排烟口、排烟窗、排烟阀的开启或关闭及防烟风机、排烟风机等设备的启动或停止，防烟、排烟风机的启动、停止按钮应采用专用线路直接连接至设置在消防控制室内的消防联动控制器的手动控制盘，并应直接手动控制防烟、排烟风机的启动、停止。

（5）送风口、排烟口、排烟窗或排烟阀开启和关闭的动作信号，防烟、排烟风机启动和停止及电动防火阀关闭的动作信号，均应反馈至消防联动控制器。

（6）机械排烟系统中的常闭排烟阀或排烟口应具有火灾自动报警系统自动开启、消防控制室手动开启和现场手动开启功能，其开启信号应与排风机联动。当火灾确认后，火灾自动报警系统应在 15 s 内联动开启同一排烟区域的全部排烟阀、排烟口、排烟风机和补风设施，并应在 30 s 内自动关闭与排烟系统无关的通风、空调系统。

（7）排烟风机入口处的总管上设置的 280 ℃排烟防火阀在关闭后应直接联动控制风机停止，排烟防火阀及风机的动作信号应反馈至消防联动控制器。

【总结 1】

防排烟系统联动触发信号、联动控制信号及联动反馈信号表

系统名称	联动触发信号	联动控制	联动反馈信号
防烟系统	加压送风口所在防火分区内的两只独立的火灾探测器或一只火灾探测器与一只手动火灾报警按钮的报警信号	开启送风口、启动加压送风机	送风口、排烟口、排烟窗或排烟阀的开启和关闭信号，防烟、排烟风机启停信号，电动防火阀关闭动作信号
	同一防烟分区内且位于电动挡烟垂壁附近的两只独立的感烟火灾探测器的报警信号	降落电动挡烟垂壁	
排烟系统	同 防烟分区内的两只独立的火灾探测器的报警信号或一只火灾探测器与一只手动火灾报警按钮的报警信号	开启排烟口、排烟窗或排烟阀，停止该防烟分区的空气调节系统	
	排烟口、排烟窗或排烟阀开启的动作信号与该防烟分区内任一只火灾探测器与一只手动火灾报警按钮的报警信号	启动排烟风机	

【总结2】

风机的启动方式

风　　机	启　　动　　方　　式
加压送风机	送风机现场手动启动； 通过火灾自动报警系统自动启动； 消防控制室手动启动； 系统中任一常闭加压送风口开启时，加压风机应能自动启动
排烟风机、补风机	现场手动启动； 消防控制室手动启动； 火灾自动报警系统自动启动； 系统中任一排烟阀或排烟口开启时，排烟风机、补风机自动启动； 排烟防火阀在280 ℃时应自行关闭，并应连锁关闭排烟风机

【练习题】

1. 某建筑高度为23 m的5层商业建筑，长度100 m，宽度50 m，每层建筑面积为5000 m^2，设置有自动喷水灭火系统、火灾自动报警系统和防排烟系统等消防设施。下列关于机械排烟系统应满足要求的说法中，正确的有（　　）。

A. 与垂直管道连接的每层水平支管上排烟防火阀的控制装置应设置在楼层配电间内

B. 排烟风机配电线路的末端自动切换应设置在楼层配电间内

C. 采用的排烟风机应能在280 ℃时连续工作30 min

D. 火灾时应由火灾自动报警系统联动开启排烟口

E. 排烟口应设置现场手动开启装置

[答案] CDE

2. 下列关于建筑防烟系统联动控制要求的做法中，错误的是（　　）。

A. 常闭加压送风口开启由其所在防火分区内两只独立火灾探测器的报警信号作为联动触发信号

B. 加压送风机启动由其所在防火分区内的一只火灾探测器与一只手动火灾报警按钮的报警信号作为联动触发信号

C. 楼梯间的前室或合用前室的加压送风系统中任一常闭加压送风口开启时，联动启动该楼梯间各楼层的前室及合用前室内的常闭加压送风口

D. 对于防火分区跨越多个楼层的建筑，楼梯间的前室或合用前室内任一常闭加压送风口开启时联动启动该防火分区内全部楼层的楼梯间前室及合用前室内的常闭加压送风口

[答案] C

四、思考题

（一）单项选择题

1.《汽车库、修车库、停车场设计防火规范》(GB 50067—2014) 规定，汽车库设有排烟系统时，其排烟支管上应设有烟气温度超过280 ℃能自动关闭的排烟防火阀，排烟风机应能保证280 ℃条件下连续工作（　　）h。

A. 0.3　　B. 0.5　　C. 0.6　　D. 0.9

［答案］B

2. 当地上部分利用可开启外窗进行自然通风时，楼梯间的地下部分应（　　）。

A. 利用地上部分的外窗防烟方式　　B. 将楼梯间的地下部分单独分隔

C. 采用机械加压送风系统　　D. 在地下部分楼梯间设排烟设施

［答案］C

［解析］当地上部分楼梯间利用可开启外窗进行自然通风时，地下部分不能采用自然通风的防烟楼梯间应采用机械加压送风系统。

（二）多项选择题

1.《建筑设计防火规范》(GB 50016—2014）规定，下列符合防烟楼梯间要求的是（　　）。

A. 楼梯间及前室内不应附设烧水间　　B. 楼梯间前室应设置防排烟设施

C. 楼梯间严禁敷设可燃气体管道　　D. 楼梯间的疏散门应朝疏散方向开启

E. 楼梯间前室应设置消火栓

［答案］ACD

［解析］B 错误，楼梯间前室不应设置排烟设施。E 错误，《消防给水及消火栓系统技术规范》(GB 50974—2014）第 7.4.5 条，消防电梯前室应设置室内消火栓，并应计入消火栓使用数量。

2. 排烟风机可采用（　　）。

A. 离心风机　　B. 排烟轴流风机

C. 普通轴流风机　　D. 变频离心排烟风机

E. 通风机

［答案］AB

［解析］《火灾自动报警系统设计规范》(GB 50116—2013）第 3.1.8 条，水泵控制柜、风机控制柜等消防电气控制装置不应采用变频启动方式。

3. 排除有燃烧或爆炸危险气体、蒸气和粉尘的排风系统，应符合以下规定：（　　）。

A. 排风系统应设置导除静电的接地装置

B. 应设置湿式除尘器

C. 排风设备不应布置在地下或半地下建筑（室）内

D. 排风管应采用金属管道，并应直接通向室外安全地点，不应暗设

E. 风管穿过防火墙时应设防火阀

［答案］ACD

［解析］《建规》第 9.3.9 条，排除有燃烧或爆炸危险气体、蒸气和粉尘的排风系统，应符合下列规定：排风系统应设置导除静电的接地装置；排风设备不应布置在地下或半地下建筑（室）内；排风管应采用金属管道，并应直接通向室外安全地点，不应暗设。

4. 下列公共建筑的（　　）的竖向排风管道，应采用防止回流的措施并宜在支管上设置防火阀。

A. 厨房　　B. 浴室　　C. 卫生间　　D. 排风主管道

E. 排烟主管道

［答案］ABC

[解析]《建规》第9.3.12条，公共建筑的浴室、卫生间和厨房的竖向排风管，应采取防止回流措施并宜在支管上设置公称动作温度为70 ℃的防火阀。

(三) 分析题

1. 请指出本案例情景描述和图2-31-1中的错误。为什么排烟口对软纸条没有吸力？

[答案]

(1) 不能把排烟口的排烟阀手柄误认为是排烟口的手动开启装置。

(2) 图2-31-1中排烟口不能朝下，而应在风管的上部，否则排烟口就低于主梁(看作挡烟垂壁)而不在储烟仓内。

(3) 排烟支管上的排烟防火阀应具有280 ℃自动关闭功能。

(4) 排风支管上的70 ℃防火阀应具有在火灾报警信号打开排烟口时联动关闭的功能。

(5) 排风支管上的70 ℃防火阀，在感温关闭后不应联动关闭排烟风机。

(6) 排烟阀具有"手柄启动和电信号控制功能"是错的，规范规定的手动开启装置不是指手柄启动，规范规定的是"自动开启装置"不是"自动控制装置"。

(7) 应当明确以下联动控制关系：当起火防烟分区的任一排烟口打开时，应联动打开该防烟分区内所有排烟口，并联动排烟风机转入排烟工况，同时联动关闭系统中所有排风支管上的防火阀，所有动作信号反馈至消防中心，本案例采用"控制信号首先使排烟风机转入排烟工况，然后联动系统上所有排烟口打开"的控制方式是错误的。

(8) 地下汽车库的防烟楼梯间应设送风口，因为在楼梯间首层设有隔断设施将地下和地上楼梯隔断。

(9) "发生火灾时建筑内所有通风空调系统的电源自动切断"应为"当火灾确认后，可以自动也可以手动切断起火防火分区的非消防电源"。

(10) "火灾确认后启动排烟风机运行"应改为"系统中任一排烟口打开后排烟风机转入排烟工况"。

(11) 消防验收时，风口对软纸条没有吸力的原因如下：

① 原设计采用火灾确认信号打开排烟风机，并联动打开排烟口，所以施工单位联动编程时，采用"温探信号+手报信号"的"与"信号来联锁整个系统的6个排烟口，在3个防烟分区内同时排烟。而计算排烟量是按2000 m^2 的换气次数确定的，但排烟却在三个防烟分区同时进行，所以排烟量不够。

② 由于70 ℃防火阀不具有随排烟口打开而联动关闭的功能，因此系统中12个排风口敞开并排风，从而降低了排烟口的效率，造成排烟口对纸没有吸力。

2. 若本案例采用排风口与排烟口合并设置的兼用系统，请提出系统设置和联动控制的最佳建议。

[答案] 当本案例采用排风与排烟合并设置的兼用系统时，由于各防烟分区上的排烟防火阀，排风排烟口的状态要从同一状态转换为不同状态，并与现场手动配合实现，是很困难的，所以建议机械排烟系统按防烟分区设3套兼用系统，每套系统为一个防烟分区服务，每套系统设一个手报按钮，其动作信号用于使风机由排风工况转变为排烟工况，并停止非起火防烟分区的排烟系统运行，联动防火分区的补风机运行。这样做既能实现仅在起火的防烟分区排烟，而且实现以排烟口为中心的联动控制，使系统简化。

案例 24 消防应急照明和疏散指示标志检测与验收案例分析

一、情景描述

某购物中心共 4 层，总建筑面积约 16000 m^2。室内外均设置疏散楼梯。

购物中心设置自带电源非集中控制型应急照明和疏散指示系统，共安装 3W 应急照明灯 11 只，安全出口标志灯 48 只，单向壁挂应急标志灯 52 只，双向地埋应急标志灯 48 只，单向地埋应急标志灯 124 只，楼层标志灯 21 只，应急照明配电箱 4 台。

灯具处于正常工作时，电源由每层的应急照明配电箱提供，处于应急工作时，电源由灯具自带的蓄电池提供。

购物中心设置了控制中心火灾自动报警系统，发生火警后，控制中心火灾自动报警系统输出联动控制信号，强制点亮所有消防应急灯具。

二、案例说明

本案例主要分析下列内容：

（1）消防应急照明和疏散指示标志的设置。

（2）消防应急照明和疏散指示系统的设计要求。

（3）消防应急照明灯具与消防应急标志灯具的安装。

（4）电线电缆的选择与敷设。

（5）系统调试。

（6）系统检测。

三、关键知识点及依据

（一）消防应急照明和疏散指示标志的设置

（1）除建筑高度小于 27 m 的住宅建筑外，民用建筑、厂房和丙类仓库的下列部位应设置疏散照明：

① 封闭楼梯间、防烟楼梯间及其前室、消防电梯间的前室或合用前室、避难走道、避难层（间）。

② 观众厅、展览厅、多功能厅和建筑面积大于 200 m^2 的营业厅、餐厅、演播室等人员密集的场所。

③ 建筑面积大于 100 m^2 的地下或半地下公共活动场所。

④ 公共建筑内的疏散走道。

⑤ 人员密集的厂房内的生产场所及疏散走道。

（2）建筑内疏散照明的地面最低水平照度应符合下列规定：

① 对于疏散走道，不应低于1.0 lx。

② 对于人员密集场所、避难层（间），不应低于3.0 lx；对于病房楼或手术部的避难间，不应低于10.0 lx。

③ 对于楼梯间、前室或合用前室、避难走道，不应低于5.0 lx。

（3）消防控制室、消防水泵房、自备发电机房、配电室、防排烟机房以及发生火灾时仍需正常工作的消防设备房应设置备用照明，其作业面的最低照度不应低于正常照明的照度。

（4）疏散照明灯具应设置在出口的顶部、墙面的上部或顶棚上；备用照明灯具应设置在墙面的上部或顶棚上。

（5）公共建筑、建筑高度大于54 m的住宅建筑、高层厂房（库房）和甲、乙、丙类单、多层厂房，应设置灯光疏散指示标志，并应符合下列规定：

① 应设置在安全出口和人员密集的场所的疏散门的正上方。

② 应设置在疏散走道及其转角处距地面高度1.0 m以下的墙面或地面上。灯光疏散指示标志的间距不应大于20 m；对于袋形走道，不应大于10 m；在走道转角区，不应大于1.0 m。

（6）下列建筑或场所应在疏散走道和主要疏散路径的地面上增设能保持视觉连续的灯光疏散指示标志或蓄光疏散指示标志：

① 总建筑面积大于8000 m^2 的展览建筑。

② 总建筑面积大于5000 m^2 的地上商店。

③ 总建筑面积大于500 m^2 的地下或半地下商店。

④ 歌舞娱乐放映游艺场所。

⑤ 座位数超过1500个的电影院、剧场，座位数超过3000个的体育馆、会堂或礼堂。

⑥ 车站、码头建筑和民用机场航站楼中建筑面积大于3000 m^2 的候车、候船厅和航站楼的公共区。

【练习题】

1. 下列场所中，应在疏散走道和主要疏散路径的地面上增设能保持视觉连续的疏散指示标志的是（　　）。

A. 总建筑面积为6000 m^2 的展览厅

B. 座位数为1200个的剧场

C. 总建筑面积为500 m^2 的电子游艺厅

D. 总建筑面积为500 m^2 的地下超市

［答案］C

2. 消防技术服务机构对某大型商场内设置的疏散照明设施进行检测。下列检测结果中，不符合《建筑设计防火规范》(GB 50016—2014) 要求的是（　　）。

A. 避难间疏散照明的地面最低水平照度为10.0 lx

B. 营业厅疏散照明的地面最低水平照度为2.0 lx

C. 楼梯间疏散照明的地面最低水平照度为5.5 1x

D. 前室疏散照明的地面最低水平照度为6.0 lx

［答案］B

（二）消防应急照明和疏散指示系统的设计要求

（1）建筑内消防应急照明和灯光疏散指示标志的备用电源的连续供电时间应符合下列规定：

① 建筑高度大于100 m的民用建筑，不应小于1.5 h。

② 医疗建筑、老年人建筑、总建筑面积大于100000 m^2 的公共建筑和总建筑面积大于20000 m^2 的地下、半地下建筑，不应少于1.0 h。

③ 其他建筑，不应少于0.5 h。

（2）系统的应急转换时间不应大于5 s；高危险区域使用系统的应急转换时间不应大于0.25 s。在消防控制室，应设置强制使消防应急照明和疏散指示系统切换和应急投入的手自动控制装置。在设置了火灾自动报警系统的场所，消防应急照明和疏散指示系统的切换和应急投入要接受火灾自动报警系统的联动控制。

（3）设置消防安全疏散指示时，应优先采用消防应急标志灯具。疏散走道、楼梯间和建筑空间高度不大于8 m的场所，应选择应急供电电压为安全电压的消防应急灯具；采用非安全电压时，外露接线盒和消防应急灯具的防护等级应达到IP54的要求。室内地面使用和室外地面使用的消防应急灯具最低防护等级为IP54；安装在室外地面的消防应急灯具最低防护等级为IP67；安装在地面的灯具应能耐受外界的机械冲击和研磨。

（4）供电设计：

大于2000 m^2 的防火分区单独设置应急照明配电箱或应急照明分配电装置；小于2000 m^2 的防火分区可采用专用应急照明回路，当应急照明回路沿电缆管井垂直敷设时，公共建筑应急照明配电箱的供电范围不宜超过8层，住宅建筑不宜超过16层；一个应急照明配电箱或应急照明分配电装置所带灯具覆盖的防火分区总面积不超过4000 m^2。商住楼的商业部分与居住部分应分开，并单独设置应急照明配电箱或应急照明集中电源。建筑高度超过50 m的每个垂直疏散通道及扩展区宜单独设置应急照明配电箱或应急照明分配电装置。

AC220 V或DC216 V灯具的供电回路工作电流不宜大于10 A；安全电压灯具的供电回路工作电流不宜大于5 A；每个应急供电回路所配接的灯具数量不宜超过64个。应急照明分配电装置及应急照明配电箱的输入及输出配电回路中不装设剩余电流动作脱扣保护装置。应急照明配电箱及应急照明分配电装置的输出回路不超过8路；采用安全电压时的每个回路输出电流不大于5 A；采用非安全电压时的每个回路输出电流不大于16 A。

设置了火灾自动报警系统的场所，自带电源非集中控制型系统由火灾自动报警系统联动各应急照明配电箱实现工作状态的转换。

【练习题】

1. 下列建筑中的消防应急照明备用电源的连续供电时间按1.0 h设置，其中不符合规范要求的是（　　）。

A. 医疗建筑、老年人建筑

B. 总建筑面积大于100000 m^2 的商业建筑

C. 建筑高度大于100 m的住宅建筑

D. 总建筑面积大于20000 m^2 的地下汽车库

［答案］C

2. 火灾发生后，消防应急照明和疏散指示系统控制所有消防应急照明和标志灯具立即转入应急工作状态。一个应急照明配电箱所带灯具覆盖的防火分区总面积不应超过（　）m^2。

A. 2000　　B. 3000　　C. 4000　　D. 5000

［答案］C

3. 某高层公共建筑共32层，其中1到15层的防火分区面积均为600 m^2，16到20层的建筑防火分区面积为500 m^2，20层以上各层的防火分区面积均为400 m^2。某消防施工单位需要为该建筑配置一定数量的应急照明配电箱，为此需要设置的配电箱的数量为（　）个。

A. 3　　B. 4　　C. 5　　D. 6

［答案］C

（三）消防应急照明灯具与消防应急标志灯具的安装

1. 一般要求

（1）消防应急灯具与供电线路之间不能使用插头连接。

（2）消防应急灯具应安装牢固，消防应急标志灯具周围要保证无遮挡物。

（3）消防应急照明灯具在安装时，在正面迎向人员疏散方向，应有防止造成眩光的措施。

（4）消防应急灯具吊装时宜使用金属吊管，吊管上端应固定在建筑物实体或构件上。

（5）作为辅助指示的蓄光型标志牌只能安装在与标志灯具指示方向相同的路线上，但不能代替标志灯具。

（6）消防应急灯具宜安装在不燃烧墙体和不燃烧装修材料上。

2. 系统主要组件安装

（1）消防应急标志灯具的安装

① 在顶部安装时，尽量不要吸顶安装，灯具上边与顶棚距离宜大于200 mm；吊装时，应采用金属吊杆或吊链，吊杆或吊链上端应固定在建筑结构件上。

② 低位安装在疏散走道及其转角处时，标志表面应与墙面平行，凸出墙面的部分不应有尖锐角及伸出的固定件。

③ 安装在地面上时，灯具的所有金属构件应采用耐腐蚀构件或做防腐处理，电源连接和控制线连接应采用密封胶密封，标志灯具表面应与地面平行，与地面高度差不宜大于3 mm。

（2）消防应急照明灯具的安装

① 消防应急照明灯具应均匀布置。

② 在侧面墙上顶部安装时，其底部距地面距离不得低于2 m，在距地面1 m以下侧面墙上安装时，应采用嵌入式安装。

【练习题】

1. 对建筑进行防火检查时，应对建筑内设置的应急照明和疏散指示标志进行检查，下列关于公共建筑内安装应急照明灯具的说法中，错误的是（　）。

A. 在侧面墙上顶部安装时其底部距地面不得低于1.8 m

B. 消防应急照明灯具应均匀布置

C. 在距地面1 m以下墙面上安装时应采用嵌入式安装

D. 在侧面墙上顶部安装时其底部距地面不得低于 2 m

[答案] A

2. 沿疏散走道设置的灯光疏散指示标志，应设置在疏散走道及其转角处距地面高度 1.0 m 以下的墙面或地面上，且在走道转角区，间距不应大于（　　）m。

A. 2.0　　B. 1.5　　C. 1.0　　D. 0.5

[答案] C

（四）电线电缆的选择与敷设

（1）应急照明集中电源的输出支路和集中控制型系统的控制线路在竖井内敷设，且与竖井内的燃烧性能为 B1 级以下电线电缆之间没有防火分隔时，应选择燃烧性能为 A 级的电线电缆；有防火分隔时，可选择燃烧性能为 B1 级的电线电缆。

（2）应急照明分配电装置的输出线路和集中控制型系统的控制线路选择燃烧性能为 B1 级电线电缆时，应穿金属管保护；也可敷设在燃烧性能为同级别的电缆桥架或线槽中；选择燃烧性能为 A 级电线电缆时，可明敷。

（3）地面安装或潮湿场所安装时，灯具的供电线路和控制线路均应选择耐腐蚀的橡胶电缆，接线处应有防腐蚀和防潮处理。系统的配电支线应采用铜芯导线，控制线路应采用多股铜芯导线。

（4）线路敷设应符合下列规定：

① 明敷时（包括敷设在吊顶内），应穿金属导管或采用封闭式金属槽盒保护，金属导管或封闭式金属槽盒应采取防火保护措施；当采用阻燃或耐火电缆并敷设在电缆井、沟内时，可不穿金属导管或采用封闭式金属槽盒保护；当采用矿物绝缘类不燃性电缆时，可直接明敷。

② 暗敷时，应穿管并应敷设在不燃性结构内且保护层厚度不应小于 30 mm。

③ 消防配电线路宜与其他配电线路分开敷设在不同的电缆井、沟内；确有困难需敷设在同一电缆井、沟内时，应分别布置在电缆井、沟的两侧，且消防配电线路应采用矿物绝缘类不燃性电缆。不同电压等级的线缆不应穿入同一根保护管内，当合用同一线槽时，线槽内应有金属隔板分隔。

【练习题】

1. 下列有关消防应急照明和疏散指示系统电线电缆选择和线路敷设安装的要求，不正确的（　　）。

A. 应急照明分配电装置的输出线路和集中控制型系统的控制线路选择燃烧性能为 B1 级电线电缆时，不能敷设在燃烧性能为同等级别的电缆桥架或线槽中

B. 应急照明分配电装置的输出线路和集中控制型系统的控制线路选择燃烧性能为 A 级电线电缆时，可明敷

C. 在潮湿环境中安装时，灯具供电线路和控制线路均应选用耐腐蚀的橡胶电缆

D. 系统的控制线路应采用多股铜芯导线

[答案] A

2. 消防应急照明和疏散指示系统中关于电线电缆的选择与线路的敷设说法正确的是（　　）。

A. 应急照明集中电源的输出支路和集中控制型的控制线路在竖井内敷设，当内部存在B1级以下电线电缆时，不可选择燃烧性能为B1级的电缆

B. 应急照明分配电装置的输出线路和集中控制型系统的控制线路选择燃烧性能为B1级及以上电线电缆时可以选择明敷

C. 地面安装或潮湿场所安装时，灯具的供电线路和控制线路均应选择不燃性电缆

D. 系统的配电支线应采用铜芯导线，控制线路应采用多股铜芯电缆

［答案］D

（五）系统调试

1. 消防应急标志灯具和消防应急照明灯具的调试

（1）采用目测的方法检查消防应急标志灯具安装位置和标志信息上的箭头指示方向是否与实际疏散方向相符。

（2）在黑暗条件下，使照明灯具转入应急状态，用照度计测量地面的最低水平照度，该照度值应符合设计要求。

（3）操作试验按钮或其他试验装置，消防应急灯具应转入应急状态。

（4）断开连续充电24 h的消防应急灯具电源，使消防应急灯具转入应急工作状态，同时用秒表开始计时；消防应急灯具主电指示灯应处于非点亮状态，应急工作时间应不小于本身标称的应急工作时间。

（5）使顺序闪亮形成导向光流的标志灯具转入应急工作状态，目测其光流导向应与设计的疏散方向相同。

（6）使有语音指示的标志灯具转入应急工作状态，其语音应与设计相符。

（7）逐个切断各区域应急照明配电箱或应急照明集中电源的分配电装置，该配电箱或分配电装置供电的消防应急灯具应在5 s内转入应急工作状态。

（8）受火灾自动报警系统控制的消防应急照明和疏散指示系统，输入联动控制信号，系统内的消防应急灯具应在5 s内转入与联动控制信号相对应的工作状态，并应发出联动反馈信号；对于设计有手动控制功能的系统，操作手动控制机构，使系统转入应急工作状态，相应的消防应急灯具应在5 s内转入应急工作状态。

2. 系统功能调试

非集中控制型系统功能调试：

（1）分别操作自带电源型系统的手动转换装置和模拟消防联动自带电源型系统的应急照明配电箱，系统应转入应急工作状态。

（2）分别操作集中应急电源的手动转换控制装置和模拟消防联动集中电源型系统的集中应急电源或应急照明分配电装置，系统应转入应急工作状态。

（3）分别操作应急照明分配电装置的转换开关和模拟消防联动集中电源型系统的应急照明分配电装置，应急照明分配电装置供电的所有消防应急灯具应转入应急工作状态。

（六）系统检测

1. 消防应急标志灯具检测项目

（1）标志灯具的颜色、标志信息应符国家标准《消防应急照明和疏散指示系统》(GB 17945—2010）的要求，指示方向应与设计方向一致。

（2）使用的电池应与国家有关市场准入制度中的有效证明文件相符。

（3）状态指示灯指示应正常。

（4）连续 3 次操作试验机构，观察标志灯具自动应急转换情况。

（5）应急工作时间应不小于其本身标称的应急工作时间。

2. 消防应急照明灯具检测项目

（1）照明灯具的光源及隔热情况应符合要求。

（2）使用的电池应与有效证明文件相符。

（3）状态指示灯应正常。

（4）连续 3 次按试验按钮，标志灯具应能完成自动转换。

（5）应急工作时间应不小于其本身标称的应急工作时间。

（6）安装区域的最低照度值应符合设计要求。

（7）光源与电源分开设置的照明灯具安装时，灯具安装位置应有清晰可见的消防应急灯具标识，电源的试验按钮和状态指示灯应可方便操作和观察。

3. 系统功能检测

非集中控制型系统的应急控制：

（1）未设置火灾自动报警系统的场所，系统应在正常照明中断后转入应急工作状态。

（2）设置火灾自动报警系统的场所，自带电源非集中控制型系统应由火灾自动报警系统联动各应急照明配电箱实现工作状态的转换；集中电源非集中控制型系统应由火灾自动报警系统联动各应急照明集中电源和应急照明分配电装置实现工作状态的转换。

【练习题】

下列检测消防应急灯具的应急工作时间方法中，错误的是（　　）。

A. 切断所有消防应急灯具的电源，巡视每台灯具的应急工作情况，发现灯具熄灭时，记录灯具的应急工作时间

B. 切断集中电源型消防应急灯具的主电源，使其中一个供电回路供电的所有灯具转入应急工作状态，巡视每台灯具的应急工作情况，发现灯具熄灭时，记录灯具的应急工作时间

C. 依次切断不同防火分区内所有的消防应急灯具的主电源，巡视每台灯具的应急工作情况，发现灯具熄灭时，记录灯具的应急工作时间

D. 切断集中电源型消防应急灯具的主电源，使所有灯具转入应急工作状态，观察任意一台灯具，发现该灯具熄灭时，记录灯具的应急工作时间

［答案］D

四、思考题

（一）单项选择题

1. 楼梯间（含敞开楼梯间、封闭楼梯间、防烟楼梯间）、室外楼梯的地面水平照度不应低于（　　）lx。

A. 1　　B. 2　　C. 5　　D. 10

［答案］C

2. 避难场所和人员密集场所内的地面最低水平照度不应低于（　　）lx。

A. 0.50　　B. 3　　C. 5　　D. 10

［答案］B

（二）多项选择题

1. 下列部位或场所应设置灯光疏散指示标志（　　）。

A. 疏散走道及其转角处　　B. 安全出口

C. 人员密集场所的疏散门　　D. 地下及半地下室

E. 会议室

［答案］ABC

［解析］公共建筑、建筑高度大于54 m的住宅建筑、高层厂房（库房）和甲、乙、丙类单、多层厂房，应设置灯光疏散指示标志，应设置在安全出口和人员密集的场所的疏散门的正上方，应设置在疏散走道及其转角处距地面高度1.0 m以下的墙面或地面上。灯光疏散指示标志的间距不应大于20 m；对于袋形走道，不应大于10 m；在走道转角区，不应大于1.0 m。

2. 下列部位或场所应设置疏散照明（　　）。

A. 公共建筑的疏散走道　　B. 疏散楼梯间及其前室

C. 消防控制室　　D. 配电室

E. 库房

［答案］AB

［解析］CD是设置备用照明。消防控制室、消防水泵房、自备发电机房、配电室、防排烟机房以及发生火灾时仍需正常工作的消防设备房应设置备用照明，其作业面的最低照度不应低于正常照明的照度。

（三）分析题

某体育场馆，安装自带电源非集中控制型消防应急照明及疏散指示系统，请简述如何对系统功能进行检验和测试。

［答案］

（1）观察消防应急灯具的工作状态指示灯，所有灯具应该全部处于正常工作状态。

（2）检查消防应急标志灯具，疏散标志指示方向与实际疏散方向要保持一致。

（3）模拟消防联动控制信号联动应急照明配电箱，测试相关消防应急灯具和应急照明配电箱转入应急工作状态的情况。

（4）测试消防应急照明和灯光疏散指示标志的备用电源的连续供电时间，应满足要求。

案例 25　灭火器及其配置验收案例分析

一、情景描述

某公司办公楼地上 7 层，建筑高度为 23. 80 m，每层建筑面积为 945 m^2，为“L”形外廊式建筑，“L”形建筑长边为 45. 60 m，短边为 22. 20 m，均采用不燃材料装修，办公场所设有计算机、复印机等办公用电子设备。办公楼内设有室内消火栓系统，每层作为一个灭火器配置的计算单元配置了手提式灭火器。经检查，二层及二层以上楼层仅设置了一个灭火器配置点，距离最远端办公室房门的距离为 25. 80 m。配置点的灭火器、灭火器箱设置如图 2 – 25 – 1 至图 2 – 25 – 4 所示。

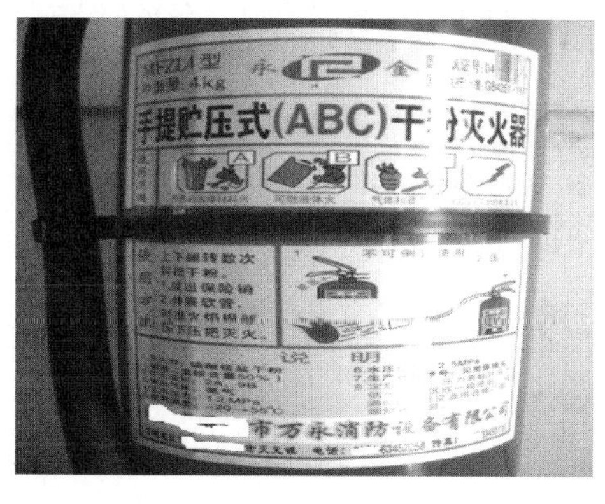

图 2 – 25 – 1　手提式干粉灭火器型号规格

图 2 – 25 – 2　灭火器箱详图

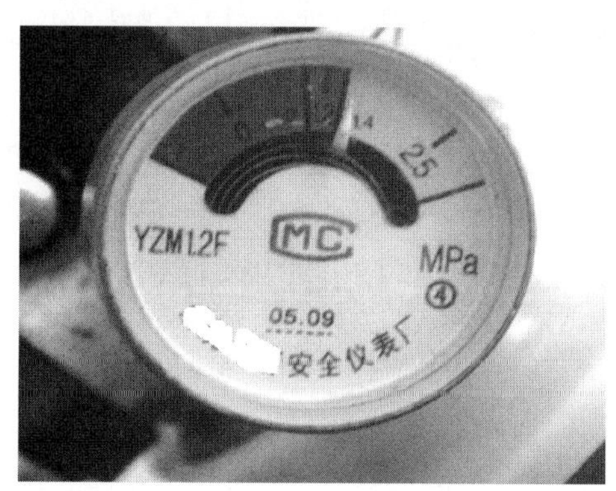

图 2 – 25 – 3　灭火器压力指示器详图

图 2 – 25 – 4　办公楼层走道上的灭火器箱

二、案例说明

本案例主要分析下列内容：

(1) 灭火器配置场所的危险等级。

(2) 灭火器的选择。

(3) 灭火器的设置。

(4) 灭火器的配置。

(5) 灭火器的验收。

三、关键知识点及依据

(一) 灭火器配置场所的危险等级

1. 工业建筑

工业建筑内生产、使用和储存可燃物的火灾危险性是划分危险等级的主要因素；按照现行国家标准《建筑设计防火规范》(GB 50016—2014) 对厂房和库房中的可燃物的火灾危险性分类，来划分工业建筑场所的危险等级。以上规定可简要地概括为表 2-25-1。

表 2-25-1 灭火器配置场所与危险等级对应关系

配置场所	严重危险级	中危险级	轻危险级
厂房	甲、乙类物品生产场所	丙类物品生产场所	丁、戊类物品生产场所
库房	甲、乙类物品储存场所	丙类物品储存场所	丁、戊类物品储存场所

工业建筑灭火器配置场所的危险等级举例见表 2-25-2。

表 2-25-2 工业建筑灭火器配置场所的危险等级举例

危险等级	举例	
	厂房和露天、半露天生产装置区	库房和露天、半露天堆场
严重危险级	1. 闪点<60 ℃的油品和有机溶剂的提炼、回收、洗涤部位及其泵房、灌桶间	1. 化学危险物品库房
	2. 橡胶制品的涂胶和胶浆部位	2. 装卸原油或化学危险物品的车站、码头
	3. 二硫化碳的粗馏、精馏工段及其应用部位	3. 甲、乙类液体储罐区、桶装库房、堆场
	4. 甲醇、乙醇、丙酮、丁酮、异丙醇、醋酸乙酯、苯等的合成、精制厂房	4. 液化石油气储罐区、桶装库房、堆场
	5. 植物油加工厂的浸出厂房	5. 棉花库房及散装堆场
	6. 乙炔站、氢气站、煤气站、氧气站	
	7. 硝化棉、赛璐珞厂房及其应用部位	

表 2－25－2（续）

危险等级	举例	
	厂房和露天、半露天生产装置区	库房和露天、半露天堆场
中危险级	1. 闪点≥60 ℃的油品和有机溶剂的提炼、回收工段及其抽送泵房	1. 丙类液体储罐区、桶装库房、堆场
	2. 柴油、机器油或变压器油灌桶间	2. 化学、人造纤维及其织物和棉、毛、丝、麻及其织物的库房、堆场
	3. 润滑油再生部位或沥青加工厂房	3. 纸、竹、木及其制品的库房、堆场
	4. 植物油加工精炼部位	4. 火柴、香烟、糖、茶叶库房
	5. 油浸变压器室和高、低压配电室	5. 中药材库房
	6. 橡胶制品压延、成型和硫化厂房	
	7. 木工厂房和竹、藤加工厂房	
轻危险级	1. 金属冶炼、铸造、铆焊、热轧、锻造、热处理厂房	1. 钢材库房、堆场
	2. 玻璃原料熔化厂房	2. 水泥库房、堆场
	3. 陶瓷制品的烘干、烧成厂房	3. 搪瓷、陶瓷制品库房、堆场
	4. 酚醛泡沫塑料的加工厂房	4. 难燃烧或非燃烧的建筑装饰材料库房、堆场
	5. 印染厂的漂炼部位	5. 原木库房、堆场
	6. 化纤厂后加工润湿部位	6. 丁、戊类液体储罐区、桶装库房、堆场
	7. 造纸厂或化纤厂的浆粕蒸煮工段	

2. 民用建筑

民用建筑灭火器配置场所的危险等级举例见表 2－25－3。

表 2－25－3 民用建筑灭火器配置场所的危险等级举例

危险等级	举例
严重危险级	1. 县级及以上的文物保护单位、档案馆、博物馆的库房、展览室、阅览室
	2. 体育场（馆）、电影院、剧院、会堂、礼堂的舞台及后台部位
	3. 住院床位在 50 张及以上的医院的手术室、理疗室、透视室、心电图室、药房、住院部、门诊部、病历室
	4. 建筑面积在 2000 m^2 及以上的图书馆、展览馆的珍藏室、阅览室、书库、展览厅
	5. 超高层建筑和一类高层建筑的写字楼、公寓楼
	6. 建筑面积在 1000 m^2 及以上的经营易燃易爆化学物品的商场、商店的库房及铺面
	7. 建筑面积在 200 m^2 及以上的公共娱乐场所

表2-25-3（续）

危险等级	举例
中危险级	1. 客房数在50间以下的旅馆、饭店的公共活动用房、多功能厅和厨房
	2. 体育场（馆）、电影院、剧院、会堂、礼堂的观众厅
	3. 二类高层建筑的写字楼、公寓楼
	4. 高级住宅、别墅
	5. 建筑面积在1000 m^2 以下的经营易燃易爆化学物品的商场、商店的库房及铺面
	6. 建筑面积在200 m^2 以下的公共娱乐场所
	7. 学校教室、教研室
	8. 百货楼、超市、综合商场的库房、铺面
	9. 民用的油浸变压器室和高、低压配电室
轻危险级	1. 日常用品小卖店及经营难燃烧或非燃烧的建筑装饰材料商店
	2. 未设集中空调、电子计算机、复印机等设备的普通办公室
	3. 旅馆、饭店的客房
	4. 普通住宅
	5. 各类建筑物中以难燃烧或非燃烧的建筑构件分隔的并主要存贮难燃烧或非燃烧材料的辅助房间

【练习题】

民用建筑灭火器配置场所的危险等级，应根据其使用性质、人员密集程度、可燃物数量等因素确定，下列不属于中危险级的场所为（　　）。

A. 设有集中空调、电子计算机等设备的办公室

B. 体育馆、电影院、剧院、会堂的观众厅

C. 民用燃油、燃气锅炉房

D. 民用机场的候机厅

[答案] D

（二）灭火器的选择

（1）在同一灭火器配置场所，宜选用相同类型和操作方法的灭火器。当同一灭火器配置场所存在不同火灾种类时，应选用通用型灭火器。

（2）在同一灭火器配置场所，当选用两种或两种以上类型灭火器时，应采用灭火剂相容的灭火器。不相容的灭火剂举例见表2-25-4。

表2-25-4　不相容的灭火剂举例

灭火剂类型	不相容的灭火剂	
干粉与干粉	磷酸铵盐	碳酸氢钠、碳酸氢钾
干粉与泡沫	碳酸氢钠、碳酸氢钾	蛋白泡沫
泡沫与泡沫	蛋白泡沫、氟蛋白泡沫	水成膜泡沫

（3）灭火器的适用范围：

A 类火灾场所应选择水型灭火器、磷酸铵盐干粉灭火器、泡沫灭火器或卤代烷灭火器。

B 类火灾场所应选择泡沫灭火器、碳酸氢钠干粉灭火器、磷酸铵盐干粉灭火器、二氧化碳灭火器、灭 B 类火灾的水型灭火器或卤代烷灭火器。

极性溶剂的 B 类火灾场所应选择灭 B 类火灾的抗溶性灭火器。

C 类火灾场所应选择磷酸铵盐干粉灭火器、碳酸氢钠干粉灭火器、二氧化碳灭火器或卤代烷灭火器。

D 类火灾场所应选择扑灭金属火灾的专用灭火器。

E 类火灾场所应选择磷酸铵盐干粉灭火器、碳酸氢钠干粉灭火器、卤代烷灭火器或二氧化碳灭火器，但不得选用装有金属喇叭喷筒的二氧化碳灭火器。

非必要场所不应配置卤代烷灭火器。必要场所可配置卤代烷灭火器。

【练习题】

1. 某白酒灌装车间设置推车式灭火器，应优先选择的是（　　）。

A. 抗溶性泡沫灭火器　　B. 清水灭火器

C. 水雾灭火器　　D. 碳酸氢钠灭火器

[答案] A

2. 对在同一配置单元内设置有两种类型的灭火器的场所进行验收检查时，下列检查结论中正确的是（　　）。

A. 核查灭火器的类型、数量、规格、灭火级别均符合设计要求，而且两种灭火剂的充装量相等，判定灭火器的配置合格

B. 核查灭火器的类型、数量、规格、灭火级别均符合设计要求，而且两种灭火剂的类型不相容，判定灭火器的配置合格

C. 核查灭火器的类型、数量、规格、灭火级别均符合设计要求，而且两种灭火剂的类型相容，判定灭火器的配置合格

D. 核查灭火器的类型、数量、规格、灭火级别均符合设计要求，但两种灭火剂的充装量不相等，判定灭火器的配置不合格

[答案] C

3. 对建筑灭火器的配置进行检查时，应注意检查灭火器的适用性。宾馆客房区域的走道上不应布置（　　）。

A. 水型灭火器　　B. 碳酸氢钠灭火器

C. 泡沫灭火器　　D. 磷酸铵盐灭火器

[答案] B

（三）灭火器的设置

灭火器应设置在位置明显和便于取用的地点，且不得影响安全疏散。对有视线障碍的灭火器设置点，应设置指示其位置的发光标志。

灭火器的摆放应稳固，其铭牌应朝外。手提式灭火器宜设置在灭火器箱内或挂钩、托架上，其顶部离地面高度不应大于 1.50 m；底部离地面高度不宜小于 0.08 m。灭火器箱

不得上锁。

灭火器不宜设置在潮湿或强腐蚀性的地点。当必须设置时，应有相应的保护措施。灭火器设置在室外时，应有相应的保护措施。灭火器不得设置在超出其使用温度范围的地点。

每个灭火器设置点实配灭火器的灭火级别和数量不得小于最小需配灭火级别和数量的计算值。计算单元中的灭火器设置点数依据火灾的危险等级、灭火器型式（手提式或推车式）按不大于表2-25-5或表2-25-6规定的最大保护距离合理设置，并应保证最不利点至少在1具灭火器的保护范围内。

表2-25-5　设置在A类火灾场所的灭火器，其最大保护距离　m

危险等级	手提式灭火器	推车式灭火器
严重危险级	15	30
中危险级	20	40
轻危险级	25	50

表2-25-6　设置在B、C类火灾场所的灭火器，其最大保护距离　m

危险等级	手提式灭火器	推车式灭火器
严重危险级	9	18
中危险级	12	24
轻危险级	15	30

注：D类火灾场所的灭火器，其最大保护距离应根据具体情况研究确定。E类火灾场所的灭火器，其最大保护距离不应低于该场所内A类或B类火灾的规定。

【练习题】

1. 在对建筑灭火器进行防火检查时，也应注意检查灭火器箱与地面的距离。根据现行国家消防技术标准，灭火器箱底部距地面的高度不应小于（　　）cm。

A. 8　　B. 5　　C. 10　　D. 15

［答案］A

2. 在易发生固体火灾的学校教室、教研室场所配置手提式灭火器时，灭火器的最大保护距离不应大于（　　）m。

A. 15　　B. 20　　C. 25　　D. 30

［答案］B

（四）灭火器的配置

（1）一个计算单元内配置的灭火器数量不得少于2具。每个设置点的灭火器数量不宜多于5具。

（2）当住宅楼每层的公共部位建筑面积超过100 m^2 时，应配置1具1A的手提式灭火器；每增加100 m^2 时，增配1具1A的手提式灭火器。

（3）火灾场所单位灭火级别的最大保护面积依据火灾危险等级、火灾种类从表 2－25－7 或表 2－25－8 中选取。

表 2－25－7　A 类火灾场所灭火器的最低配置基准

危　险　等　级	严重危险级	中危险级	轻危险级
单具灭火器最小配置灭火级别	3A	2A	1A
单位灭火级别最大保护面积/($m^2 \cdot A^{-1}$)	50	75	100

表 2－25－8　B、C 类火灾场所灭火器的最低配置基准

危　险　等　级	严重危险级	中危险级	轻危险级
单具灭火器最小配置灭火级别	89B	55B	21B
单位灭火级别最大保护面积/($m^2 \cdot B^{-1}$)	0.5	1.0	1.5

注：D 类火灾场所的灭火器最低配置基准应根据金属的种类、物态及其特性等研究确定。E 类火灾场所的灭火器最低配置基准不应低于该场所内 A 类（或 B 类）火灾的规定。

（4）灭火器配置的设计与计算应按计算单元进行。灭火器最小需配灭火级别和最少需配数量的计算值应进位取整。

（5）每个灭火器设置点实配灭火器的灭火级别和数量不得小于最小需配灭火级别和数量的计算值。

（6）灭火器配置设计的计算单元应按下列规定划分：

① 当一个楼层或一个水平防火分区内各场所的危险等级和火灾种类相同时，可将其作为一个计算单元。

② 当一个楼层或一个水平防火分区内各场所的危险等级和火灾种类不相同时，应将其分别作为不同的计算单元。

③ 同一计算单元不得跨越防火分区和楼层。

（7）计算单元保护面积的确定应符合下列规定：

① 建筑物应按其建筑面积确定。

② 可燃物露天堆场，甲、乙、丙类液体储罐区，可燃气体储罐区应按堆垛、储罐的占地面积确定。

（8）计算单元的最小需配灭火级别应按照下式计算：

$$Q = K \cdot S/U$$

式中　Q——计算单元的最小需配灭火级别，A 或 B；

S——计算单元的保护面积，m^2；

U——A 类或 B 类火灾场所单位灭火级别最大保护面积，m^2/A 或 m^2/B；

K——修正系数。

（9）修正系数取值。

修正系数值按表 2－25－9 的规定取值。

表 2-25-9 修 正 系 数

计 算 单 元	K	计 算 单 元	K
未设室内消火栓系统和灭火系统	1.0	设有室内消火栓系统和灭火系统	0.5
设有室内消火栓系统	0.9	可燃物露天堆场；甲、乙、丙类液体储罐区；可燃气体储罐区	0.3
设有灭火系统	0.7		

(10) 歌舞娱乐放映游艺场所、网吧、商场、寺庙以及地下场所等的计算单元的最小需配灭火级别应按下式计算：

$$Q = 1.3K \cdot S/U$$

(11) 计算单元中每个灭火器设置点的最小需配灭火级别应按下式计算：

$$Q_e = Q/N$$

式中 Q_e——计算单元中每个灭火器设置点的最小需配灭火级别，A 或 B；

N——计算单元中的灭火器设置点数，个。

(12) 灭火器配置的设计计算可按下述程序进行：

① 确定各灭火器配置场所的火灾种类和危险等级。

② 划分计算单元，计算各计算单元的保护面积。

③ 计算各计算单元的最小需配灭火级别。

④ 确定各计算单元中的灭火器设置点的位置和数量。

⑤ 计算每个灭火器设置点的最小需配灭火级别。

⑥ 确定每个设置点灭火器的类型、规格与数量。

⑦ 确定每具灭火器的设置方式和要求。

⑧ 在工程设计图上用灭火器图例和文字标明灭火器的型号、数量与设置位置。

【练习题】

1. 地下汽车库配置灭火器时，计算单元的最小需配灭火级别计算应比地上汽车库增加（　　）%。

A. 10　　B. 20　　C. 30　　D. 25

[答案] C

2. 某多层民用建筑的第二层为舞厅，建筑面积为 1000 m^2。该场所设有室内消火栓系统、自动喷水灭火系统、火灾自动报警系统及防排烟系统，并按严重危险等级配置灭火器。若在该层设置 3 个灭火器设置点，每处设置干粉灭火器 2 具，则每具灭火器的灭火级别应为（　　）。

A. 2A　　B. 21B　　C. 3A　　D. 55B

[答案] C

3. 某二级耐火等级的 3 层养老院，老人住宿床位数 80 张，总建筑面积 4000 m^2，设置了室内外消火栓系统、自动喷水灭火系统、火灾自动报警系统等，下列关于该场所配置手提式灭火器的说法中，正确的是（　　）。

A. 单具灭火器的最低配置基准应为 3A，最大保护距离应为 15 m

B. 单具灭火器的最低配置基准应为 5A，最大保护距离应为 15 m

C. 单具灭火器的最低配置基准应为 3A，最大保护距离应为 20 m

D. 单具灭火器的最低配置基准应为 5A，最大保护距离应为 20 m

［答案］A

（五）灭火器的验收

1. 灭火器的标志要求

（1）灭火器应黏贴发光标志，无明显缺陷和损伤，能够在黑暗中显示灭火器位置。

（2）灭火器认证标志、铭牌的主要内容齐全，包括灭火器名称、型号和灭火剂种类，灭火级别和灭火种类，使用温度，驱动气体名称和数量（压力），制造企业名称，使用方法，再充装说明和日常维护说明等。

（3）灭火器底圈或者颈圈等不受压位置的水压试验压力和生产日期等永久性钢印标志、钢印打制的生产连续序号等清晰。

（4）2006 年及 2006 年后生产的灭火器压力指示器表盘有灭火剂适用标示，干粉灭火剂为“F”，指示器中的红区、黄区范围分别标有“再充装”“超充装”字样。

（5）贴花端正平服、不脱落，不缺边少字，无明显皱褶、气泡等。

2. 灭火器箱的标志要求

（1）箱体正面标注中文“灭火器”和英文“Fire Extinguisher”，字体尺寸（宽×高）不得小于 30 mm×60 mm，并且字体要醒目、均匀、完整。

（2）灭火器箱的正面右下角设置耐久性铭牌，铭牌内容包括产品名称、型号规格、注册商标或者生产厂家名称、生产厂址、生产日期或者产品批号、执行标准等。

3. 灭火器的外观质量与结构要求

（1）外观质量：

① 灭火器筒体及其零部件无明显缺陷和机械损伤。

② 灭火器外表涂层色泽均匀，无龟裂、明显流痕、气泡、划痕、碰伤等缺陷；灭火器电镀件表面无气泡、明显划痕、碰伤等缺陷。

（2）结构要求：

① 灭火器开启机构灵活，不得倒置开启和使用；提把和压把表面不得有毛刺，锐边等影响操作的缺陷。

② 灭火器器头（阀门）装有保险装置，保险装置的铅封完好。

③ 压力指示器指针在绿色区域范围内；压力指示器 20 ℃时显示的工作压力值与灭火器标志上标注的 20 ℃的充装压力相同。

④ 3 kg(L) 以上充装量的手提式灭火器应配有喷射软管和间歇喷射机构。

4. 灭火器箱的外观质量与结构及开启性能要求

（1）外观质量：

① 灭火器箱各表面无明显加工缺陷、机械损伤，箱体无歪斜、翘曲等变形，放置在水平地面上无倾斜、摇晃等现象。

② 箱门关闭到位后，应与四周框面平齐，与箱框之间的间隙均匀平直，不影响箱门开启。

（2）结构及开启性能：

① 开门式灭火器箱箱门应设有箱门关紧装置，且无锁具。

② 灭火器箱箱门开启操作轻便灵活，无卡阻。

③ 经测力计实测检查，开启力不大于 50 N；箱门开启角度不小于 160°。

5. 灭火器配置中的部分设置要求

（1）每个灭火器配置计算单元内的灭火器设置点最大保护距离不超过规范规定。

（2）配置的每具手提式灭火器的灭火级别符合规范要求。

（3）设置点要设置在明显、便于取用且不得影响安全疏散的地点。

（4）手提式灭火器设置在灭火器箱内，灭火器箱不得上锁。

（5）有视线障碍的灭火器设置点，在醒目部位设置指示灭火器位置的发光标志。

四、思考题

（一）多项选择题

1. 对灭火器设置地点的基本要求是（ ）。

A. 灭火器不宜设置在潮湿或强腐蚀性地点，当必须设置时，应有相应的保护措施

B. 灭火器不得设置在有视线障碍的地点

C. 灭火器设置在室外时，应有相应的保护措施

D. 灭火器不得设置在超出其温度范围的地点

E. 灭火器摆放稳固，铭牌朝下

［答案］ACD

［解析］本题是对设置地点的要求。

2. 手提式磷酸铵盐（ABC）干粉灭火器设置的基本要求是（ ）。

A. 摆放应稳固，其铭牌应朝外

B. 手提式灭火器宜设置在灭火器箱内或挂钩、托架上，其顶部离地高度不应大于 1.5 m，底部离地高度不宜小于 0.08 m

C. 最大保护距离不应大于 20 m

D. 灭火器不应上锁

E. 单具灭火器灭火级别不低于 2 A

［答案］ABD

［解析］CE 不正确，需要看是何种类型的火灾场所以及危险等级。

（二）分析题

请分析本案例灭火器配置存在哪些问题。

［答案］

（1）灭火器设置点到保护区域最不利点的距离，多处会超过 20 m，因此灭火器设置点数量不够，至少设置 2 个设置点。

（2）灭火器箱箱体正面未标注英文“Fire Extinguisher”字样。

（3）灭火器箱的正面右下角未设置任何铭牌。

（4）灭火器压力指示器指针在黄色区域范围内。

案例 26　火灾自动报警设施检测与验收案例分析

一、情景描述

某购物广场地上 3 层、地下 1 层，建筑高度 23 m，是由产权式店铺为主的商场和超市、电影院组成的大型商业综合体。

本建筑为多层大型商业综合体，属多层多种功能组合建筑，设有消火栓系统、自动喷水灭火系统（湿式、预作用）、机械防烟排烟系统、控制中心火灾自动报警系统等。建筑的火灾自动报警系统主要由火灾探测器、手动报警按钮、火灾报警控制器、消防联动控制器、消防广播、警报装置、消防电话等组成。消防控制室内设有火灾报警控制器、消防联动控制器、消防控制室图形显示装置、消防应急广播设备、消防专用电话设备等。

火灾探测器采用了点型感烟火灾探测器、点型感温火灾探测器、线型光束感烟火灾探测器。点型感烟火灾探测器主要设在商场、办公室、机房、设备用房等独立房间内和走道；点型感温火灾探测器主要设在汽车库、厨房等处；线型光束感烟火灾探测器设置在中庭。

二、案例说明

本案例主要分析下列内容：

（1）系统形式的选择和设计要求。

（2）报警区域和探测区域的划分。

（3）火灾探测器的选择。

（4）系统布线。

（5）系统的调试。

（6）系统的验收。

三、关键知识点及依据

（一）系统形式的选择和设计要求

（1）火灾自动报警系统形式的选择，应符合下列规定：

① 仅需要报警，不需要联动自动消防设备的保护对象宜采用区域报警系统。

② 不仅需要报警，同时需要联动自动消防设备，且只设置一台具有集中控制功能的火灾报警控制器和消防联动控制器的保护对象，应采用集中报警系统，并应设置一个消防控制室。

③ 设置两个及以上消防控制室的保护对象，或已设置两个及以上集中报警系统的保

护对象，应采用控制中心报警系统。

（2）区域报警系统的设计，应符合下列规定：

① 系统应由火灾探测器、手动火灾报警按钮、火灾声光警报器及火灾报警控制器等组成，系统中可包括消防控制室图形显示装置和指示楼层的区域显示器。

② 火灾报警控制器应设置在有人值班的场所。

③ 系统设置消防控制室图形显示装置时，该装置应具有传输《火灾自动报警系统设计规范》(GB 50116—2013)(简称《火规》)附录A和附录B规定的有关信息的功能；系统未设置消防控制室图形显示装置时，应设置火警传输设备。

（3）集中报警系统的设计，应符合下列规定：

① 系统应由火灾探测器、手动火灾报警按钮、火灾声光警报器、消防应急广播、消防专用电话、消防控制室图形显示装置、火灾报警控制器、消防联动控制器等组成。

② 系统中的火灾报警控制器、消防联动控制器和消防控制室图形显示装置、消防应急广播的控制装置、消防专用电话总机等起集中控制作用的消防设备，应设置在消防控制室内。

③ 系统设置的消防控制室图形显示装置应具有传输《火规》附录A和附录B规定的有关信息的功能。

（4）控制中心报警系统的设计，应符合下列规定：

① 有两个及以上消防控制室时，应确定一个主消防控制室。

② 主消防控制室应能显示所有火灾报警信号和联动控制状态信号，并应能控制重要的消防设备；各分消防控制室内消防设备之间可互相传输、显示状态信息，但不应互相控制。

③ 系统设置的图形显示装置应具有传输《火规》附录A和附录B规定的有关信息的功能。

（5）任一台火灾报警控制器所连接的火灾探测器、手动火灾报警按钮和模块等设备总数和地址总数，均不应超过3200点，其中每一总线回路连接设备的总数不宜超过200点，且应留有不少于额定容量10%的余量；任一台消防联动控制器地址总数或火灾报警控制器（联动型）所控制的各类模块总数不应超过1600点，每一联动总线回路连接设备的总数不宜超过100点，且应留有不少于额定容量10%的余量。

（6）系统总线上应设置总线短路隔离器，每只总线短路隔离器保护的火灾探测器、手动火灾报警按钮和模块等消防设备的总数不应超过32点；总线穿越防火分区时，应在穿越处设置总线短路隔离器。

（7）高度超过100 m的建筑中，除消防控制室内设置的控制器外，每台控制器直接控制的火灾探测器、手动报警按钮和模块等设备不应跨越避难层。

【练习题】

1. 根据《火灾自动报警系统设计规范》(GB 50116—2013）的规定，区域报警系统应由火灾探测器、手动火灾报警按钮、火灾报警控制器和（ ）等组成。

A. 消防应急广播　　B. 消防专用电话

C. 气体灭火控制器　　D. 火灾声光警报器

[答案] D

2. 根据《火灾自动报警设计规范》(GB 50116—2013) 的规定，火灾自动报警的形式可以分为区域报警系统、集中报警系统和（　　）。

A. 消防联动报警系统　　B. 火灾联动报警系统

C. 控制中心报警系统　　D. 集中区域报警系统

［答案］C

3. 某商业综合建筑，其办公区、酒店区、商业区分别设置消防控制室，并将办公区的消防控制室作为主消防控制室，其他两个作为分消防控制室。下列关于各消防控制室的消防设备之间的关系的说法，正确的是（　　）。

A. 不可以互相传输、显示状态信息，不应互相控制

B. 不可以互相传输、显示状态信息，但应互相控制

C. 可以互相传输、显示状态信息，也应互相控制

D. 可以互相传输、显示状态信息，但不应互相控制

［答案］D

4. 系统总线上应设置总线短路隔离器，每只总线短路隔离器保护的火灾探测器、手动火灾报警按钮和模块等消防设备的总数不应超过（　　）点。

A. 16　　B. 32　　C. 64　　D. 128

［答案］B

（二）报警区域和探测区域的划分

（1）报警区域的划分应符合下列规定：

① 报警区域应根据防火分区或楼层划分；可将一个防火分区或一个楼层划分为一个报警区域，也可将发生火灾时需要同时联动消防设备的相邻几个防火分区或楼层划分为一个报警区域。

② 电缆隧道的一个报警区域宜由一个封闭长度区间组成，一个报警区域不应超过相连的 3 个封闭长度区间；道路隧道的报警区域应根据排烟系统或灭火系统的联动需要确定，且不宜超过 150 m。

③ 甲、乙、丙类液体储罐区的报警区域应由一个储罐区组成，每个 50000 m^3 及以上的外浮顶储罐应单独划分为一个报警区域。

④ 列车的报警区域应按车厢划分，每节车厢应划分为一个报警区域。

（2）探测区域的划分应符合下列规定：

① 探测区域应按独立房（套）间划分。一个探测区域的面积不宜超过 500 m^2；从主要入口能看清其内部，且面积不超过 1000 m^2 的房间，也可划为一个探测区域。

② 红外光束感烟火灾探测器和缆式线型感温火灾探测器的探测区域的长度，不宜超过 100 m；空气管差温火灾探测器的探测区域长度宜为 20 m ~ 100 m。

（3）下列场所应单独划分探测区域：

① 敞开或封闭楼梯间、防烟楼梯间。

② 防烟楼梯间前室、消防电梯前室、消防电梯与防烟楼梯间合用的前室、走道、坡道。

③ 电气管道井、通信管道井、电缆隧道。

④ 建筑物闷顶、夹层。

（三）火灾探测器的选择

（1）火灾探测器的选择应符合下列规定：

① 对火灾初期有阴燃阶段，产生大量的烟和少量的热，很少或没有火焰辐射的场所，应选择感烟火灾探测器。

② 对火灾发展迅速，可产生大量热、烟和火焰辐射的场所，可选择感温火灾探测器、感烟火灾探测器、火焰探测器或其组合。

③ 对火灾发展迅速，有强烈的火焰辐射和少量烟、热的场所，应选择火焰探测器。

④ 对火灾初期有阴燃阶段，且需要早期探测的场所，宜增设一氧化碳火灾探测器。

⑤ 对使用、生产可燃气体或可燃蒸气的场所，应选择可燃气体探测器。

⑥ 应根据保护场所可能发生火灾的部位和燃烧材料的分析，以及火灾探测器的类型、灵敏度和响应时间等选择相应的火灾探测器，对火灾形成特征不可预料的场所，可根据模拟试验的结果选择火灾探测器。

⑦ 同一探测区域内设置多个火灾探测器时，可选择具有复合判断火灾功能的火灾探测器和火灾报警控制器。

（2）对不同高度的房间，可按表2－26－1选择点型火灾探测器。

表2－26－1 对不同高度的房间点型火灾探测器的选择

房间高度 h/m	点型感烟火灾探测器	点型感温火灾探测器			火焰探测器
		A1、A2	B	C、D、E、F、G	
$12<h\leqslant20$	不适合	不适合	不适合	不适合	适合
$8<h\leqslant12$	适合	不适合	不适合	不适合	适合
$6<h\leqslant8$	适合	适合	不适合	不适合	适合
$4<h\leqslant6$	适合	适合	适合	不适合	适合
$h\leqslant4$	适合	适合	适合	适合	适合

（3）下列场所宜选择点型感烟火灾探测器：饭店、旅馆、教学楼、办公楼的厅堂、卧室、办公室、商场等；计算机房、通信机房、电影或电视放映室等；楼梯、走道、电梯机房、车库等；书库、档案库等。

（4）符合下列条件之一的场所，不宜选择点型离子感烟火灾探测器：相对湿度经常大于95%；气流速度大于5 m/s；有大量粉尘、水雾滞留；可能产生腐蚀性气体；在正常情况下有烟滞留；产生醇类、醚类、酮类等有机物质。

（5）符合下列条件之一的场所，不宜选择点型光电感烟火灾探测器：有大量粉尘、水雾滞留；可能产生蒸气和油雾；高海拔地区；在正常情况下有烟滞留。

（6）符合下列条件之一的场所，宜选择点型感温火灾探测器；且应根据使用场所的典型应用温度和最高应用温度选择适当类别的感温火灾探测器：相对湿度经常大于95%；可能发生无烟火灾；有大量粉尘；吸烟室等在正常情况下有烟或蒸汽滞留的场所；厨房、锅炉房、发电机房、烘干车间等不宜安装感烟火灾探测器的场所；需要联动熄灭“安全出口”标志灯的安全出口内侧；其他无人滞留且不适合安装感烟火灾探测器，但发生火灾时需要及时报警的场所。

（7）可能产生阴燃火或发生火灾不及时报警将造成重大损失的场所，不宜选择点型感温火灾探测器；温度在 0 ℃以下的场所，不宜选择定温探测器；温度变化较大的场所，不宜选择具有差温特性的探测器。

（8）符合下列条件之一的场所，宜选择点型火焰探测器或图像型火焰探测器：火灾时有强烈的火焰辐射；可能发生液体燃烧等无阴燃阶段的火灾；需要对火焰做出快速反应。

（9）符合下列条件之一的场所，不宜选择点型火焰探测器和图像型火焰探测器：在火焰出现前有浓烟扩散；探测器的镜头易被污染；探测器的“视线”易被油雾、烟雾、水雾和冰雪遮挡；探测区域内的可燃物是金属和无机物；探测器易受阳光、白炽灯等光源直接或间接照射。

（10）探测区域内正常情况下有高温物体的场所，不宜选择单波段红外火焰探测器。

（11）正常情况下有明火作业，探测器易受 X 射线、弧光和闪电等影响的场所，不宜选择紫外火焰探测器。

（12）下列场所应选择可燃气体探测器：使用可燃气体的场所；燃气站和燃气表房以及存储液化石油气罐的场所；其他散发可燃气体和可燃蒸汽的场所。

（13）在火灾初期产生一氧化碳的下列场所可选择点型一氧化碳火灾探测器：烟雾不容易对流或顶棚下方有热屏障的场所；在棚顶上无法安装其他点型火灾探测器的场所；需要多信号复合报警的场所。

（14）污染物较多且必须安装感烟火灾探测器的场所，应选择间断吸气的点型采样吸气式感烟火灾探测器或具有过滤网和管路自清洗功能的管路采样吸气式感烟火灾探测器。

【练习题】

【综合 2016－19】消防设施检测机构对某厂房进行验收前的消防设施检测，检查了火灾探测器的类别、型号、适用场所、安装高度等，发现的下列情况中，不符合现行国家消防技术标准要求的是（　　）。

A. 类别为 B 的点型感温火灾探测器安装高度为 6 m

B. 类别为 A2 的点型感温火灾探测器安装高度为 7 m

C. 类别为 A1 的点型感温火灾探测器安装高度为 8 m

D. 类别为 C 的点型感温火灾探测器安装高度为 5 m

［答案］D

（四）系统布线

（1）火灾自动报警系统的传输线路和 50 V 以下供电的控制线路，应采用电压等级不低于交流 300 V/500 V 的铜芯绝缘导线或铜芯电缆。采用交流 220 V/380 V 的供电和控制线路，应采用电压等级不低于交流 450 V/750 V 的铜芯绝缘导线或铜芯电缆。

（2）火灾自动报警系统传输线路的线芯截面选择，除应满足自动报警装置技术条件的要求外，还应满足机械强度的要求。铜芯绝缘导线和铜芯电缆线芯的最小截面面积，不应小于表 2－26－2 的规定。

（3）火灾自动报警系统的供电线路和传输线路设置在室外时，应埋地敷设。

表 2-26-2 铜芯绝缘导线和铜芯电缆线芯的最小截面面积 mm^2

序 号	类 别	线芯的最小截面面积
1	穿管敷设的绝缘导线	1.00
2	线槽内敷设的绝缘导线	0.75
3	多芯电缆	0.50

(4) 火灾自动报警系统的供电线路和传输线路设置在地（水）下隧道或湿度大于90%的场所时，线路及接线处应做防水处理。

(5) 火灾自动报警系统的传输线路应采用金属管、可挠（金属）电气导管、B1级以上的刚性塑料管或封闭式线槽保护。

(6) 火灾自动报警系统的供电线路、消防联动控制线路应采用耐火铜芯电线电缆，报警总线、消防应急广播和消防专用电话等传输线路应采用阻燃或阻燃耐火电线电缆。

(7) 线路暗敷设时，应采用金属管、可挠（金属）电气导管或B1级以上的刚性塑料管保护，并应敷设在不燃烧体的结构层内，且保护层厚度不宜小于30 mm；线路明敷设时，应采用金属管、可挠（金属）电气导管或金属封闭线槽保护。矿物绝缘类不燃性电缆可直接明敷。

(8) 火灾自动报警系统用的电缆竖井，宜与电力、照明用的低压配电线路电缆竖井分别设置。受条件限制必须合用时，应将火灾自动报警系统用的电缆和电力、照明用的低压配电线路电缆分别布置在竖井的两侧。

(9) 不同电压等级的线缆不应穿入同一根保护管内，当合用同一线槽时，线槽内应有隔板分隔。

(10) 采用穿管水平敷设时，除报警总线外，不同防火分区的线路不应穿入同一根管内。

(11) 从接线盒、线槽等处引到探测器底座盒、控制设备盒、扬声器箱的线路，均应加金属保护管保护。

(12) 火灾探测器的传输线路，宜选择不同颜色的绝缘导线或电缆。正极“+”线应为红色，负极“-”线应为蓝色或黑色。同一工程中相同用途导线的颜色应一致，接线端子应有标号。

【练习题】

1. 火灾自动报警系统的传输线路应采用（ ）保护。

A. 金属管 B. 可挠（金属）电气导管

C. B1级以上的刚性塑料管 D. B1级以上的封闭式线槽

E. 难燃塑料管

［答案］ABCD

2. 消防设施检查机构的人员对建筑物内安装的火灾自动报警系统进行检查时，对引入火灾报警及联动控制器的电缆和导线进行检查，下列检查结果中，符合现行国家消防技术标准要求的有（ ）。

A. 端子板的每个接线端，接线最多为2根

B. 24 V供电的控制线路采用电压等级为300 V/500 V的铜芯导线

C. 接地导线采用截面积 16 mm^2 铝芯导线

D. 每根电缆芯和导线留有 200 mm 的余量

E. 传输总线采用截面积为 0.5 mm^2 的阻燃双绞线

[答案] ABD

(五) 系统的调试

1. 火灾报警控制器调试

(1) 调试前应切断火灾报警控制器的所有外部控制连线，并将任一个总线回路的火灾探测器以及该总线回路上的手动火灾报警按钮等部件连接后，方可接通电源。

(2) 按现行国家标准《火灾报警控制器》(GB 4717—2005) 的有关要求对控制器进行下列功能检查并记录，控制器应满足标准要求：

① 检查自检功能和操作级别。

② 使控制器与探测器之间的连线断路和短路，控制器应在 100 s 内发出故障信号 (短路时发出火灾报警信号除外)；在故障状态下，使任一非故障部位的探测器发出火灾报警信号，控制器应在 1 min 内发出火灾报警信号，并应记录火灾报警时间；再使其他探测器发出火灾报警信号，检查控制器的再次报警功能。

③ 检查消音和复位功能。

④ 使控制器与备用电源之间的连线断路和短路，控制器应在 100 s 内发出故障信号。

⑤ 检查屏蔽功能。

⑥ 使总线隔离器保护范围内的任一点短路，检查总线隔离器的隔离保护功能。

⑦ 使任一总线回路上不少于 10 只的火灾探测器同时处于火灾报警状态，检查控制器的负载功能。

⑧ 检查主、备电源的自动转换功能，并在备电工作状态下重复第 7 款检查。

⑨ 检查控制器特有的其他功能。

⑩ 依次将其他回路与火灾报警控制器相连接，重复本条的②、⑥、⑦项检查。

2. 点型感烟、感温火灾探测器调试

(1) 采用专用的检测仪器或模拟火灾的方法，逐个检查每只火灾探测器的报警功能，探测器应能发出火灾报警信号。

(2) 对于不可恢复的火灾探测器应采取模拟报警方法逐个检查其报警功能，探测器应能发出火灾报警信号。当有备品时，可抽样检查其报警功能。

3. 手动火灾报警按钮检测

(1) 对可恢复的手动火灾报警按钮，施加适当的推力使报警按钮动作，报警按钮应发出火灾报警信号。

(2) 对不可恢复的手动火灾报警按钮应采用模拟动作的方法使报警按钮发出火灾报警信号 (当有备用启动零件时，可抽样进行动作试验)，报警按钮应发出火灾报警信号。

4. 消防联动控制器调试

(1) 将消防联动控制器与火灾报警控制器、任一回路的输入/输出模块及该回路模块控制的受控设备相连接，切断所有受控现场设备的控制连线，接通电源。

(2) 按现行国家标准《消防联动控制系统》(GB 16806—2006) 的有关规定检查消防

联动控制系统内各类用电设备的各项控制、接收反馈信号（可模拟现场设备启动信号）和显示功能。

(3) 使消防联动控制器分别处于自动工作和手动工作状态，检查其状态显示，并按现行国家标准《消防联动控制系统》(GB 16806—2006) 的有关规定进行下列功能检查并记录，控制器应满足相应要求：

① 自检功能和操作级别。

② 消防联动控制器与各模块之间的连线断路和短路时，消防联动控制器能在 100 s 内发出故障信号。

③ 消防联动控制器与备用电源之间的连线断路和短路时，消防联动控制器应能在 100 s 内发出故障信号。

④ 检查消音、复位功能。

⑤ 检查屏蔽功能。

⑥ 使总线隔离器保护范围内的任一点短路，检查总线隔离器的隔离保护功能。

⑦ 使至少 50 个输入/输出模块同时处于动作状态，检查消防联动控制器的最大负载功能。

⑧ 检查主、备电源的自动转换功能，并在备电工作状态下重复第 7 款检查。

(4) 接通所有启动后可以恢复的受控现场设备。

(5) 使消防联动控制器的工作状态处于自动状态，按现行国家标准《消防联动控制系统》(GB 16806—2006) 的有关规定和设计的联动逻辑关系进行下列功能检查并记录：

① 按设计的联动逻辑关系，使相应的火灾探测器发出火灾报警信号，检查消防联动控制器接收火灾报警信号情况、发出联动信号情况、模块动作情况、受控设备的动作情况、受控现场设备动作情况、接收反馈信号（对于启动后不能恢复的受控现场设备，可模拟现场设备启动反馈信号）及各种显示情况。

② 检查手动插入优先功能。

使消防联动控制器的工作状态处于手动状态，按现行国家标准《消防联动控制系统》(GB 16806—2006) 的有关规定和设计的联动逻辑关系依次手动启动相应的受控设备，检查消防联动控制器发出联动信号情况、模块动作情况、受控设备的动作情况、受控现场设备动作情况、接收反馈信号（对于启动后不能恢复的受控现场设备，可模拟现场设备启动反馈信号）及各种显示情况。

5. 消防控制中心图形显示装置调试

将消防控制中心图形显示装置与火灾报警控制器和消防联动控制器相连，接通电源。

操作显示装置使其显示完整系统区域覆盖模拟图和各层平面图，图中应明确指示出报警区域、主要部位和各消防设备的名称和物理位置，显示界面应为中文界面。

使火灾报警控制器和消防联动控制器分别发出火灾报警信号和联动控制信号，显示装置应在 3 s 内接收，准确显示相应信号的物理位置，并能优先显示火灾报警信号相对应的界面。

使具有多个报警平面图的显示装置处于多报警平面显示状态，各报警平面应能自动和手动查询，并应有总数显示，且应能手动插入使其立即显示与火警相应的报警平面图。

使显示装置显示故障或联动平面，输入火灾报警信号，显示装置应能立即转入火灾报警平面的显示。

6. 火灾自动报警系统的系统性能调试

将所有经调试合格的各项设备、系统按设计连接组成完整的火灾自动报警系统，按《火灾自动报警系统设计规范》(GB 50116—2013) 和设计的联动逻辑关系检查系统的各项功能。

火灾自动报警系统在连续运行 120 h 无故障后，按规定填写调试记录表。

（六）系统的验收

1. 火灾自动报警系统验收主要内容

（1）测试火灾探测报警系统功能。

（2）测试消防联动控制系统功能。

2. 火灾自动报警系统验收要求

（1）主、备电源转换试验进行 1 ~3 次。

（2）控制器全部检验。

（3）火灾探测器（含可燃气体探测器）和手动火灾报警按钮，实际安装数量在 100 只以下者，抽验 20 只（每个回路都应抽验）；实际安装数量超过 100 只，每个回路按实际安装数量 10% ~20% 的比例进行抽验，但抽验总数应不少于 20 只。

3. 火灾报警控制器验收要求

（1）用尺测量控制器靠近门轴的侧面距墙不应小于 0.5 m，正面操作距离不应小于 1.2 m；主电源要直接与消防电源连接，严禁使用电源插头。

（2）对火灾报警控制器进行功能检查。包括：检查自检功能和操作级别；测试每个回路的断路和短路，控制器应在 100 s 内发出故障信号；在故障状态下，使任一非故障部位的探测器发出火灾报警信号，控制器应在 1 min 内发出火灾报警信号；使任一总线回路上不少于 10 只的火灾探测器同时处于火灾报警状态。

4. 点型火灾探测器验收要求

探测器至墙壁、梁边的水平距离不应小于 0.5 m；周围水平距离 0.5 m 内不应有遮挡物；探测器至空调送风口不应小于 1.5 m；点型感温探测器安装间距不应超过 10 m；点型感烟探测器的安装间距不应超过 15 m。探测器倾斜安装不应大于 45°。采用专用的检测仪器或模拟火灾的方法，检查火灾探测器的报警功能。

5. 火灾自动报警系统验收判定标准

（1）系统内的设备及配件无国家相关证书和检验报告；系统内的任一控制器和火灾探测器无法发出报警信号，无法实现要求的联动功能，定为 A 类不合格。

（2）验收前提供资料不符合要求的定为 B 类不合格。

（3）其余不合格项均为 C 类不合格。

（4）系统验收合格判定应为：$A=0$、$B\leqslant 2$，且 $B+C\leqslant$ 检查项的 5% 为合格，否则为不合格。

【练习题】

1. 某设置有中央空调送风系统的建筑，其火灾自动报警系统的点型火灾探测器至空调送风口和多孔送风顶棚孔口边缘的水平距离，分别不应小于（　　）m。

A. 1.2，1.1　　B. 2.0，1.0　　C. 1.0，1.5　　D. 1.5，0.5

[答案] D

2. 在火灾自动报警系统工程质量验收判定准则中，下列情形中，可判定为B类不合格的是（ ）。

A. 报警控制器规格型号与设计不符

B. 施工过程质量管理检查记录不完整

C. 火灾探测器的备品数量不足

D. 系统抽检中有一探测器无法发出警报信号

[答案] B

四、思考题

（一）单项选择题

1. 点型火灾探测器至墙壁、梁边的水平距离不应小于（ ）m。

A. 0.50　　B. 1.0　　C. 1.50　　D. 2.0

[答案] A

[解析] 探测器至墙壁、梁边的水平距离不应小于0.5 m；周围水平距离0.5 m内不应有遮挡物。

2. 点型火灾探测器至空调送风口最近边的水平距离不应小于（ ）m。

A. 0.50　　B. 1.0　　C. 1.50　　D. 2.0

[答案] C

[解析] 探测器至空调送风口不应小于1.5 m。

3. 火灾探测器和手动报警按钮安装数量在100只以下者，抽验（ ）只。

A. 10　　B. 20　　C. 30　　D. 40

[答案] B

[解析] 火灾探测器（含可燃气体探测器）和手动火灾报警按钮，实际安装数量在100只以下者，抽验20只（每个回路都应抽验）；实际安装数量超过100只，每个回路按实际安装数量10% ~20%的比例进行抽验，但抽验总数应不少于20只。

（二）多项选择题

火灾自动报警系统验收判定标准规定的A类不合格包括：（ ）。

A. 系统内的设备及配件规格、型号与设计不符

B. 系统内的设备及配件无国家相关证书和检验报告

C. 系统内的任一控制器和火灾探测器无法发出报警信号

D. 无法实现要求的联动功能

E. 验收前提供资料不符合要求

[答案] ABCD

（三）分析题

简述火灾自动报警系统工程质量验收检验项目划分、判定合格标准和复验要求。

[答案]

(1) 合格标准是：$A=0$、$B\leqslant 2$，且$(B+C)\leqslant$全部检查项数$\times 5\%$。

（2）检验项目划分（表 2－26－3）：

表 2－26－3　检验项目划分

A 类检验项目	B 类检验项目	C 类检验项目
1. 系统内设备及配件的规格、型号与设计不符的 2. 系统内设备及配件无国家相关证书和检验报告的 3. 任一器件或设备无法发出报警信号的 4. 任一器件或设备无法实现联动的	施工单位提供的竣工资料不符合要求的（共五项内容）	除 A 类、B 类检验项目外的其他检验项目均为 C 类检验项目

（3）复验规定：当 A 类、B 类、C 类检验项目中有任一项不合格时，应修复或更换后提交复验，复验时对有抽验比例要求的，按不合格项加倍抽验。

案例27 室内消火栓系统检查与维护保养案例分析

一、情景描述

一栋办公建筑地上六层，建筑高度为23.80 m，总建筑面积为4800 m^2，地下室为汽车库和设备用房。

建筑内设有集中空调系统，按《建筑设计防火规范》(GB 50016—2014）规定，设有室内消火栓给水系统和自动喷水灭火系统全保护，两个系统共用消防泵组，并合用一套气压给水装置，在地下一层设有消防泵房和150 m^3 消防水池一座。消防泵扬程为 $H=50$ m，流量 $q=35$ L/s（其中消火栓系统为15 L/s)，采用自灌式吸水，两台同规格同型号的消防泵互为备用，并有双电源末端互投，泵房内设有 DN150 湿式报警阀一组。各层配水管直径为DN100，配桨片式水流指示器和信号蝶阀各一个，系统的各层最不利喷头处设末端试水装置，第六层设试水阀。闭式喷头流量系数 $K=80$，按间距4.20 m正方形布置，气压给水装置设于屋顶水箱间，屋顶水箱有效容积18 m^3，气压给水装置的消防不动用容积480 L，工作压力参数为：$p_1=0.16$ MPa，$p_2=0.30$ MPa，$p_3=0.33$ MPa，$p_4=0.38$ MPa，气压给水装置的出水口处设有一只电接点压力表控制稳压泵启停，湿式报警阀组与气压给水装置的安装高程差为27 m。电接点压力表和压力表经定期校验合格。

某消防维保单位根据维保合同每年对消防给水系统进行年检一次，季检四次，并对系统故障进行应急排除，消防维保单位在某次季检时，首先对消防供电进行检查，未发现异常，并了解到前日由于电网停电，维修班利用停电机会对原消防供电设备进行了一次检修，无异常情况。检查了气压给水设备的运行情况，其压力参数正常，在启停压力下均能正常启动和停运稳压泵，检查屋顶消火栓压力表示值与气压给水设备的压力表示值基本一致，均为0.21 MPa，检查消防泵出口处压力表示值为零。

检查湿式报警阀组时上腔压力表示值为0.52 MPa，下腔压力表示值为0.48 MPa，对消防水泵手动盘车，一切正常，检查消防水泵电气控制柜的电流表、电压表均处于正常工作状态，手动/自动转换钮处于自动状态，各供水阀门处于常开，消防水池和水箱储备充足的消防用水。

检查试验分五个小组，各持对讲机一部，分布在消防泵房、消控中心、水力警铃、末端试水装置、屋顶气压给水设备五个部位，检查试验目标是：通过开启末端试水装置，检验自动喷水灭火系统和消防供水系统的联动可靠性。

消防控制中心指令打开地下汽车库末端试水装置后，稳压泵在压力为0.20 MPa时被正常启动，且反馈信号在消防中心显示，但水流指示器信号未送达消防中心，当湿式报警阀动作后，水力警铃发出正常声响，压力开关动作信号迅速送到消防中心，消防水泵及时启动，其反馈信号送达消防中心，原设定当系统在消防水泵启动后屋顶稳压装置应联动停运，故屋顶稳压装置停止运行，经检查消防水泵出口处压力表指针只在零位有轻微摆动，而不显示压力值，而末端试水装置处压力表示值却在0.47 MPa以下持续下降，鉴于此情况，消防中心决定采用主、备泵切换方式，由备用泵再次重复上述试验，结果试验情况依旧，消防中心决定暂停联动试验，检查水力警铃、水流指示器和消防水泵。

再次投入联动试验时，除水流指示器动作灵敏外，其余联动情况照旧。

为了找到消防水泵只转动不出水的原因，消防维保人员决定用消火栓箱按钮启泵进行试验，当按下消火栓箱按钮时，按钮的红色信号反馈灯立即点亮，消防中心有按钮动作信号，按照设计在按钮动作信号到达后，由消防中心值班人员通过键盘输入的手动直接启泵方式，启动消防水泵，操作完成后消防水泵启动，但仍然不能有效供水。

二、案例说明

本案例主要分析下列内容：

（1）室内消火栓系统设置的场所。

（2）室内消火栓配置要求。

（3）水泵接合器设置场所。

（4）水泵接合器配置要求。

（5）系统的安装要求。

（6）管网试压和冲洗。

（7）系统调试与验收。

三、关键知识点及依据

（一）室内消火栓系统设置的场所

（1）下列建筑或场所应设置室内消火栓系统：

① 建筑占地面积大于300 m^2 的厂房和仓库。

② 高层公共建筑和建筑高度大于21 m的住宅建筑。

注：建筑高度不大于27 m的住宅建筑，设置室内消火栓系统确有困难时，可只设置干式消防竖管和不带消火栓箱的DN65的室内消火栓。

③ 体积大于5000 m^3 的车站、码头、机场的候车（船、机）建筑、展览建筑、商店建筑、旅馆建筑、医疗建筑和图书馆建筑等单、多层建筑。

④ 特等、甲等剧场，超过800个座位的其他等级的剧场和电影院等以及超过1200个座位的礼堂、体育馆等单、多层建筑。

⑤ 建筑高度大于15 m或体积大于10000 m^3 的办公建筑、教学建筑和其他单、多层民用建筑。

（2）国家级文物保护单位的重点砖木或木结构的古建筑，宜设置室内消火栓系统。

（3）人员密集的公共建筑、建筑高度大于100 m的建筑和建筑面积大于200 m^2 的商业服务网点内应设置消防软管卷盘或轻便消防水龙。高层住宅建筑的户内宜配置轻便消防水龙。

（二）室内消火栓配置要求

室内消火栓的配置应符合下列要求：

（1）应采用 DN65 室内消火栓，并可与消防软管卷盘或轻便水龙设置在同一箱体内。

（2）应配置公称直径 65 mm 有内衬里的消防水带，长度不宜超过 25.0 m；消防软管卷盘应配置内径不小于 ϕ19 mm 的消防软管，其长度宜为 30.0 m；轻便水龙应配置公称直径 25 mm 有内衬里的消防水带，长度宜为 30.0 m。

（3）宜配置当量喷嘴直径 16 mm 或 19 mm 的消防水枪，但当消火栓设计流量为 2.5 L/s 时宜配置当量喷嘴直径 11 mm 或 13 mm 的消防水枪；消防软管卷盘和轻便水龙应配置当量喷嘴直径 6 mm 的消防水枪。

（三）水泵接合器设置场所

（1）下列场所的室内消火栓给水系统应设置消防水泵接合器：

① 高层民用建筑。

② 设有消防给水的住宅、超过五层的其他多层民用建筑。

③ 超过二层或建筑面积大于 10000 m^2 的地下或半地下建筑（室）、室内消火栓设计流量大于 10 L/s 平战结合的人防工程。

④ 高层工业建筑和超过四层的多层工业建筑。

⑤ 城市交通隧道。

（2）自动喷水灭火系统、水喷雾灭火系统、泡沫灭火系统和固定消防炮灭火系统等水灭火系统，均应设置消防水泵接合器。

（四）水泵接合器配置要求

（1）水泵接合器应设在室外便于消防车使用的地点，且距室外消火栓或消防水池的距离不宜小于 15 m，并不宜大于 40 m。

（2）墙壁消防水泵接合器的安装高度距地面宜为 0.70 m；与墙面上的门、窗、孔、洞的净距离不应小于 2.0 m，且不应安装在玻璃幕墙下方；地下消防水泵接合器的安装，应使进水口与井盖底面的距离不大于 0.4 m，且不应小于井盖的半径。

（3）水泵接合器处应设置永久性标志铭牌，并应标明供水系统、供水范围和额定压力。

（五）系统的安装要求

（1）消防水泵的安装应符合下列要求：

① 消防水泵安装前应校核产品合格证，以及其规格、型号和性能与设计要求应一致，并应根据安装使用说明书安装。

② 消防水泵安装前应复核水泵基础混凝土强度、隔振装置、坐标、标高、尺寸和螺栓孔位置。

③ 消防水泵吸水管上的控制阀应在消防水泵固定于基础上后再进行安装，其直径不应小于消防水泵吸水口直径，且不应采用没有可靠锁定装置的控制阀，控制阀应采用沟槽式或法兰式阀门。

④ 当消防水泵和消防水池位于独立的两个基础上且相互为刚性连接时，吸水管上应加设柔性连接管。

⑤ 吸水管水平管段上不应有气囊和漏气现象。变径连接时，应采用偏心异径管件并

应采用管顶平接。

⑥ 消防水泵出水管上应安装消声止回阀、控制阀和压力表；系统的总出水管上还应安装压力表和压力开关；安装压力表时应加设缓冲装置。压力表和缓冲装置之间应安装旋塞；压力表量程在没有设计要求时，应为系统工作压力的 2 ~2. 5 倍。

⑦ 消防水泵的隔振装置、进出水管柔性接头的安装应符合设计要求，并应有产品说明和安装使用说明。

（2）消防水池和消防水箱安装施工，应符合下列要求：

① 钢筋混凝土制作的消防水池和消防水箱的进出水等管道应加设防水套管，钢板等制作的消防水池和消防水箱的进出水等管道宜采用法兰连接，对有振动的管道应加设柔性接头。组合式消防水池或消防水箱的进水管、出水管接头宜采用法兰连接，采用其他连接时应做防锈处理。

② 消防水池、消防水箱的溢流管、泄水管不应与生产或生活用水的排水系统直接相连，应采用间接排水方式。

（3）气压水罐安装应符合下列要求：

① 气压水罐有效容积、气压、水位及设计压力应符合设计要求。

② 气压水罐安装位置和间距、进水管及出水管方向应符合设计要求；出水管上应设止回阀。

③ 气压水罐宜有有效水容积指示器。

（4）稳压泵的安装应符合下列要求：规格、型号、流量和扬程应符合设计要求，并应有产品合格证和安装使用说明书。

（5）消防水泵接合器的安装应符合下列规定：

① 消防水泵接合器的安装，应按接口、本体、连接管、止回阀、安全阀、放空管、控制阀的顺序进行，止回阀的安装方向应使消防用水能从消防水泵接合器进入系统，整体式消防水泵接合器的安装，应按其使用安装说明书进行。

② 消防水泵接合器的设置位置应符合设计要求。

③ 消防水泵接合器永久性固定标志应能识别其所对应的消防给水系统或水灭火系统，当有分区时应有分区标识。

④ 地下消防水泵接合器应采用铸有“消防水泵接合器”标志的铸铁井盖，并应在其附近设置指示其位置的永久性固定标志。

⑤ 墙壁消防水泵接合器的安装应符合设计要求。设计无要求时，其安装高度距地面宜为 0. 7 m；与墙面上的门、窗、孔、洞的净距离不应小于 2. 0 m，且不应安装在玻璃幕墙下方。

⑥ 地下消防水泵接合器的安装，应使进水口与井盖底面的距离不大于 0. 4 m，且不应小于井盖的半径。

⑦ 消火栓水泵接合器与消防通道之间不应设有妨碍消防车加压供水的障碍物。

⑧ 地下消防水泵接合器井的砌筑应有防水和排水措施。

（6）室内消火栓及消防软管卷盘或轻便水龙的安装应符合下列规定：

① 室内消火栓及消防软管卷盘和轻便水龙的选型、规格应符合设计要求。

② 同一建筑物内设置的消火栓、消防软管卷盘和轻便水龙应采用统一规格的栓口、

消防水枪和水带及配件。

③ 试验用消火栓栓口处应设置压力表。

④ 当消火栓设置减压装置时，应检查减压装置符合设计要求，且安装时应有防止砂石等杂物进入栓口的措施。

⑤ 室内消火栓及消防软管卷盘和轻便水龙应设置明显的永久性固定标志，当室内消火栓因美观要求需要隐蔽安装时，应有明显的标志，并应便于开启使用。

⑥ 消火栓栓口出水方向宜向下或与设置消火栓的墙面成90°角，栓口不应安装在门轴侧。

⑦ 消火栓栓口中心距地面应为1.1 m,特殊地点的高度可特殊对待,允许偏差±20 mm。

(7) 消火栓箱的安装应符合下列规定：

① 消火栓的启闭阀门设置位置应便于操作使用，阀门的中心距箱侧面应为140 mm，距箱后内表面应为100 mm，允许偏差±5 mm。

② 室内消火栓箱的安装应平正、牢固，暗装的消火栓箱不应破坏隔墙的耐火性能。

③ 箱体安装的垂直度允许偏差为±3 mm。

④ 消火栓箱门的开启不应小于120°。

⑤ 安装消火栓水龙带，水龙带与消防水枪和快速接头绑扎好后，应根据箱内构造将水龙带放置好。

⑥ 双向开门消火栓箱耐火等级应符合设计要求，当设计没有要求时应至少满足1 h耐火极限的要求。

⑦ 消火栓箱门上应用红色字体注明“消火栓”字样。

(8) 架空管道外应刷红色油漆或涂红色环圈标志，并应注明管道名称和水流方向标识。红色环圈标志，宽度不应小于20 mm，间隔不宜大于4 m，在一个独立的单元内环圈不宜少于2处。

(9) 消防给水系统阀门的安装应符合下列要求：

① 各类阀门型号、规格及公称压力应符合设计要求。

② 阀门的设置应便于安装维修和操作，且安装空间应能满足阀门完全启闭的要求，并应作出标志。

③ 阀门应有明显的启闭标志。

④ 消防给水系统干管与水灭火系统连接处应设置独立阀门，并应保证各系统独立使用。

(10) 消防给水系统减压阀的安装应符合下列要求：

① 安装位置处的减压阀的型号、规格、压力、流量应符合设计要求。

② 减压阀安装应在供水管网试压、冲洗合格后进行。

③ 减压阀水流方向应与供水管网水流方向一致。

④ 减压阀前应有过滤器。

⑤ 减压阀前后应安装压力表。

⑥ 减压阀处应有压力试验用排水设施。

(11) 控制柜的安装应符合下列要求：

① 控制柜的基座其水平度误差不大于±2 mm，并应做防腐处理及防水措施。

② 控制柜与基座应采用不小于 ϕ12 mm 的螺栓固定，每只柜不应少于 4 只螺栓。

③ 做控制柜的上下进出线口时，不应破坏控制柜的防护等级。

【练习题】

下列有关消防水泵接合器安装说法中，错误的是（　　）。

A. 墙壁水泵接合器安装高度距离地面宜为 1.1 m

B. 组装式消防水泵接合器的安装，应按接口、本体、接连管、止回阀、安全阀、放空管、控制阀的顺序进行

C. 止回阀的安装方向应使消防用水能从消防水泵接合器进入系统

D. 消防水泵接合器接口距离外消火栓或消防水池的距离宜为 15 ~ 40 m

［答案］A

（六）管网试压和冲洗

（1）消防给水及消火栓系统试压和冲洗应符合下列要求：

① 管网安装完毕后，应对其进行强度试验、冲洗和严密性试验；强度试验和严密性试验宜用水进行。干式消火栓系统应做水压试验和气压试验。

② 系统试压完成后，应及时拆除所有临时盲板及试验用的管道，并应与记录核对无误，且应按规范表的格式填写记录。

③ 管网冲洗应在试压合格后分段进行。冲洗顺序应先室外，后室内；先地下，后地上；室内部分的冲洗应按供水干管、水平管和立管的顺序进行。

④ 系统试压前应具备下列条件：埋地管道的位置及管道基础、支墩等经复查应符合设计要求；试压用的压力表不应少于 2 只；精度不应低于 1.5 级，量程应为试验压力值的 1.5 ~ 2 倍；试压冲洗方案已经批准；对不能参与试压的设备、仪表、阀门及附件应加以隔离或拆除；加设的临时盲板应具有突出于法兰的边耳，且应做明显标志，并记录临时盲板的数量。

⑤ 系统试压过程中，当出现泄漏时，应停止试压，并应放空管网中的试验介质，消除缺陷后，应重新再试。

⑥ 管网冲洗宜用水进行。冲洗前，应对系统的仪表采取保护措施；冲洗前，应对管道防晃支架、支吊架等进行检查，必要时应采取加固措施；对不能经受冲洗的设备和冲洗后可能存留脏物、杂物的管段，应进行清理。

⑦ 冲洗管道直径大于 DN100 时，应对其死角和底部进行振动，但不应损伤管道。

⑧ 管网冲洗合格后，应按要求填写记录。

⑨ 水压试验和水冲洗宜采用生活用水进行，不应使用海水或含有腐蚀性化学物质的水。

（2）压力管道水压强度试验的试验压力应符合表 2－27－1 的规定。

表 2－27－1　压力管道水压强度试验的试验压力　MPa

管材类型	系统工作压力 p	试验压力
钢管	≤1.0	1.5p，且不应小于 1.4
	>1.0	p +0.4

表 2-27-1（续） MPa

管材类型	系统工作压力 p	试验压力
球墨铸铁管	≤0.5	$2p$
	>0.5	$p+0.5$
钢丝网骨架塑料管	p	$1.5p$，且不应小于 0.8

（3）水压强度试验的测试点应设在系统管网的最低点。对管网注水时，应将管网内的空气排净，并应缓慢升压，达到试验压力后，稳压 30 min 后，管网应无泄漏、无变形，且压力降不应大于 0.05 MPa。

（4）水压严密性试验应在水压强度试验和管网冲洗合格后进行。试验压力应为系统工作压力，稳压 24 h，应无泄漏。

（5）水压试验时环境温度不宜低于 5 ℃，当低于 5 ℃时，水压试验应采取防冻措施。

（6）消防给水系统的水源干管、进户管和室内埋地管道应在回填前单独或与系统同时进行水压强度试验和水压严密性试验。

（7）气压严密性试验的介质宜采用空气或氮气，试验压力应为 0.28 MPa，且稳压 24 h，压力降不应大于 0.01 MPa。

（8）管网冲洗的水流流速、流量不应小于系统设计的水流流速、流量；管网冲洗宜分区、分段进行；水平管网冲洗时，其排水管位置应低于冲洗管网。

（9）管网冲洗的水流方向应与灭火时管网的水流方向一致。

（10）管网冲洗应连续进行。当出口处水的颜色、透明度与入口处水的颜色、透明度基本一致时，冲洗可结束。

（11）管网冲洗宜设临时专用排水管道，其排放应畅通和安全。排水管道的截面面积不应小于被冲洗管道截面面积的 60%。

（12）管网的地上管道与地下管道连接前，应在管道连接处加设堵头后，对地下管道进行冲洗。

（13）管网冲洗结束后，应将管网内的水排除干净。

（14）干式消火栓系统管网冲洗结束，管网内水排除干净后，宜采用压缩空气吹干。

【练习题】

1. 消防给水管网冲洗时，其临时的专用排水管道的截面面积不得小于被冲洗管道截面面积的（　　）%。

A. 20　　B. 40　　C. 60　　D. 80

［答案］C

2. 根据《消防给水及消火栓系统技术规范》（GB 50974—2014）的规定，室内消火栓管网水压强度测试合格后，应对其进行冲洗，冲洗的顺序符合规范要求的是（　　）。

A. 先室外、后室内，先地上、后地下　　B. 先室外、后室内，先地下、后地上

C. 先室内、后室外，先地下、后地上　　D. 先室内、后室外，先地上、后地下

［答案］B

3. 根据《消防给水及消火栓系统技术规范》（GB 50974—2014）的规定，室内消火栓

系统管网安装完成后，对其进行水压试验和冲洗的正确顺序是（　　）。

A. 强度试验—严密性试验　　B. 强度试验—冲洗—严密性试验

C. 冲洗—强度试验—严密性试验　　D. 冲洗—严密性试验—强度试验

［答案］B

4. 某建筑消火栓系统管网材质选用的是钢管，在消防给水管网施工完成后，要对其进行试压和冲洗，以下说法正确的是（　　）。

A. 强度试验可以用水进行，严密试验也可以用水进行

B. 管网冲洗的顺序应当是先室外后室内，先地下后地上

C. 试压过程中出现渗漏时，应降低试压压力，当渗漏现象消失后再重新加压

D. 当系统的设计工作压力小于 0.8 MPa 时，水压强度试验压力最低为 1.4 MPa

E. 水压试验时环境温度不宜低于 4 ℃，当低于 4 ℃时，水压试验应采取防冻措施

［答案］ABD

（七）系统调试与验收

（1）消防水泵调试应符合下列要求：

① 以自动直接启动或手动直接启动消防水泵时，消防水泵应在 55 s 内投入正常运行，且应无不良噪声和振动。

② 以备用电源切换方式或备用泵切换启动消防水泵时，消防水泵应分别在 1 min 或 2 min 内投入正常运行。

③ 消防水泵安装后应进行现场性能测试，其性能应与生产厂商提供的数据相符，并应满足消防给水设计流量和压力的要求。

④ 消防水泵零流量时的压力不应超过设计额定压力的 140%；当出流量为设计额定流量的 150% 时，其出口压力不应低于设计额定压力的 65%。

（2）稳压泵应按设计要求进行调试，并应符合下列规定：

① 当达到设计启动压力时，稳压泵应立即启动；当达到系统停泵压力时，稳压泵应自动停止运行；稳压泵启停应达到设计压力要求。

② 能满足系统自动启动要求，且当消防主泵启动时，稳压泵应停止运行。

③ 稳压泵在正常工作时每小时的启停次数应符合设计要求，且不应大于 15 次/h。

④ 稳压泵启停时系统压力应平稳，且稳压泵不应频繁启停。

（3）减压阀调试应符合下列要求：

① 减压阀的阀前阀后动静压力应满足设计要求。

② 减压阀的出流量应满足设计要求，当出流量为设计额定流量的 150% 时，阀后动压不应小于额定设计压力的 65%。

③ 减压阀在小流量、设计流量和设计流量的 150% 时不应出现噪声明显增加。

④ 测试减压阀的阀后动静压差应符合设计要求。

（4）消火栓的调试和测试应符合下列规定：

① 试验消火栓动作时，应检测消防水泵是否在《消规》规定的时间内自动启动。

② 试验消火栓动作时，应测试其出流量、压力和充实水柱的长度；并应根据消防水泵的性能曲线核实消防水泵供水能力。

③ 应检查旋转型消火栓的性能能否满足其性能要求。

④ 应采用专用检测工具，测试减压稳压型消火栓的阀后动静压是否满足设计要求。

（5）联锁试验应符合下列要求，并应按要求进行记录：

① 干式消火栓系统联锁试验，当打开一个消火栓或模拟一个消火栓的排气量排气时，干式报警阀（电动阀/电磁阀）应及时启动，压力开关应发出信号或联动启动消防水泵，水力警铃动作应发出机械报警信号。

② 消防给水系统的试验管放水时，管网压力应持续降低，消防水泵出水干管上低压压力开关应能自动启动消防水泵；消防给水系统的试验管放水或高位消防水箱排水管放水时，高位消防水箱出水管上的流量开关应动作，且应能自动启动消防水泵。

（6）消防水泵验收应符合下列要求：

① 消防水泵运转应平稳，应无不良噪声的振动。

② 工作泵、备用泵、吸水管、出水管及出水管上的泄压阀、水锤消除设施、止回阀、信号阀等的规格、型号、数量，应符合设计要求；吸水管、出水管上的控制阀应锁定在常开位置，并应有明显标记。

③ 消防水泵应采用自灌式引水方式，并应保证全部有效储水被有效利用。

④ 分别开启系统中的每一个末端试水装置、试水阀和试验消火栓，水流指示器、压力开关、压力开关（管网）、高位消防水箱流量开关等信号的功能，均应符合设计要求。

⑤ 打开消防水泵出水管上试水阀，当采用主电源启动消防水泵时，消防水泵应启动正常；关掉主电源，主、备电源应能正常切换；备用泵启动和相互切换正常；消防水泵就地和远程启停功能应正常。

⑥ 消防水泵停泵时，水锤消除设施后的压力不应超过水泵出口设计额定压力的1.4倍。

⑦ 消防水泵启动控制应置于自动启动挡。

⑧ 采用固定和移动式流量计和压力表测试消防水泵的性能，水泵性能应满足设计要求。

（7）稳压泵验收应符合下列要求：

① 稳压泵的型号性能等应符合设计要求。

② 稳压泵的控制应符合设计要求，并应有防止稳压泵频繁启动的技术措施。

③ 稳压泵在1 h内的启停次数应符合设计要求，并不宜大于15次/h。

④ 稳压泵供电应正常，自动手动启停应正常；关掉主电源，主、备电源应能正常切换。

⑤ 气压水罐的有效容积以及调节容积应符合设计要求，并应满足稳压泵的启停要求。

（8）减压阀验收应符合下列要求：

① 减压阀的型号、规格、设计压力和设计流量应符合设计要求。

② 减压阀阀前应有过滤器，过滤器的过滤面积和孔径应符合设计要求和《消规》第8.3.4条第2款的规定。

③ 减压阀阀前阀后动静压力应符合设计要求。

④ 减压阀处应有试验用压力排水管道。

⑤ 减压阀在小流量、设计流量和设计流量的150%时不应出现噪声明显增加或管道出现喘振。

⑥ 减压阀的水头损失应小于设计阀后静压和动压差。

(9) 消防水池、高位消防水池和高位消防水箱验收应符合下列要求：

① 设置位置应符合设计要求。

② 消防水池、高位消防水池和高位消防水箱的有效容积、水位、报警水位等，应符合设计要求。

③ 进出水管、溢流管、排水管等应符合设计要求，且溢流管应采用间接排水。

④ 管道、阀门和进水浮球阀等应便于检修，人孔和爬梯位置应合理。

⑤ 消防水池吸水井、吸（出）水管喇叭口等设置位置应符合设计要求。

(10) 气压水罐验收应符合下列要求：

① 气压水罐的有效容积、调节容积和稳压泵启泵次数应符合设计要求。

② 气压水罐气侧压力应符合设计要求。

(11) 管网验收应符合下列要求：

① 管网不同部位安装的报警阀组、闸阀、止回阀、电磁阀、信号阀、水流指示器、减压孔板、节流管、减压阀、柔性接头、排水管、排气阀、泄压阀等，均应符合设计要求。

② 干式消火栓系统允许的最大充水时间不应大于 5 min。

③ 干式消火栓系统报警阀后的管道仅应设置消火栓和有信号显示的阀门。

(12) 消防水泵接合器数量及进水管位置应符合设计要求，消防水泵接合器应采用消防车车载消防水泵进行充水试验，且供水最不利点的压力、流量应符合设计要求；当有分区供水时应确定消防车的最大供水高度和接力泵的设置位置的合理性。

(13) 系统工程质量验收判定条件应符合下列规定：

① 系统工程质量缺陷应按规范要求划分。

② 系统验收合格判定应为 $A=0$，且 $B\leqslant2$，且 $B+C\leqslant6$ 为合格。

③ 系统验收当不符合②要求时应为不合格。

【练习题】

1. 【实务 2015－51】某建筑采用临时高压消防给水系统，经计算消防水泵设计扬程为 0.90 MPa。选择消防水泵时，消防水泵零流量时的压力应在（　　）MPa 之间。

A. 0.90～1.08　　B. 1.26～1.35　　C. 1.26～1.44　　D. 1.08～1.26

［答案］D

2. 某超高层建筑，室内消火栓系统采用临时高压消防给水系统，并采用减压阀减压分区供水，减压阀设置在该区域最高部位。减压阀至最不利消火栓的水头损失为 0.04 MPa，其阀后静、动压设计压力值分别为 0.50 MPa、0.40 MPa。下列系统调试检测结果中，不符合现行国家消防技术标准的是（　　）。

A. 减压阀后静压为 0.495 MPa，出水达到设计流量时，阀后动压为 0.395 MPa

B. 试验消火栓出水时，阀后动压为 0.45 MPa

C. 出水量为设计流量的 150% 时，阀后动压为 0.23 MPa

D. 在试验消火栓出水，设计流量出水和 150% 设计流量出水时，减压阀的噪声没有明显异常

［答案］C

3. 在对稳压泵进行验收时，要求稳压泵在 1 h 内的启停次数要符合设计要求，启停次数不宜大于（ ）次。

A. 12　　B. 13　　C. 14　　D. 15

[答案] D

四、思考题

（一）填空题

一自动喷水灭火系统设计工作压力为 0.9 MPa，其系统水压强度试验压力应不小于（ ）。

[答案] 1.4 MPa

[解析] 系统设计工作压力不大于 1.0 MPa 的，水压强度试验压力为设计工作压力的 1.5 倍，且不低于 1.4 MPa；系统设计工作压力大于 1.0 MPa 的，水压强度试验压力为工作压力加 0.4 MPa。

（二）单项选择题

1. 减压比为 2 的 DN100 比例式减压阀，当其动压系数为 0.9，阀前压力为 $p_1=0.8$ MPa，没有流量输出时，阀后 $p_1=0.4$ MPa，则当打开放水阀放水时，阀后压力应为（ ）。

A. 0.4 MPa　　B. 0.36 MPa　　C. 0.2 MPa　　D. 0.15 MPa

[答案] B

2. 国家标准规定的镀锌焊接钢管按壁厚分为普通级和加厚级，其中普通级的最大工作压力（温度在 200 ℃及以下）为（ ）MPa。

A. 1.6　　B. 1.0　　C. 2.0　　D. 2.4

[答案] B

[解析] 普通级的最大工作压力（温度在 200 ℃及以下）为 1.0 MPa，加厚级的最大工作压力是 1.6 MPa。

3. 本案例的消防水池的有效容积（不考虑火灾时补水和室外消防用水量）应不少于（ ）m^3。

A. 150　　B. 126　　C. 180　　D. 256

[答案] C

[解析] 消防泵扬程为 $H=50$ m，流量 $q=35$ L/s（其中消火栓系统为 15 L/s），则自喷流量是 20 L/s。火灾延续时间，消火栓的是 2.0 h，自喷是 1.0 h，用水量 $=3.6\times15\times2+3.6\times25\times1=180$（$m^3$）。

（三）多项选择题

1. “ZW(L) - Ⅰ - X”型号标记的含义是（ ）。

A. 减压阀组

B. 立式增压稳压消防气压给水设备

C. 消防栓给水系统用、上置式

D. 自动喷水灭火系统用、下置式

E. 卧式增压稳压气压给水设备

[答案] BC

[解析] 举例：ZW(L) - Ⅰ - X - 10 - 0.16。

表示：增压稳压设备，采用立式囊式气压罐，放在高位水箱间，用于消防栓充实水柱 10 m 长度，最不利点消防压力 0.16 MPa。

其中，ZW/N 为隔膜式增压稳压设备。

（L）为立式气压罐；（W）为卧式气压罐。

（I）为上置式，设置在高位水箱间；（Ⅱ）为下置式，设置在底层水泵水池间。

（XZ）用于消防栓及自动喷水合用系统；（X）用于消防栓消防给水系统；（Z）用于自动喷水灭火消防给水系统。

充实水柱长度（m）或喷头压力（MPa）（Ⅰ型有本项；Ⅱ型无）。

10 表示充实水柱长度，0.16 表示最不利点所需消防压力。

2. "SNZW65"型号标记的含义是（　　）。

A. DN65 单出口室内消火栓　　B. 容积 650 L 喷淋气压罐

C. 旋转型　　D. 公称直径 DN65 减压稳压阀

E. 减压稳压型

［答案］ACE

［解析］室内消火栓型号按照下列规定编制：

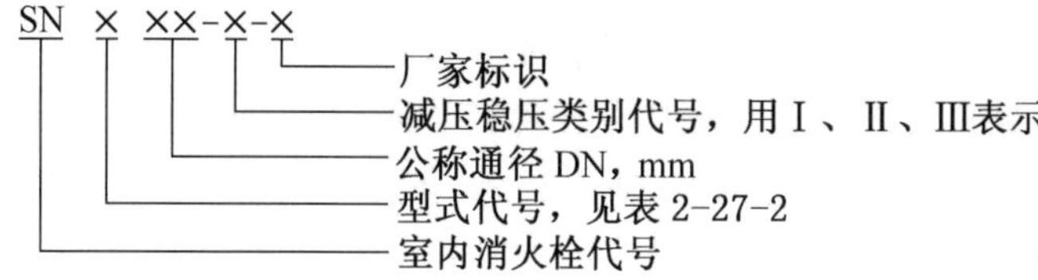

表 2-27-2　室内消火栓型式代号

型式	出口数量		栓阀数量		普通直角出口型	45°出口型	旋转型	减压型	减压稳压型
	单出口	双出口	单阀	双阀					
代号	不标注	S	不标注	S	不标注	A	Z	J	W

3. 检查室内消火栓箱时对箱门的重点检查内容有（　　）。

A. 栓箱应有明显标志

B. 箱门不应被装饰物遮挡

C. 箱门的颜色应和四周的装修材料颜色有明显区别

D. 箱门应保证在没有钥匙的情况下能应急打开，箱门开启时开启角应符合要求

E. 箱门不得上锁，箱门应设玻璃，以便观察

［答案］ABCD

（四）判断题

1. 消防水泵的自灌式吸水应保证在水泵启动时，水池的水位应淹没泵的叶轮。（　　）

［答案］×

［解析］对于卧式消防水泵，消防水池满足自灌式启泵的最低水位应高于泵壳顶部放气孔。对于立式消防水泵，消防水池满足自灌式启泵的最低水位应高于水泵出水管中心线。

2. 明杆闸阀上的阀位监测装置不仅能锁定阀位，而且在阀位全关时将全关信号远传。（ ）

[答案] ×

[解析] 要具备信号远传功能的必须是信号阀。

3. 消火栓直接启泵按钮的红色反馈信号灯，应在按钮按下后立即点亮。（ ）

[答案] ×

[解析] 消火栓按钮不宜作为直接启动消防水泵的开关，但可作为发出报警信号的开关或启动干式消火栓系统的快速启闭装置等。

4. 规范规定应在消防控制室设通过键盘操作发出启泵信号的手动控制线路。（ ）

[答案] ×

[解析] 消防中心的水泵手动直接控制装置是指从消防中心的联动柜至水泵电气控制柜之间由硬件电路直接启动的控制操作线路，实现点对点的控制。凡是通过编码模块的总线传输信号的控制方式，虽是手动键盘操作，但不是直接控制，不符合规范要求。

（五）分析题

请分析本案例中检测试验人员在试验操作上有什么不合适之处。

[答案]

（1）测试人员只盘车不点动，是不符合水泵操作程序的。

（2）气压给水装置没有压力检测控制元件，不能在监测到压力降到 p_2 时发出启动主泵的控制信号，这是个错误。《消防给水及消火栓系统技术规范》(GB 50974—2014）规定：稳压泵的设计压力应满足系统自动启动的要求。

（3）消防水池的有效容积不满足消火栓系统 2 h 用水量和自动喷水灭火系统 1 h 用水量的要求。

（4）消防中心的水泵手动直接控制装置是指从消防中心的联动柜至水泵电气控制柜之间由硬件电路直接启动的控制操作线路，实现点对点的控制。凡是通过编码模块的总线传输信号的控制方式，虽是手动键盘操作，但不是直接控制，不符合规范要求。

（5）该建筑的气压给水设备的压力参数没有按设计参数正确调定：

原设计的 $p_1=0.16$ MPa，$p_2=0.30$ MPa，$p_3=0.33$ MPa，$p_4=0.38$ MPa，而气压给水设备的压力表示值却为 0.21 MPa，并在 0.20 MPa 时启动稳压泵，而在离它垂直高度之下 27 m 的报警阀压力表示值仅为 0.52 MPa（上腔）和 0.48 MPa（下腔），若按原设计应为 0.65 MPa（上腔）和 0.60 MPa（下腔）。

案例 28　自动喷水灭火系统检查与维护保养案例分析

一、情景描述

某商业建筑地上一层、地下一层，建筑高度为 4.50 m，地上主要使用性质为商业，地下主要使用性质为汽车库、设备用房和歌舞娱乐放映游艺场所。建筑防火及消防设施配置均满足现行有关国家工程建设消防技术标准的要求。

地下消防水池有效容积为 350 m^3，屋顶高位消防水箱有效容积为 18 m^3，由于要为自动喷水灭火系统提供其所需压力，故配设气压给水设备，型号为 ZW(L) - Ⅰ - Z - 10，其工作参数为：p_1 = 0.14 MPa，p_2 = 0.21 MPa，p_3 = 0.24 MPa，p_4 = 0.29 MPa。地下室设消防水泵房，消火栓系统和自动喷水灭火系统分别设消防泵组，均为卧式离心水泵，喷淋泵和消火栓泵均在水池的同一高度取水，其中自动喷水灭火系统的消防水泵流量为 30 L/s，扬程为 35 m，二台同型号同规格的喷淋泵，一用一备，互为备用，均为自灌式吸水，消防水泵自灌式吸水及泵进出口附件如图 2 - 28 - 1 所示，该水池为生活和消防共用，在生活出水管上设有虹吸管及阀 16，当水位达到 11 处时，生活泵已不能吸水，因此水位线 11 以下为消防不动用容积，水池的消防不动用容积已满足室内消火栓系统 2 h 火灾延续时间和自动喷水灭火系统 1 h 火灾延续时间内全部消防用水量，由于室外管网能保证室外消防用水，故水池只保证室内消防用水，而且水池的补水是按补水时间不超过 48 h 并满足生活用水量的要求设置补水设施的，补水管一根，管径 DN50，湿式报警阀组设在水泵房内。

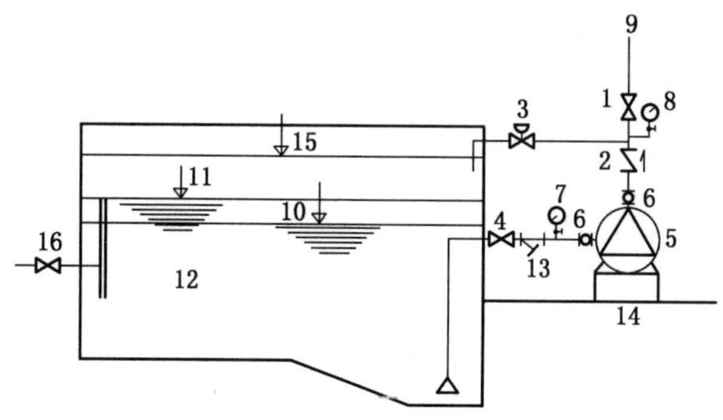

1—泵出口控制阀；2—泵出口止回阀；3—超压泄压阀；4—泵入口阀；5—消防水泵；6—可挠曲接头；7—真空压力表；8—出口压力表；9—接系统管网；10、11—水位线；12—消防水池；13—过滤器；14—泵基础；15—最高水位；16—生活用水虹吸管及阀

图 2 - 28 - 1　消防水泵自灌式吸水及泵进出口附件

自动喷水灭火系统最不利点喷头的工作压力为0.13 MPa，采用K80喷头，喷头间距为3.4 m×3.4 m，配水支管及配水管管径均符合《自动喷水灭火系统设计规范（2005年版）》(GB 50084—2001）的要求。

泵出口控制阀1为明杆闸阀，泵入口阀4为对夹式蝶阀，超压泄压阀3的泄水口回流至水池，吸水管固定于池壁，吸水喇叭口置于支座上。

维保单位检查试验前，应业主要求利用本次试验的机会用消防水泵抽水将消防水池水体更换，并全面完成了消防水泵的试验工作，试验前首先检查校核了消防水池和消防水箱的有效容积，均符合设计要求；对消防水泵和气压给水设备进行了检查和试验，均能正常工作；湿式报警阀组工作正常，上下腔压力表显示正常，消防水泵出口压力表示值为0.35 MPa，符合要求。试验小组决定按以下方案实施试验：

第一步，利用喷淋泵轮换工作抽水，检验喷淋泵的手动启动、自动启动、电源切换、故障互投的性能，由于要通过试验来换水，故将水池补水管阀门关闭。

第二步，测定喷淋泵的三点工况性能。

检查喷淋泵出水附件时，发现由于持压泄压阀及管路无法进行排水，故将其拆除，另在各泵出水管处安装DN65试验放水阀，接上DN65消防水带至水坑，并将各泵的出口控制阀关闭，打开试验放水阀，另外也对消火栓泵进行同样整改。

在水泵房喷淋泵电气控制柜处手动启动编号A喷淋泵，泵能正常工作，压力表示值正常，消防水带出水压力稳定，运行5 min后，更换B喷淋泵运行5 min，接着做电源切换互投和故障互投的性能试验运行。共计运行5 min后，又进入自动运行，在连续运行5 min至需轮换A喷淋泵运行时，A喷淋泵尽管启动，但压力表示值为零，故停泵，立即启动B喷淋泵运行，但B喷淋泵运行情况同A喷淋泵。经检查所有电源、电气控制设备和水泵均无异样，为了排除故障又启动消火栓泵进行试验，结果同前，停止试验并测量此刻水池水位在图2-28-1中的水位线10处。

二、案例说明

本案例主要分析下列内容：

（1）自动喷水灭火系统的设置场所。

（2）系统的供水。

（3）管道。

（4）系统操作与控制。

（5）现场检查。

（6）系统调试。

（7）系统验收。

三、关键知识点及依据

（一）自动喷水灭火系统的设置场所

（1）除《建规》另有规定和不宜用水保护或灭火的场所外，下列厂房或生产部位应设置自动灭火系统，并宜采用自动喷水灭火系统：

① 不小于50000纱锭的棉纺厂的开包、清花车间，不小于5000锭的麻纺厂的分级、

梳麻车间，火柴厂的烤梗、筛选部位。

② 占地面积大于 1500 m^2 或总建筑面积大于 3000 m^2 的单、多层制鞋、制衣、玩具及电子等类似生产的厂房。

③ 占地面积大于 1500 m^2 的木器厂房。

④ 泡沫塑料厂的预发、成型、切片、压花部位。

⑤ 高层乙、丙类厂房。

⑥ 建筑面积大于 500 m^2 的地下或半地下丙类厂房。

（2）除《建规》另有规定和不宜用水保护或灭火的仓库外，下列仓库应设置自动灭火系统，并宜采用自动喷水灭火系统。

① 每座占地面积大于 1000 m^2 的棉、毛、丝、麻、化纤、毛皮及其制品的仓库。

注：单层占地面积不大于 2000 m^2 的棉花库房，可不设置自动喷水灭火系统。

② 每座占地面积大于 600 m^2 的火柴仓库。

③ 邮政建筑内建筑面积大于 500 m^2 的空邮袋库。

④ 可燃、难燃物品的高架仓库和高层仓库。

⑤ 设计温度高于 0 ℃的高架冷库，设计温度高于 0 ℃且每个防火分区建筑面积大于 1500 m^2 的非高架冷库。

⑥ 总建筑面积大于 500 m^2 的可燃物品地下仓库。

⑦ 每座占地面积大于 1500 m^2 或总建筑面积大于 3000 m^2 的其他单层或多层丙类物品仓库。

（3）除《建规》另有规定和不宜用水保护或灭火的场所外，下列高层民用建筑或场所应设置自动灭火系统，并宜采用自动喷水灭火系统：

① 一类高层公共建筑（除游泳池、溜冰场外）及其地下、半地下室。

② 二类高层公共建筑及其地下、半地下室的公共活动用房、走道、办公室和旅馆的客房、可燃物品库房、自动扶梯底部。

③ 高层民用建筑内的歌舞娱乐放映游艺场所。

④ 建筑高度大于 100 m 的住宅建筑。

（4）除《建规》另有规定和不宜用水保护或灭火的场所外，下列单、多层民用建筑或场所应设置自动灭火系统，并宜采用自动喷水灭火系统。

① 特等、甲等剧场，超过 1500 个座位的其他等级的剧场，超过 2000 个座位的会堂或礼堂，超过 3000 个座位的体育馆，超过 5000 人的体育场的室内人员休息室与器材间等。

② 任一层建筑面积大于 1500 m^2 或总建筑面积大于 3000 m^2 的展览、商店、餐饮和旅馆建筑以及医院中同样建筑规模的病房楼、门诊楼和手术部。

③ 设置送回风道（管）的集中空气调节系统且总建筑面积大于 3000 m^2 的办公建筑等。

④ 藏书量超过 50 万册的图书馆。

⑤ 大、中型幼儿园，总建筑面积大于 500 m^2 的老年人建筑。

⑥ 总建筑面积大于 500 m^2 的地下或半地下商店。

⑦ 设置在地下或半地下或地上四层及以上楼层的歌舞娱乐放映游艺场所（除游泳场

所外），设置在首层、二层和三层且任一层建筑面积大于300 m^2 的地上歌舞娱乐放映游艺场所（除游泳场所外）。

（5）根据《建规》要求难以设置自动喷水灭火系统的展览厅、观众厅等人员密集的场所和丙类生产车间、库房等高大空间场所，应设置其他自动灭火系统，并宜采用固定消防炮等灭火系统。

【练习题】

1. 下列（　　）建筑或场所应设置自动灭火系统，并宜采用自动喷水灭火系统。

A. 占地面积1600 m^2 单层制鞋厂房　　B. 高层丙类厂房

C. 高层丁类厂房　　D. 总建筑面积3000 m^2 的多层制衣厂房

E. 建筑面积600 m^2 的地下丙类厂房

［答案］ABE

2. 下列（　　）建筑或场所应设置自动灭火系统，并宜采用自动喷水灭火系统。

A. 总建筑面积为6000 m^2 的会展中心　　B. 总建筑面积为12000 m^2 的办公楼

C. 总建筑面积为460 m^2 的单层老年公寓　　D. 1500座的甲等剧场

E. 大型幼儿园

［答案］ADE

（二）系统的供水

依据：《自动喷水灭火系统设计规范（2005年版）》（GB 50084—2001）。

（1）当自动喷水灭火系统中设有2个及以上报警阀组时，报警阀组前宜设环状供水管道。

（2）系统应设独立的供水泵，并应按一运一备或二运一备比例设置备用泵。

（3）按二级负荷供电的建筑，宜采用柴油机泵作备用泵。

（4）系统的供水泵、稳压泵，应采用自灌式吸水方式。采用天然水源时，水泵的吸水口应采取防止杂物堵塞的措施。

（5）每组供水泵的吸水管不应少于2根。报警阀入口前设置环状管道的系统，每组供水泵的出水管不应少于2根。供水泵的吸水管应设控制阀；出水管应设控制阀、止回阀、压力表和直径不小于65 mm的试水阀。必要时，应采取控制供水泵出口压力的措施。

（6）采用临时高压给水系统的自动喷水灭火系统，应设高位消防水箱，其储水量应符合现行有关国家标准的规定。消防水箱的供水，应满足系统最不利点处喷头的最低工作压力和喷水强度。

（7）不设高位消防水箱的建筑，系统应设气压供水设备。气压供水设备的有效水容积，应按系统最不利处4只喷头在最低工作压力下的10 min用水量确定。干式系统、预作用系统设置的气压供水设备，应同时满足配水管道的充水要求。

（8）消防水箱的出水管，应符合下列规定：

① 应设止回阀，并应与报警阀入口前管道连接。

② 轻危险级、中危险级场所的系统，管径不应小于80 mm，严重危险级和仓库危险级不应小于100 mm。

（9）系统应设水泵接合器，其数量应按系统的设计流量确定，每个水泵接合器的流量宜按 10 ~ 15 L/s 计算。

（10）当水泵接合器的供水能力不能满足最不利点处作用面积的流量和压力要求时，应采取增压措施。

【练习题】

1. 不设高位消防水箱的建筑，系统应设气压供水设备。气压供水设备的有效水容积，应按系统最不利处 4 只喷头在最低工作压力下的（　　）用水量确定。

A. 5 min　B. 10 min　C. 20 min　D. 30 min

［答案］B

2. 某多层旅馆建筑，设有自动喷水灭火系统。屋顶设置消防水箱，出水管管径不应小于（　　）。

A. 50 mm　B. 65 mm　C. 80 mm　D. 100 mm

［答案］C

（三）管道

依据：《自动喷水灭火系统设计规范（2005 年版）》(GB 50084—2001)。

（1）配水管道的工作压力不应大于 1. 20 MPa，并不应设置其他用水设施。

（2）配水管道应采用内外壁热镀锌钢管或符合现行国家或行业标准的涂覆其他防腐材料的钢管，以及铜管、不锈钢管。当报警阀入口前管道采用不防腐的钢管时，应在该段管道的末端设过滤器。

（3）镀锌钢管应采用沟槽式连接件（卡箍）、丝扣或法兰连接。报警阀前采用内壁不防腐钢管时，可焊接连接。铜管、不锈钢管应采用配套的支架、吊架。

（4）系统中直径等于或大于 100 mm 的管道，应分段采用法兰或沟槽式连接件（卡箍）连接。水平管道上法兰间的管道长度不宜大于 20 m；立管上法兰间的距离，不应跨越 3 个及以上楼层。净空高度大于 8 m 的场所内，立管上应有法兰。

（5）管道的直径应经水力计算确定。配水管道的布置，应使配水管入口的压力均衡。轻危险级、中危险级场所中各配水管入口的压力均不宜大于 0. 40 MPa。

（6）配水管两侧每根配水支管控制的标准喷头数，轻危险级、中危险级场所不应超过 8 只，同时在吊顶上下安装喷头的配水支管，上下侧均不应超过 8 只。严重危险级及仓库危险级场所均不应超过 6 只。

（7）轻危险级、中危险级场所中配水支管、配水管控制的标准喷头数，不应超过表 2 - 28 - 1 的规定。

表 2 - 28 - 1　轻危险级、中危险级场所中配水支管、配水管控制的标准喷头数

公称管径/mm	控制的标准喷头数/只		公称管径/mm	控制的标准喷头数/只	
	轻危险级	中危险级		轻危险级	中危险级
25	1	1	65	18	12
32	3	3	80	48	32
40	5	4	100	—	64
50	10	8			

（8）短立管及末端试水装置的连接管，其管径不应小于 25 mm。

（9）干式系统的配水管道充水时间，不宜大于 1 min；预作用系统与雨淋系统的配水管道充水时间，不宜大于 2 min。

（10）干式系统、预作用系统的供气管道，采用钢管时，管径不宜小于 15 mm；采用铜管时，管径不宜小于 10 mm。

（11）水平安装的管道宜有坡度，并应坡向泄水阀。充水管道的坡度不宜小于 2‰，准工作状态不充水管道的坡度不宜小于 4‰。

【练习题】

高层办公楼，建筑高度 87 m，设有室内消火栓、湿式自动喷水灭火系统等消防设施。标准层自动喷水灭火系统配水支管为 DN50，则每根配水支管控制的标准喷头数不应超过（ ）只。

A. 6　　B. 7　　C. 8　　D. 10

［答案］C

（四）系统操作与控制

依据：《自动喷水灭火系统设计规范（2005 年版）》（GB 50084—2001）。

（1）湿式系统、干式系统的喷头动作后，应由压力开关直接联锁自动启动供水泵。

预作用系统、雨淋系统及自动控制的水幕系统，应在火灾报警系统报警后，立即自动向配水管道供水。

（2）预作用系统、雨淋系统和自动控制的水幕系统，应同时具备下列三种启动供水泵和开启雨淋阀的控制方式：

① 自动控制。

② 消防控制室（盘）手动远控。

③ 水泵房现场应急操作。

（3）雨淋阀的自动控制方式，可采用电动、液（水）动或气动。

当雨淋阀采用充液（水）传动管自动控制时，闭式喷头与雨淋阀之间的高程差，应根据雨淋阀的性能确定。

（4）快速排气阀入口前的电动阀，应在启动供水泵的同时开启。

（5）消防控制室（盘）应能显示水流指示器、压力开关、信号阀、水泵、消防水池及水箱水位、有压气体管道气压，以及电源和备用动力等是否处于正常状态的反馈信号，并应能控制水泵、电磁阀、电动阀等的操作。

【练习题】

在对建筑有火灾自动报警系统联动启动的雨淋喷水灭火系统进行检测时，应检测雨淋阀组联动控制功能，根据现行国家消防技术标准，下列关于开启雨淋阀组的联动触发信号的说法中，正确的有（ ）。

A. 同一报警区域内两只及以上独立的感温火灾探测器的报警信号

B. 同一报警区域内两只及以上独立的感烟火灾探测器的报警信号

C. 同一报警区域内一只感烟火灾探测器与一只手动火灾报警按钮的报警信号

D. 同一报警区域内一只感烟火灾探测器与一只感温火灾报警的报警信号

E. 同一报警区域内一只感温火灾探测器与一只手动火灾报警按钮的报警信号

［答案］ AE

（五）现场检查

（1）喷头的现场检验应符合下列要求：

① 喷头的商标、型号、公称动作温度、响应时间指数（RTI）、制造厂及生产日期等标志应齐全。

② 喷头的型号、规格等应符合设计要求。

③ 喷头外观应无加工缺陷和机械损伤。

④ 喷头螺纹密封面应无伤痕、毛刺、缺丝或断丝现象。

⑤ 闭式喷头应进行密封性能试验，以无渗漏、无损伤为合格。试验数量宜从每批中抽查 1%，但不得少于 5 只，试验压力应为 3.0 MPa，保压时间不得少于 3 min。当两只及两只以上不合格时，不得使用该批喷头。当仅有一只不合格时，应再抽查 2%，但不得少于 10 只，并重新进行密封性能试验，当仍有不合格时，亦不得使用该批喷头。

（2）阀门及其附件的现场检验应符合下列要求：

① 阀门的商标、型号、规格等标志应齐全，阀门的型号、规格应符合设计要求。

② 阀门及其附件应配备齐全，不得有加工缺陷和机械损伤。

③ 报警阀除应有商标、型号、规格等标志外，尚应有水流方向的永久性标志。

④ 报警阀和控制阀的阀瓣及操作机构应动作灵活、无卡涩现象，阀体内应清洁、无异物堵塞。

⑤ 水力警铃的铃锤应转动灵活、无阻滞现象和传动轴密封性能好，不得有渗漏水现象。

⑥ 报警阀应进行渗漏试验。试验压力应为额定工作压力的 2 倍，保压时间不应小于 5 min。阀瓣处应无渗漏。

【练习题】

闭式自动喷水灭火系统施工安装前，需对已进场的闭式喷头进行密封性能试验。下列情况中，符合相关施工验收规范要求的是（　　）。

A. 施工单位按规范要求抽样并使用专用试验装置进行密封性能试验

B. 密封性能试验压力为 3 MPa，保压时间 1 min

C. 施工单位按每批喷头总数量的 1% 抽样送国家法定检测机构进行密封性能试验

D. 施工单位按每批喷头 5 只喷头抽样送国家法定检测机构进行密封性能试验

［答案］ A

（六）系统调试

依据：《自动喷水灭火系统施工及验收规范》（GB 50261—2005）。

（1）消防水泵调试应符合下列要求：

① 以自动或手动方式启动消防水泵时，消防水泵应在 30 s 内投入正常运行。

② 以备用电源切换方式或备用泵切换启动消防水泵时，消防水泵应在 30 s 内投入正常运行。

（2）稳压泵应按设计要求进行调试。当达到设计启动条件时，稳压泵应立即启动；当达到系统设计压力时，稳压泵应自动停止运行：当消防主泵启动时，稳压泵应停止运行。

（3）报警阀调试应符合下列要求：

① 湿式报警阀调试时，在试水装置处放水，当湿式报警阀进口水压大于 0.14 MPa、放水流量大于 1 L/s 时，报警阀应及时启动；带延迟器的水力警铃应在 5 ~ 90 s 内发出报警铃声，不带延迟器的水力警铃应在 15 s 内发出报警铃声，压力开关应及时动作，并反馈信号。

② 干式报警阀调试时，开启系统试验阀，报警阀的启动时间、启动点压力、水流到试验装置出口所需时间，均应符合设计要求。

③ 雨淋阀调试宜利用检测、试验管道进行。自动和手动方式启动的雨淋阀，应在 15 s 之内启动：公称直径大于 200 mm 的雨淋阀调试时，应在 60 s 之内启动。雨淋阀调试时，当报警水压为 0.05 MPa，水力警铃应发出报警铃声。

（4）调试过程中，系统排出的水应通过排水设施全部排走。

（5）联动试验应符合下列要求，并按《自动喷水灭火系统施工及验收规范》附录 C 表 C. 0.4 的要求进行记录：

① 湿式系统的联动试验，启动 1 只喷头或以 0.94 ~ 1.5 L/s 的流量从末端试水装置处放水时，水流指示器、报警阀、压力开关、水力警铃和消防水泵等应及时动作，并发出相应的信号。

② 预作用系统、雨淋系统、水幕系统的联动试验，可采用专用测试仪表或其他方式，对火灾自动报警系统的各种探测器输入模拟火灾信号，火灾自动报警控制器应发出声光报警信号并启动自动喷水灭火系统；采用传动管启动的雨淋系统、水幕系统联动试验时，启动 1 只喷头，雨淋阀打开，压力开关动作，水泵启动。

③ 干式系统的联动试验，启动 1 只喷头或模拟 1 只喷头的排气量排气，报警阀应及时启动，压力开关、水力警铃动作并发出相应信号。

【练习题】

1. 自动喷水灭火系统定期巡视检查测试时，下列关于湿式报警阀组检测试验的内容及要求的说法中，错误的是（　　）。

A. 测试过程中系统排出的水应通过排水设施全部排走，湿式报警阀处的排水立管不宜小于 DN75

B. 开启末端试水装置，以 1.2 L/s 的流量放水，水流指示器、湿式报警阀、压力开关应动作

C. 消防联动控制器应准确接收并显示水流指示器、压力开关、水泵的反馈信号

D. 压力开关应直接联锁启动消防水泵

[答案] A

2. 检查自动喷水灭火系统，湿式报警阀前压力为 0.35 MPa，打开湿式报警阀组试水阀，以 1.2 L/s 的流量放水，不带延迟器的水力警铃最迟在（　　）s 内发出报警铃声。

A. 5　　B. 30　　C. 15　　D. 90

[答案] C

（七）系统验收

依据：《自动喷水灭火系统施工及验收规范》(GB 50261—2005)。

(1) 消防水泵验收应符合下列要求：

① 工作泵、备用泵、吸水管、出水管及出水管上的泄压阀、水锤消除设施、止回阀、信号阀等的规格、型号、数量，应符合设计要求；吸水管、出水管上的控制阀应锁定在常开位置，并有明显标记。

② 消防水泵应采用自灌式引水或其他可靠的引水措施。

③ 分别开启系统中的每一个末端试水装置和试水阀，水流指示器、压力开关等信号装置的功能均符合设计要求。

④ 打开消防水泵出水管上试水阀，当采用主电源启动消防水泵时，消防水泵应启动正常；关掉主电源，主、备电源应能正常切换。

⑤ 消防水泵停泵时,水锤消除设施后的压力不应超过水泵出口额定压力的 1.3 ~1.5 倍。

⑥ 对消防气压给水设备，当系统气压下降到设计最低压力时，通过压力变化信号应启动稳压泵。

⑦ 消防水泵启动控制应置于自动启动挡。

(2) 报警阀组的验收应符合下列要求：

① 报警阀组的各组件应符合产品标准要求。

② 打开系统流量压力检测装置放水阀，测试的流量、压力应符合设计要求。

③ 水力警铃的设置位置应正确。测试时，水力警铃喷嘴处压力不应小于 0.05 MPa，且距水力警铃 3 m 远处警铃声声强不应小于 70 dB。

④ 打开手动试水阀或电磁阀时，雨淋阀组动作应可靠。

⑤ 控制阀均应锁定在常开位置。

⑥ 与空气压缩机或火灾自动报警系统的联动控制，应符合设计要求。

(3) 管网验收应符合下列要求：

① 管道的材质、管径、接头、连接方式及采取的防腐、防冻措施，应符合设计规范及设计要求。

② 管网排水坡度及辅助排水设施，应符合《自动喷水灭火系统施工及验收规范》第 5.1.10 条的规定。

③ 系统中的末端试水装置、试水阀、排气阀应符合设计要求。

④ 管网不同部位安装的报警阀组、闸阀、止回阀、电磁阀、信号阀、水流指示器、减压孔板、节流管、减压阀、柔性接头、排水管，排气阀、泄压阀等，均应符合设计要求。

⑤ 干式喷水灭火系统管网容积不大于 2900 L 时，系统允许的最大充水时间不应大于 3 min，如干式喷水灭火系统管道充水时间不大于 1 min，系统管网容积允许大于 2900 L。预作用喷水灭火系统的管道充水时间不应大于 1 min。

⑥ 报警阀后的管道上不应安装其他用途的支管或水龙头。

⑦ 配水支管、配水管、配水干管设置的支架、吊架和防晃支架，应符合《自动喷水灭火系统施工及验收规范》第 5.1.8 条的规定。

(4) 喷头验收应符合下列要求：

① 喷头设置场所、规格、型号、公称动作温度、响应时间指数(RTI)应符合设计要求。

② 喷头安装间距，喷头与楼板、墙、梁等障碍物的距离应符合设计要求。

③ 有腐蚀性气体的环境和有冰冻危险场所安装的喷头，应采取防护措施。

④ 有碰撞危险场所安装的喷头应加设防护罩。

⑤ 各种不同规格的喷头均应有一定数量的备用品，其数量不应小于安装总数的1%，且每种备用喷头不应少于10个。

（5）水泵接合器数量及进水管位置应符合设计要求，消防水泵接合器应进行充水试验，且系统最不利点的压力、流量应符合设计要求。

（6）系统流量、压力的验收，应通过系统流量压力检测装置进行放水试验，系统流量、压力应符合设计要求。

（7）应进行系统模拟灭火功能试验，且应符合下列要求：报警阀动作，水力警铃应鸣响。水流指示器动作，应有反馈信号显示。压力开关动作，应启动消防水泵及与其联动的相关设备，并应有反馈信号显示。电磁阀打开，雨淋阀应开启，并应有反馈信号显示。消防水泵启动后，应有反馈信号显示。加速器动作后，应有反馈信号显示。其他消防联动控制设备启动后，应有反馈信号显示。

（8）系统工程质量验收判定条件：

① 系统工程质量缺陷应按规范要求划分为：严重缺陷项（A），重缺陷项（B），轻缺陷项（C）。

② 系统验收合格判定应为：$A=0$，且 $B\leqslant 2$，且 $B+C\leqslant 6$ 为合格，否则为不合格。

【练习题】

检测建筑内自动喷水灭火系统报警阀水力警铃声强时，打开报警阀试水阀，放水流量为1.5 L/s，水力警铃喷嘴处压力为0.1 MPa；在距离水力警铃3 m处测试水力警铃声强，根据现行国家消防技术标准，警铃声强至少不小于（　　）dB。

A. 60　　B. 70　　C. 65　　D. 75

［答案］B

四、思考题

（一）单项选择题

1. 本案例中的歌舞娱乐放映游艺场所的自动喷水灭火系统设计时考虑的火灾危险等级是（　　）。

A. 中危险级Ⅱ级　　B. 中危险级Ⅰ级

C. 严重危险级Ⅰ级　　D. 轻危险级

［答案］B

2. 标准喷头是指（　　）。

A. 流量系数 $K=115$ 的洒水喷头　　B. 流量系数 $K=80$ 的洒水喷头

C. 响应时间指数 RTI≤150 的喷头　　D. 响应时间指数 RTI≤50 的喷头

［答案］B

3. 本案例中的喷淋泵在工作了20 min后，当需轮换A喷淋泵运行时，A喷淋泵不能正常供水的原因是（　　）。

A. 泵出现机械故障　　B. 泵吸水口淹没深度不够

C. 泵启动时没有自灌式吸水的条件　　D. 泵出水口阀门未打开

[答案] C

(二) 多项选择题

1. 消防水泵的填料函的作用是封闭泵轴与泵壳之间的间隙,除此以外还有(　　)作用。

A. 压紧填料　　B. 冷却润滑泵轴

C. 防止高压水渗出　　D. 防止空气透入

E. 防止泵轴串动

[答案] BCD

2. 需要采取减振措施的消防水泵应同时设（　　）。

A. 进出口管路及附件支吊架减振装置　　B. 泵减振基础

C. 泵出口弹簧吊架　　D. 在进出口管路设可挠曲接头

E. 泵进口弹簧吊架

[答案] BCD

3. 在现场按方案对消防水泵组进行试验时，应做的安全准备工作有（　　）。

A. 制定试验计划

B. 检查供水和供电情况

C. 通知消防控制中心

D. 将泵电气控制柜、联动控制柜的相关控制钮置于手动状态

E. 通知消防部门

[答案] CD

[解析] 注意题目问的是安全准备。

(三) 判断题

1. 消防水池的储水有效容积是指消防水泵能够取用的那部分水体容积。（　　）

[答案] ×

[解析] 消防水池的储水有效容积是在自灌式充水的条件下，消防泵能够全部取用的水体体积。

2. 喷水强度是指喷头每分钟洒向保护区地面上的水量。（　　）

[答案] ×

[解析] 喷水强度是指喷头每分钟洒向单位保护区地面上的水量。

3. 气压给水设备必须保证报警阀所控制的最不利喷头所需的最低工作压力。（　　）

[答案] ×

[解析] 气压给水设备必须保证报警阀所控制的最不利喷头所需的静压。

4. 在准工作状态下系统的工作压力就是系统的静水压力。（　　）

[答案] ×

[解析] 系统工作压力是指水泵零流量时系统的压力。静压是指高位水箱提供的压力。具体参见《消规》的第 8.2.3 条的图示。

5. 泵的扬程（H）是指泵对流体所做的功。（　　）

[答案] ×

[解析] 泵的扬程（H）是指泵对单位流体所做的功。

6. 由于消防水泵在整个火灾延续时间内都存在启动的可能，所以消防水池的水位在整个火灾延续时间内都应保证消防水泵的自灌式吸水。（ ）

[答案] √

7. 干式系统的配水管网平时充有压气体，因此管网上不允许安装快速排气阀。（ ）

[答案] ×

[解析] 自动喷水灭火系统应有下列组件、配件和设施：应设有洒水喷头、水流指示器、报警阀组、压力开关等组件和末端试水装置，以及管道、供水设施；控制管道静压的区段宜分区供水或设减压阀，控制管道动压的区段宜设减压孔板或节流管；应设有泄水阀（或泄水口）、排气阀（或排气口）和排污口；干式系统和预作用系统的配水管道应设快速排气阀。有压充气管道的快速排气阀入口前应设电动阀。

（四）分析题

1. 请指出本案例的检测维保单位在校核消防水池的有效容积时有什么疏忽之处。

[答案]

（1）对消防水池的有效容积理解的错误，要以“在自灌式充水的条件下，消防泵能够全部取用的水体体积”作为有效容积来校核。

（2）消防水泵不满足自灌式吸水的条件。消防水泵启动时，水池的水位线应淹没卧式离心泵的叶轮顶或立式离心泵的第一级叶轮，才能满足自灌式充水的条件，而消防水泵在整个火灾延续时间内都有启动的可能。

2. 请指出本案例的图 2－28－1 中有什么不正确的地方。应如何正确设置，请画出图示。

[答案]

（1）泵的进口阀不应采用对夹式蝶阀。

（2）泵的出口压力表应设在止回阀上游的泵的出口处。

（3）泵的出口试验放水装置应为能手动开启的 DN65 的试水阀，并且具有测试消防水泵的条件。

（4）正确的图示如图 2－28－2 所示。

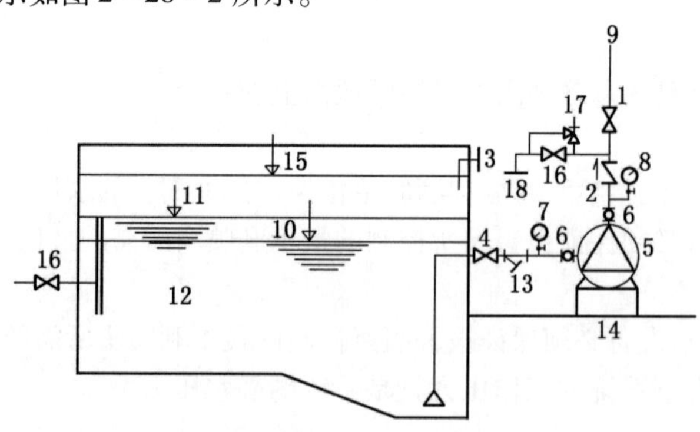

1—泵出口控制阀；2—泵出口止回阀；3—回流快速接头；4—泵入口阀；5—消防水泵；6—可挠曲接头；7—真空压力表；8—出口压力表；9—接系统管网；10—水泵工作一段时间后水位；11—首台水泵启泵水位；12—消防水池；13、18—快速接口；14—泵基础；15—最高水位；16—试水阀；17—安全阀

图 2－28－2 消防水泵自灌式吸水及泵进出口附件

案例 29　泡沫灭火设施检查与维护保养案例分析

一、情景描述

某石油储备库最大原油储罐为 10×10^4 m^3 的外浮顶油罐，油罐直径 80 m，罐高 21.80 m，储罐保护采用固定式低倍数泡沫灭火系统和冷却水系统。低倍数泡沫灭火系统采用质量分数为 6% 水成膜泡沫混合液，罐壁顶喷放，冷却水环管布置在二道抗风圈和三道加强圈的下侧，总计流量为 215 L/s，共有喷头 744 只，低倍数泡沫灭火系统采用 12 个 PC8 泡沫产生器均布在储罐壁顶部，泡沫混合液供给强度为 12.50 L/(min · m^2)，连续供给时间为 30 min。另在罐区设 3 支 PQ8 泡沫枪扑灭流散火灾，罐区泡沫混合液设计流量为 120 L/s，储备库设泡沫消防泵站和泡沫站，能够保证在泡沫液泵启动后能在 5 min 内将泡沫混合液输送到最远的保护对象，泡沫站内设有不锈钢泡沫储罐和泡沫液泵，平衡式比例混合装置。泡沫液储存量：扑灭油罐火需 10.40 m^3，泡沫枪需 2.60 m^3，充满管网所需 3.60 m^3，另考虑一定备用量，故不锈钢泡沫液罐储存泡沫液共计 24 m^3。

消防维保单位应业主要求对油罐泡沫灭火系统进行一次调试和维修保养。调试人员经对系统技术文件和操作规程进行研究，并向使用管理单位了解运行情况后，编制了检查调试方案，经管理单位同意后，予以实施。

（1）检查消防水源和消防供水设备，系统供水管网的工作状态和阀门启闭状态是否符合试验方案要求。

（2）检查泡沫液储存供给设备的工作状态符合试验方案要求。

（3）检查泡沫混合液的供给设备及管网的工作状态是否符合试验方案要求。

（4）选定最不利储罐作为试验对象，检查各阀的启闭状态是否符合试验方案要求。试验方案要求喷放泡沫时采用泡沫枪，因此在泡沫消火栓处连接消防水带和 PQ8 泡沫枪一支，并在泡沫混合液干管上的压力表接口处安装弹簧压力表，并检查该干管上的控制阀是否启闭灵活和处于工作状态。

（5）检查各远程控制阀的控制功能是否符合要求。

（6）检查所有消防水泵、泡沫液泵的动力源及备用动力之间的切换是否准确可靠。

（7）关闭各消防泵的出口阀，打开回流阀，采用自动和手动方式对各泵进行启动试验。

（8）对消防泵及其备用泵进行自切互投试验，试验完成后依次将泵的控制柜及阀门复位。

（9）打开相关阀门，保证消防水供至试验对象的泡沫枪，进行以手动和自动控制方式的喷水试验，不进行喷泡沫试验的区域的阀门应关闭，喷泡沫试验后将泡沫混合液管内余水排尽，喷泡沫试验时检查泡沫枪的进口压力和射程应符合要求。

（10）进行喷泡沫试验的相关阀门应处于准工作状态，为了减少冲洗麻烦，应尽可能缩小泡沫混合液充入管网的范围，并以手动和自动方式进行喷泡沫试验，试验时泡沫混合液不得充入防火堤内管道和与试验无关的管网。

（11）喷泡沫试验后应及时冲洗管道，凡是泡沫混合液充入过的管段均应冲洗干净，并将系统上的各阀复原至准工作状态。

二、案例说明

本案例主要分析下列内容：

（1）低倍数泡沫灭火系统。

（2）油罐固定式中倍数泡沫灭火系统。

（3）高倍数泡沫灭火系统。

（4）泡沫—水喷淋系统。

（5）系统的设计流量。

（6）系统维护管理。

三、关键知识点及依据

主要依据《泡沫灭火系统施工及验收规范》(GB 50281—2006）和《泡沫灭火系统设计规范》(GB 50151—2010)。

（一）低倍数泡沫灭火系统

（1）甲、乙、丙液体储罐固定式、半固定式或移动式泡沫灭火系统的选择，应符合国家现行有关标准的规定。

（2）储罐区低倍数泡沫灭火系统的选择，应符合下列规定：

① 非水溶性甲、乙、丙类液体固定顶储罐，应选用液上喷射、液下喷射或半液下喷射系统。

② 水溶性甲、乙、丙类液体和其他对普通泡沫有破坏作用的甲、乙、丙类液体固定顶储罐，应选用液上喷射系统或半液下喷射系统。

③ 外浮顶和内浮顶储罐应选用液上喷射系统。

④ 非水溶性液体外浮顶储罐、内浮顶储罐、直径大于 18 m 的固定顶储罐及水溶性甲、乙、丙类液体立式储罐，不得选用泡沫炮作为主要灭火设施。

⑤ 高度大于 7 m 或直径大于 9 m 的固定顶储罐，不得选用泡沫枪作为主要灭火设施。

（3）储罐区泡沫灭火系统扑救一次火灾的泡沫混合液设计用量，应按罐内用量、该罐辅助泡沫枪用量、管道剩余量三者之和最大的储罐确定。

（4）设置固定式泡沫灭火系统的储罐区，应配置用于扑救液体流散火灾的辅助泡沫枪，泡沫枪的数量及其泡沫混合液连续供给时间不应小于表 2－29－1 的规定。每支辅助泡沫枪的泡沫混合液流量不应小于 240 L/min。

（5）当储罐区固定式泡沫灭火系统的泡沫混合液流量大于或等于 100 L/s 时，系统的泵、比例混合装置及其管道上的控制阀、干管控制阀宜具备远程控制功能。

（6）在固定式泡沫灭火系统的泡沫混合液主管道上应留出泡沫混合液流量检测仪器的

表 2-29-1　泡沫枪数量及其泡沫混合液连续供给时间

储罐直径/m	配备泡沫枪数/支	连续供给时间/min	储罐直径/m	配备泡沫枪数/支	连续供给时间/min
≤10	1	10	>30 且≤40	2	30
>10 且≤20	1	20	>40	3	30
>20 且≤30	2	20			

安装位置；在泡沫混合液管道上应设置试验检测口；在防火堤外侧最不利和最有利水力条件处的管道上，宜设置供检测泡沫产生器工作压力的压力表接口。

（7）储罐区固定式泡沫灭火系统与消防冷却水系统合用一组消防给水泵时，应有保障泡沫混合液供给强度满足设计要求的措施，且不得以火灾时临时调整的方式保障。

（8）采用固定式泡沫灭火系统的储罐区，宜沿防火堤外均匀布置泡沫消火栓，且泡沫消火栓的间距不应大于 60 m。

（9）储罐区固定式泡沫灭火系统应具备半固定式系统功能。

（10）固定式泡沫灭火系统的设计应满足在泡沫消防水泵或泡沫混合液泵启动后，将泡沫混合液或泡沫输送到保护对象的时间不大于 5 min。

【练习题】

1. 下列叙述哪些是正确的（　　）。

A. 对于水溶性甲、乙、丙类液体火灾，必须采用液上喷射泡沫方式，且必须选用抗溶性泡沫液

B. 对于非水溶性甲、乙、丙类液体火灾，当采用固定顶储罐时，可以采用液上喷射泡沫方式，也可以采用液下或半液下喷射泡沫方式

C. 对于非水溶性甲、乙、丙类液体火灾，采用液上喷射泡沫方式时，可以选用蛋白、氟蛋白、水成膜或成膜氟蛋白泡沫液

D. 对于非水溶性甲、乙、丙类液体火灾，采用液下喷射泡沫方式时，必须选用氟蛋白、水成膜或成膜氟蛋白泡沫液

E. 内浮顶储罐和外浮顶储罐不应选用液下喷射泡沫方式

［答案］BCDE

2. 低倍数固定泡沫灭火系统应满足泡沫消防泵或泡沫混合液泵启动后，将泡沫液输送到保护对象时间不超过（　　）min。

A. 1　　B. 3　　C. 5　　D. 10

［答案］C

3. 近年来，石油市场的发展可谓是变化多端，社会各领域对石油的供求情况也常出现波动。在这种情况下，对石油资源进行适当的储备是非常有必要的。目前，浮顶罐已经成为储备基地普遍采用的原油储罐，浮顶罐采用的泡沫灭火系统应选用（　　）。

A. 液下喷射系统　　B. 半液下喷射系统

C. 液上喷射系统　　D. 半液上喷射系统

［答案］C

（二）油罐固定式中倍数泡沫灭火系统

（1）全淹没系统可用于小型封闭空间场所与设有阻止泡沫流失的固定围墙或其他围挡设施的小场所。

（2）局部应用系统可用于下列场所：四周不完全封闭的 A 类火灾场所；限定位置的流散 B 类火灾场所；固定位置面积不大于 100 m^2 的流淌 B 类火灾场所。

（3）移动式系统可用于下列场所：发生火灾的部位难以确定或人员难以接近的较小火灾场所；流散的 B 类火灾场所；不大于 100 m^2 的流淌 B 类火灾场所。

（4）丙类固定顶与内浮顶油罐，单罐容量小于 10000 m^3 的甲、乙类固定顶与内浮顶油罐，当选用中倍数泡沫灭火系统时，宜为固定式。

（5）油罐中倍数泡沫灭火系统应采用液上喷射形式，且保护面积应按油罐的横截面积确定。

（6）系统扑救一次火灾的泡沫混合液设计量，应按油罐内用量、该罐辅助泡沫枪用量、管道剩余量三者之和最大的油罐确定。

（7）系统泡沫混合液供给强度不应小于 4 L/(min·m^2)，连续供给时间不应小于 30 min。

（8）设置固定式中倍数泡沫灭火系统的油罐区，宜设置低倍数泡沫枪。

（9）泡沫产生器应沿罐周均匀布置，当泡沫产生器数量大于或等于 3 个时，可每两个产生器共用一根管道引至防火堤外。

【练习题】

某油罐区采用中倍数泡沫灭火系统进行保护，下列说法错误的是（　　）。

A. 采用固定式系统

B. 采用液上喷射形式

C. 保护面积应按油罐的横截面积确定

D. 系统泡沫混合液供给强度不应小于 4 L/(min·m^2)，连续供给时间不应小于 15 min

［答案］D

（三）高倍数泡沫灭火系统

（1）全淹没系统或固定式局部应用系统应设置火灾自动报警系统，并应符合下列规定：

① 全淹没系统应同时具备自动、手动和应急机械手动启动功能。

② 自动控制的固定式局部应用系统应同时具备手动和应急机械手动启动功能；手动控制的固定式局部应用系统尚应具备应急机械手动启动功能。

③ 消防控制中心（室）和防护区应设置声光报警装置。

④ 消防自动控制设备宜与防护区内门窗的关闭装置、排气口的开启装置，以及生产、照明电源的切断装置等联动。

（2）当系统以集中控制方式保护两个或两个以上的防护区时，其中一个防护区发生火灾均不应危及其他防护区；泡沫液和水的储备量应按最大一个防护区的用量确定；手动与应急机械控制装置应有标明其所控制区域的标记。

（3）高倍数泡沫产生器的设置应符合下列规定：高度应在泡沫淹没深度以上；宜接近保护对象，但其位置应免受爆炸或火焰损坏；应使防护区形成比较均匀的泡沫覆盖层；

应便于检查、测试及维修；当泡沫产生器在室外或坑道应用时，应采取防止风对泡沫产生器发泡和泡沫分布产生影响的措施。

（4）当高倍数泡沫产生器的出口设置导泡筒时，应符合下列规定：

① 导泡筒的横截面积宜为泡沫产生器出口横截面积的 1.05～1.10 倍。

② 当导泡筒上设有闭合器件时，其闭合器件不得阻挡泡沫的通过。

（5）固定安装的高倍数泡沫产生器前应设置管道过滤器、压力表和手动阀门。

（6）固定设置的泡沫液桶（罐）和比例混合器不应设置在防护区内。

（7）系统干式水平管道最低点应设置排液阀，且坡向排液阀的管道坡度不宜小于3‰。

（8）系统管道上的控制阀门应设置在防护区以外，自动控制阀门应具有手动启闭功能。

（9）全淹没系统可用于下列场所：

① 封闭空间场所。

② 设有阻止泡沫液流失的固定围墙或其他围挡设施的场所。

（10）全淹没系统的防护区应为封闭或设置灭火所需的固定围挡的区域，且应符合下列规定：

① 泡沫的围挡应为不燃结构，且应在系统设计灭火时间内具备围挡泡沫的能力。

② 在保证人员撤离的前提下，门、窗等位于设计淹没深度以下的开口，应在泡沫喷放前或泡沫喷放的同时自动关闭；对于不能自动关闭的开口，全淹没系统应对其泡沫损失进行相应补偿。

③ 利用防护区外部空气发泡的封闭空间，应设置排气口，排气口的位置应避免燃烧产物或其他有害气体回流到高倍数泡沫产生器进气口。

④ 在泡沫淹没深度以下的墙上设置窗口时，宜在窗口部位设置网孔基本尺寸不大于3.15 mm 的钢丝网或钢丝纱窗。

⑤ 排气口在灭火系统工作时应自动或手动开启，其排气速度不宜超过 5 m/s。

⑥ 防护区内应设置排水设施。

（11）泡沫淹没深度的确定应符合下列规定：

① 当用于扑救 A 类火灾时，泡沫淹没深度不应小于最高保护对象高度的 1.1 倍，且应高于最高保护对象最高点 0.6 m。

② 当用于扑救 B 类火灾时，汽油、煤油、柴油或苯火灾的泡沫淹没深度应高于起火部位 2 m；其他 B 类火灾的泡沫淹没深度应由试验确定。

（12）系统自接到火灾信号至开始喷放泡沫的延时不应超过 1 min。

（13）泡沫液和水的连续供给时间应符合下列规定：当用于扑救 A 类火灾时，不应小于 25 min；当用于扑救 B 类火灾时，不应小于 15 min。

（14）对于 A 类火灾，其泡沫淹没体积的保持时间应符合下列规定：单独使用高倍数泡沫灭火系统时，应大于 60 min；与自动喷水灭火系统联合使用时间，应大于 30 min。

（15）局部应用系统可用于下列场所：

① 四周不完全封闭的 A 类火灾与 B 类火灾场所。

② 天然气液化站与接收站的集液池或储罐围堰区。

(16) 系统的保护范围应包括火灾蔓延的所有区域。

(17) 当用于扑救A类火灾或B类火灾时，泡沫供给速率应符合下列规定：

① 覆盖A类火灾保护对象最高点的厚度不应小于0.6 m。

② 对于汽油、煤油、柴油或苯，覆盖起火部位的厚度不应小于2 m；其他B类火灾的泡沫覆盖厚度应由试验确定。

③ 达到规定覆盖厚度的时间不应大于2 min。

(18) 当用于扑救A类和B类火灾时，其泡沫液和水的连续供给时间不应小于12 min。

(19) 当设置在液化天然气集液池或储罐围堰区时，应符合下列规定：

① 应选择固定式系统，并应设置导泡筒。

② 宜采用发泡倍数为300～500倍的高倍数泡沫产生器。

③ 泡沫混合液供给强度应根据阻止形成蒸汽云和降低热辐射强度试验确定，并应取两项试验的较大值；当缺乏实验数据时，泡沫混合液供给强度不宜小于7.2 L/(min·m^2)。

④ 泡沫连续供给时间应根据所需的控制时间确定，且不宜小于40 min；当同时设有移动式系统时，固定式系统的泡沫供给时间可按达到稳定控火时间确定。

⑤ 保护场所应有适合设置导泡筒的位置。

⑥ 系统设计尚应符合现行国家标准《石油天然气工程设计防火规范》(GB 50183) 的规定。

(20) 移动式系统可用于下列场所：

① 发生火灾的部位难以确定或人员难以接近的场所。

② 流淌的B类火灾场所。

③ 发生火灾时需要排烟、降温或排除有害气体的封闭空间。

【练习题】

1. 当高倍数全淹没灭火系统用于扑救B类火灾时，汽油、煤油、柴油或苯类火灾的泡沫淹没深度应高于起火部位（　　）m。

A. 1　　B. 1.2　　C. 1.6　　D. 2

[答案] D

2. 对于局部应用系统，当高倍数泡沫灭火系统用于扑救A类和B类火灾时，其泡沫连续供给时间不应小于（　　）min。

A. 12　　B. 15　　C. 30　　D. 60

[答案] A

3. 以下关于高倍数泡沫灭火系统有关说法正确的是（　　）。

A. 高倍数泡沫系统应设火灾自动报警系统

B. 消防控制中心和防护区应设置声光报警装置

C. 高倍数全淹没系统应同时具备手动、自动、应急机械手动三种启动功能

D. 高倍数自动控制固定式局部应用系统应具备自动、手动和应急机械手动启动功能

E. 高倍数手动控制固定式局部应用系统应具备手动和应急机械手动启动功能

[答案] ABC

(四) 泡沫—水喷淋系统

（1）泡沫—水喷淋系统可用于下列场所：

① 具有非水溶性液体泄漏火灾危险的室内场所。

② 存放量不超过 25 L/m^2 或超过 25 L/m^2 但有缓冲物的水溶性液体室内场所。

（2）泡沫喷雾系统可用于保护独立变电站的油浸电力变压器、面积不大于 200 m^2 的非水溶性液体室内场所。

（3）泡沫—水喷淋系统泡沫混合液与水的连续供给时间，应符合下列规定：

① 泡沫混合液连续供给时间不应小于 10 min。

② 泡沫混合液与水的连续供给时间之和不应小于 60 min。

（4）闭式泡沫—水喷淋系统的供给强度不应小于 6.5 L/(min · m^2)。

（5）闭式泡沫—水喷淋系统输送的泡沫混合液应在 8 L/s 至最大设计流量范围内达到额定的混合比。

【练习题】

泡沫—水喷淋系统泡沫混合液与水的连续供给时间应符合下列规定：泡沫混合液连续供给时间不应小于（　　）min；泡沫混合液与水的连续供给时间之和应不小于（　　）min。

A. 10，30　　B. 20，30　　C. 10，60　　D. 20，60

［答案］C

（五）系统的设计流量

（1）储罐区泡沫灭火系统的泡沫混合液设计流量，应按储罐上设置的泡沫产生器或高背压泡沫产生器与该储罐辅助泡沫枪的流量之和计算，且应按流量之和最大的储罐确定。

（2）泡沫枪或泡沫炮系统的泡沫混合液设计流量，应按同时使用的泡沫枪或泡沫炮的流量之和确定。

（3）泡沫—水喷淋系统的设计流量，应按雨淋阀控制的喷头的流量之和确定。多个雨淋阀并联的雨淋系统，其系统设计流量应按同时启用雨淋阀的流量之和的最大值确定。

【练习题】

以下关于储罐区泡沫混合液设计用量和设计流量说法正确的是（　　）。

A. 储罐区泡沫灭火系统扑救一次火灾的泡沫混合液设计用量，应按罐内用量、该罐辅助泡沫枪用量之和最大的储罐确定

B. 应按泡沫灭火系统实际设计泡沫混合液强度计算确定罐内泡沫混合液用量

C. 储罐区泡沫灭火系统的泡沫混合液设计流量，应按储罐上设置的泡沫产生器或高背压泡沫产生器与该储罐辅助泡沫枪的流量之和计算，且应按流量之和最大的储罐确定

D. 应按泡沫混合液设计流量最大的储罐设置泡沫消防水泵或泡沫混合液泵

E. 应按泡沫混合液设计用量最大的储罐设置泡沫消防水泵或泡沫混合液泵

［答案］BCD

（六）系统维护管理

（1）每周应对消防泵和备用动力进行一次启动试验，并按规范记录。

（2）每月应对系统进行检查，并应按《泡沫灭火系统施工及验收规范》D.0.2 记录，检查内容及要求应符合下列规定：

① 对低、中、高倍数泡沫发生器，泡沫喷头，固定式泡沫炮，泡沫比例混合器（装置），泡沫液储罐进行外观检查，应完好无损。

② 对固定式泡沫炮的回转机构、仰俯机构或电动操作机构进行检查，性能应达到标准的要求。

③ 泡沫消火栓和阀门的开启与关闭应自如，不应锈蚀。

④ 压力表、管道过滤器、金属软管、管道及附件不应有损伤。

⑤ 对遥控功能或自动控制设施及操纵机构进行检查，性能应符合设计要求。

⑥ 对储罐上的低、中倍数泡沫混合液立管应清除锈渣。

⑦ 动力源和电气设备工作状况应良好。

⑧ 水源及水位指示装置应正常。

（3）每半年除储罐上泡沫混合液立管和液下喷射防火堤内泡沫管道及高倍数泡沫产生器进口端控制阀后的管道外，其余管道应全部冲洗，清除锈渣，并应按规范记录。

（4）每两年应对系统进行检查和试验，并应按《泡沫灭火系统施工及验收规范》记录；检查和试验的内容及要求应符合下列规定：

① 对于低倍数泡沫灭火系统中的液上、液下及半液下喷射、泡沫喷淋、固定式泡沫炮和中倍数泡沫灭火系统进行喷泡沫试验，并对系统所有的组件、设施、管道及管件进行全面检查。

② 对于高倍数泡沫灭火系统，可在防护区内进行喷泡沫试验，并对系统所有组件、设施、管道及附件进行全面检查。

③ 系统检查和试验完毕，应对泡沫液泵或泡沫混合液泵、泡沫液管道、泡沫混合液管道、泡沫管道、泡沫比例混合器（装置）、泡沫消火栓、管道过滤器或喷过泡沫的泡沫产生装置等用清水冲洗后放空，复原系统。

【练习题】

某储罐区设有低倍数泡沫灭火系统，维护管理人员每周应对（　　）进行检查。

A. 泡沫产生器外观　　B. 自动控制设施及操纵机构

C. 泡沫混合液立管清除锈渣　　D. 消防泵和备用动力进行一次启动试验

［答案］D

四、思考题

（一）单项选择题

1. 本案例在测定泡沫混合液的混合比时应采用的便捷方法是（　　）。

A. 电度法　　B. 折射指数法　　C. 流量计法　　D. 成分分析法

［答案］A

2. 利用泡沫消火栓进行喷水试验时，主要检测的项目是（　　）。

A. 泡沫枪进口压力　　B. 泡沫消火栓的进口压力

C. 泡沫消火栓的射程　　D. 泡沫液发泡倍数

［答案］A

3. 本案例使用的泡沫枪是属于（　　）。

A. 非吸气型喷射装置　　　　B. 射水装置

C. 吸气型泡沫产生装置　　　　D. 泡沫混合装置

［答案］C

［解析］吸气型泡沫产生装置:利用文丘里管原理,将空气吸入泡沫混合液中并混合产生泡沫,然后将泡沫以特定模式喷出的装置。如泡沫产生器、泡沫枪、泡沫炮、泡沫喷头等。

非吸气型喷射装置：无空气吸入口，使用水成膜等泡沫混合液，其喷射模式类似于喷水的装置，如水枪、水炮、洒水喷头等。

4. 本案例的泡沫混合液混合比的检测应从（　　）处取样。

A. 立管清渣口　　B. 试验检测口　　C. 泡沫枪　　D. 泡沫栓出口

［答案］B

［解析］在固定式泡沫灭火系统的泡沫混合液主管道上应留出泡沫混合液流量检测仪器的安装位置；在泡沫混合液管道上应设置试验检测口；在防火堤外侧最不利和最有利水力条件处的管道上，宜设置供检测泡沫产生器工作压力的压力表接口。

（二）多项选择题

1. 本案例喷泡沫试验时应进行的检测项目有（　　）。

A. 泡沫枪的进口压力和射程　　　　B. 泡沫混合液的混合比

C. 泡沫混合液的发泡倍数　　　　D. 泡沫混合液输送到最不利储罐的时间

E. 系统从喷水至喷泡沫的转换时间

［答案］BCD

［解析］A 选项是产生装置单机调试时检测项目。E 选项是泡沫—喷淋联用系统检测时的项目。

2. 本案例在进行系统喷水试验时除检测指标外，试验目的还有（　　）。

A. 检查管道组件的耐压能力　　　　B. 检查管道是否通畅

C. 检查泡沫枪的流量是否符合　　　　D. 检查泵能否准确启动

E. 检查阀门能否启闭灵活，远控阀门能否可靠控制

［答案］BDE

3. 本案例在测定发泡倍数时所需的设备器具有（　　）。

A. 秒表　　　　B. 台秤（电子秤）

C. PC8 泡沫发生器　　　　D. PQ8 泡沫枪

E. 量桶和刮板各一个

［答案］BDE

（三）分析题

本案例的年（月）检程序中遗漏了什么重要检查项目？

［答案］泡沫灭火系统在调试前应对系统的所有组件、设施、管道及管件进行全面检查，这是调试的基本要求，特别是罐区防火堤内的泡沫混合液立管及其组件应进行检查和清渣，检查金属软管有无损伤，清渣时用木锤敲打管壁，让锈渣脱落，打开立管底部的盲板或阀门，让锈渣排出，清扫完毕使系统复原，因为防火堤内的管道、设备一般不参与试验，不能进行冲洗，如不事前检查，容易漏检。

案例30 防烟和排烟设施检查与维护保养案例分析

一、情景描述

某大型商场地上四层，未开设外窗，设有机械排烟系统，防烟楼梯间设有正压送风系统，防排烟风机均布置在建筑的屋顶上。机械排烟系统的排烟风机排烟量按一个防烟分区面积500 m^2，单位排烟量不小于120 $m^3/(h \cdot m^2)$ 确定，系统为专用排烟系统，排烟口为常闭式，并按防火分区设补风系统，补风量为排烟量的50%，送风机与排烟风机联动。正压送风系统，对防烟楼梯间，在首层及第四层设常开百叶风口，对合用前室每层设常闭多叶送风口，合用前室与楼梯间分别送风，补风要求是保证加压送风部位的余压值不小于规定：对楼梯间为40～50 Pa，对前室、合用前室为25～30 Pa，防烟楼梯间和合用前室均不具有自然排烟条件。

维保单位按合约为本商场进行定期检查，在检查前详细审核了设计图纸，编制了维保方案，征得业主同意后，在业主配合下实施维保方案：

（1）对本次维保使用的测试仪器仪表进行检查，其精度等级符合要求，计量仪器均在有效使用期内。

（2）检查风机的电源供应符合要求，供电线路保护符合规定，电气控制柜处于正常工作状态，对需要进行转动试验的风机，其电气控制柜应处于手动状态（但需要联动启动的补风机则应处于自动状态），并已向消防中心报告。

（3）逐台检查通风机传动装置及直通大气的进出口，均有安全防护措施。

（4）逐台检查通风机的启动运转情况。

（5）逐个检查送风口，排烟口完好无损，风口表面平整，各类风阀的使用功能符合要求。

（6）检查挡烟垂壁完整无损，处于工作状态。

（7）检查完成后使系统复位，处于准工作状态。

（8）任选一个防烟分区，以手动和自动方式启动系统，观察各系统的联动情况。

二、案例说明

本案例主要分析下列内容：

（1）系统的调试。

（2）系统验收。

（3）系统维护管理。

三、关键知识点及依据

依据：

（1）《建筑设计防火规范》(GB 50016—2014)。

（2）《火灾自动报警系统设计规范》(GB 50116—2013)。

（一）系统的调试

1. 单机调试

（1）防火阀、排烟防火阀的调试：

① 进行手动关闭、复位试验，阀门动作应灵敏、可靠，关闭应严密。

② 模拟火灾，相应区域火灾报警后，同一防火区域内阀门应联动关闭。

③ 阀门关闭后的状态信号应能反馈到消防控制室。

④ 阀门关闭后应能联动相应的风机停止。

（2）送风口、排烟阀（口）的调试：

① 进行手动开启、复位试验，阀门动作应灵敏、可靠，远距离控制机构的脱扣钢丝连接应不松弛、不脱落。

② 模拟火灾，相应区域火灾报警后，同一防火区域内阀门应联动开启。

③ 阀门开启后的状态信号应能反馈到消防控制室。

④ 阀门开启后应能联动相应的风机启动。

（3）活动挡烟垂壁的调试：

① 手动操作挡烟垂壁按钮进行开启、复位试验，挡烟垂壁应灵敏、可靠地启动与到位后停止，下降高度符合设计要求。

② 模拟火灾，相应区域火灾报警后，同一防火区域内挡烟垂壁应联动下降到设计高度。

③ 挡烟垂壁下降到设计高度后应能将状态信号反馈到消防控制室。

（4）自动排烟窗的调试：

① 手动操作排烟窗按钮进行开启、关闭试验，排烟窗动作应灵敏、可靠，完全开启时间应符合设计要求。

② 模拟火灾，相应区域火灾报警后，同一防火区域内排烟窗应能联动开启。

③ 排烟窗完全开启后，状态信号应反馈到消防控制室。

（5）送风机、排烟风机的调试：

① 手动开启风机，风机应正常运转 2.0 h，叶轮旋转方向应正确、运转平稳、无异常振动与声响。

② 核对风机的铭牌值，并测定风机的风量、风压、电流和电压，其结果应与设计相符。

③ 在消防控制室手动控制风机的启动、停止，风机的启动、停止状态信号应能反馈到消防控制室。

（6）机械加压送风系统的调试：根据设计模式开启送风机，分别在系统的不同位置打开送风口，测试送风口处的风速，以及楼梯间、前室、合用前室、消防电梯前室、封闭避难层（间）的余压值，分别达到设计要求。

(7) 机械排烟系统的调试：根据设计模式开启排烟风机和相应的排烟阀（口），测试风机排烟量和排烟阀（口）处的风速达到设计要求；测试机械排烟系统，还要开启补风机和相应的补风口，送风口处的风量值和风速应达到设计要求。

2. 联动调试

(1) 机械加压送风系统的联动调试：

① 当任何一个常闭送风口开启时，送风机均能联动启动。

② 与火灾自动报警系统联动调试。当火灾报警后，应启动有关部位的送风口、送风机，启动的送风口、送风机应与设计和规范要求一致，其状态信号能反馈到消防控制室。

(2) 机械排烟系统的联动调试：

① 当任何一个常闭排烟阀（口）开启时，排烟风机均能联动启动。

② 与火灾自动报警系统联动调试。当火灾报警后，机械排烟系统应启动有关部位的排烟阀（口）、排烟风机；启动的排烟阀（口）、排烟风机应与设计和规范要求一致，其状态信号应反馈到消防控制室。

③ 有补风要求的机械排烟场所，当火灾报警后，补风系统应启动。

④ 排烟系统与通风、空调系统合用，当火灾报警后，由通风、空调系统转换排烟系统的时间应符合国家标准《通风与空调工程施工质量验收规范》(GB 50243—2002) 的规定。

(3) 自动排烟窗的联动调试：在火灾报警后联动开启到符合要求的位置，其状态信号应反馈到消防控制室。

(4) 活动挡烟垂壁的调试：在火灾报警后联动下降到设计高度，其状态信号应反馈到消防控制室。

【练习题】

1. 下列关于建筑防烟系统联动控制要求的做法中，错误的是（　　）。

A. 常闭加压送风口开启由其所在防火分区内两只独立火灾探测器的报警信号作为联动触发信号

B. 加压送风机启动由其所在防火分区内的一只火灾探测器与一只手动火灾报警按钮的报警信号作为联动触发信号

C. 楼梯间的前室或合用前室的加压送风系统中任一常闭加压送风口开启时，联动启动该楼梯间各楼层的前室及合用前室内的常闭加压送风口

D. 对于防火分区跨越多个楼层的建筑，楼梯间的前室或合用前室内任一常闭加压送风口开启时联动启动该防火分区内全部楼层的楼梯间前室及合用前室内的常闭加压送风口

[答案] C

2. 某消防技术服务机构对已完工的防烟排烟系统进行检测，下列做法中，错误的是（　　）。

A. 采用发烟器分别对消防电梯前室及附近的两只感烟探测器进行模拟火灾试验，待相应的正压送风机启动后，使用风速仪对消防电梯前室设置的送风口处的风速进行测量，获得测量结果并观察消防联动控制器是否接收到相应正压送风机的动作信号

B. 对二层商场电动挡烟垂壁附近的一只感烟探测器进行发烟试验，观察电动挡烟垂壁的自动降落情况

C. 手动打开设在地下车库的排烟阀，待相应的排烟风机启动后，使用风速仪对排烟口处的风速进行测量，获得测量结果并观察消防联动控制器是否接收到相应排烟阀，排烟风机的动作信号

D. 启动地下车库的排烟系统，手动关闭排烟风机入口处总管上设置的排烟防火阀，观察排烟风机的运行

［答案］B

（二）系统验收

1. 系统设备手动功能验收

（1）送风机、排烟风机应能正常手动启动和停止，状态信号应在消防控制室显示。

（2）送风口、排烟阀（口）应能正常手动开启和复位，阀门关闭严密，动作信号应在消防控制室显示。

（3）活动挡烟垂壁、自动排烟窗应能正常手动开启和复位，动作信号应在消防控制室显示。

2. 设备联动功能验收

火灾报警后，根据设计模式，相应系统及部位的送风机启动、送风口开启，排烟风机启动、排烟阀（口）开启，自动排烟窗开启到符合要求的位置，活动挡烟垂壁下降到设计高度，有补风要求的补风机、补风口开启；各部件、设备的动作状态信号在消防控制室显示。

3. 自然通风及自然排烟验收

下列项目的布置方式和主要性能参数达到设计和规范要求。

（1）防烟楼梯间及其前室、消防电梯前室、合用前室可开启外窗的面积。

（2）内走道可开启外窗的面积。

（3）需要排烟的房间可开启外窗的面积。

（4）中庭可开启的顶窗和侧窗的面积。

（5）避难层（间）可开启外窗或百叶窗的面积。

4. 机械防烟系统的主要性能参数验收

（1）任选一层模拟火灾，打开送风口，联动启动加压送风机，当封闭楼梯间、防烟楼梯间、前室、合用前室、消防电梯前室及封闭避难层（间）门全闭时，测试该层的防烟楼梯间、前室、合用前室、消防电梯前室及封闭避难层（间）的余压。从走廊到前室再到楼梯间的余压值应依次呈递增分布；前室、合用前室、消防电梯前室、封闭避难层（间）与走道之间的压差应符合要求；封闭楼梯间、防烟楼梯间与走道间压差应符合要求。

（2）打开模拟着火楼层前室、合用前室、消防电梯前室的防火门，对于地上楼梯间，当机械加压送风系统负担层数小于15层时，同时打开模拟着火楼层及其上、下一层楼梯间的防火门；当机械加压送风系统负担层数多于或等于15层时，同时打开模拟着火楼层及其上、下一层楼梯间的防火门；对于地下楼梯间，同时打开模拟着火楼层楼梯间的防火门；测试各门洞处的风速不应小于0.7 m/s。

5. 机械排烟系统的主要性能参数验收

对下列部位的排烟量、排烟口风速进行检查测试，应符合设计要求。

(1) 内走道排烟量。

(2) 需要排烟的房间排烟量。

(3) 中庭的排烟量。

(4) 地下车库的排烟量。

6. 补风设施的验收

测试补风量、补风口的风速，应符合设计要求。

【练习题】

对某商场地下车库的机械排烟系统进行验收时，选择一个防烟分区的一只感温探测器和一只手动报警装置进行模拟火灾试验，然后观察排烟阀和排烟风机的动作情况，并使用风速仪测试相应排烟口处的风速。下列现场情况及排烟口处的风速测试结果中，符合验收要求的是（　　）。

A. 相应防烟区的排烟阀开启，并联动相应的排烟风机，排烟口处的风速仪测试结果为 8.5 m/s

B. 相应防烟区的排烟阀开启，并联动相应的排烟风机，排烟口处的风速仪测试结果为 12 m/s

C. 相邻防烟区的排烟阀开启，并联动相应的排烟风机，排烟口处的风速仪测试结果为 8.5 m/s

D. 相邻防烟区的排烟阀开启，并联动相应的排烟风机，排烟口处的风速仪测试结果为 12 m/s

[答案] A

(三) 系统维护管理

1. 每日巡查内容

(1) 查看机械加压送风系统、机械排烟系统控制柜的标志、仪表、指示灯、开关和控制按钮；用按钮启、停每台风机，查看仪表及指示灯显示。

(2) 查看机械加压送风系统、机械排烟系统风机的外观和标志牌；在控制室远程手动启、停风机，查看运行及信号反馈情况。

(3) 查看送风阀、排烟阀、排烟防火阀、电动排烟窗的外观；手动、电动开启，手动复位，查看动作和信号反馈情况。

2. 每月检查内容及要求

(1) 防烟、排烟风机：手动或自动启动试运转，检查有无锈蚀、螺钉松动。

(2) 挡烟垂壁：手动或自动启动、复位试验，检查有无升降障碍。

(3) 排烟窗：手动或自动启动、复位试验，检查有无开关障碍，每月检查供电线路有无老化，双回路自动切换电源功能等。

3. 半年检查内容及要求

(1) 防火阀：手动或自动启动、复位试验，检查有无变形、锈蚀，并检查弹簧性能，确认性能可靠。

(2) 排烟防火阀：手动或自动启动、复位试验，检查有无变形、锈蚀，并检查弹簧性能，确认性能可靠。

（3）送风阀（口）：手动或自动启动、复位试验，检查有无变形、锈蚀，并检查弹簧性能，确认性能可靠。

（4）排烟阀（口）：手动或自动启动、复位试验，检查有无变形、锈蚀，并检查弹簧性能，确认性能可靠。

4. 每年检查内容及要求

每年对所安装全部防烟排烟系统进行一次联动试验和性能检测，其联动功能和性能参数应符合原设计要求。

【练习题】

1. 某商场消防设施维护管理人员对商场设置的防烟排烟系统进行日常巡查。下列内容中，不属于防烟排烟系统日常巡查的是（　　）。

A. 每天检查送风机、排烟风机及其控制柜的外观及工作状态

B. 每天检查挡烟垂壁及其控制装置外观及工作状态

C. 每天检查送风阀、排烟阀联动启动送风机、排烟风机的功能

D. 每天检查电动排烟窗，自然排烟设施的外观

［答案］C

2. 建筑防排烟系统运行周期性维护管理中，下列检查项目中，不属于每半年检查项目的是（　　）。

A. 防火阀　　B. 排烟口（阀）　　C. 联动功能　　D. 送风口（阀）

［答案］C

四、思考题

（一）单项选择题

1. 防烟分区分隔构件的作用是（　　）。

A. 在排烟时间内组织积蓄热烟气　　B. 阻挡热烟气蔓延

C. 有利于感温探测器和闭式喷头动作　　D. 有利于烟气排出

［答案］A

2. 规范规定排烟口的排烟阀的手动控制装置是指（　　）。

A. 排烟阀的操作手柄

B. 排烟阀的复位手炳

C. 由排烟阀的执行机构引出的远距离手动开启装置

D. 送风口开启按钮

［答案］C

（二）多项选择题

1. 下列设施属于防烟设施的是（　　）。

A. 送风机　　B. 送风口及送风管道

C. 可开启外窗　　D. 通风机

E. 挡烟垂壁

［答案］ABC

[解析] 考生需要分清防烟设施和排烟设施。

2. 风机在启动运转时应注意检查的内容有（　　）。

A. 叶轮旋转方向是否正确　　B. 风机的风量

C. 运转平稳，无异常振动与声响　　D. 风机叶轮的动平衡

E. 风机的外观

[答案] AC

[解析] 手动开启风机，风机应正常运转 2.0 h，叶轮旋转方向应正确、运转平稳、无异常振动与声响。

3. 防排烟系统中各类风阀的使用功能的检查内容有（　　）。

A. 风阀的动作方向是否正确

B. 手动及电动操作装置是否灵活可靠，动作是否准确，开启和关闭是否到位

C. 联动关系是否正确，动作是否到位

D. 安装位置是否便于操作和检修

E. 排烟阀及手控装置位置是否符合设计

[答案] ABC

[解析] 本题问的是功能检测。

（三）判断题

1. 设计图纸是编制“维保方案”的重要依据。（　　）

[答案] ×

[解析] 设计图纸中途存在变更的可能性，因此不能作为维保方案的依据，应该以竣工图纸作为依据。

2. 防烟楼梯间应划分到所在防烟分区内。（　　）

[答案] ×

[解析] 划分防烟分区的目的：一是为了在火灾时，将烟气控制在一定范围内；二是为了提高排烟口的排烟效果。

3. 火灾确认后应自动启动排烟风机，并联动打开相关部位的排烟口。（　　）

[答案] ×

[解析] 逻辑顺序搞反了。应由排烟口、排烟窗或排烟阀开启的动作信号，作为排烟风机启动的联动触发信号，并应由消防联动控制器联动控制排烟风机的启动。

4. 当排烟口的排烟防火阀在 280 ℃关闭时应联动排烟风机停运。（　　）

[答案] ×

[解析] 排烟风机入口处的总管上设置的 280 ℃排烟防火阀在关闭后应直接联动控制风机停止，排烟防火阀及风机的动作信号应反馈至消防联动控制器。

5. 为了确保排烟风机在整个火灾延续时间内排烟，排烟风机应具备能在 280 ℃条件下连续运转 30 min 的性能。（　　）

[答案] ×

[解析] 排烟风机并不是要在整个火灾延续时间内排烟，而是总管上设置的 280 ℃排烟防火阀在关闭后应直接联动控制风机停止。

6. 在任何情况下消控中心都应设手动直接控制装置控制防排烟风机。（　　）

［答案］√

（四）分析题

简述编制消防设施维修保养方案的主要依据有哪些？

［答案］编制消防设施维修保养方案的主要依据有以下几点：

（1）施工单位的竣工验收资料、竣工图纸。

（2）运行过程中的技术改造、维修的相关资料。

（3）消防设备设施产品说明书和质量合格证明。

（4）现场系统现状，周围环境条件及业主的消防管理现状。

（5）国家相关消防安全技术标准。

案例31 火灾自动报警设施检查与维护保养案例分析

一、情景描述

某办公楼建筑消防设备用电为一级负荷，所有消防用电设备总负荷为1000 kW。所有重要消防用电设备均采用双路电源供电并在末端设自动切换。消防控制室设置蓄电池作为备用电源。火灾自动报警系统接地利用大楼综合接地装置作为接地极，设专用接地干线，引线采用BV－1×25－FPC40，其综合接地电阻不大于1 Ω。火灾自动报警系统采用二总线制，系统由光电感烟探测器、感温火灾探测器、手动报警按钮、火灾声光报警器、火灾显示盘和火灾报警控制器组成。消防控制室可显示消防水池和消防水箱的水位信息，显示消防水泵的电源状态及运行状况，并可以联动控制所有与消防有关的设备。

二、案例说明

本案例涉及防火内容较多，主要分析下列内容：

（1）消防控制室。

（2）系统的供电设计。

（3）火灾警报的联动控制设计。

（4）系统设备的设置。

（5）系统的检测与验收。

（6）系统的使用和维护。

三、关键知识点及依据

（一）消防控制室

（1）具有消防联动功能的火灾自动报警系统的保护对象中应设置消防控制室。

（2）消防控制室内设置的消防设备应包括火灾报警控制器、消防联动控制器、消防控制室图形显示装置、消防专用电话总机、消防应急广播控制装置、消防应急照明和疏散指示系统控制装置、消防电源监控器等设备或具有相应功能的组合设备。消防控制室内设置的消防控制室图形显示装置应能显示规范规定的建筑物内设置的全部消防系统及相关设备的动态信息和规范规定的消防安全管理信息，并应为远程监控系统预留接口，同时应具有向远程监控系统传输规范规定的有关信息的功能，如图2－31－1所示。

（3）消防控制室应设有用于火灾报警的外线电话。

（4）消防控制室应有相应的竣工图纸、各分系统控制逻辑关系说明、设备使用说明书、系统操作规程、应急预案、值班制度、维护保养制度及值班记录等文件资料。

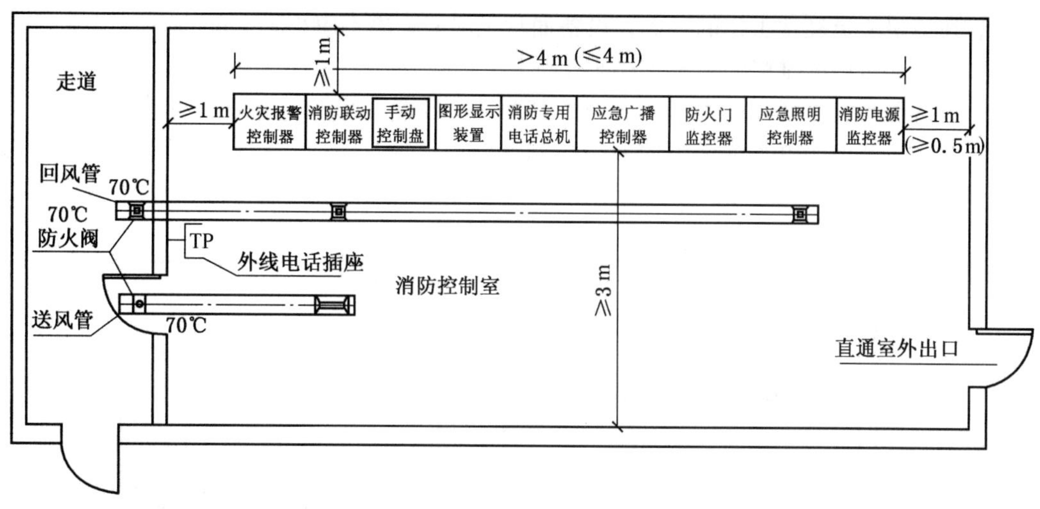

图 2-31-1　设备面盘排列长度>4 m（≤4 m）单列布置的消防控制室布置图

（5）消防控制室送、回风管的穿墙处应设防火阀。

（6）消防控制室内严禁穿过与消防设施无关的电气线路及管路。

（7）消防控制室不应设置在电磁场干扰较强及其他影响消防控制室设备工作的设备用房附近。

（8）消防控制室内设备的布置应符合下列规定：

① 设备面盘前的操作距离，单列布置时不应小于 1.5 m；双列布置时不应小于 2 m，如图 2-31-2 所示。

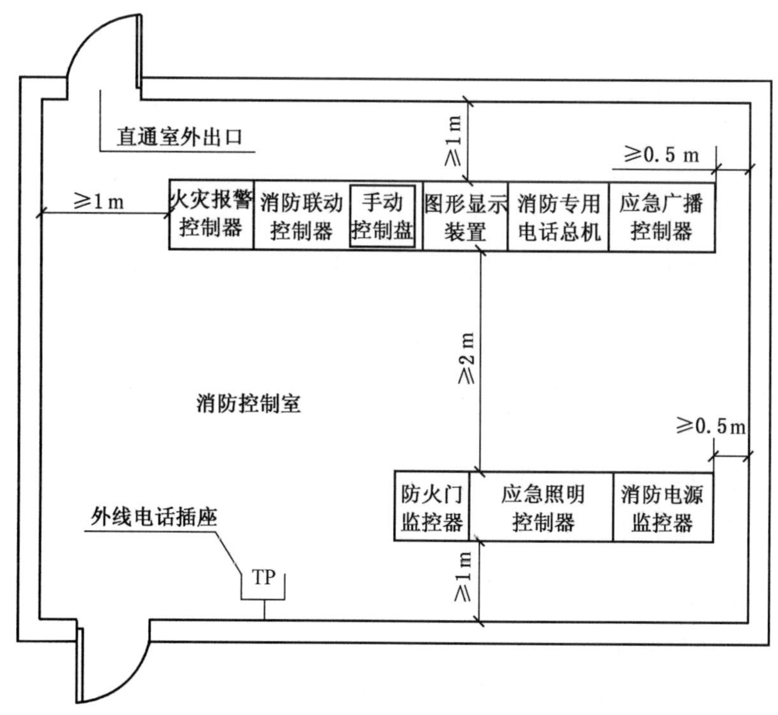

图 2-31-2　设备面盘双列布置的消防控制室布置图

② 在值班人员经常工作的一面，设备面盘至墙的距离不应小于 3 m。

③ 设备面盘后的维修距离不宜小于 1 m。

④ 设备面盘的排列长度大于 4 m 时，其两端应设置宽度不小于 1 m 的通道。

⑤ 与建筑其他弱电系统合用的消防控制室内，消防设备应集中设置，并应与其他设备间有明显间隔，如图 2－31－3 所示。

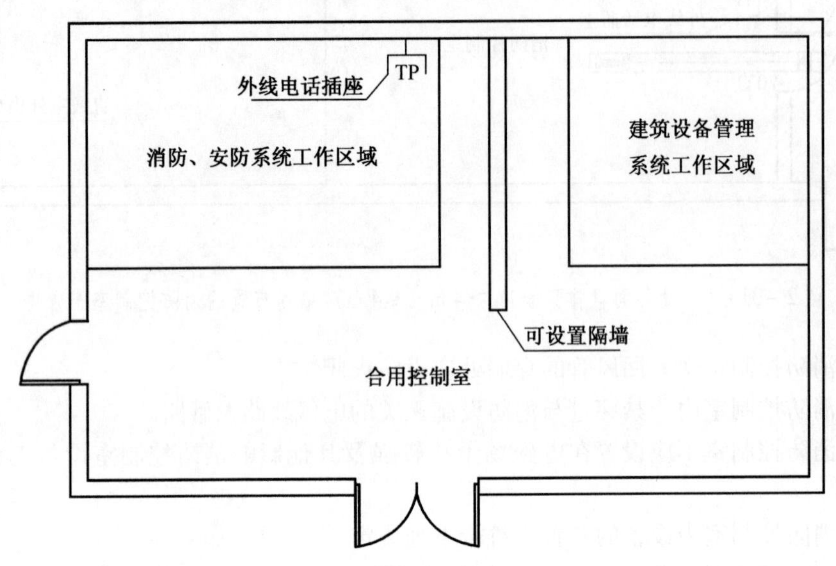

图 2－31－3 消防控制室与安防监控室合用布置图

【练习题】

1. 根据《火灾自动报警系统设计规范》(GB 50116—2013) 的规定，在值班人员经常工作的一面，消防控制室内的设备面盘至墙的距离不应小于（ ）m。

A. 1.5　　B. 3　　C. 2　　D. 2.5

[答案] B

2. 消防控制室是建筑消防系统的信息中心、控制中心、日常运行管理中心和各类消防系统运行状态监视中心，以下关于消防控制室的设置错误的是（ ）。

A. 单独建造的消防控制室，其耐火极限不应低于二级

B. 附设在建筑内的消防控制室，宜设置在建筑内首层的靠外墙部位，也可以设置在建筑物的地下一层

C. 消防控制室内与消防设施无关的电气线路穿过应当分开设置，并应穿金属管保护

D. 消防控制室，送回风管的穿墙处应设防火阀

[答案] C

(二) 系统的供电设计

(1) 火灾自动报警系统应设置交流电源和蓄电池备用电源。

(2) 火灾自动报警系统的交流电源应采用消防电源，备用电源可采用火灾报警控制

器和消防联动控制器自带的蓄电池电源或消防设备应急电源。当备用电源采用消防设备应急电源时，火灾报警控制器和消防联动控制器应采用单独的供电回路，并应保证在系统处于最大负载状态下不影响火灾报警控制器和消防联动控制器的正常工作。

（3）消防控制室图形显示装置、消防通信设备等的电源，宜由 UPS 电源装置或消防设备应急电源供电。

（4）火灾自动报警系统主电源不应设置剩余电流动作保护和过负荷保护装置。

（5）消防设备应急电源输出功率应大于火灾自动报警及联动控制系统全负荷功率的 120%，蓄电池组的容量应保证火灾自动报警及联动控制系统在火灾状态同时工作负荷条件下连续工作 3 h 以上。

（6）消防用电设备应采用专用的供电回路，其配电设备应设有明显标志。其配电线路和控制回路宜按防火分区划分。

（7）火灾自动报警系统接地装置的接地电阻值应符合下列规定：采用共用接地装置时，接地点阻值不应大于 1 Ω。采用专用接地装置时，接地点阻值不应大于 4 Ω。

（8）消防控制室内的电气和电子设备的金属外壳、机柜、机架和金属管、槽等，应采用等电位连接。

（9）由消防控制室接地板引至各消防电子设备的专用接地线应选用铜芯绝缘导线，其线芯截面面积不应小于 4 mm^2。

（10）消防控制室接地板与建筑接地体之间，应采用线芯截面面积不小于 25 mm^2 的铜芯绝缘导线连接。

【练习题】

1. 蓄电池组的容量应保证火灾自动报警及联动控制系统在火灾状态同时工作负荷条件下连续工作（　　）以上。

A. 2 h　　B. 3 h　　C. 6 h　　D. 8 h

［答案］B

2. 下列关于火灾自动报警系统的接地，说法不正确的是（　　）。

A. 采用共用接地装置时，接地点阻值不应大于 1 Ω

B. 采用专用接地装置时，接地点阻值不应大于 5 Ω

C. 由消防控制室接地板引至各消防电子设备的专用接地线选用线芯截面面积 4 mm^2 的铜芯绝缘导线

D. 消防控制室接地板与建筑接地体之间采用线芯截面面积 25 mm^2 的铜芯绝缘导线连接

［答案］B

（三）火灾警报的联动控制设计

（1）火灾自动报警系统应设置火灾声光警报器，并应在确认火灾后启动建筑内的所有火灾声光警报器。

（2）未设置消防联动控制器的火灾自动报警系统，火灾声光警报器由火灾报警控制器控制；设置消防联动控制器的火灾自动报警系统，火灾声光警报器应由火灾报警控制器或消防联动控制器控制。

(3) 公共场所宜设置具有同一种火灾变调声的火灾声警报器；具有多个报警区域的保护对象，宜选用带有语音提示的火灾声警报器；学校、工厂等各类日常使用电铃的场所，不应使用警铃作为火灾声警报器。

(4) 火灾声警报器设置带有语音提示功能时，应同时设置语音同步器。

(5) 同一建筑内设置多个火灾声警报器时，火灾自动报警系统应能同时启动和停止所有火灾声警报器工作。

(6) 火灾声警报器单次发出火灾警报时间宜为 8 ~ 20 s，同时设有消防应急广播时，火灾声警报应与消防应急广播交替循环播放。

【练习题】

下列关于火灾声警报器的做法中，正确的有（　　）。

A. 火灾自动报警系统能同时启动和停止所有火灾声警报器工作

B. 火灾声警报器采用火灾报警控制器控制

C. 火灾声警报与消防应急广播同步播放

D. 学校阅览室、礼堂等公共场所采用具有同一种火灾变调声的火灾声警报器

E. 教学楼使用警铃作为火灾声警报器

[答案] ABD

(四) 系统设备的设置

(1) 火灾报警控制器和消防联动控制器，应设置在消防控制室内或有人值班的房间和场所。

(2) 火灾报警控制器和消防联动控制器安装在墙上时，其主显示屏高度宜为 1.5 ~ 1.8 m，其靠近门轴的侧面距墙不应小于 0.5 m，正面操作距离不应小于 1.2 m。

(3) 集中报警系统和控制中心报警系统中的区域火灾报警控制器在满足下列条件时，可设置在无人值班的场所：

① 本区域内不需要手动控制的消防联动设备。

② 本火灾报警控制器的所有信息在集中火灾报警控制器上均有显示，且能接收起集中控制功能的火灾报警控制器的联动控制信号，并自动启动相应的消防设备。

③ 设置的场所只有值班人员可以进入。

(4) 每个防火分区应至少设置一只手动火灾报警按钮。从一个防火分区内的任何位置到最邻近的自动火灾报警按钮的步行距离不应大于 30 m。手动火灾报警按钮宜设置在疏散通道或出入口处。列车上设置的手动火灾报警按钮，应设置在每节车厢的出入口和中间部位。

(5) 手动火灾报警按钮应设置在明显和便于操作的部位。当采用壁挂方式安装时，其底边距地高度宜为 1.3 ~ 1.5 m，且应有明显的标志。

(6) 每个报警区域宜设置一台区域显示器（火灾显示盘）；宾馆、饭店等场所应在每个报警区域设置一台区域显示器。当一个报警区域包括多个楼层时，宜在每个楼层设置一台仅显示本楼层的区域显示器。

(7) 区域显示器应设置在出入口等明显和便于操作的部位。当采用壁挂方式安装时，其底边距地高度宜为 1.3 ~ 1.5 m。

（8）火灾光警报器应设置在每个楼层的楼梯口、消防电梯前室、建筑内部拐角等处的明显部位，且不宜与安全出口指示标志灯具设置在同一面墙上。

（9）每个报警区域内应均匀设置火灾警报器，其声压级不应小于 60 dB；在环境噪声大于 60 dB 的场所，其声压级应高于背景噪声 15 dB。

（10）当火灾警报器采用壁挂方式安装时，底边距地面高度应大于 2.2 m。

【练习题】

1. 从一个防火分区内的任何位置到最邻近的手动火灾报警按钮的步行距离不应大于（　　）m。

A. 15　　B. 20　　C. 30　　D. 50

［答案］C

2. 火灾报警控制器和消防联动控制器，应设置在消防控制室内或有人员值班的房间和场所，火灾报警控制器和消防联动控制器安装在墙上时，其正面操作距离不应小于（　　）。

A. 1.0 m　　B. 1.2 m　　C. 1.5 m　　D. 1.6 m

［答案］B

（五）系统的检测与验收

1. 系统检测的内容

（1）火灾自动报警系统竣工后，建设单位应负责组织施工、设计、监理等单位进行验收。验收不合格不得投入使用。

（2）火灾自动报警系统工程验收时应按《火灾自动报警系统施工及验收规范》（CB 50166—2007）附录 E 的要求填写相应的记录。

（3）对系统中下列装置的安装位置、施工质量和功能等进行验收。

① 火灾报警系统装置（包括各种火灾探测器、手动火灾报警按钮、火灾报警控制器和区域显示器等）。

② 消防联动控制系统（含消防联动控制器、气体灭火控制器、消防电气控制装置、消防设备应急电源、消防应急广播设备、消防电话、传输设备、消防控制中心图形显示装置、模块、消防电动装置、消火栓按钮等设备）。

③ 自动灭火系统控制装置（包括自动喷水、气体、干粉、泡沫等固定灭火系统的控制装置）。

④ 消火栓系统的控制装置。

⑤ 通风空调、防烟排烟及电动防火阀等控制装置。

⑥ 电动防火门控制装置、防火卷帘控制器。

⑦ 消防电梯和非消防电梯的回降控制装置。

⑧ 火灾警报装置。

⑨ 火灾应急照明和疏散指示控制装置。

⑩ 切断非消防电源的控制装置。

⑪ 电动阀控制装置。

⑫ 消防联网通信。

⑬ 系统内的其他消防控制装置。

2. 系统设备检测数量要求

(1) 各类消防用电设备主、备电源的自动转换装置，应进行3次转换试验，每次试验均应正常。

(2) 火灾报警控制器（含可燃气体报警控制器）和消防联动控制器应按实际安装数量全部进行功能检验。消防联动控制系统中其他各种用电设备、区域显示器应按下列要求进行功能检验：

① 实际安装数量在5台以下者，全部检验。

② 实际安装数量在6~10台者，抽验5台。

③ 实际安装数量超过10台者，按实际安装数量30% ~50%的比例，但不少于5台抽验。

④ 各装置的安装位置、型号、数量、类别及安装质量应符合设计要求。

(3) 火灾探测器（含可燃气体探测器）和手动火灾报警按钮，应按下列要求进行模拟火灾响应（可燃气体报警）和故障信号检验：

① 实际安装数量在100只以下者，抽验20只（每个回路都应抽验）。

② 实际安装数量超过100只，每个回路按实际安装数量10% ~20%的比例进行抽验，但抽验总数应不少于20只。

③ 被检查的火灾探测器的类别、型号、适用场所、安装高度、保护半径、保护面积和探测器的间距等均应符合设计要求。

(4) 室内消火栓的功能验收应在出水压力符合现行国家有关建筑设计防火规范的条件下，抽验下列控制功能：

① 在消防控制室内操作启、停泵1~3次。

② 消火栓处操作启泵按钮，按5% ~10%的比例抽验。

(5) 自动喷水灭火系统，应在符合现行国家标准《自动喷水灭火系统设计规范(2005年版)》(GB 50084—2001) 的条件下，抽验下列控制功能：

① 在消防控制室内操作启、停泵1~3次。

② 水流指示器、信号阀等按实际安装数量的30% ~50%的比例进行抽验。

③ 压力开关、电动阀、电磁阀等按实际安装数量全部进行检验。

(6) 气体、泡沫、干粉等灭火系统，应在符合国家现行有关系统设计规范的条件下按实际安装数量的20% ~30%的比例抽验下列控制功能：

① 自动、手动启动和紧急切断试验1~3次。

② 与固定灭火设备联动控制的其他设备动作（包括关闭防火门窗、停止空调风机、关闭防火阀等）试验1~3次。

(7) 电动防火门、防火卷帘，5樘以下的应全部检验，超过5樘的应按实际安装数量的20%的比例，但不小于5樘，抽验联动控制功能。

(8) 防烟排烟风机应全部检验，通风空调和防排烟设备的阀门，应按实际安装数量的10% ~20%的比例，抽验联动功能，并应符合下列要求：

① 报警联动启动、消防控制室直接启停、现场手动启动防烟排烟风机1~3次。

② 报警联动停止、消防控制室远程停止通风空调送风1~3次。

③ 报警联动开启、消防控制室开启、现场手动开启防排烟阀门1~3次。

(9) 消防电梯应进行 1 ~2 次手动控制和联动控制功能检验，非消防电梯应进行 1 ~2 次联动返回首层功能检验，其控制功能、信号均应正常。

(10) 火灾应急广播设备,应按实际安装数量的 10% ~20% 的比例进行下列功能检验：

① 对所有广播分区进行选区广播，对共用扬声器进行强行切换。

② 对扩音机和备用扩音机进行全负荷试验。

③ 检查应急广播的逻辑工作和联动功能。

(11) 消防专用电话的检验，应符合下列要求：

① 消防控制室与所设的对讲电话分机进行 1 ~3 次通话试验。

② 电话插孔按实际安装数量的 10% ~20% 的比例进行通话试验。

③ 消防控制室的外线电话与另一部外线电话模拟报警电话进行 1 ~3 次通话试验。

(12) 火灾应急照明和疏散指示控制装置应进行 1 ~3 次使系统转入应急状态检验，系统中各消防应急照明灯具均应能转入应急状态。

(13) 本节各项检验项目中，当有不合格时，应修复或更换，并进行复验。复验时，对有抽验比例要求的，应加倍检验。

3. 系统工程质量检测判定标准

系统工程质量验收评定标准应符合下列要求：

(1) 系统内的设备及配件规格型号与设计不符、无国家相关证明和检验报告的，系统内的任一控制器和火灾探测器无法发出报警信号，无法实现要求的联动功能的，定为 A 类不合格。

(2) 验收前提供资料不符合《火灾自动报警系统设计规范》(GB 50116—2013) 第 5.2.1 条要求的定为 B 类不合格。

(3) 除前两条规定的 A、B 类不合格外，其余不合格项均为 C 类不合格。

(4) 系统验收合格评定为:$A=0$,$B\leqslant 2$,且 $B+C\leqslant$检查项的 5% 为合格,否则为不合格。

【练习题】

1. 在火灾自动报警系统工程质量验收判定准则中，下列情形中，可判定为 B 类不合格的是（　　）。

A. 报警控制器规格型号与设计不符　　B. 施工过程质量管理检查记录不完整

C. 火灾探测器的备品数量不足　　D. 系统抽检中有一探测器无法发出警报信号

[答案] B

2. 某建筑物内火灾自动报警系统施工结束后，调试人员对通过管路采样的吸气式火灾探测器进行调试。下列调试方式和结果中,不符合现行国家消防技术标准要求的是（　　）。

A. 在其中一根采样管最末端（最不利处）采样孔加入试验烟，控制器在 120 s 内发出火灾报警信号

B. 断开其中一根探测器的采样管路，控制器在 100 s 内发出故障信号

C. 断开其中一根探测器的采样管路，控制器在 120 s 内发出故障信号

D. 在其中一根采样管最末端（最不利处）采样孔加入试验烟，控制器在 100 s 内发出火灾报警信号

[答案] C

（六）系统的使用和维护

（1）火灾自动报警系统应保持连续正常运行，不得随意中断。每日应检查火灾报警控制器的功能。

（2）每季度应检查和试验火灾自动报警系统的下列功能：采用专用检测仪器分期分批试验探测器的动作及确认灯显示；试验火灾警报装置的声光显示；试验水流指示器、压力开关等报警功能、信号显示；对主电源和备用电源进行 1 ~ 3 次自动切换试验；用自动或手动检查消防控制设备的控制显示功能：

① 室内消火栓、自动喷水、泡沫、气体、干粉等灭火系统的控制设备。

② 抽验电动防火门、防火卷帘门，数量不小于总数的 25%。

③ 选层试验消防应急广播设备，并试验公共广播强制转入火灾应急广播的功能，抽检数量不小于总数的 25%。

④ 火灾应急照明与疏散指示标志的控制装置。

⑤ 送风机、排烟机和自动挡烟垂壁的控制设备。

⑥ 检查消防电梯迫降功能。

⑦ 应抽取不小于总数 25% 的消防电话和电话插孔在消防控制室进行对讲通话试验。

（3）每年应检查和试验火灾自动报警系统下列功能，并按要求填写相应的记录。

① 应用专用检测仪器对所安装的全部探测器和手动报警装置试验至少 1 次。

② 自动和手动打开排烟阀，关闭电动防火阀和空调系统。

③ 对全部电动防火门、防火卷帘试验至少 1 次。

④ 强制切断非消防电源功能试验。

⑤ 对其他有关的消防控制装置进行功能试验。

（4）点型感烟火灾探测器投入运行 2 年后，应每隔 3 年至少全部清洗一遍；通过采样管采样的吸气式感烟火灾探测器根据使用环境的不同，需要对采样管道进行定期吹洗，最长的时间间隔不应超过一年；探测器的清洗应由有相关资质的机构根据产品生产企业的要求进行。探测器清洗后应做响应阈值及其他必要的功能试验，合格者方可继续使用。不合格探测器严禁重新安装使用，并应将该不合格品返回产品生产企业集中处理，严禁将离子感烟火灾探测器随意丢弃。可燃气体探测器的气敏元件超过生产企业规定的寿命年限后应及时更换，气敏元件的更换应由有相关资质的机构根据产品生产企业的要求进行。

（5）不同类型的探测器应有 10% 但不少于 50 只的备品。

【练习题】

1. 对火灾自动报警系统实施检查维护，每季度应开展一次检查和试验的项目有（　　）。

A. 强制切断非消防电源功能试验

B. 火灾报警装置的声光显示功能试验

C. 水流指示器，压力开关的报警功能试验

D. 1 ~3 次主电源和备用电源自动切换试验

E. 防火卷帘抽查试验

［答案］BCDE

2. 根据《火灾自动报警系统施工及验收规范》（GB 50166）要求，下列关于火灾自动

报警系统周期性维护保养的说法中，正确的是（　　）。

A. 点型感烟火灾探测器投入运行 3 年后，应每隔 2 年至少全部清洗一遍

B. 每年应用专用检测仪器对所安装的全部探测器试验至少 1 次

C. 每年应用专用检测仪器对所安装的全部手动报警器装置试验至少 1 次

D. 每年应对全部防火卷帘的测验至少 1 次

E. 每年应对全部电动防火门的试验至少 1 次

［答案］BCDE

四、思考题

（一）多项选择题

每年应对火灾自动报警系统下列功能进行检查和试验，并填写相应的记录（　　）。

A. 采用专用检测仪器对所安装的全部火灾探测器和手动报警按钮进行至少 1 次试验

B. 用自动或手动方式检查室内消火栓，自动喷水灭火系统控制设备的控制显示功能

C. 对全部消防电话的通话进行至少一次试验

D. 对强制切断非消防电源功能进行试验

E. 对 50% 的消防电话的通话进行至少一次试验

［答案］ABCD

（二）分析题

简述本案例中每季度应对火灾自动报警系统的哪些功能检查和试验?

［答案］

（1）采用专用检测仪器分期分批对探测器的动作及确认灯显示进行试验。

（2）对火灾警报装置的声光显示进行试验。

（3）对水流指示器、压力开关等报警功能、信号显示进行试验。

（4）对主电源和备用电源进行 1 ~3 次自动切换试验。

（5）用自动或手动方式，检查自动喷水灭火系统、消火栓系统、加压风口电动控制装置、风机、防火卷帘等控制设备的控制和显示功能。

（6）检查电梯迫降功能。

（7）在消防控制室进行对讲通话试验。

案例32 消防应急照明和疏散指示标志检查与维护保养案例分析

一、情景描述

某办公楼共3层，总建筑面积约6000 m²。楼内安装自带电源非集中控制型消防应急照明和疏散指示系统，其中18 W应急照明灯30只，3 W应急照明灯8只，安全出口标志灯12只，单向悬挂应急标志灯16只，单向壁挂应急标志灯48只。应急照明配电箱安装在每一层的楼层配电间，正常工作时灯具由应急照明配电箱供电，应急工作时由自带的蓄电池供电。系统已经通过消防检测和验收，投入正常运行。办公楼内设置了火灾自动报警系统。

二、案例说明

本案例涉及防火内容较多，主要分析下列内容：

（1）档案资料管理。

（2）日常检查。

（3）定期维护保养。

（4）结果处理。

三、关键知识点及依据

依据：《消防应急照明和疏散指示系统》(GB 17945—2010)。

（一）档案资料管理

系统正式启用后，应保管好下述文件资料：

（1）系统竣工图及设备的技术资料。

（2）系统的操作规程及维护保养管理制度。

（3）系统操作员名册及相应的工作职责。

（4）值班记录、日常检查记录、维护保养记录和相关使用图表。

（二）日常检查

（1）系统保持连续正常运行，不得随意中断。消防应急灯具供电的回路中严禁设置可关断灯具充电及关断灯具应急状态的开关装置、插座及其他负载。

（2）检查消防应急灯具外观结构是否有破损。

（3）检查消防应急标志灯具的工作状态，一旦发现光源熄灭、疏散指示方向更改或故障指示灯点亮，或蓄电池电压低于规定时应立即进行维修或更换。

（4）检查消防应急照明灯具的工作状态，如果故障指示灯点亮，或蓄电池电压低于规定时应立即进行维修或更换。

（5）检查应急照明配电箱是否有故障。

（6）记录检查情况。

（三）定期维护保养

每季度对消防应急照明和疏散指示系统的下列功能进行检查和试验，并按要求填写相应的记录。

（1）检查消防应急灯具、应急照明配电箱的工作状态。

（2）模拟消防联动控制信号联动应急照明配电箱，检查系统转入应急工作状态的控制功能。

（3）检查应急灯具的应急工作时间。消防应急照明和疏散指示系统的定期应急放电时间不能低于 30 min，否则需要更换产品。

（4）应急照明应急转换时间：系统应急转换时间不应大于 5 s，高危险区域使用的系统应急转换时间不应大于 0. 25 s。

（四）结果处理

如果系统全部功能正常，不存在故障，则填好定期维护保养记录表并存档。如发现系统存在问题和故障，相关人员还应填写故障维修记录表，并向单位消防安全管理人报告。单位消防安全管理人应立即组织维修。当场有条件维修解决的当场维修解决；当场没有条件维修解决的，尽可能在 24 h 内维修解决。需要由供应商或者厂家提供零配件或协助维修解决的，若不影响系统主要功能的，可在 7 个工作日内解决。故障排除后经单位消防安全管理人检查确认。维修情况应记入故障维修记录表并存档。

四、思考题

（一）单项选择题

1. 应急照明与疏散指示系统的定期维护保养周期，不应大于（　　）天。

A. 180　　B. 120　　C. 90　　D. 60

［答案］C

2. 高危险区域使用的应急照明与疏散指示系统，应急照明转换时间不应大于（　　）s。

A. 5　　B. 1　　C. 0. 50　　D. 0. 25

［答案］D

（二）多项选择题

消防应急照明和疏散指示系统日常检查内容包括（　　）。

A. 检查消防应急灯具、应急照明配电箱的工作状态

B. 检查消防应急灯具外观结构是否有破损

C. 检查消防应急标志灯具疏散指示方向是否有变化

D. 检查消防应急照明灯具是否有故障

E. 检查维修保养记录

［答案］ABCD

（三）分析题

某超市，共三层，安装自带电源非集中控制型消防应急照明和疏散指示系统，请简述

如何进行消防应急照明灯具的检查。

[答案]

(1) 检查消防应急灯具的工作状态指示灯，查看灯具是否有故障。

(2) 检查消防应急标志灯具的疏散标志指示方向是否与实际疏散方向一致。

(3) 模拟消防联动控制信号，使灯具转入应急工作状态。

(4) 记录灯具应急工作时间，应不小于灯具本身标称的应急工作时间。

(5) 检查安装区域的最低照度是否符合设计要求。

案例33 灭火器配置验收与检查案例分析

一、情景描述

某寺庙为县一级文物保护单位，是可能发生固体物质火灾为主的灭火器配置场所。其大雄殿配置有推车式干粉灭火器，周围过道和用房配置有 MFZ/ABC4 手提式磷酸铵盐（ABC）干粉灭火器。该寺庙大雄殿的计算单元最小需配灭火级别为 10 A，有两个设置点，一个设置点配置了一具 MFTZ/ABC20 推车式磷酸铵盐（ABC）干粉灭火器，另一个设置点配置了一具 MFTZ/20 推车式碳酸氢钠（BC）干粉灭火器。灭火器最大保护距离符合消防规范要求。在 2013 年的一次现场检查时，发现所配置的灭火器中有 2000 年生产出厂的产品。灭火器配置现场的灭火器情况如图 2－33－1 和图 2－33－2 所示。

图 2－33－1 走道处配置的手提式灭火器

图 2－33－2 MFZ/ABC4 手提式干粉灭火器的压力指示器

二、案例说明

本案例涉及防火内容较多，主要分析下列内容：

（1）灭火器的安装要求。

（2）灭火器配置验收。

（3）灭火器的检查。

（4）灭火器的送修。

（5）灭火器的报废。

三、关键知识点及依据

(一) 灭火器的安装要求

(1) 灭火器的安装设置应便于取用，且不得影响安全疏散。灭火器的安装设置应稳固，灭火器的铭牌应朝外，灭火器的器头宜向上。灭火器设置点的环境温度不得超出灭火器的使用温度范围。

(2) 手提式灭火器宜设置在灭火器箱内或挂钩、托架上。对于环境干燥、洁净的场所，手提式灭火器可直接放置在地面上。灭火器箱不应被遮挡、上锁或拴系。嵌墙式灭火器箱及挂钩、托架的安装高度应满足手提式灭火器顶部离地面距离不大于 1.50 m，底部离地面距离不小于 0.08 m 的规定。

(3) 推车式灭火器宜设置在平坦场地，不得设置在台阶上。在没有外力作用下，推车式灭火器不得自行滑动。推车式灭火器的设置和防止自行滑动的固定措施等均不得影响其操作使用和正常行驶移动。在有视线障碍的设置点安装设置灭火器时，应在醒目的地方设置指示灭火器位置的发光标志。在灭火器箱的箱体正面和灭火器设置点附近的墙面上应设置指示灭火器位置的标志，并宜选用发光标志。

(4) 设置在室外的灭火器应采取防湿、防寒、防晒等相应保护措施。当灭火器设置在潮湿性或腐蚀性的场所时，应采取防湿或防腐蚀措施。

【练习题】

嵌墙式灭火器箱及挂钩、托架的安装高度应满足手提式灭火器顶部离地面距离不大于(　　)。

A. 1.0 m　　B. 1.2 m　　C. 1.3 m　　D. 1.5 m

[答案] D

(二) 灭火器配置验收

(1) 灭火器的类型、规格、灭火级别和配置数量应符合建筑灭火器配置设计要求。灭火器的产品质量必须符合国家有关产品标准的要求。

(2) 在同一灭火器配置单元内，采用不同类型灭火器时，其灭火剂应能相容。灭火器的设置应保证配置场所的任一点都在灭火器设置点的保护范围内。

(3) 灭火器设置点附近应无障碍物，取用灭火器方便，且不得影响人员安全疏散。灭火器的摆放应稳固。灭火器的设置点应通风、干燥、洁净，其环境温度不得超出灭火器的使用温度范围。设置在室外和特殊场所的灭火器应采取相应的保护措施。

(4) 灭火器配置验收应按独立建筑进行，局部验收可按申报的范围进行。

(5) 灭火器配置验收的判定规则应符合下列要求：

① 缺陷项目应按《建筑灭火器配置验收及检查规范》(GB 50444—2008) 附录 B 的规定划分为：严重缺陷项 (A)、重缺陷项 (B) 和轻缺陷项 (C)。

② 合格判定条件应为：$A=0$，且 $B\leqslant1$，且 $B+C\leqslant4$，否则为不合格。

【练习题】

1. 对在同一配置单元内设置有两种类型的灭火器的场所进行验收检查时，下列检查结论中正确的是(　　)。

A. 核查灭火器的类型、数量、规格、灭火级别均符合设计要求，而且两种灭火剂的充装量相等，判定灭火器的配置合格

B. 核查灭火器的类型、数量、规格、灭火级别均符合设计要求，而且两种灭火剂的类型不相容，判定灭火器的配置合格

C. 核查灭火器的类型、数量、规格、灭火级别均符合设计要求，而且两种灭火剂的类型相容，判定灭火器的配置合格

D. 核查灭火器的类型、数量、规格、灭火级别均符合设计要求，但两种灭火剂的充装量不相等，判定灭火器的配置不合格

[答案] C

2. 建筑灭火器配置缺陷项分为三类，分别为严重（A）、重（B）、轻（C）。下列灭火器配置中，属于严重缺陷项的有（　　）。

A. 堆场上露天设置 MFT/ABC20 灭火器

B. 柴油发电机房设置 1 具磷酸铵盐灭火器及 1 具碳酸氢钠灭火器

C. 建筑地下室灭火器锁在灭火器箱中

D. 普通住宅内配置的灭火器未取得 3C 认证证书

E. 民用机场候机厅配置的灭火器型号为 MF/ABC4

[答案] BDE

（三）灭火器的检查

（1）每次送修的灭火器数量不得超过计算单元配置灭火器总数量的 1/4。超出时，应选择相同类型和操作方法的灭火器替代，替代灭火器的灭火级别不应小于原配置灭火器的灭火级别。

（2）检查或维修后的灭火器均应按原设置点位置摆放。需维修、报废的灭火器应由灭火器生产企业或专业维修单位进行。

（3）灭火器的配置、外观等应按要求每月进行一次检查。

（4）下列场所配置的灭火器，应按要求每半月进行一次检查：候车（机、船）室、歌舞娱乐放映游艺等人员密集的公共场所，堆场、罐区、石油化工装置区、加油站、锅炉房、地下室等场所。

（5）日常巡检发现灭火器被挪动，缺少零部件，或灭火器配置场所的使用性质发生变化等情况时，应及时处置。

（6）灭火器的检查记录应予保留。

【练习题】

某消防技术服务结构的检测人员对一大型商业综合体设置的各类灭火器进行检查，根据现行国家标准《建筑灭火器配置验收及检查规范》(GB 50444—2008）的要求，下列关于灭火器的检查结论中，正确的是（　　）。

A. 每个月对顶层办公区域配置的灭火器进行一次检查，符合要求

B. 每个月对商场部分配置的灭火器进行一次检查，符合要求

C. 每个月对地下室配置的灭火器进行一次检查，符合要求

D. 每个月对锅炉房配置的灭火器进行一次检查，符合要求

［答案］A

(四) 灭火器的送修

(1) 存在机械损伤、明显锈蚀、灭火剂泄漏、被开启使用过或符合其他维修条件的灭火器应及时进行维修。

(2) 灭火器的维修期限应符合表2－33－1的规定。

表2－33－1 灭火器的维修期限

灭火器类型		维修期限
水基型灭火器	手提式水基型灭火器	出厂期满3年； 首次维修以后每满1年
	推车式水基型灭火器	
干粉灭火器	手提式（贮压式）干粉灭火器	出厂期满5年； 首次维修以后每满2年
	手提式（储气瓶式）干粉灭火器	
	推车式（贮压式）干粉灭火器	
	推车式（储气瓶式）干粉灭火器	
洁净气体灭火器	手提式洁净气体灭火器	
	推车式洁净气体灭火器	
二氧化碳灭火器	手提式二氧化碳灭火器	
	推车式二氧化碳灭火器	

【练习题】

灭火器日常检查中，发现灭火器达到维修条件或维修期限时，建筑使用管理单位应及时按照规定程序送修。(　　) 的灭火器应及时送修。

A. 未曾使用过但出厂期刚满2年　　B. 机械损伤

C. 筒体明显锈蚀　　D. 灭火剂泄露

E. 再次维修以后刚满2年

［答案］BCD

(五) 灭火器的报废

(1) 下列类型的灭火器应报废：

① 酸碱型灭火器。

② 化学泡沫型灭火器。

③ 倒置使用型灭火器。

④ 氯溴甲烷、四氯化碳灭火器。

⑤ 国家政策明令淘汰的其他类型灭火器。

(2) 有下列情况之一的灭火器应报废：

① 筒体严重锈蚀，锈蚀面积大于或等于筒体总面积的1/3，表面有凹坑。

② 筒体明显变形，机械损伤严重。

③ 器头存在裂纹、无泄压机构。

④ 筒体为平底等结构不合理。

⑤ 没有间歇喷射机构的手提式。

⑥ 没有生产厂名称和出厂年月，包括铭牌脱落，或虽有铭牌，但已看不清生产厂名称，或出厂年月钢印无法识别。

⑦ 筒体有锡焊、铜焊或补缀等修补痕迹。

⑧ 被火烧过。

（3）灭火器出厂时间达到或超过表 2－33－2 规定的报废期限时应报废。

表 2－33－2　灭火器的报废期限

灭火器类型		报废期限/年
水基型灭火器	手提式水基型灭火器	6
	推车式水基型灭火器	
干粉灭火器	手提式（贮压式）干粉灭火器	10
	手提式（储气瓶式）干粉灭火器	
	推车式（贮压式）干粉灭火器	
	推车式（储气瓶式）干粉灭火器	
洁净气体灭火器	手提式洁净气体灭火器	
	推车式洁净气体灭火器	
二氧化碳灭火器	手提式二氧化碳灭火器	12
	推车式二氧化碳灭火器	

（4）灭火器报废后，应按照等效替代的原则进行更换。

【练习题】

灭火器使用一定年限后，对符合报废条件、报废年限的灭火器，建筑使用管理单位应及时采购符合要求的灭火器进行等效更换。下列灭火器中，正常情况下出厂时间已满 10 年但不满 12 年可不报废的是（　　）。

A. 二氧化碳灭火器　　B. 水基型灭火器

C. 洁净气体灭火器　　D. 干粉灭火器

［答案］A

四、思考题

（一）多项选择题

1. 存在（　　）或符合其他维修条件的灭火器应及时进行维修。

A. 机械损伤　　B. 明显锈蚀

C. 灭火剂泄漏　　D. 被开启使用过

E. 出厂期满 2 年

［答案］ABCD

2.（　　）配置的灭火器，应按规范的要求每半月进行一次检查。

A. 候车（机、船）室

B. 歌舞娱乐放映游艺等人员密集的公共场所

C. 设有集中空调、电子计算机、复印机等设备的办公楼

D. 堆场、罐区、石油化工装置区

E. 加油站、锅炉房、地下室

［答案］ABDE

［解析］灭火器的配置、外观等全面检查每月进行1次，候车（机、船）室、歌舞娱乐放映游艺等人员密集的公共场所以及堆场、罐区、石油化工装置区、加油站、锅炉房、地下室等场所配置的灭火器每半月检查1次。

（二）分析题

请分别指出本案例中灭火器配置存在的问题。

［答案］存在的问题主要有：

（1）在同一灭火器配置单元内，采用了磷酸铵盐（ABC）干粉灭火器和碳酸氢钠（BC）干粉灭火器这两种灭火剂不相容的灭火器。

（2）在A类火灾场所配置了不能扑灭A类火灾的碳酸氢钠（BC）干粉灭火器。

（3）MFZ/ABC4手提式磷酸铵盐（ABC）干粉灭火器的A类灭火级别为2A，达不到A类火灾场所灭火器的最低配置基准中规定的严重危险级的单具灭火器最小配置灭火级别为3A的要求。

（4）现场的灭火器压力指示器指针处于红区范围内，应处于绿色区范围内方属正常。

（5）干粉灭火器出厂时间已超过10年报废期限，应予以报废。

（6）维保单位把维修合格证贴在铭牌上，难以识别灭火器的型号规格。

第三篇

消防安全评估与安全管理

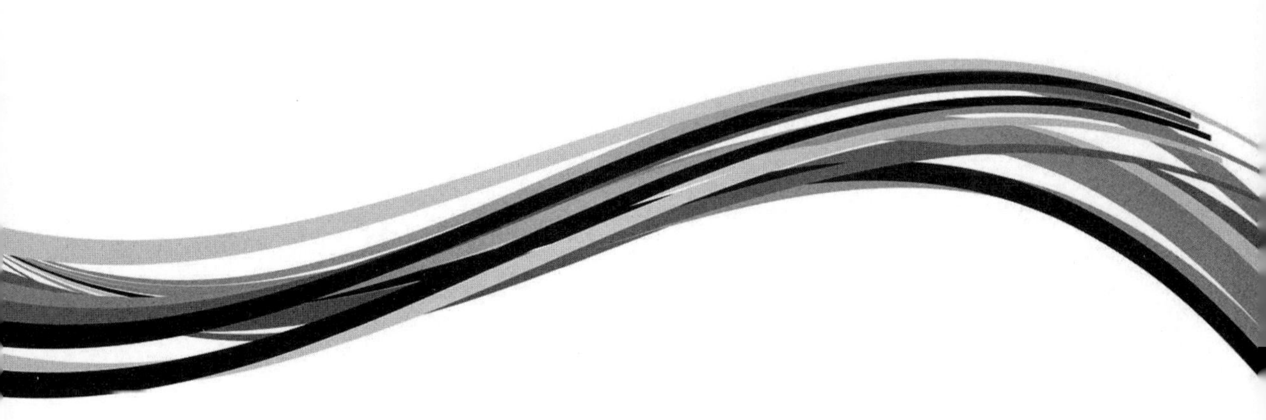

案例34　大型商业综合体消防性能化设计评估案例分析

一、情景描述

某商业综合体地上二十六层、地下三层，建设用地面积 $8.95 \times 10^4\ m^2$，总建筑面积 $37.73 \times 10^4\ m^2$，其中地上建筑面积 $27.08 \times 10^4\ m^2$、地下建筑面积 $10.65 \times 10^4\ m^2$。该建筑地上一至三层设计为室内步行街，通过若干中庭互相连通。步行街建筑面积 43411 m^2，其中首层建筑面积 15922 m^2，步行街净宽约 11 ~ 15 m。

该建筑地下室主要使用性质为汽车库、机电设备用房、物业服务用房；首层主要使用性质为百货、主力店、室内步行街和临街商铺，地上二、三层主要使用性质为室内步行街、百货、电玩、酒楼、歌舞厅；地上四至六层主要使用性质为百货、酒楼、电影院；地上七至二十六层主要使用性质为五星级酒店。该建筑除室内步行街的防火分区划分、安全疏散以及部分疏散楼梯间在首层需借助室内步行街进行疏散等问题以外，其他消防设计均满足现行有关国家工程消防技术标准的规定。

在消防性能化设计评估中，通过隔离室内步行街中的商业火灾荷载，限制室内步行街内部的火灾荷载，设置有效的火灾探测、自动灭火、防排烟等消防措施，将步行街设置为“临时安全区”，以解决步行街防火分区面积超大、借用步行街疏散等问题。

二、案例说明

本案例涉及防火内容较多，主要分析下列内容：

（1）建设工程消防性能化设计评估的含义。

（2）性能化设计评估的适用范围。

（3）从事性能化设计评估工作的单位和人员应具备的条件。

（4）性能化设计评估的管理流程

（5）建筑物性能化消防设计的基本程序。

（6）性能化设计评估消防安全总目标的确定。

（7）火灾场景的确定。

（8）建筑物内的初起火灾增长的确定方法。

（9）可燃物的状况及火灾荷载密度。

（10）烟控系统的设计及其量化指标。

（11）疏散时间的组成。

（12）疏散通道的有效宽度。

（13）确定针对性的消防措施。

（14）性能化设计评估对用于防火分隔的下沉式广场的要求。

（15）高大空间内高火灾荷载区域的处理方法。

三、关键知识点及依据

（一）建设工程消防性能化设计评估的含义

建设工程消防性能化设计评估是指根据建设工程使用功能和消防安全要求，运用消防安全工程学原理，采用先进适用的计算分析工具和方法，为建设工程消防设计提供设计参数、方案，或对建设工程消防设计方案进行综合分析评估，完成相关技术文件的工作过程。

（二）性能化设计评估的适用范围

（1）可采用性能化设计评估方法的情况：

① 超出现行国家消防技术标准适用范围的。

② 按照现行国家消防技术标准进行防火分隔、防烟排烟、安全疏散、建筑构件耐火等设计时，难以满足工程项目特殊使用功能的。

（2）不应采用性能化设计评估方法的情况：

① 国家法律法规和现行国家消防技术标准有严禁规定的。

② 现行国家消防技术标准已有明确规定，且工程项目无特殊使用功能的。

（三）从事性能化设计评估工作的单位和人员应具备的条件

（1）具有独立法人资格，有固定的办公地点。

（2）法定代表人具有大学本科以上学历、高级技术职称。

（3）具有高级技术职称的专业人员不少于 8 人，其中性能化设计评估专业技术人员不少于 4 人，建筑防火、消防给水、防烟排烟、消防电气专业技术人员各不少于 1 人。

（4）专业技术人员具有大学本科及以上学历，且从事本专业工作经历不少于 5 年。

（5）专业技术人员不同时在两家及以上从事性能化设计评估的单位聘用。

（6）具有满足性能化设计评估需要的计算软件及计算设备。

（7）不从事影响性能化设计评估工作公正性的业务。

（四）性能化设计评估的管理流程

（1）建设单位提交申请材料。

（2）工程项目管辖地公安消防机构初审核。对经初审同意的，书面报送省级公安消防机构。省级公安消防机构做出是否同意进行性能化设计评估的复函。

（3）建设单位委托符合条件的性能化设计评估单位进行性能化设计评估。

（4）建设单位、设计单位、性能化设计评估单位和公安消防机构共同研究确定消防安全目标及性能判据。

（5）对于性质重要的工程项目的性能化设计评估，可根据需要由另一家性能化设计评估单位进行复核评估。

（6）性能化设计评估工作完成后，建设单位提交申请召开论证会的材料。

（7）工程项目管辖地公安消防机构初审。对经初审同意的，书面报送省级公安消防机构。

（8）省级公安消防机构作出是否组织专家论证的决定，如同意则由省级公安消防机构会同同级建设行政主管部门组织召开专家论证会。

（9）当专家组认为设计方案存在需进一步研究解决的关键问题或专家意见存在较大分歧时，应做进一步研究，修改完善后，由省级公安消防机构再次组织专家论证。

（10）专家论证会组织单位应将专家组论证意见形成专家论证会议纪要，并印发有关单位。

（五）建筑物性能化消防设计的基本程序

（1）确定建筑物的使用功能和用途、建筑设计的适用标准。

（2）确定需要采用性能化设计方法进行设计的问题。

（3）确定建筑物的消防安全总体目标。

（4）进行性能化消防试设计和评估验证。

（5）修改、完善设计并进一步评估验证，确定是否满足所确定的消防安全目标。

（6）编制设计说明与分析报告，提交审查与批准。

（六）性能化设计评估消防安全总目标的确定

（1）减小火灾发生的可能性。

（2）在火灾条件下，保证建筑物内使用人员以及救援人员的人身安全。

（3）建筑物的结构不会因火灾作用而受到严重破坏或发生垮塌，或虽有局部垮塌，但不会发生连续垮塌而影响建筑物结构的整体稳定性。

（4）减少由于火灾而造成的商业运营、生产过程的中断。

（5）保证建筑物内财产的安全。

（6）建筑物发生火灾后，不会引燃其相邻建筑物。

（7）尽可能减少火灾对周围环境的污染。

建筑物的消防安全总目标视其使用功能、性质及建筑高度而有所区别，设计时应根据实际情况在上述几个目标中确定一个或者两个目标作为主要目标，并列出其他目标的先后次序。例如，对于人员聚集场所或旅馆等公共建筑，其主要目标是保护人员的生命安全；对于仓库，则更注重于保护财产和建筑结构安全。

（七）火灾场景的确定

火灾场景的设计，应当考虑以下内容：

（1）火灾场景应根据最不利的原则确定，选择火灾风险较大的火灾场景作为设定火灾场景。例如，火灾发生在疏散出口附近并令该疏散出口不可利用、自动灭火系统或排烟系统由于某种原因而失效等。

火灾风险较大的火灾场景一般为最有可能发生，但火灾危害不一定最大的火灾场景；或者火灾危害大，但发生的可能性较小的火灾场景。

（2）火灾场景必须能描述火灾引燃、增长和受控火灾的特征以及烟气和火势蔓延的可能途径、设置在建筑室内外的所有灭火设施的作用、每一个火灾场景的可能后果。

（3）在设计火灾场景时，应指定设定火源在建筑物内的位置及起火房间的空间几何特征。例如，火源是在房间中央、墙边、墙角还是门边等以及空间高度、开间面积和几何形状等。

（4）疏散场景的选择应考虑建筑的功能及其内部的设备情况、人员类型等因素，反映可能的火灾场景而对影响人员疏散过程的人员条件及环境条件。

(5) 确定可能火灾场景可采用下述方法：故障类型和影响分析、故障分析、如果……怎么办分析、相关统计数据、工程核查表、危害指数、危害和操作性研究、初步危害分析、故障树分析、事件树分析、原因后果分析和可靠性分析等。

(八) 建筑物内的初起火灾增长的确定方法

对于建筑物内的初起火灾增长，可根据建筑物内的空间特征和可燃物特性采用下述方法之一确定：

(1) 试验火灾模型。

(2) t^2 火灾模型。

(3) MRFC 火灾模型。

(4) 按叠加原理确定火灾增长的模型。

在有条件时应尽量采用试验模型，但由于目前很多试验数据是在大空间条件下采用大型锥形量热计的试验结果，并没有考虑维护结构对试验结果的影响，在应用中应注意试验边界条件、通风条件与应用条件的差异。

上述几种方法中，t^2 火灾模型是性能化设计评估中最常采用的描述火灾增长的方法。t^2 火灾模型描述火灾过程中火源热释放速率随时间的变化过程。当不考虑火灾的初期点燃过程时，可表示为

$$Q = \alpha t^2$$

$$\alpha = \frac{Q_0}{t_0^2}$$

式中 Q——火源热释放速率，kW；

α——火灾发展系数，kW/s^2；

t——火灾的发展时间，s；

t_0——火源热释放速率 $Q_0 = 1000$ kW 时所需要的时间，s。

根据火灾发展系数 α，火灾发展阶段可分为极快、快速、中速和慢速四种类型。火焰水平蔓延速度参数值见表 3-34-1。

表 3-34-1 火焰水平蔓延速度参数值

可 燃 材 料	火焰蔓延分级	$\alpha/(kW \cdot s^{-2})$	$Q_0 = 1000$ kW 时所需要的时间/s
没有注明	慢速	0.0029	600
无棉制品聚酯床垫	中速	0.0117	300
塑料泡沫堆积的木板 装满邮件的邮袋	快速	0.0469	150
甲醇快速燃烧的软垫座椅	极快速	0.1876	75

(九) 可燃物的状况及火灾荷载密度

可燃物的状况主要考虑可燃物的形状、分布、堆积密度、高度及湿度等。建筑物内的火灾荷载密度用室内单位地板面积的燃烧热值表示：

$$q_f = \frac{\sum G_i H_i}{A}$$

式中　q_f——火灾荷载密度，MJ/m^2；

G_i——某种可燃物的质量，kg；

H_i——某种可燃物单位质量的发热量，MJ/kg；

A——火灾范围内的地板面积，m^2。

一个空间内的火灾荷载密度也可以参考同类型建筑内火灾荷载密度的统计数据确定，在进行此类统计时，应该至少对 5 个典型建筑取样。

（十）烟控系统的设计及其量化指标

烟控系统的主要设计目标是：

（1）为人员疏散提供一个相对安全的区域，保证在疏散过程中不会受到火灾产生的烟气的伤害。

（2）为消防救援提供一个救援和展开灭火作业的安全通道和区域，免受火灾的影响。

（3）及时排除火灾中产生的大量热量，减少对建筑结构的损伤。

在性能化的烟控系统设计中，排烟量一般采用以下三种方法之一进行计算：

（1）排烟量大于火灾时产生的烟气量。

（2）排烟量等于火灾时产生的烟气量，且烟层的高度要大于一个临界高度，即保证人员安全的高度。

（3）排烟量小于火灾时产生的烟气量，但是烟层的高度下降到临界高度时，人员已经疏散完毕。

由于排烟系统的目的是防止人员受到火灾烟气的影响，因此排烟系统设计应使烟层维持在距离地面一定的高度以上，这个高度又称为临界烟层高度。临界烟层的计算式：

$$H_d = 1.6 + 0.1(H_c - h)$$

式中　H_d——烟层距离疏散地面的临界高度；

H_c——空间顶棚距离火源位置的高度；

h——疏散地面高于火源位置的高度。

三者的空间关系如图 3－34－1 所示。

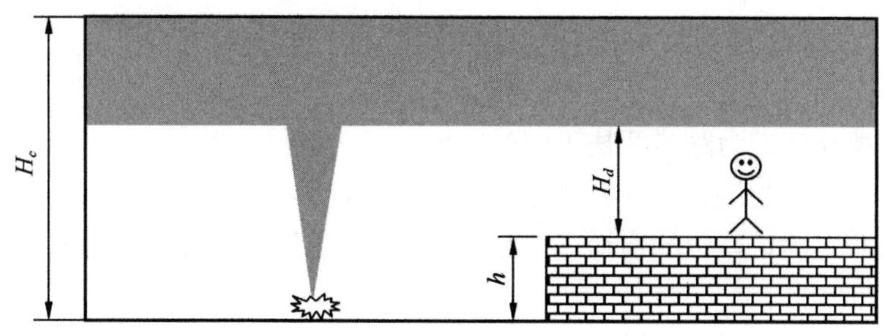

图 3－34－1　烟层、清晰高度示意图

火灾中烟气运动的一般现象是：燃烧产生热烟气，这些热烟气上升并在火焰上方形成烟羽流。烟羽流在上升的过程中不断卷吸空气，因此随着高度的增加烟羽流水平断面的直径和质量流量逐渐增加。这些热烟气在屋顶形成一个热烟层，并随着烟气的聚集，烟层高度逐渐下降。另外，对于空间形状复杂或情况特殊的排烟设计需要进行烟气运动的数值模拟分析。

（十一）疏散时间的组成

人员疏散时间由火灾报警时间、人员疏散预动时间和人员从开始疏散到到达安全地点的行动时间三部分组成：

$$\text{RSET} = T_d + T_{\text{pre}} + k \times T_t$$

式中 T_d——火灾报警时间；

T_{pre}——人员疏散预动时间；

T_t——人员疏散行动时间；

k——安全系数，一般取1.50～2，采用水力模型计算时的安全系数取值宜比采用人员行为模型计算时的安全系数取值要大。

（十二）疏散通道的有效宽度

大量的火灾演练实验表明，人群的流动依赖于通道的有效宽度而不是通道实际宽度，也就是说在人群和侧墙之间存在一个边界层。对于一个楼梯间来说，每侧的边界层大约是0.15 m，如果墙壁表面是粗糙的，那么这个距离可能会再大一些。而如果在通道的侧面有数排座位，如剧院或体育馆，则这个边界层是可以忽略的。在工程计算中，应从实际通道宽度中减去边界层的厚度，采用得到的有效宽度进行计算。典型通道的边界层宽度，见表3－34－2。

表3－34－2 典型通道的边界层宽度 cm

类 型	减少的宽度指标	类 型	减少的宽度指标
楼梯间的墙	15	其他的障碍物	10
扶手栏杆	9	宽通道处的墙	46
剧院座椅	0	门	15
走廊的墙	20		

疏散走道或出口的净宽度应按下列要求计算：

（1）对于走廊或过道，为从一侧墙到另一侧墙之间的距离。

（2）对于楼梯间，为踏步两扶手间的宽度。

（3）对于门扇，为门在其开启状态时的实际通道宽度。

（4）对于布置固定座位的通道，为沿走道布置的座位之间的距离或两排座位中间最狭窄处之间的距离。

（十三）确定针对性的消防措施

餐饮、商店等商业设施通过有顶棚的步行街连接，且步行街两侧的建筑利用步行街进行安全疏散，消防性能化设计评估针对室内步行街采取以下相应消防措施。

（1）步行街两侧建筑的耐火等级不应低于二级。

（2）步行街两侧建筑相对面的距离均不应小于相应高度建筑的防火间距要求且不应小于9 m。步行街的端部在各层均不宜封闭，确需封闭时，应在外墙上设置可开启的门窗，且可开启门窗的面积不应小于该部位外墙面积的一半。步行街的长度不宜大于300 m。

（3）步行街两侧建筑的商铺之间应设置耐火极限不低于 2.00 h 的防火隔墙，每间商铺的建筑面积不宜大于 300 m^2。

（4）步行街两侧建筑的商铺，其面向步行街一侧的围护构件的耐火极限不应低于 1.00 h，并宜采用实体墙，其门、窗应采用乙级防火门、窗。当采用防火玻璃（包括门、窗）时，应设置闭式自动喷水灭火系统进行保护。相邻商铺之间面向步行街一侧应设置宽度不小于 1.0 m、耐火极限不低于 1.00 h 的实体墙。

当步行街两侧的建筑为多层结构时，每层面向步行街一侧的商铺应设置防止火灾竖向蔓延的措施，当设置回廊或挑檐时，其出挑宽度不应小于 1.2 m。步行街两侧的商铺在上部各层需设置回廊和连接天桥时，应保证步行街上部各层的开口面积不小于步行街地面面积的 37%，且开口宜均匀布置。

（5）步行街两侧建筑内的疏散楼梯应靠外墙设置并宜直通室外，确有困难时，可在首层直接通至步行街；首层商铺的疏散门可直接通至步行街，步行街内任一点到达最近室外安全地点的步行距离不应大于 60 m。步行街两侧建筑二层及以上各层商铺的疏散门至该层最近疏散楼梯口或其他安全出口的直线距离不应大于 37.5 m。

（6）步行街的顶棚材料应采用不燃或难燃材料，其承重结构的耐火极限不应低于 1.0 h。步行街内不应布置可燃物，相邻商铺的招牌或广告牌之间的距离不宜小于 1.0 m。

（7）步行街的顶棚下檐距地面的高度不应小于 6.0 m，顶棚应设置自然排烟设施，并宜采用常开式的排烟口，且自然排烟口的有效面积不应小于步行街地面面积的 25%。常闭式自然排烟设施应能在火灾时手动和自动开启。

（8）步行街两侧建筑的商铺外应每隔 30 m 设置 DN65 的消火栓，并应配备消防软管卷盘或消防水带，商铺内应设置自动喷水灭火系统和火灾自动报警系统，每层回廊均应设置自动喷水灭火系统；步行街内宜设置自动跟踪定位射流灭火系统。

（9）步行街两侧建筑的商铺内外均应设置疏散照明、灯光疏散指示标志和消防应急广播系统。

（十四）性能化设计评估对用于防火分隔的下沉式广场的要求

（1）不同防火分区通向下沉广场等室外开敞空间的安全出口，其最近边缘之间的水平距离应计算获得且不应小于 13 m。室外开敞空间除用于人员疏散外不得用于其他商业或可能导致火灾蔓延的用途，其中用于疏散的净面积不应小于 169 m^2。

（2）下沉广场等室外开敞空间内应设置不少于 1 部直通地面的疏散楼梯。当连接下沉广场的防火分区需利用下沉广场进行疏散时，疏散楼梯的总净宽度不应小于任一防火分区通向室外开敞空间的设计疏散总净宽度。

（3）确需设置防风雨蓬时，防风雨篷不应完全封闭，四周开口部位应均匀布置，开口的面积应计算获得且不应小于该空间地面面积的 25%，开口高度不应小于 1 m；开口设置百叶时，百叶的有效排烟面积可按百叶通风口面积的 60% 计算。

（十五）高大空间内高火灾荷载区域的处理方法

在性能化设计评估中，对高大空间中的高火灾荷载区域所采取的措施有下面三种：

（1）防火单元。对于公共空间内设置的高火灾荷载、人员流动小，无独立疏散条件的区域（如厨房、为旅客服务的办公室、设备用房、既有商业设施等）应采用防火单元的处理方式，即采用耐火极限不低于 2.00 h 的不燃烧体防火隔墙和耐火极限不低于 1.50 h

的不燃烧体屋顶与其他空间进行防火分隔。在隔墙上开设门、窗时，应采用甲级防火门、窗。

（2）防火舱。对于站房内设置的为旅客服务的无明火作业的餐饮、商业零售网点、商务候车等场所，可采用“防火舱”的处理方式，以确保将火灾影响限制在局部范围内，最大限度地避免危及生命安全、财产安全和运营安全的事件发生，以满足高大空间开敞布局的需要。【图 3－34－2】

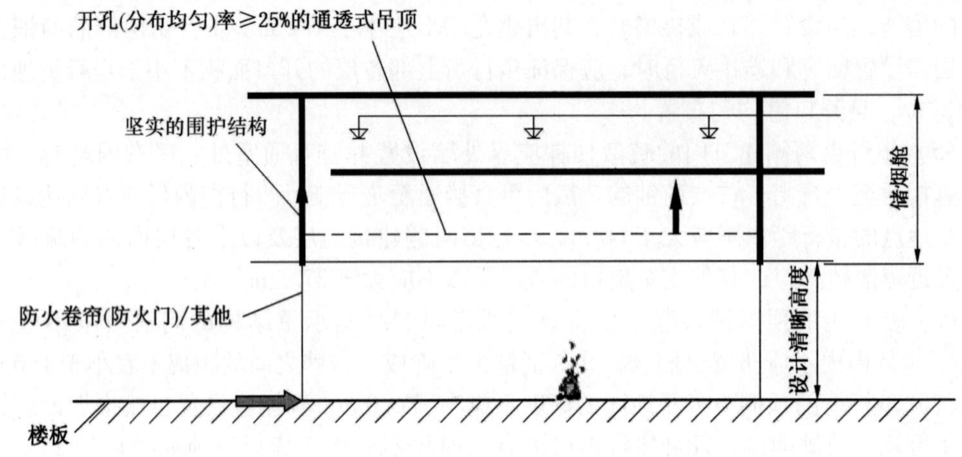

图 3－34－2 防火舱示意图（图中坚实的围护结构为防火隔墙）

所谓“防火舱”是指由坚实的有足够耐火极限的不燃围护结构（要求围护结构耐火极限不小于 1.00 h）构成，覆盖在整个火灾荷载相对较高的区域之上。顶棚下要求安装火灾自动报警系统、自动喷水灭火系统和排烟装置。这样，既可快速抑制火灾，又可防止烟雾蔓延到大空间。防火舱可分为开放式防火舱和封闭式防火舱两种形式。

开放式防火舱是指其四周围护结构可局部开敞，要求储烟舱高度不小于 1 m，其内部必须设置机械排烟系统，以控制火灾烟气向大空间的蔓延。不同防火舱间应保持一定的防火间距，防止火灾连续蔓延；当开放式防火舱连续设置时，应采取防止火灾连续蔓延的措施。

封闭式防火舱是指四周围护结构为全封闭的，或有一边局部敞开且局部敞开处应设置防火卷帘或防火门。要求四周围护结构的耐火极限均不应小于 1.00 h，对于防火卷帘，当探测器发出火警时防火卷帘应分两步下降关闭，保证舱内人员的及时疏散。

（3）燃料岛。燃料岛是指在开放大空间内设置的没有顶棚的小型陈列和零售服务设施。这些设施被要求控制在 6～20 m^2 之内，火灾规模一般为 3～5 MW。燃料岛之间应保持足够的防火安全间距，一般不小于 9 m。

四、思考题

（一）单项选择题

1. 在设计火灾场景时，应考虑建筑的空间几何特征，合理确定火源在建筑物内的位置。在对人员疏散设施有效性进行分析和评估时，依据火灾场景的选取原则，考虑建筑内可燃物较多、火灾危险性较大的场所，并同时考虑设定火灾对人员疏散产生的不利影响最大，主要考虑火源附近（　　）无法使用情况下火灾对人员疏散的影响。

A. 安全出口　　B. 防火卷帘　　C. 消火栓　　D. 灭火器

［答案］A

2. 对于 t^2 火灾包括四种类型，分别为慢速火、中速火、快速火和超快速火。它们分别代表了在一定时间内可达到 1 MW 的火灾规模，其中中速火达到 1 MW 的火灾规模所需时间为（　　）s。

A. 600　　B. 300　　C. 150　　D. 75

［答案］B

3. 对从事性能化设计评估工作的单位和人员应当具备的条件描述错误的是（　　）。

A. 具有独立法人资格、有固定的办公地点

B. 具有高级技术职称的专业人员不少于 5 人，其中性能化设计评估专业技术人员、建筑防火、消防给水、防烟排烟、消防电气专业技术人员各不少于 1 人

C. 专业技术人员具有大学本科及以上学历，且从事本专业工作经历不少于 5 年

D. 具有满足性能化设计评估需要的计算软件及计算设备

［答案］B

4. 专家论证会应当由（　　）组织。

A. 当地公安消防机构会同同级建设行政主管部门

B. 省级公安消防机构会同同级建设行政主管部门

C. 建设单位

D. 国家标准管理组

［答案］B

5. 调查发现，乘坐火车的多数旅客携带有大行李包和旅行箱，行李物品多为衣服和食品。根据统计，旅客携带行李的质量一般在 5 ~ 10 kg，平均质量为 6. 37 kg。按照保守原则，假设站房候车区内旅客携带的行李均为衣服，质量为 2 ×6. 37 kg，衣服的单位热值约为 19 MJ/kg，根据国家标准《铁路旅客车站建筑设计规范（2011 年版）》(GB 50226—2007）的规定，铁路客运站候车区的人员密度可按 1. 1 m^2/人确定，因此计算得到候车区的火灾荷载密度为（　　）。

A. 220 MJ/m^2　　B. 242 MJ/m^2　　C. 121 MJ/m^2　　D. 无法确定

［答案］A

［解析］$2 \times 6.37 \times 19 \div 1.1 = 220$。

6. 剧场座椅与墙壁的间通道的边界层厚度为（　　）cm。

A. 0　　B. 9　　C. 20　　D. 29

［答案］A

7. 下列哪一项表示疏散是不安全的（　　）。

A. ASET > 0　　B. RSET > 0　　C. ASET > RSET　　D. RSET > ASET

［答案］D

［解析］人员安全疏散分析的性能判定标准为：可用疏散时间（ASET）必须大于必需疏散时间（RSET）。

（二）多项选择题

1. 对于此类商业综合体建筑，在进行消防性能化设计和火灾危险性评估时，火灾场景的设定应考虑的内容包括（ ）。

A. 火源位置
B. 火灾的增长模型
C. 自动喷水灭火系统是否有效
D. 防烟排烟系统是否有效
E. 步行街顶棚的燃烧性能

[答案] ABCDE

2. 确定设定火灾场景是指在建筑物消防性能化设计评估中，针对设定的消防安全设计目标，综合考虑火灾的可能性与潜在的后果，从可能的火灾场景中选择出供分析的火灾场景。选择火灾风险较大的火灾场景作为设定火灾场景，考虑的因素包括（ ）。

A. 应根据最不利的原则确定设定的火灾场景
B. 应考虑有代表性的火灾场景
C. 应穷尽建筑中所有可能发生的火灾场景
D. 应选择火灾风险虽然较小但发生频率较高的火灾场景
E. 应随机选择火灾场景

[答案] ABD

3. 性能化设计评估文件应包括的内容（ ）。

A. 工程项目基本情况
B. 执行国家消防技术标准遇到的问题，需要进行性能化设计评估的范围及必要性
C. 营业执照副本、组织结构代码证、税务登记证复印件
D. 优化的消防设计方案
E. 分析工具的源代码

[答案] ABD

4. 下列哪些描述防火分隔的下沉广场的语句是正确的（ ）。

A. 下沉广场的宽度不应小于 13 m
B. 下沉广场的面积不应小于 169 m^2
C. 下沉广场内应设置不少于 1 部直通地面的疏散楼梯
D. 下沉广场疏散楼梯的总净宽度不应小于通向下沉广场的设计疏散总净宽度
E. 防风雨篷开口的面积应计算获得且不应小于该空间地面面积的 25%

[答案] CE

[解析] 分隔后，不同区域通向下沉式广场等室外开敞空间的开口最近边缘之间的水平距离不应小于 13 m。室外开敞空间除用于人员疏散外不得用于其他商业或可能导致火灾蔓延的用途，其中用于疏散的净面积不应小于 169 m^2。【图 3－34－3】

5. 火灾发生之后，并不是所有人员均马上开始疏散。根据研究，人员疏散的必需疏散时间 TRSET 一般包括几个不同的时间间隔。为了能方便、统一地描述人员疏散的必需疏散时间，消防安全工程大致将必需疏散时间简化为三个阶段，即（ ）。

A. 火灾报警时间 T_d
B. 响应时间 T_{pre}
C. 疏散行走时间 T_t
D. 等待救援时间 T_w
E. 危险来临时间 ASET

［答案］ABC

［解析］必需疏散时间按火灾报警时间、人员的疏散预动时间和人员从开始疏散至到达安全地点的行动时间之和计算。

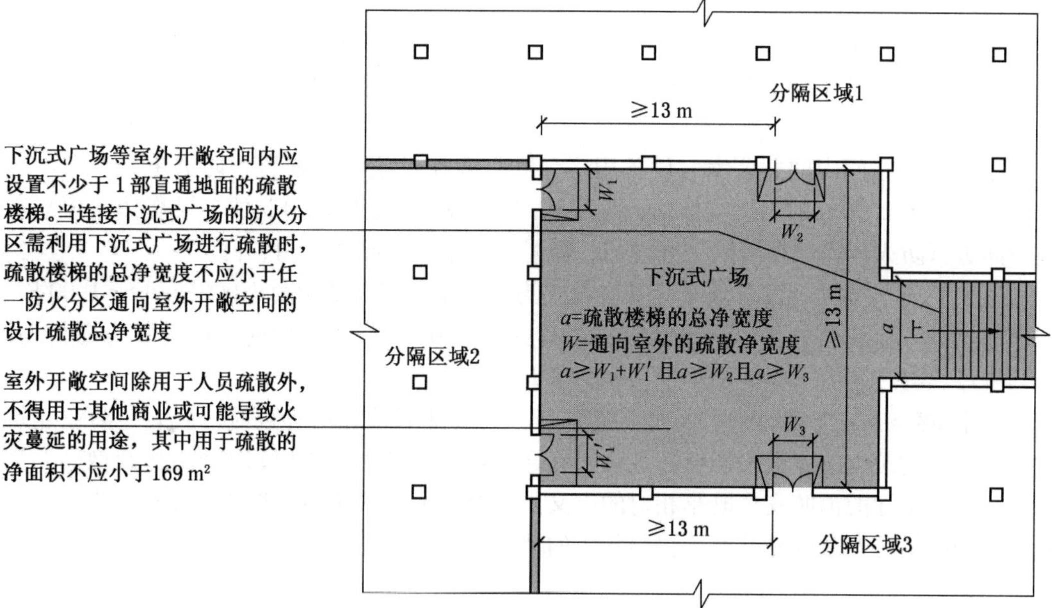

图 3-34-3　下沉式广场地下一层平面示意图

（三）分析题

1. 请简述针对本项目中室内步行街防火分区面积扩大、借用室内步行街进行疏散的消防问题，应当采取何种消防措施解决？

［答案］

（1）解决防火分区面积超大问题。

① 剥离危险源，将步行街两侧分隔为面积不超过 300 m^2 商铺，面向步行街一侧采用耐火极限不低于 1.00 h 维护结构分隔。

② 室内步行街不应布置可燃物，采用不燃或难燃材料。

③ 室内步行街设置有效的排烟措施、自动灭火措施。

（2）解决安全疏散问题。

① 室内步行街应采取有效的排烟措施，自然排烟口的有效面积不应小于其地面面积的 25%。

② 通过步行街到达最近室外安全地点的步行距离不应大于 60 m。

③ 通过数值模拟确定人员疏散所需时间小于危险来临时间。

2. 结合该商业综合体建筑的特点，请确定该类建筑消防性能化设计评估的消防安全总目标，并确定两个主要目标。

[答案]

(1) 作为人员聚集场所和会展类建筑，主要目标是建筑结构安全、保护人员的生命安全、保证建筑物内财产的安全同时为消防救援提供有利的条件。

(2) 次要目标是避免引燃相邻建筑物、减小火灾发生的可能性、减少商业运营中断、减少火灾对环境的污染。

3. 简述交通枢纽高大空间内的办公用房、设备用房、商铺、餐厅、商务候车厅、小型零售柜台、咨询台等应采用何种防火分隔措施以防止火灾蔓延?

[答案]

(1) 高大空间内的办公室、设备用房、既有商业设施等应设置为防火单元。采用耐火极限不低于2.00 h的不燃烧体防火隔墙和耐火极限不低于1.50 h的不燃烧体屋顶与其他空间进行防火分隔。在隔墙上开设门、窗时，应采用甲级防火门、窗。

(2) 商铺、餐厅、商务候车厅等应设置为防火舱，围护结构耐火极限不小于1.00 h。

(3) 对小型零售柜台、咨询台等，当其面积在6~20 m^2 之内时，可设置为燃料岛，与周围可燃物之间应当保持不小于9 m的防火间距。

4. 根据分析，当自动喷水灭火系统失效，机械排烟系统均有效时，当大型商业建筑发生火灾，建筑内的人员不能够在危险来临之前通过疏散楼梯或相邻防火分区疏散到安全区域。而音乐厅的消防安全既是相对的，又是一个完整的系统总体性能的反映。为此，请对本工程的消防安全设计及业主提出相应的消防安全管理建议。

[答案]

(1) 加强火灾危险源管理，大型商业建筑内严禁吸烟，并注意电气设备的安装和使用，定期对电气设备进行维护。

(2) 保证疏散通道的畅通，禁止在疏散通道上堆放可燃物等杂物。疏散出口在疏散过程中起着至关重要的作用，应加强日常的消防管理，从而确保发生火灾时建筑内人员能够安全疏散。

(3) 建立完善的疏散诱导系统，在各层疏散出口应设置明显的疏散指示标志，保证疏散路线上的应急照明有足够的照度。

(4) 应对消防设施进行定期的检测，加强其维护、保养，以保证火灾时消防设施的可靠性和有效性。

(5) 制订灭火和应急疏散预案，定期对建筑内的使用人员进行消防培训和疏散演习，使他们能在火灾情况下迅速、准确地找到出口，并协助其他人员安全撤离。

案例 35 消防安全组织、制度案例分析

一、情景描述

某石油储备库，有 10×10^4 m^2 浮顶原油储罐 30 座。单位设有专职消防队，配备泡沫消防车 2 台、高喷消防车 1 台、水罐消防 1 台，并有专职消防员 30 人。单位成立了消防安全委员会，安全环保部是该单位消防安全工作归口管理部门，每层确定了消防安全责任人和消防安全管理人员。该单位还成立了义务消防队，并在灭火预案中明确了灭火行动组、通讯联络组、疏散引导组、安全防护救护组的职责。单位建立健全了包括消防安全教育、培训；防火巡查、检查；安全疏散设施管理；消防（控制室）值班；消防设施、器材维护管理；火灾隐患整改；用火、用电安全管理；易燃易爆危险物品和场所防火防爆；专职和义务消防队的组织管理；灭火和应急疏散预案演练；燃气和电气设备的检查和管理（包括防雷、防静电）；消防安全工作考评和奖惩等必要的消防安全管理制度和保障消防安全的操作规程。

二、案例说明

本案例主要分析下列内容：

(1) 单位专职消防队设置。

(2) 消防工作归口管理职能部门和消防管理人员。

(3) 义务消防组织。

(4) 单位建立消防安全管理制度和保障消防安全的操作规程。

(5) 消防检查与巡查

(6) 火灾隐患整改

(7) 消防档案的主要内容。

三、关键知识点及依据

(一) 单位专职消防队设置

下列单位应当建立单位专职消防队，承担本单位的火灾扑救工作：

(1) 大型核设施单位、大型发电厂、民用机场、主要港口。

(2) 生产、储存易燃易爆危险品的大型企业。

(3) 储备可燃的重要物资的大型仓库、基地。

(4) 以上三项规定以外的火灾危险性较大、距离公安消防队较远的其他大型企业。

(5) 距离公安消防队较远、被列为全国重点文物保护单位的古建筑群的管理单位。

(二) 消防工作归口管理职能部门和消防管理人员

(1) 下列范围的单位是消防安全重点单位，应当按照《机关、团体、企业、事业单

位消防安全管理规定》的要求，实行严格管理：

① 商场（市场）、宾馆（饭店）、体育场（馆）、会堂、公共娱乐场所等公众聚集场所（以下统称公众聚集场所）。

② 医院、养老院和寄宿制的学校、托儿所、幼儿园。

③ 国家机关。

④ 广播电台、电视台和邮政、通信枢纽。

⑤ 客运车站、码头、民用机场。

⑥ 公共图书馆、展览馆、博物馆、档案馆以及具有火灾危险性的文物保护单位。

⑦ 发电厂（站）和电网经营企业。

⑧ 易燃易爆化学物品的生产、充装、储存、供应、销售单位。

⑨ 服装、制鞋等劳动密集型生产、加工企业。

⑩ 重要的科研单位。

⑪ 其他发生火灾可能性较大以及一旦发生火灾可能造成重大人身伤亡或者财产损失的单位。

高层办公楼（写字楼）、高层公寓楼等高层公共建筑，城市地下铁道、地下观光隧道等地下公共建筑和城市重要的交通隧道，粮、棉、木材、百货等物资集中的大型仓库和堆场，国家和省级等重点工程的施工现场，应当按照《机关、团体、企业、事业单位消防安全管理规定》对消防安全重点单位的要求，实行严格管理。

（2）消防安全重点单位应当设置或者确定消防工作的归口管理职能部门，并确定专职或者兼职的消防管理人员；其他单位应当确定专职或者兼职消防管理人员，可以确定消防工作的归口管理职能部门。归口管理职能部门和专兼职消防管理人员在消防安全责任人或者消防安全管理人的领导下开展消防安全管理工作。

（三）义务消防组织

（1）单位应当根据消防法规的有关规定，建立专职消防队、义务消防队，配备相应的消防装备、器材，并组织开展消防业务学习和灭火技能训练，提高预防和扑救火灾的能力。

（2）消防安全重点单位制定的灭火和应急疏散预案应当包括下列内容：

① 组织机构，包括：灭火行动组、通讯联络组、疏散引导组、安全防护救护组。

② 报警和接警处置程序。

③ 应急疏散的组织程序和措施。

④ 扑救初起火灾的程序和措施。

⑤ 通讯联络、安全防护救护的程序和措施。

（四）单位建立消防安全管理制度和保障消防安全的操作规程

（1）单位应当按照国家有关规定，结合本单位的特点，建立健全各项消防安全制度和保障消防安全的操作规程，并公布执行。

（2）单位消防安全制度主要包括以下内容：消防安全教育、培训；防火巡查、检查；安全疏散设施管理；消防（控制室）值班；消防设施、器材维护管理，火灾隐患整改；用火、用电安全管理；易燃易爆危险物品和场所防火防爆；专职和义务消防队的组织管理；灭火和应急疏散预案演练；燃气和电气设备的检查和管理（包括防雷、防静电）；消防安全工作考评和奖惩；其他必要的消防安全内容。

（五）消防检查与巡查

（1）消防巡查。消防安全重点单位依据《机关、团体、企业、事业单位消防安全管理规定》应当进行每日防火巡查，并确定巡查的人员、内容、部位和频次，巡查的内容应当包括：

① 用火、用电有无违章情况。

② 安全出口、疏散通道是否畅通，安全疏散指示标志、应急照明是否完好。

③ 消防设施、器材和消防安全标志是否在位、完整。

④ 常闭式防火门是否处于关闭状态，防火卷帘下是否堆放物品影响其使用。

⑤ 消防安全重点部位的人员在岗情况及其他消防安全情况。

防火巡查人员应当及时纠正违章行为，妥善处置火灾危险，如有无法当场处置的，应当立即报告。发现初起火灾应当立即报警并及时扑救。防火巡查应当填写巡查记录，巡查人员及其主管人员应当在巡查记录上签名。

（2）消防检查。该企业依据《机关、团体、企业、事业单位消防安全管理规定》每月至少进行一次防火检查。检查的内容包括：

① 火灾隐患的整改情况以及防范措施的落实情况。

② 安全疏散通道、疏散指示标志、应急照明和安全出口情况。

③ 消防车道、消防水源情况。

④ 灭火器材配置及有效情况。

⑤ 用火、用电有无违章情况。

⑥ 重点工种人员以及其他员工消防知识的掌握情况。

⑦ 消防安全重点部位的管理情况。

⑧ 易燃易爆危险物品和场所防火防爆措施的落实情况以及其他重要物资的防火安全情况。

⑨ 消防（控制室）值班情况和设施运行的记录情况。

⑩ 防火巡查情况。

⑪ 消防安全标志的设置情况是否完好、有效及其他需要检查的内容。

防火检查应当填写检查记录。检查人员和被检查部门负责人应当在检查记录上签名。

企业还对建筑消防设施和灭火器的完好、有效情况进行检查和维修保养，并定期检查、测试。

（六）火灾隐患整改

防火检查与巡查发现的火灾隐患应及时予以消除。

（1）应当当场改正的火灾隐患。发现下列火灾隐患应当当场改正：

① 违章进入生产、储存易燃易爆危险物品场所的。

② 违章使用明火作业或者在具有火灾、爆炸危险的场所吸烟、使用明火等违反禁令的。

③ 将安全出口上锁、遮挡或者占用、堆放物品影响疏散通道畅通的。

④ 消火栓等消防设施或灭火器材被遮挡，影响使用或者被挪作他用的。

⑤ 常闭式防火门处于开启状态，防火卷帘下堆放物品影响其使用的。

⑥ 消防设施管理、值班人员和防火巡查人员脱岗的。

⑦ 违章关闭消防设施、切断消防电源的以及其他可以当场改正的行为。

（2）限期改正的火灾隐患。对不能当场改正的火灾隐患，应提出整改方案，确定整改的措施、期限以及负责整改的部门、人员，并落实整改资金。在火灾隐患未消除之前，应当落实防范措施，保障消防安全。不能确保消防安全，随时可能引发火灾或者一旦发生火灾将严重危及人身安全的，应当对危险部位进行停产、停业整改。

（3）重大火灾隐患。违反消防法律法规，可能导致火灾发生或火灾危害增大，并由此可能造成特大火灾事故后果和严重社会影响的各类潜在不安全因素应被确定为重大火灾隐患。对于因涉及城市规划布局以致企业不能自身解决的重大火灾隐患，应当提出解决方案并及时向其上级主管部门或者当地政府报告。

（七）消防档案的主要内容

依据《机关、团体、企业、事业单位消防安全管理规定》第四十一条、第四十二条和第四十三条规定，消防档案应当包括消防安全基本情况和消防安全管理情况。消防档案应当翔实，全面反映单位消防工作的基本情况，并附有必要的图表，根据情况变化及时更新。

消防安全基本情况应当包括以下内容：单位基本概况和消防安全重点部位情况；建筑物或者场所施工、使用或者开业前的消防设计审核、消防验收以及消防安全检查的有关文件、资料；消防管理组织机构和各级消防安全责任人；消防安全制度；消防设施、灭火器材情况；专职消防队和义务消防队的人员及其消防装备配备情况；与消防安全有关的重点工种人员情况；新增消防产品、防火材料的合格证明材料；灭火和应急疏散预案。

消防安全管理情况应当包括以下内容：公安消防机构填发的各种法律文书；消防设施定期检查记录、自动消防设施全面检查测试的报告以及维修保养的记录；火灾隐患及其整改情况记录；防火检查、巡查记录；有关燃气、电气设备检测（包括防雷、防静电）等记录资料；消防安全培训记录；灭火和应急疏散预案的演练记录；火灾情况记录；消防奖惩情况记录。

四、思考题

（一）多项选择题

1.（　　）单位应当建立单位专职消防队，承担本单位的火灾扑救工作。

A. 大型核设施单位、大型发电厂、民用机场、主要港口

B. 生产和储存易燃易爆危险品的大型企业

C. 储备可燃的重要物资的大型仓库、基地

D. 火灾危险性较大、距离公安消防队较远的其他大型企业

E. 距离公安消防队较远、被列为全国重点文物保护单位的古建筑群的管理单位

[答案] ABCDE

2. 以下（　　）资料应当纳入消防档案管理

A. 消防安全管理制度　　B. 单位水电维修工的人员情况

C. 厨房燃气检测记录资料　　D. 新进员工消防培训记录

E. 消防控制室值班记录

［答案］ABCDE

（二）分析题

单位消防安全制度主要包括哪些内容？

［答案］应包括消防安全教育、培训；防火巡查、检查；安全疏散设施管理；消防（控制室）值班；消防设施、器材维护管理；火灾隐患整改；用火、用电安全管理；易燃易爆危险物品和场所的防火防爆；专职和义务消防队的组织管理；灭火和应急疏散预案演练；燃气和电气设备的检查和管理（包括防雷、防静电）；消防安全工作考评和奖惩等消防安全内容。

案例36 建设工程施工现场消防安全管理案例分析

一、情景描述

某酒店施工现场内，酒店主体设计层数为地上17层、地下2层，建筑高度77.9 m，建筑占地面积3250 m^2，地上建筑面积42477.3 m^2，地下部位建筑面积5300.24 m^2；在建酒店东侧9 m处为配电房，北侧10 m处为可燃材料堆场及可燃材料库房，西北角15 m处为固定动火场所，西侧9 m处为宿舍办公区（共分2组，每组10栋，第1组均为2层建筑，每层建筑面积200 m^2，第2组均为3层建筑，每层建筑面积300 m^2），距离宿舍办公区5 m为厨房操作间。在酒店施工现场，周围设有净宽度均为4 m且净空高度均不小于4 m的环形临时消防车道，并在宿舍办公区设有12 m×12 m回车场。该市常年吹东南风。

该施工现场设室外消火栓，由市政给水管网供水，并在现场设置了60 m^3的临时储水池及两台消火栓泵为施工现场的临时室内消火栓供水。该施工现场还设有水泵接合器、灭火器、应急照明、疏散指示标志等消防设施。

该酒店的施工单位在施工现场建立了消防安全管理组织及义务消防队，制定了消防安全管理制度、防火技术方案、灭火疏散预案并定期开展灭火及应急疏散演练。监理单位对施工现场的消防安全管理进行监理。

二、案例说明

本案例涉及防火内容较多，主要分析下列内容：

(1) 防火间距。
(2) 临时消防车道。
(3) 临时消防救援场地。
(4) 临时用房防火要求。
(5) 临时仓库、可燃物品堆场防火要求。
(6) 宿舍、办公用房的最大允许建筑面积和安全疏散通道。
(7) 临时消防给水系统。
(8) 应急照明。
(9) 灭火器配置。
(10) 动火审批的管理。
(11) 固定动火场所设置位置。
(12) 施工现场消防安全管理制度及人员的确定。
(13) 施工现场员工消防安全教育培训和演练的确定。

三、关键知识点及依据

依据:《建设工程施工现场消防安全技术规范》(GB 50720—2011)。

(一) 防火间距

施工现场出入口的设置应满足消防车通行的要求,并宜布置在不同方向,其数量不宜少于 2 个。当确有困难只能设置 1 个出入口时,应在施工现场内设置满足消防车通行的环形道路。

固定动火作业场应布置在可燃材料堆场及其加工场、易燃易爆危险品库房等全年最小频率风向的上风侧;宜布置在临时办公用房、宿舍、可燃材料库房、在建工程等全年最小频率风向的上风侧。

易燃易爆危险品库房与在建工程的防火间距不应小于 15 m,可燃材料堆场及其加工场、固定动火作业场与在建工程的防火间距不应小于 10 m,其他临时用房、临时设施与在建工程的防火间距不应小于 6 m。

【练习题】

1. 建设工程施工现场内固定动火作业场与在建工程的防火间距不应小于（　　）m。

A. 15　　B. 12　　C. 10　　D. 6

[答案] C

2. 建设工程施工现场内临时消防车道与在建工程、临时用房、可燃材料堆场及其加工场的距离,不宜小于 5 m,且不宜大于（　　）m。

A. 40　　B. 30　　C. 20　　D. 10

[答案] A

(二) 临时消防车道

(1) 施工现场内应设置临时消防车道,临时消防车道与在建工程、临时用房、可燃材料堆场及其加工场的距离,不宜小于 5 m,且不宜大于 40 m;施工现场周边道路满足消防车通行及灭火救援要求时,施工现场内可不设置临时消防车道。

(2) 临时消防车道的设置应符合下列规定:

① 临时消防车道宜为环形,如设置环形车道确有困难,应在消防车道尽端设置尺寸不小于 12 m×12 m 的回车场。

② 临时消防车道的净宽度和净空高度均不应小于 4 m。

③ 临时消防车道的右侧应设置消防车行进路线指示标识。

④ 临时消防车道路基、路面及其下部设施应能承受消防车通行压力及工作荷载。

(3) 下列建筑应设置环形临时消防车道,设置环形临时消防车道确有困难时,除应按上一条的要求设置回车场外,尚应按《建设工程施工现场消防安全技术规范》第 3. 3. 4 条的要求设置临时消防救援场地:

① 建筑高度大于 24 m 的在建工程。

② 建筑工程单体占地面积大于 3000 m^2 的在建工程。

③ 超过 10 栋,且为成组布置的临时用房。

【练习题】

1. 建设工程施工现场内临时消防车道宜为环形,如设置环形车道确有困难,应在消防车道尽端设置尺寸不小于（　　）的回车场。

A. 18 m×18 m　　B. 15 m×15 m　　C. 12 m×12 m　　D. 10 m×10 m

［答案］C

2. 建设工程施工现场内，（　　）应设置环形临时消防车道。

A. 建筑高度大于 24 m 的在建工程

B. 建筑高度大于 32 m 的在建工程

C. 建筑工程单体占地面积大于3000 m^2 的在建工程

D. 建筑工程单体占地面积大于5000 m^2 的在建工程

E. 超过 10 栋，且为成组布置的临时用房

［答案］ACE

（三）临时消防救援场地

临时消防救援场地的设置应符合下列要求：

（1）临时消防救援场地应在在建工程装饰装修阶段设置。

（2）临时消防救援场地应设置在成组布置的临时用房场地的长边一侧及在建工程的长边一侧。

（3）场地宽度应满足消防车正常操作要求且不应小于 6 m，与在建工程外脚手架的净距不宜小于 2 m，且不宜超过 6 m。

（四）临时用房防火要求

其他防火设计应符合下列规定：

（1）宿舍、办公用房不应与厨房操作间、锅炉房、变配电房等组合建造。

（2）会议室、文化娱乐室等人员密集的房间应设置在临时用房的第一层，其疏散门应向疏散方向开启。

（五）临时仓库、可燃物品堆场防火要求

发电机房、变配电房、厨房操作间、锅炉房、可燃材料库房及易燃易爆危险品库房的防火设计应符合下列规定：

（1）建筑构件的燃烧性能等级应为 A 级。

（2）层数应为 1 层，建筑面积不应大于 200 m^2。

（3）可燃材料库房单个房间的建筑面积不应超过 30 m^2，易燃易爆危险品库房单个房间的建筑面积不应超过 20 m^2。

（4）房间内任一点至最近疏散门的距离不应大于 10 m，房门的净宽度不应小于 0.8 m。

（六）宿舍、办公用房的最大允许建筑面积和安全疏散通道

宿舍、办公用房的防火设计应符合下列规定：

（1）建筑构件的燃烧性能等级应为 A 级。当采用金属夹芯板材时，其芯材的燃烧性能等级应为 A 级。

（2）建筑层数不应超过 3 层，每层建筑面积不应大于 300 m^2。

（3）层数为 3 层或每层建筑面积大于 200 m^2 时，应设置不少于 2 部疏散楼梯，房间疏散门至疏散楼梯的最大距离不应大于 25 m。

（4）单面布置用房时，疏散走道的净宽度不应小于 1.0 m；双面布置用房时，疏散走

道的净宽度不应小于1.5 m。

（5）疏散楼梯的净宽度不应小于疏散走道的净宽度。

（6）宿舍房间的建筑面积不应大于30 m^2，其他房间的建筑面积不宜大于100 m^2。

（7）房间内任一点至最近疏散门的距离不应大于15 m，房门的净宽度不应小于0.8 m，房间建筑面积超过50 m^2时，房门的净宽度不应小于1.2 m。

（8）隔墙应从楼地面基层隔断至顶板基层底面。

（七）临时消防给水系统

（1）临时用房建筑面积之和大于1000 m^2或在建工程单体体积大于10000 m^3时，应设置临时室外消防给水系统。当施工现场处于市政消火栓150 m保护范围内且市政消火栓的数量满足室外消防用水量要求时，可不设置临时室外消防给水系统。

（2）临时用房的临时室外消防用水量不应小于表3－36－1的规定。

表3－36－1　临时用房的临时室外消防用水量

临时用房的建筑面积之和	火灾延续时间/h	消火栓用水量/$(L \cdot s^{-1})$	每支水枪最小流量/$(L \cdot s^{-1})$
1000 m^2＜面积≤50000 m^2	1	10	5
面积＞50000 m^2		15	5

（3）在建工程的临时室外消防用水量不应小于表3－36－2的规定。

表3－36－2　在建工程的临时室外消防用水量

在建工程（单体）体积	火灾延续时间/h	消火栓用水量/$(L \cdot s^{-1})$	每支水枪最小流量/$(L \cdot s^{-1})$
10000 m^3＜体积≤30000 m^3	1	15	5
体积＞30000 m^3	2	20	5

（4）施工现场临时室外消防给水系统的设置应符合下列规定：

① 给水管网宜布置成环状。

② 临时室外消防给水干管的管径，应根据施工现场临时消防用水量和干管内水流计算速度计算确定，且不应小于DN100。

③ 室外消火栓应沿在建工程、临时用房和可燃材料堆场及其加工场均匀布置，与在建工程、临时用房和可燃材料堆场及其加工场的外边线的距离不应小于5 m。

④ 消火栓的间距不应大于120 m。

⑤ 消火栓的最大保护半径不应大于150 m。

（5）建筑高度大于24 m或单体体积超过30000 m^3的在建工程，应设置临时室内消防给水系统。

（6）在建工程的临时室内消防用水量不应小于表3－36－3的规定。

表3－36－3　在建工程的临时室内消防用水量

建筑高度、在建工程体积（单体）	火灾延续时间/h	消火栓用水量/$(L \cdot s^{-1})$	每支水枪最小流量/$(L \cdot s^{-1})$
24 m＜建筑高度≤50 m或30000 m^3＜体积≤50000 m^3	1	10	5
建筑高度＞50 m或体积＞50000 m^3	1	15	5

(7) 在建工程临时室内消防竖管的设置应符合下列规定：

① 消防竖管的设置位置应便于消防人员操作，其数量不应少于2根，当结构封顶时，应将消防竖管设置成环状。

② 消防竖管的管径应根据在建工程临时消防用水量、竖管内水流计算速度计算确定，且不应小于DNl00。

(8) 设置室内消防给水系统的在建工程，应设置消防水泵接合器。消防水泵接合器应设置在室外便于消防车取水的部位，与室外消火栓或消防水池取水口的距离宜为15~40 m。

(9) 设置临时室内消防给水系统的在建工程，各结构层均应设置室内消火栓接口及消防软管接口，并应符合下列规定：

① 消火栓接口及软管接口应设置在位置明显且易于操作的部位。

② 消火栓接口的前端应设置截止阀。

③ 消火栓接口或软管接口的间距，多层建筑不应大于50 m，高层建筑不应大于30 m。

(10) 在建工程结构施工完毕的每层楼梯处应设置消防水枪、水带及软管，且每个设置点不应少于2套。

(11) 高度超过100 m的在建工程，应在适当楼层增设临时中转水池及加压水泵。中转水池的有效容积不应少于10 m^3，上、下两个中转水池的高差不宜超过100 m。

(12) 临时消防给水系统的给水压力应满足消防水枪充实水柱长度不小于10 m的要求；给水压力不能满足要求时，应设置消火栓泵，消火栓泵不应少于2台，且应互为备用；消火栓泵宜设置自动启动装置。

(13) 当外部消防水源不能满足施工现场的临时消防用水量要求时，应在施工现场设置临时贮水池。临时贮水池宜设置在便于消防车取水的部位，其有效容积不应小于施工现场火灾延续时间内一次灭火的全部消防用水量。

(14) 施工现场临时消防给水系统应与施工现场生产、生活给水系统合并设置，但应设置将生产、生活用水转为消防用水的应急阀门。应急阀门不应超过2个，且应设置在易于操作的场所，并应设置明显标识。

(15) 严寒和寒冷地区的现场临时消防给水系统应采取防冻措施。

【练习题】

下列施工现场附近无市政消火栓，属于需设临时室外消防给水系统的是（　　）。

A. 施工现场有临时用房3栋，每栋3层，每层建筑面积300 m^2

B. 建筑工程单体占地面积为3000 m^2 的在建工程

C. 建筑工程单体体积为8000 m^3 的在建工程

D. 建筑高度25 m的高层写字楼在建工程

［答案］A

(八) 应急照明

(1) 施工现场的下列场所应配备临时应急照明：自备发电机房及变配电房，水泵房，无天然采光的作业场所及疏散通道，高度超过100 m的在建工程的室内疏散通道，发生火灾时仍需坚持工作的其他场所。

(2) 作业场所应急照明的照度不应低于正常工作所需照度的90%，疏散通道的照度值不应小于 0.5 lx。

（3）临时消防应急照明灯具宜选用自备电源的应急照明灯具，自备电源的连续供电时间不应小于 60 min。

【练习题】

某建筑工程施工现场按照现行国家消防技术标准的规定，配置临时消防设施，临时消防应急照明灯具选用自备电源的应急照明灯具时，自备电源的连续供电时间不应小于（ ）min。

A. 30 B. 60 C. 40 D. 50

［答案］B

（九）灭火器配置

（1）在建工程及临时用房的下列场所应配置灭火器：易燃易爆危险品存放及使用场所，动火作业场所，可燃材料存放、加工及使用场所，厨房操作间、锅炉房、发电机房、变配电房、设备用房、办公用房、宿舍等临时用房，其他具有火灾危险的场所。

（2）灭火器的配置数量应按现行国家标准《建筑灭火器配置设计规范》（GB 50140）的有关规定经计算确定，且每个场所的灭火器数量不应少于 2 具。

（十）动火审批的管理

施工现场用火应符合下列规定：

（1）动火作业应办理动火许可证；动火许可证的签发人收到动火申请后，应前往现场查验并确认动火作业的防火措施落实后，再签发动火许可证。

（2）动火操作人员应具有相应资格。

（3）焊接、切割、烘烤或加热等动火作业前，应对作业现场的可燃物进行清理；作业现场及其附近无法移走的可燃物应采用不燃材料对其覆盖或隔离。

（4）施工作业安排时，宜将动火作业安排在使用可燃建筑材料的施工作业前进行。确需在使用可燃建筑材料的施工作业之后进行动火作业时，应采取可靠的防火措施。

（5）裸露的可燃材料上严禁直接进行动火作业。

（6）焊接、切割、烘烤或加热等动火作业应配备灭火器材，并应设置动火监护人进行现场监护，每个动火作业点均应设置 1 个监护人。

（7）五级（含五级）以上风力时，应停止焊接、切割等室外动火作业；确需动火作业时，应采取可靠的挡风措施。

（8）动火作业后，应对现场进行检查，并应在确认无火灾危险后，动火操作人员再离开。

（9）具有火灾、爆炸危险的场所严禁明火。

（10）施工现场不应采用明火取暖。

（11）厨房操作间炉灶使用完毕后，应将炉火熄灭，排油烟机及油烟管道应定期清理油垢。

（十一）固定动火场所设置位置

固定动火作业场应布置在可燃材料堆场及其加工场、易燃易爆危险品库房等全年最小频率风向的上风侧，并宜布置在临时办公用房、宿舍、可燃材料库房、在建工程等全年最小频率风向的上风侧。

（十二）施工现场消防安全管理制度及人员的确定

（1）施工现场的消防安全管理应由施工单位负责。

实行施工总承包时，应由总承包单位负责。分包单位应向总承包单位负责，并应服从总承包单位的管理，同时应承担国家法律、法规规定的消防责任和义务。

（2）监理单位应对施工现场的消防安全管理实施监理。

（3）施工单位应根据建设项目规模、现场消防安全管理的重点，在施工现场建立消防安全管理组织机构及义务消防组织，并应确定消防安全负责人和消防安全管理人员，同时应落实相关人员的消防安全管理责任。

（4）施工单位应针对施工现场可能导致火灾发生的施工作业及其他活动，制订消防安全管理制度。消防安全管理制度应包括下列主要内容：

① 消防安全教育与培训制度。

② 可燃及易燃易爆危险品管理制度。

③ 用火、用电、用气管理制度。

④ 消防安全检查制度。

⑤ 应急预案演练制度。

（十三）施工现场员工消防安全教育培训和演练的确定

（1）施工单位应编制施工现场灭火及应急疏散预案。灭火及应急疏散预案应包括下列主要内容：

① 应急灭火处置机构及各级人员应急处置职责。

② 报警、接警处置的程序和通讯联络的方式。

③ 扑救初起火灾的程序和措施。

④ 应急疏散及救援的程序和措施。

（2）施工人员进场时，施工现场的消防安全管理人员应向施工人员进行消防安全教育和培训。消防安全教育和培训应包括下列内容：

① 施工现场消防安全管理制度、防火技术方案、灭火及应急疏散预案的主要内容。

② 施工现场临时消防设施的性能及使用、维护方法。

③ 扑灭初起火灾及自救逃生的知识和技能。

④ 报警、接警的程序和方法。

（3）施工单位应依据灭火及应急疏散预案，定期开展灭火及应急疏散的演练。

四、思考题

（一）单项选择题

1. 施工现场出入口的设置应满足消防车通行的要求，并宜布置在不同方向，其数量不宜少于（　　）个。

A. 1　　B. 2　　C. 3　　D. 4

[答案] B

2. 易燃易爆危险品库房与在建工程的防火间距不应小于（　　）m。

A. 6　　B. 9　　C. 10　　D. 15

［答案］D

3. 可燃材料堆场及其加工场、固定动火作业场与在建工程的防火间距不应小于（　　）m。

A. 6　　B. 9　　C. 10　　D. 15

［答案］C

4. 施工现场内应设置临时消防车道，临时消防车道与在建工程、临时用房、可燃材料堆场及其加工场的距离，宜在（　　）~（　　）m 之间。

A. 5、30　　B. 5、40　　C. 10、30　　D. 10、40

［答案］B

5. 施工现场内设置的临时消防车道宜为环形，如设置环形车道确有困难，应在消防车道尽端设置尺寸不小于（　　）的回车场。

A. 18 m×18 m　　B. 15 m×15 m　　C. 13 m×13 m　　D. 12 m×12 m

［答案］D

6. 施工现场内设置的临时消防救援场地宽度应满足消防车正常操作要求且不应小于（　　）m。

A. 4　　B. 5　　C. 6　　D. 8

［答案］C

7. 在施工现场中，办公用房、宿舍的临时用房建筑构件的燃烧性能等级应为 A 级。当采用金属夹芯板材时，其芯材的燃烧性能等级应为（　　）。

A. A 级　　B. 不低于 B1 级　　C. 不低于 B2 级　　D. 不低于 B3 级

［答案］A

8. 施工现场中，用于办公、宿舍的临时用房的每层建筑面积不应大于（　　）m^2。

A. 200　　B. 250　　C. 300　　D. 400

［答案］C

9. 在建的高层建筑外脚手架应采用（　　）安全防护网。

A. 不燃型　　B. 难燃型　　C. 不燃型或难燃型　　D. 阻燃型

［答案］D

（二）多项选择题

1. 下列哪些建筑应设置环形临时消防车道？（　　）

A. 建筑高度大于 24 m 的在建工程

B. 建筑高度大于 32 m 的在建工程

C. 超过 10 栋且为成组布置的临时用房

D. 建筑工程单体占地面积大于 3000 m^2 的在建工程

E. 建筑高度大于 20 m 的在建工程

［答案］ABCD

2.（　　）工程的外脚手架、支模架的架体应采用不燃材料搭设？

A. 居住建筑　　B. 公共建筑

C. 高层建筑　　D. 既有建筑改造

E. 公寓建筑

［答案］CD

3. 在建工程及临时用房的（ ）应配置灭火器。

A. 易燃易爆危险品存放及使用场所

B. 动火作业场所

C. 可燃材料存放、加工及使用场所

D. 厨房操作间、锅炉房、发电机房、变（配）电房、设备用房、办公用房、宿舍等临时用房

E. 水泥存放场所

［答案］ABCD

4. 施工现场的（ ）应配备临时应急照明。

A. 自备发电机房及变（配）电房

B. 水泵房

C. 无自然采光的作业场所及疏散通道

D. 高度超过 100 m 的在建工程的室内疏散通道

E. 库房

［答案］ABCD

（三）分析题

1. 某建设工程施工现场，主体建筑高度大于 24 m，是否需要设置临时室内消防给水系统？如需设置，应符合哪些规定？

［答案］需要设置临时室内消防给水系统。应符合下列规定：

（1）消防竖管的设置位置应便于消防人员操作，其数量不应少于两根，当结构封顶时，应将消防竖管设置成环状。

（2）消防竖管的管径应根据在建工程临时消防用水量、竖管内水流速度计算确定，且不应小于 DN100。

2. 某市某办公综合楼施工现场，施工现场灭火及应急疏散预案应由哪家单位负责编制？灭火及应急疏散预案应包括哪些主要内容？

［答案］应由施工单位负责编制。应包括下列主要内容：

（1）应急灭火处置机构及各级人员的应急处置职责。

（2）报警、接警处置的程序和通讯联络的方式。

（3）扑救初起火灾的程序和措施。

（4）应急疏散及救援的程序和措施。

案例 37　高层民用建筑消防安全管理案例分析

一、情景描述

某高层民用建筑始建于 1996 年，1999 年投入使用，建筑面积 14093.78 m^2，地上 16 层，地下 1 层，高度 60 m，属一类高层建筑，未经消防审核、验收；大楼内现有行政办公、旅馆住宿、民企公司、普通住户、网吧、商铺等多种用途用房，含商住业主 20 户，办公业主 4 户。大楼屋顶设置有 1 个容量为 80 m^3 的生活、消防共用水箱，地下室设置有两个容量分别为 100 m^3 的消防水池，楼内仅在消防电梯合用的前室设置有 1 根室内消火栓系统立管。大楼内消防安全由某物业服务企业进行管理。

消防监督人员在检查中发现：大楼共 16 层却仅有一处安全出口，且长期上锁；大楼东侧袋形走道尽端两侧的房间距最近楼梯间超过 20 m；地下一层的网吧安装了火灾自动报警系统和自动喷水灭火系统；大楼室内消火栓系统仅有一根竖管，且未设置双阀双出口型消火栓，室内消火栓管径不符合消防技术标准，15 层和 16 层未安装室内消火栓；防烟楼梯间与消防电梯合用前室未用乙级防火门进行分隔；大楼西侧疏散楼梯大部分楼层设置铁门并上锁；部分楼层办公室隔断、顶棚和墙面采用了大量可燃、易燃材料装修；大楼内部电气线路明敷，未使用阻燃套管；防烟楼梯间及楼层走道内未设置应急照明灯及疏散指示标志；未按一级符合要求供电，消防用电未采用单独的供电回路；物业服务企业未履行消防安全管理责任，消防管理混乱。

二、案例说明

本案例涉及防火内容较多，主要分析下列内容：

（1）重大火灾隐患的判定。

（2）高层民用建筑的判定。

（3）高层民用建筑疏散出口设置要求的辨识。

（4）高层民用建筑袋形走道长度的辨识。

（5）火灾自动报警系统和自动喷水灭火系统设置的判定。

（6）高层民用建筑室内消火栓设置的判定。

（7）高层民用建筑电梯前室设置要求的判定。

（8）消防供电相关要求的判定。

（9）多产权建筑消防安全管理责任和要求。

三、关键知识点及依据

（一）重大火灾隐患的判定

下列重大火灾隐患可以直接判定：

（1）生产、储存和装卸易燃易爆化学物品的工厂、仓库和专用车站、码头、储罐区，未设置在城市的边缘或相对独立的安全地带。

（2）甲、乙类厂房设置在建筑的地下、半地下室。

（3）甲、乙类厂房、库房或丙类厂房与人员密集场所、住宅或宿舍混合设置在同一建筑内。

（4）公共娱乐场所、商店、地下人员密集场所的安全出口、楼梯间的设置形式及数量不符合规定。

（5）旅馆、公共娱乐场所、商店、地下人员密集场所未按规定设置自动喷水灭火系统或火灾自动报警系统。

（6）易燃可燃液体、可燃气体储罐（区）未按规定设置固定灭火、冷却设施。

【练习题】

1. 根据《重大火灾隐患判定方法》(GA 653—2006)，下列可直接判定为重大火灾隐患的有（　　）。

A. 甲类生产场所设在半地下室

B. 某旅馆，地上5层，总建筑面积3600 m^2 未设置自动喷水灭火系统

C. 占地面积15000 m^2 的小商品市场，沿宽度为6 m的消防车道上搭建长80 m,宽3 m彩钢夹芯板临时仓库

D. 某公共娱乐场所位于多层建筑的第四层，设置封闭楼梯间

E. 易燃易爆化学危险品仓库未设置在相对独立的安全地带

[答案] ABE

2. 针对人员密集场所存在的下列隐患情况，根据《重大火灾隐患判定办法》(GA 653—2006）的规定，可判定为重大火灾隐患要素的有（　　）。

A. 火灾自动报警系统处于故障状态，不能恢复正常运行

B. 一个防火分区设置的6樘防火门有2樘损坏

C. 设置的防排烟系统不能正常使用

D. 安全出口被封堵

E. 商场营业厅内的疏散距离超过规定的距离的20%

[答案] ACD

（二）高层民用建筑的判定

民用建筑根据其建筑高度和层数可分为单、多层民用建筑和高层民用建筑。高层民用建筑根据其建筑高度、使用功能和楼层的建筑面积可分为一类和二类，见表3－37－1。

（三）高层民用建筑疏散出口设置要求的辨识

（1）托儿所、幼儿园的儿童用房，老年人活动场所和儿童游乐厅等儿童活动场所确需设置在其他高层民用建筑内时，应设置独立的安全出口和疏散楼梯。

（2）剧场、电影院、礼堂确需设置在其他民用建筑内时，至少应设置1个独立的安全

表3-37-1　民用建筑的分类

<table>
<tr><th rowspan="2">名　称</th><th colspan="2">高　层　民　用　建　筑</th><th rowspan="2">单、多层民用建筑</th></tr>
<tr><th>一　　类</th><th>二　　类</th></tr>
<tr><td>住宅建筑</td><td>建筑高度大于54 m的住宅建筑（包括设置商业服务网点的住宅建筑）</td><td>建筑高度大于27 m，但不大于54 m的住宅建筑（包括设置商业服务网点的住宅建筑）</td><td>建筑高度不大于27 m的住宅建筑（包括设置商业服务网点的住宅建筑）</td></tr>
<tr><td>公共建筑</td><td>1. 建筑高度大于50 m的公共建筑
2. 建筑高度24 m以上任一楼层建筑面积大于1000 m^2 的商店、展览、电信、邮政、财贸金融建筑和其他多种功能组合的建筑
3. 医疗建筑、重要公共建筑
4. 省级及以上的广播电视和防灾指挥调度建筑、网局级和省级电力调度
5. 藏书超过100万册的图书馆、书库</td><td>除一类高层公共建筑外的其他高层公共建筑</td><td>1. 建筑高度大于24 m的单层公共建筑
2. 建筑高度不大于24 m的其他公共建筑</td></tr>
</table>

出口和疏散楼梯。

（3）除商业服务网点外，住宅建筑与其他使用功能的建筑合建时，住宅部分与非住宅部分的安全出口和疏散楼梯应分别独立设置。

（4）设置商业服务网点的住宅建筑，住宅部分和商业服务网点部分的安全出口和疏散楼梯应分别独立设置。

（5）除歌舞娱乐放映游艺场所外，防火分区建筑面积不大于200 m^2 的地下或半地下设备间、防火分区建筑面积不大于50 m^2 且经常停留人数不超过15人的其他地下或半地下建筑（室），可设置1个安全出口或1部疏散楼梯。

（6）公共建筑内每个防火分区或一个防火分区的每个楼层，其安全出口的数量应经计算确定，且不应少于2个。符合下列条件之一的公共建筑，可设置1个安全出口或1部疏散楼梯：

① 除托儿所、幼儿园外，建筑面积不大于200 m^2 且人数不超过50人的单层公共建筑或多层公共建筑的首层。

② 除医疗建筑，老年人建筑，托儿所、幼儿园的儿童用房，儿童游乐厅等儿童活动场所和歌舞娱乐放映游艺场所等外，符合表3-37-2规定的公共建筑。

表3-37-2　可设置1部疏散楼梯的公共建筑

耐火等级	最多层数	每层最大建筑面积/m^2	人　数
一、二级	3	200	第二、三层人数之和不超过50人
三级	3	200	第二、三层人数之和不超过25人
四级	2	200	第二层人数不超过15人

（7）住宅建筑安全出口的设置应符合下列规定：

① 建筑高度不大于27 m的建筑，当每个单元任一层的建筑面积大于650 m^2，或任一户门至最近安全出口的距离大于15 m时，每个单元每层的安全出口不应少于2个。

② 建筑高度大于 27 m、不大于 54 m 的建筑，当每个单元任一层的建筑面积大于 650 m^2，或任一户门至最近安全出口的距离大于 10 m 时，每个单元每层的安全出口不应少于 2 个。

③ 建筑高度大于 54 m 的建筑，每个单元每层的安全出口不应少于 2 个。

（8）建筑高度大于 27 m，但不大于 54 m 的住宅建筑，每个单元设置一座疏散楼梯时，疏散楼梯应通至屋面，且单元之间的疏散楼梯应能通过屋面连通，户门应采用乙级防火门。当不能通至屋面或不能通过屋面连通时，应设置 2 个安全出口。

（四）高层民用建筑袋形走道长度的辨识

（1）公共建筑直通疏散走道的房间疏散门至最近安全出口的直线距离见表 3－37－3。

表 3－37－3　直通疏散走道的房间疏散门至最近安全出口的直线距离　m

名称			位于两个安全出口之间的疏散门 耐火等级			位于袋形走道两侧或尽端的疏散门 耐火等级		
			一、二级	三级	四级	一、二级	三级	四级
托儿所、幼儿园、老年人建筑			25	20	15	20	15	10
歌舞娱乐放映游艺场所			25	20	15	9	—	—
医疗建筑	单、多层		35	30	25	20	15	10
医疗建筑	高层	病房部分	24	—	—	12	—	—
医疗建筑	高层	其他部分	30	—	—	15	—	—
教学建筑	单、多层		35	30	25	22	20	10
教学建筑	高层		30	—	—	15	—	—
高层旅馆、展览建筑			30	—	—	15	—	—
其他建筑	单层或多层		40	35	25	22	20	15
其他建筑	高层		40	—	—	20	—	—

注：1. 建筑内开向敞开式外廊的房间疏散门至最近安全出口的直线距离可按表 3－37－3 的规定增加 5 m。

2. 直通疏散走道的房间疏散门至最近敞开楼梯间的直线距离，当房间位于两个楼梯间之间时，应按表 3－37－3 的规定减少 5 m；当房间位于袋形走道两侧或尽端时，应按表 3－37－3 的规定减少 2 m。

3. 建筑物内全部设置自动喷水灭火系统时，其安全疏散距离可按表 3－37－3 的规定增加 25%。

（2）住宅建筑直通疏散走道的户门至最近安全出口的直线距离，见表 3－37－4。

表 3－37－4　住宅建筑直通疏散走道的户门至最近安全出口的直线距离　m

住宅建筑类别	位于两个安全出口之间的户门			位于袋形走道两侧或尽端的户门		
	一、二级	三级	四级	一、二级	三级	四级
单、多层	40	35	25	22	20	15
高层	40	—	—	20	—	—

注：1. 开向敞开式外廊的户门至最近安全出口的最大直线距离可按表 3－37－4 的规定增加 5 m。

2. 直通疏散走道的户门至最近敞开楼梯间的直线距离，当户门位于两个楼梯间之间时，应按表 3－37－4 的规定减少5 m；当户门位于袋形走道两侧或尽端时，应按表 3－37－4 的规定减少 2 m。

3. 住宅建筑内全部设置自动喷水灭火系统时，其安全疏散距离可按表 3－37－4 的规定增加 25%。

4. 跃廊式住宅的户门至最近安全出口的距离，应从户门算起，小楼梯的一段距离可按其水平投影长度的 1.50 倍计算。

（五）火灾自动报警系统和自动喷水灭火系统设置的判定

（1）下列建筑或场所应设置火灾自动报警系统：

① 任一层建筑面积大于 1500 m^2 或总建筑面积大于 3000 m^2 的制鞋、制衣、玩具、电子等类似用途的厂房。

② 每座占地面积大于 1000 m^2 的棉、毛、丝、麻、化纤及其制品的仓库，占地面积大于 500 m^2 或总建筑面积大于 1000 m^2 的卷烟仓库。

③ 任一层建筑面积大于 1500 m^2 或总建筑面积大于 3000 m^2 的商店、展览、财贸金融、客运和货运等类似用途的建筑，总建筑面积大于 500 m^2 的地下或半地下商店。

④ 图书或文物的珍藏库，每座藏书超过 50 万册的图书馆，重要的档案馆。

⑤ 地市级及以上广播电视建筑、邮政建筑、电信建筑，城市或区域性电力、交通和防灾等指挥调度建筑。

⑥ 特等、甲等剧场，座位数超过 1500 个的其他等级的剧场或电影院，座位数超过 2000 个的会堂或礼堂，座位数超过 3000 个的体育馆。

⑦ 大、中型幼儿园的儿童用房等场所，老年人建筑，任一层建筑面积大于 1500 m^2 或总建筑面积大于 3000 m^2 的疗养院的病房楼、旅馆建筑和其他儿童活动场所，不少于 200 床位的医院门诊楼、病房楼和手术部等。

⑧ 歌舞娱乐放映游艺场所。

⑨ 净高大于 2.6 m 且可燃物较多的技术夹层，净高大于 0.8 m 且有可燃物的闷顶或吊顶内。

⑩ 电子信息系统的主机房及其控制室、记录介质库，特殊贵重或火灾危险性大的机器、仪表、仪器设备室、贵重物品库房。

⑪ 二类高层公共建筑内建筑面积大于 50 m^2 的可燃物品库房和建筑面积大于 500 m^2 的营业厅。

⑫ 其他一类高层公共建筑。

⑬ 设置机械排烟、防烟系统、雨淋或预作用自动喷水灭火系统、固定消防水炮灭火系统、气体灭火系统等需与火灾自动报警系统联锁动作的场所或部位。

（2）建筑高度大于 100 m 的住宅建筑，应设置火灾自动报警系统。

建筑高度大于 54 m 但不大于 100 m 的住宅建筑，其公共部位应设置火灾自动报警系统，套内宜设置火灾探测器。

建筑高度不大于 54 m 的高层住宅建筑，其公共部位宜设置火灾自动报警系统。当设置需联动控制的消防设施时，公共部位应设置火灾自动报警系统。

高层住宅建筑的公共部位应设置具有语音功能的火灾声警报装置或应急广播。

（3）建筑内可能散发可燃气体、可燃蒸气的场所应设置可燃气体报警装置。

（4）除《建规》另有规定和不宜用水保护或灭火的场所外，下列高层民用建筑或场所应设置自动灭火系统，并宜采用自动喷水灭火系统：

① 一类高层公共建筑（除游泳池、溜冰场外）及其地下、半地下室。

② 二类高层公共建筑及其地下、半地下室的公共活动用房、走道、办公室和旅馆的客房、可燃物品库房、自动扶梯底部。

③ 高层民用建筑内的歌舞娱乐放映游艺场所。

④ 建筑高度大于 100 m 的住宅建筑。

(六) 高层民用建筑室内消火栓设置的判定

(1) 下列建筑或场所应设置室内消火栓系统:

① 建筑占地面积大于 300 m^2 的厂房和仓库。

② 高层公共建筑和建筑高度大于 21 m 的住宅建筑。

注:建筑高度不大于 27 m 的住宅建筑,设置室内消火栓系统确有困难时,可只设置干式消防竖管和不带消火栓箱的 DN65 的室内消火栓。

③ 体积大于 5000 m^3 的车站、码头、机场的候车(船、机)建筑、展览建筑、商店建筑、旅馆建筑、医疗建筑和图书馆建筑等单、多层建筑。

④ 特等、甲等剧场,超过 800 个座位的其他等级的剧场和电影院等以及超过 1200 个座位的礼堂、体育馆等单、多层建筑。

⑤ 建筑高度大于 15 m 或体积大于 10000 m^3 的办公建筑、教学建筑和其他单、多层民用建筑。

(七) 高层民用建筑电梯前室设置要求的判定

(1) 下列建筑应设置消防电梯:

① 建筑高度大于 33 m 的住宅建筑。

② 一类高层公共建筑和建筑高度大于 32 m 的二类高层公共建筑。

③ 设置消防电梯的建筑的地下或半地下室,埋深大于 10 m 且总建筑面积大于 3000 m^2 的其他地下或半地下建筑(室)。

(2) 消防电梯应分别设置在不同防火分区内,且每个防火分区不应少于 1 台。

(3) 除设置在仓库连廊、冷库穿堂或谷物筒仓工作塔内的消防电梯外,消防电梯应设置前室,并应符合下列规定:

① 前室宜靠外墙设置,并应在首层直通室外或经过长度不大于 30 m 的通道通向室外。

② 前室的使用面积不应小于 6.0 m^2;与防烟楼梯间合用的前室,应符合《建规》第 5.5.28 条和第 6.4.3 条的规定。

③ 除前室的出入口、前室内设置的正压送风口和《建规》第 5.5.27 条规定的户门外,前室内不应开设其他门、窗、洞口。

④ 前室或合用前室的门应采用乙级防火门,不应设置卷帘。

(八) 消防供电相关要求的判定

消防用电设备应采用专用的供电回路,当建筑内的生产、生活用电被切断时,应仍能保证消防用电。

备用消防电源的供电时间和容量,应满足该建筑火灾延续时间内各消防用电设备的要求。

消防控制室、消防水泵房、防烟和排烟风机房的消防用电设备及消防电梯等的供电,应在其配电线路的最末一级配电箱处设置自动切换装置。

(九) 多产权建筑消防安全管理责任和要求

对于有两个以上产权单位和使用单位的建筑物,各产权单位、使用单位对消防车通道、涉及公共消防安全的疏散设施和其他建筑消防设施应当明确管理责任,可以委托统一管理。

四、思考题

（一）单项选择题

下列应直接判定为重大火灾隐患的选项是（　　）。

A. 旅馆、公共娱乐场所、商店、地下人员密集场所未按规定设置自动喷水灭火系统或火灾自动报警系统

B. 甲、乙类仓库或丙类厂房与人员密集场所或住宅、宿舍混合设置在同一建筑内

C. 擅自改变原有防火分区，造成防火分区面积超过规定的 50%

D. 设有人员密集场所的高层建筑的封闭楼梯间、防烟楼梯间的门的损坏率超过 20%，其他建筑的封闭楼梯间、防烟楼梯间的门的损坏率超过 50%

［答案］A

（二）多项选择题

下列选项属于重大火灾隐患的综合判定要素的是（　　）。

A. 未按规定设置消防车道，或消防车道被堵塞、占用

B. 擅自改变原有防火分区，造成防火分区面积超过规定的 50%

C. 生产、储存和装卸易燃易爆化学物品的工厂、仓库和专用车站、码头、储罐区，未设置在城市的边缘或相对独立的安全地带

D. 擅自改变建筑内的避难走道、避难间、避难层与其他区域的防火分隔设施，或避难走道、避难间、避难层被占用、堵塞而无法正常使用

E. 未按规定设置消防水源

［答案］ABDE

（三）分析题

目前，多产权高层民用建筑的消防安全管理主要存在哪些问题？请你谈谈你打算如何解决这些问题。

［答案］存在的主要问题有：

（1）消防主体责任不落实，消防管理组织不到位。

（2）业主的消防安全意识不强，物业管理部门的消防安全管理能力薄弱。

（3）消防设施欠缺或设备不符合要求。

（4）消防设施不符合要求，无法完好有效地运行。

（5）大量使用高分子装修材料及可燃外保温材料。

主要对策：

（1）明确消防安全主体责任，为高层民用建筑消防安全管理提供有力的组织保障。

（2）强化消防审核、验收、监理、灭火演练等环节，为高层民用建筑消防安全管理提供保障。

（3）落实消防设施维护保养经费的来源。

（4）使消防安全意识及培训工作常态化。

（5）强化对内外装修、装饰材料的监管，为高层民用建筑消防安全管理提供源头保障。

案例38 消防灭火疏散演练案例分析

一、情景描述

某酒店为增强员工的消防安全意识，有效提高处置突发事件的应急能力，减少火灾事故中的人员伤亡，制定了消防灭火疏散演练预案，确定于每年11月9日进行一次演练。

该单位成立消防灭火疏散演练组织机构：指挥协调组、灭火行动组、疏散引导组、通信联络及设备保障组、安全防护救援组和后勤保障组。

二、案例说明

本案例涉及防火内容较多，主要分析下列内容：

（1）应急预案的编制依据。

（2）应急预案的编制内容。

（3）应急预案演练分类。

（4）应急预案演练规划。

（5）应急预案演练准备。

（6）应急预案演练实施。

三、关键知识点及依据

（一）应急预案的编制依据

应急预案的编制依据主要包括三类：

（1）法规制度依据，包括消防法律法规规章、涉及消防安全的相关法律规定和本单位消防安全制度。

（2）客观依据，包括单位的基本情况、消防安全重点部位情况等。

（3）主观依据，包括员工的变化程度、消防安全素质和防火灭火技能等。

（二）应急预案的编制内容

应急预案的基本内容应包括单位的基本情况、应急组织机构、火情预想、报警和接警处置程序、应急疏散的组织程序和措施、扑救初起火灾的程序和措施、通讯联络、安全防护救护的程序和措施、灭火和应急疏散计划图、注意事项等。

1. 报警、接警处置程序

（1）报警。以快捷方便为原则确定发现火灾后的报警方式。如口头报警、有线报警、无线报警等，报警的对象为“119”火警台（“三台合一”的地区为“110”指挥中心）、单位值班领导、消防控制中心等。报警时应说明以下情况：着火单位、着火部位、着火物质及有无人员被困、单位具体位置、报警电话号码、报警人姓名；同时，还要报告本单位值班领导和有关部门。

（2）接警。单位领导接警后，启动应急预案，按预案确定内部报警的方式和疏散的范围，组织指挥初期火灾的扑救和人员疏散工作，安排力量做好警戒工作。有消防控制室的场所，值班员接到火情消息后，立即通知有关人员前往核实火情，火情核实确认后，立即报告公安消防队和值班负责人，通知灭火行动组人员前往着火层。

2. 初起火灾处置程序和措施

（1）指挥部、各行动小组和义务消防队迅速集结，按照职责分工，进入相应位置开展灭火救援行动。

（2）发现火灾时，起火部位现场员工应当于 1 min 内形成灭火第一战斗力量，在第一时间内采取以下措施：灭火器材、设施附近的员工利用现场灭火器、消火栓等器材、设施灭火；电话或火灾报警按钮附近的员工打“119”电话报警、报告消防控制室或单位值班人员；安全出口或通道附近的员工负责引导人员疏散。若火势扩大，单位应当于 3 min 内形成灭火第二战斗力量，及时采取以下措施：通讯联络组按照应急预案要求通知预案涉及的员工赶赴火场，向火场指挥员报告火灾情况，将火场指挥员的指令下达有关员工；灭火行动组根据火灾情况利用本单位的消防器材、设施扑救火灾；疏散引导组按分工组织引导现场人员疏散；安全救护组负责协助抢救、护送受伤人员；现场警戒组阻止无关人员进入火场，维持火场秩序。

（3）相关部位人员负责关闭空调系统和煤气总阀门，及时疏散易燃易爆化学危险物品及其他重要物品。

3. 注意事项

（1）参加演练的人员应当采取必要的个人防护措施。

（2）灭火疏散阵地设置要安全，应能进能退、攻防兼备。

（3）指挥员要密切注意火场上各种复杂情况和险情的变化，适时采取果断措施，避免伤亡。

（4）灭火救援应急行动结束后，要做好现场的清理工作。

（5）其他需要特别警示的事项。

（三）应急预案演练分类

（1）按组织形式划分，分为桌面演练和实战演练。

（2）按演练内容划分，分为单项演练和综合演练。

（3）按演练目的与作用划分，分为检验性演练、示范性演练和研究性演练。

（四）应急预案演练规划

按照有关法律法规要求，消防安全重点单位应当每半年开展一次灭火和应急疏散预案的演练，其他单位应当每年开展一次灭火和应急疏散预案的演练。

演练应在相关预案确定的应急领导机构或指挥机构领导下组织开展。演练组织单位要成立由相关单位领导组成的演练领导小组，通常下设策划部、保障部和评估组；对于不同类型和规模的演练活动，其组织机构和职能可以适当调整。根据需要，可成立现场指挥部。

（五）应急预案演练准备

单位在开展应急预案演练之前，应当做好下列 4 项准备工作：

（1）制订演练计划：

① 确定演练目的。

② 分析演练需求。

③ 确定演练范围。

④ 安排演练准备与实施的日程计划。

（2）设计演练方案：

① 确定演练目标。

② 设计演练情景与实施步骤。

③ 设计评估标准与方法。

④ 编写演练方案文件。

⑤ 演练方案评审。

（3）演练动员与培训。

（4）应急演练保障：人员、经费、场地、物资和器材、通信保障、安全保障。演练现场要有必要的安保措施，必要时对演练现场进行封闭或管制，保证演练安全进行。

（六）应急预案演练实施

应急预案的演练一般包括以下三个步骤：

（1）演练启动。

（2）演练执行。

（3）演练结束与终止。

演练完毕，由总策划发出结束信号，演练总指挥宣布演练结束。演练结束后所有人员停止演练活动，按预定方案集合进行现场总结讲评或者组织疏散。保障部负责组织人员对演练现场进行清理和恢复。

演练实施过程中出现下列情况，经演练领导小组决定，由演练总指挥按照事先规定的程序和指令终止演练：

（1）出现真实突发事件，需要参演人员参与应急处置时，要终止演练，使参演人员迅速回归其工作岗位，履行应急处置职责。

（2）出现特殊或意外情况，短时间内不能妥善处理或解决时，可提前终止演练。

四、思考题

（一）单项选择题

消防安全重点单位应当按照灭火和应急疏散预案，至少每（　　）进行一次演练。

A. 月　　B. 季度　　C. 半年　　D. 年

［答案］C

（二）多项选择题

消防安全重点单位制定的灭火和应急疏散预案中组织机构应包括（　　）。

A. 组织指挥组　　B. 灭火行动组

C. 通信联络组　　D. 疏散引导组

E. 安全防护救护组

［答案］BCDE